丛书总主编　陈宜瑜
丛书副总主编　于贵瑞　何洪林

中国生态系统定位观测与研究数据集

森林生态系统卷

黑龙江帽儿山站

（1979—2017）

张全智　王传宽　主编

中国农业出版社
北　京

中国生态系统定位观测与研究数据集

编 委 会

PREFACE 1
序 一

进入20世纪80年代以来，生态系统对全球变化的反馈与响应、可持续发展成为生态系统生态学研究的热点，通过观测、分析、模拟生态系统的生态学过程，可为实现生态系统可持续发展提供管理与决策依据。长期监测数据的获取与开放共享已成为生态系统研究网络的长期性、基础性工作。

国际上，美国长期生态系统研究网络（US LTER）于2004年启动了Eco Trends项目，依托US LTER站点积累的观测数据，发表了生态系统（跨站点）长期变化趋势及其对全球变化响应的科学研究报告。英国环境变化网络（UK ECN）于2016年在*Ecological Indicators*发表专辑，系统报道了UK ECN的20年长期联网监测数据推动了生态系统稳定性和恢复力研究，并发表和出版了系列的数据集和数据论文。长期生态监测数据的开放共享、出版和挖掘越来越重要。

在国内，国家生态系统观测研究网络（National Ecosystem Research Network of China，简称CNERN）及中国生态系统研究网络（Chinese Ecosystem Research Network，简称CERN）的各野外站在长期的科学观测研究中积累了丰富的科学数据，这些数据是生态系统生态学研究领域的重要资产，特别是CNERN/CERN长达20年的生态系统长期联网监测数据不仅反映了中国各类生态站水分、土壤、大气、生物要素的长期变化趋势，同时也能为生态系统过程和功能动态研究提供数据支撑，为生态学模型的验证和发展、遥感产品地面真实性检验提供数据支撑。通过集成分析这些数据，CNERN/CERN 内外的科研人员发表了很多重要科研成果，支撑了国家生态文明建设的重大需求。

近年来，数据出版已成为国内外数据发布和共享，实现“可发现、可访问、可理解、可重用”（即 FAIR）目标的重要手段和渠道。CNERN/CERN 继 2011 年出版“中国生态系统定位观测与研究数据集”丛书后再次出版新一期数据集丛书，旨在以出版方式提升数据质量、明确数据知识产权，推动融合专业理论或知识的更高层级的数据产品的开发挖掘，促进 CNERN/CERN 开放共享由数据服务向知识服务转变。

该丛书包括农田生态系统、草地与荒漠生态系统、森林生态系统以及湖泊湿地海湾生态系统共 4 卷（51 册）以及森林生态系统图集 1 册，各册收集了野外台站的观测样地与观测设施信息，水分、土壤、大气和生物联网观测数据以及特色研究数据。本次数据出版工作必将促进 CNERN/CERN 数据的长期保存、开放共享，充分发挥生态长期监测数据的价值，支撑长期生态学以及生态系统生态学的科学研究工作，为国家生态文明建设提供支撑。

孙鸿烈

2021 年 7 月

PREFACE 2
序 二

科学数据是科学发现和知识创新的重要依据与基石。大数据时代，科技创新越来越依赖于科学数据综合分析。2018 年 3 月，国家颁布了《科学数据管理办法》，提出要进一步加强和规范科学数据管理，保障科学数据安全，提高开放共享水平，更好地为国家科技创新、经济社会发展提供支撑，标志着我国正式在国家层面加强和规范科学数据管理工作。

随着全球变化、区域可持续发展等生态问题的日趋严重以及物联网、大数据和云计算技术的发展，生态学进入"大科学、大数据"时代，生态数据开放共享已经成为推动生态学科发展创新的重要动力。

国家生态系统观测研究网络（National Ecosystem Research Network of China，简称 CNERN）是一个数据密集型的野外科技平台，各野外台站在长期的科学研究中，积累了丰富的科学数据。2011 年，CNERN 组织出版了"中国生态系统定位观测与研究数据集"丛书。该丛书共 4 卷、51 册，系统收集整理了 2008 年以前的各野外台站元数据，观测样地信息与水分、土壤、大气和生物监测以及相关研究成果的数据。该丛书的出版，拓展了 CNERN 生态数据资源共享模式，为我国生态系统研究、资源环境的保护利用与治理以及农、林、牧、渔业相关生产活动提供了重要的数据支撑。

2009 年以来，CNERN 又积累了 10 年的观测与研究数据，同时国家生态科学数据中心于 2019 年正式成立。中心以 CNERN 野外台站为基础，生态系统观测研究数据为核心，拓展部门台站、专项观测网络、科技计划项目、科研团队等数据来源渠道，推进生态科学数据开放共享、产品加工和分析应用。为了开发特色数据资源产品、整合与挖掘生态数据，国家生态科学数据中心立足国家野外生态观测台站长期监测数据，组织开展了新一版的观测与研究数据集的出版工作。

本次出版的数据集主要围绕“生态系统服务功能评估”“生态系统过程与变化”等主题进行了指标筛选，规范了数据的质控、处理方法，并参考数据论文的体例进行编写，以翔实地展现数据产生过程，拓展数据的应用范围。

该丛书包括农田生态系统、草地与荒漠生态系统、森林生态系统以及湖泊湿地海湾生态系统共4卷（51册）以及图集1本，各册收集了野外台站的观测样地与观测设施信息，水分、土壤、大气和生物联网观测数据以及特色研究数据。该套丛书的再一次出版，必将更好地发挥野外台站长期观测数据的价值，推动我国生态科学数据的开放共享和科研范式的转变，为国家生态文明建设提供支撑。

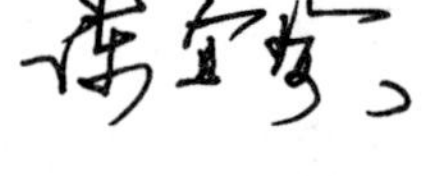

2021年8月

FOREWORD 前言

黑龙江帽儿山森林生态系统国家野外科学观测研究站（简称帽儿山站）正式成立于1974年，由主站帽儿山生态站和副站点凉水站2个研究站组成。主站设立于东北林业大学帽儿山实验林场，副站点设立于凉水国家级自然保护区内；东北林业大学帽儿山实验林场和凉水国家级自然保护区均为东北林业大学直属二级单位和实习、教学、科研基地。

本书主要内容分为4篇，第一篇介绍帽儿山站的概况。第二篇为帽儿山站气象长期监测动态，分为4章，内容分别为环境监测方法、空气温湿度变化、土壤温度湿度变化以及能量和降水动态变化趋势数据，包括1979—2017年近30年的人工观测气象数据动态和2005—2017年12年的自动监测数据。第三篇为帽儿山站的生物监测动态，以帽儿山森林生态站的典型森林生态系统类型长期生物监测数据为基础，筛选出长期连续监测和质量可靠的数据，以1997—2017年20年间的乔木层监测数据为主，分为4章，涵盖了群落特征、群落生物量特征、枯立木以及凋落物动态，重点展示了典型森林生态系统的结构和功能的变化特征。第四篇为帽儿山森林生态站自建站以来在帽儿山地区观测到的植物、动物以及菌类名录，及其生活习性、特征等。

在本书编写过程中，得到李志民、王兆国、赵瑞、鞠雅莉、罗丹丹等研究生的大力帮助，以及长期在生态站工作和开展研究工作的同志的支持。

本书虽然已详细查对数据和文字等，但限于水平和实践经验不足，错误仍属难免，甚望广大读者批评指正，以便修订和完善。

CONTENTS

目 录

1

台站概况

1.1 概述

1.1.1 地理位置

黑龙江帽儿山森林生态系统国家野外科学观测研究站由主站帽儿山生态站和副站点凉水站2个研究站组成。主站设立于东北林业大学帽儿山实验林场，副站点设立于凉水国家级自然保护区内；东北林业大学帽儿山实验林场和凉水国家级自然保护区均为东北林业大学直属二级单位和实习、教学、科研基地。东北林业大学帽儿山实验林场位于黑龙江省尚志市帽儿山镇，属张广才岭支脉。地理坐标为45°20′—45° 25′N，127°30′—127°34′E，平均海拔300 m，最高海拔805 m，林场所辖面积为26 500 hm²。属温带大陆性季风气候。年平均气温2.8 ℃，≥10 ℃积温2 000～2 500 ℃，无霜期120～140 d。年平均降水量723 mm，年均蒸发量1 093 mm。地带性土壤为暗棕壤。土层厚度（A+B）50 cm左右，枯落物厚度3～6 cm，黑土层厚度10～20 cm。暗棕壤在阔叶红松混交林下发育形成，其成土过程主要是温带湿润森林弱酸性腐殖质累积过程、弱酸性淋溶过程和黏化过程。凉水站位于黑龙江省伊春市带岭区凉水国家级自然保护区内，属小兴安岭南坡。最高海拔707 m，保护区所辖面积为12 133 hm²。地理坐标为47°6′49″—47°16′10″N，128°47′8″—128°57′19″E。年平均气温0 ℃左右，年极端最低温−43.9 ℃，夏季最高温38 ℃，年降水量676 mm，无霜期120天，为北温带湿润气候区。土壤主要为暗棕壤。

1.1.2 区域代表性

帽儿山站的主站位于黑龙江省尚志市境内东北林业大学帽儿山实验林场（45°20′—45°25′N，127°30′—127°34′E），副站位于伊春市带岭区凉水国家级自然保护区（47°6′49″—47°16′10″N，128° 47′8″—128°57′19″E）。帽儿山站所处林场的林权和土地使用权均属东北林业大学，是东北林业大学的科研、教学实习基地，东北林业大学拥有长期使用权。帽儿山站主站地处兴安岭山系长白山的支脉张广才岭支脉，是温带顶极群落——阔叶红松林的中心分布区，以天然次生林和人工林为主要监测和研究对象；凉水副站地处小兴安岭山脉东南端，而凉水副站以原始阔叶红松林为主要监测和研究对象。根据最新颁布的《全国生态功能区划》，帽儿山主站属于长白山山地生物多样性保护重要区和张广才岭针阔混交林水源涵养三级功能区，凉水副站属于小兴安岭南部阔叶红松林水源涵养三级功能区，是黑龙江和松花江众多支流的发源地。典型植被是顶级群落——阔叶红松林及其经过不同程度的干扰（采伐、经营、火烧和开垦等）后形成的大面积的天然次生林和人工林，处于我国重大林业工程——退耕还林工程的首批试点区和天然林资源保护工程区内，具有东北东部山区典型的地带性和非地带性植被类型。帽儿山站的建设和布置符合国家生态文明和生态环境建设的战略要求，也符合生态学科发展的需求和科技发展总体规划，能够很好地代表东部地区温带森林的自然环境分异规律和森林植被特征。

从1974年正式建站起，经过40多年的努力建设，帽儿山站已形成如下5个基本特色：

第一，拥有东北东部山区典型的地带性和非地带性植被类型的各类长期固定样地试验林，为研究完整的生活史过程、生态过程和干扰过程奠定了良好基础。

第二，具有原始林—次生林—人工林—农田/草地的完整的群落特征、环境特征和干扰类型梯度，并具备完整的年龄系列，是开展时空比较生态学的理想基地。

第三，具有良种选育、壮苗繁育、森林经营与保育等一系列实验基地和试验样地，可以同时完成生态系统长期定位研究的四大中心任务，即监测、科学研究、人才培养、生产示范。

第四，为完成各种研究项目所购置的仪器、布置的各类样地和设施，已能保证个体、种群、群落、生态系统、景观、区域等多尺度、多途径同步开展生态综合研究工作。

第五，所代表的东北温带森林不但对区域生态环境和生态安全具有重要的保障作用，而且地处对气候变化敏感的中高纬度地区，是开展森林生态系统对全球变化的响应、适应和反馈机理研究的理想基地。

1.1.3 历史沿革

黑龙江帽儿山森林生态系统国家野外科学观测研究站是我国生态系统定位研究网络中最东北部的森林定位站。因其区域代表性强、植被及相应的环境典型、建站历史较长、基础较好等，成为中国森林生态系统定位研究网络（CFERN，英文全称 Chinese Forest Ecosystem Research Network）的重点野外台站之一，也是首批进入科学技术部野外科学观测研究试点站名单的研究站之一。其发展历程概括如下：

1954—1966 年，设置固定样地，开展群落类型划分和演替规律研究、森林小气候观测、“栽针保阔”及采伐更新试验。

1974 年，正式建立定位研究站，由陈大珂教授担任站长。林业部“七五”重点课题“森林生态系统定位研究”正式确立并延续至今。相继开展个体和种群的生育和生态过程测定，生态系统能量、水分和养分循环的对比研究，个体与群落的干扰过程研究，大规模的混交试验等。

1983 年，林业部在帽儿山召开东北地区营林局长会议。

1987 年，与联合国教育、科学及文化组织及中国林学会联合主办国际森林水文研究方法研讨会。

1988 年，与国际林业研究组织联盟联合召开“北方森林经营管理”学术会议。

1992 年，林业部在帽儿山召开全国生态系统定位研究会议，CFERN 正式组建，由周晓峰担任 CFERN 专家组组长。随后出版定位研究成果专辑和研究方法专著等。

1995 年，由赵惠勋教授担任站长。

1998 年，与中国科学院联合主持国家自然科学基金重大项目“全球变化与中国东部陆地生态系统相互作用机理研究”，建立中国东部南北样带，并于 2000 年被国际地圈生物圈计划（International Geo-Biosphere Program，IGBP）之全球变化与陆地生态系统（Global Change and Terrestrial Ecosystems，GCTE）列为核心研究项目和标准样带之一。同年，被科学技术部评选为“中国基础研究十大新闻”之一。

1999 年，经科学技术部基础研究司审定，成为我国首批国家野外科学观测研究试点站之一。

2004 年，由王传宽教授担任站长。重点开展温带森林生态系统碳、氮、水循环研究，承担国家自然科学基金重大项目“我国主要陆地生态系统对全球变化的响应和适应性样带研究”。

2006 年 11 月，通过科学技术部认证评估，被正式纳入国家野外科学观测研究站建设和运行行列。

2011 年 5 月，正式独立建制，并成立东北林业大学生态研究中心，合署办公。目前，主要开展温带森林生态系统碳、氮、水循环研究，“碳汇林业”等方面的长期生态学研究。

1.1.4 支撑条件

1.1.4.1 长期监测和试验场地

帽儿山站主站经营面积 26 500 hm^2，凉水副站保护区面积 12 133 hm^2。林权及永久使用权均属东北林业大学。自1959年起，陆续设置各类固定样地90余块，包括：用于完成“栽针保阔”的各种试验和长期观测次生林结构、动态、生产力变化的固定标准样地；侧重于某一项观测的固定样地，如演替、竞争和更新过程；同质园试验地以及用于测定林木生理生态的造林地；种群繁殖生态学的固定观测地；原始阔叶红松林大面积固定样地（9 hm^2）；小兴安岭谷地云冷杉林大面积固定样地（9.12 hm^2），以及用于实施经营措施的固定样地等各类试验林200 hm^2。2007年规范监测场地后，形成红松人工林监测场地、落叶松人工林监测场地、硬阔叶林监测场地、杨桦林监测场地、蒙古栎林监测场地、杂木林监测场地、原始阔叶红松林监测场地、谷地云冷杉林监测场地、天然次生林碳通量监测场地等。固定监测样地面积达2 571 hm^2。各个场地每年均有相应的监测和资金投入，各类监测设备运行良好。同时，通过实施长期研究项目，建成落叶松移栽暖化试验场地、群落发生长期试验场地、东北主要树种生理生态长期试验场地、良种壮苗繁育基地、同质园试验基地、落叶松生态系统结构和功能对降水格局变化响应研究场地等。各类监测样地和实验场地面积达840 hm^2。

1.1.4.2 基础设施

1984年建成测水堰4座（集水区面积分别为4 000 hm^2、147 hm^2、24 hm^2 和16 hm^2）、径流平衡场4个（集水面积为500 m^2）；于2012年进行维修。目前有1座测水堰（147 hm^2）、2个径流平衡场，运行良好。有地下水位测定井2口。2007年建立通量监测塔1套，并配备相应的地面验证监测样地。拥有面积为625 m^2 的标准常规气象观测站1个、林内自动森林小气候气象站10个。主站点有实验研究楼1栋（840 m^2），修建于1985年，2011年进行扩建维修，主要用于样品的预处理分析和数据处理；进一步的分析处理在东北林业大学校本部进行。有宿舍楼1栋（400 m^2），修建于1978年。主站和副站均建有完备的通信系统和交通工具。

1.1.4.3 仪器设备

帽儿山站现有生态监测和测试的大型及常规仪器设备等共计273台（套），总价值1 900多万元，其中10万元以上仪器设备31台套，诸如自动气象监测系统、总有机碳/定氮分析仪、原子吸收光谱仪、元素分析仪、连续流动分析仪（AutoAnalyzer3－AA3）、Li－6400P CO_2/H_2O 便携式光合测量仪、Minirhizotron（微根窗仪）、8150多通道土壤碳通量长期监测系统、Li－840、Li－7000和Li－7200 CO_2/H_2O 碳通量监测系统、树干周长测量系统等。基本满足野外生态站的水分、土壤、大气和生物等各类观测和分析的需要。

1.1.4.4 人员队伍

东北林业大学生态研究中心于2011年5月正式成立，与黑龙江帽儿山森林生态系统国家野外科学观测研究站合署办公，负责生态学一级学科建设、人才培养、教学、科研和基地平台建设运营工作。目前，在站长期开展监测和研究的工作人员共计32人，其中，固定科研和监测人员30人，客座研究人员2人；教授13人，副教授9人，讲师和工程师8人，技师2人；具有博士学位的25人；“长江学者”特聘教授1人，国家杰出青年基金获得者1人，全国“百千万人才工程”人选2人，“新世纪百千万工程”人选1人，新世纪优秀人才支持计划入选者1人，中国科协青年人才托举工程人选2人。

1.2 目标和任务

1.2.1 总体目标

黑龙江帽儿山森林生态系统国家野外科学观测研究站以阔叶红松原始林、不同干扰梯度下的天然次生林和人工林等温带森林生态系统为研究对象，以温度升高、降水格局变化和氮沉降等全球变化为背景，结合天然林保护工程、退耕还林工程等国家重大林业工程，开展个体、种群、群落、生态系统、景观、区域等多尺度、多途径的长期监测和研究，探索并揭示温带森林生态系统的结构和功能的时空动态变化规律，及其对全球变化和人类活动干扰的响应和适应机理，评价并提升森林生态系统的服务功能，为我国的生态文明建设、国家和区域的生态环境建设、生态安全与生态服务功能维护、森林的可持续发展等重大需求提供科学数据、决策依据和技术支撑，为高层次人才培养提供教学基地和研究平台，为学生和大众生态文明教育提供宣教基地。

1.2.2 台站任务

1.2.2.1 长期监测

针对我国温带顶极森林群落及其经各种干扰而形成的天然次生林和人工林生态系统，按照国家林业行业标准和生态站建设标准建立长期监测样地，对森林生物、森林土壤、森林大气、森林水文等进行长期连续监测，为东北森林群区生态环境建设和研究提供相关基础数据。

1.2.2.2 科学研究

以阔叶红松原始林、天然次生林和人工林为研究对象，系统研究温带主要森林生态系统类型的结构、过程和功能的时空动态及其对各种干扰的响应、适应和反馈机理，探索森林生态系统可持续保育理论、途径与技术，为充分发挥森林生态系统服务功能提供理论和技术支撑。

1.2.2.3 生产示范

按照森林生态服务功能，进行森林主体功能区规划，建立各种森林生态系统经营示范样板，为温带森林生态系统的经营和管护提供技术服务。

1.2.2.4 人才培养

为研究生、大学生、中小学生提供生态学研究和教学基地，为国内外同行专家提供学术交流平台，为社会公众提供生态文明宣教基地。

1.2.3 研究方向

帽儿山站以阔叶红松原始林屡次遭到破坏之后，通过不同的更新途径形成的天然次生林（蒙古栎林、硬阔叶林、杨桦林、杂木林）、人工林、阔叶红松原始林和谷地云冷杉林等温带典型森林生态系统为研究对象，从个体、种群、群落、生态系统、景观等不同尺度，以原位监测和控制模拟实验等为手段，开展长期定位观测研究。目前已形成以下 6 个稳定的研究方向。

1.2.3.1 全球生态学

围绕陆地生态系统可持续发展的总目标，从个体、种群、群落、生态系统、景观、区域及全球诸水平研究生态系统结构、功能过程及其动态对全球变化的响应适应机理，揭示生态系统与环境之间的正负反馈作用，监测人类活动对系统的冲击与系统的自我调节过程，并提出相应对策，达到预警、调控和减少不良作用的效果，为陆地生态系统的持续发展提供科学依据。

1.2.3.2 生态系统生态学

以生态系统的能量利用、养分循环和水分循环为中心，着重研究生态系统各组分间的相关性及对各种干扰力的响应，寻找生态系统的生物自肥、系统自稳定的维持途径，为实现生态系统的“低投入、高产出”及各种资源合理开发、环境维护和国土整治提供依据。

1.2.3.3 恢复生态学

主要研究人工林生态系统建立与培育、逆境生态系统的人工恢复与维持、天然林生态系统的保育和可持续发展继承、城乡林业生态系统的建立与培育，以及种苗培育等理论与技术。

1.2.3.4 生理生态学

主要围绕植物在全球变化中的生理生态响应，着重研究植物的适应和进化机理、对有限资源的合理利用、环境因子的相互作用对植物行为的影响、植物抗逆性潜能和生长过程的动态模拟等。

1.2.3.5 森林遗传生态学

根据目前林业发展的需要，将传统林木遗传育种手段和现代基因工程技术相结合，定向培育林木良种。针对森林植物的经济性状、抗逆性状等进行相关基因的克隆，并研究基因的结构、功能、表达调控等。

1.2.3.6 干扰生态学

根据我国东北林区的特点，重点研究林火预测预报、森林火行为、计划用火、生物防火、林火对森林生物多样性及生态环境的影响等林火调控理论与技术。

1.3 研究成果

帽儿山站以阔叶红松原始林、天然次生林和人工林为监测研究对象，从不同尺度开展长期定位观测研究工作。自 1974 年建站以来，承担国家科技攻关项目、国家科技支撑项目、国家重点研发计划等课题及任务 30 余项。国家自然科学基金重大项目“样带”、国家自然科学基金重点项目、国家自然科学基金面上项目等 60 余项，省部级项目 100 余项。发表论文 1 200 余篇。荣获国家科技进步二等奖 3 项，三等奖 3 项。获其他省部级奖项 10 余项。

2 长期监测样地与观测设施

2.1 概述

帽儿山站自1959年起陆续设置各类固定样地90余块。2007年规范监测场地后，形成红松人工林监测场地、落叶松人工林监测场地、硬阔叶林监测场地、杨桦林监测场地、蒙古栎林监测场地、杂木林监测场地、原始阔叶红松林监测场地、谷地云冷杉林监测场地、天然次生林碳通量监测场地等（表2-1）。固定监测样地面积达2 571 hm^2。各个场地每年均有相应的监测和资金投入，各类监测设备运行良好。同时，通过实施长期研究项目，建成落叶松移栽暖化试验场地、群落发生长期试验场地、东北主要树种生理生态长期试验场地、良种壮苗繁育基地、同质园试验基地、落叶松生态系统结构和功能对降水格局变化响应研究场地等。各类监测样地和实施场地面积达840 hm^2。

表2-1 帽儿山站主要样地信息表

序号	样地名称	样地代码	样地类别	建立年份	经度（E）	纬度（N）
1	红松人工林综合观测场	MEFZH01	永久样地	2004	127°39′55.44″	45°24′10.44″
2	兴安落叶松林综合观测场	MEFZH02	永久样地	2004	127°39′39.60″	45°24′47.88″
3	蒙古栎林综合观测场	MEFZH03	永久样地	1979	127°39′47.52″	45°24′20.16″
4	杨桦林综合观测场	MEFZH04	永久样地	1979	127°39′53.64″	45°24′18″
5	硬阔叶林综合观测场	MEFZH05	永久样地	1979	127°39′53.28″	45°24′13.68″
6	杂木林综合观测场	MEFZH06	永久样地	1979	127°39′59.76″	45°24′20.16″
7	次生林56年龄系列样地辅助观测场	MEFFZ01	永久样地	2013	127°39′48.60″	45°24′30.60″
8	次生林25年龄系列样地辅助观测场	MEFFZ02	永久样地	2013	127°39′54.00″	45°24′37.08″
9	次生林10年龄系列样地辅助观测场	MEFFZ03	永久样地	2013	127°40′0.84″	45°24′42.84″
10	兴安落叶松暖化实验样地	MEFSY01	永久样地	2004	127°39′24.84″	45°24′30.24″
11	通量监测辅助实验样地	MEFSY02	永久样地	2008	127°40′16.32″	45°25′9.48″
12	同质园实验样地	MEFSY03	永久样地	2004	127°39′27″	45°24′33.84″
13	兴安落叶松种源实验样地	MEFSY04	永久样地	2004	127°35′46.68″	45°22′59.52″

2.2 主要样地介绍

2.2.1 帽儿山站红松人工林综合观测场（MEFZH01）

帽儿山站红松人工林综合观测场位于东北林业大学帽儿山实验林场老爷岭施业区，海拔380～450 m。距离站点约400 m。地理坐标为45°24′10.44″N，127°39′55.44″E。为2004年建立的用于联网长期观测与生态站观测、研究、试验的永久样地。

该地区属低山地貌，土壤为典型暗棕壤，植被类型为红松人工林。保护完好，禁止放牧及森林砍伐，人为干扰活动较少。样地海拔 413 米，为早期栽针保阔实验林，后对其进行透光抚育，形成以红松为主，白桦、水曲柳等其他树种少量伴生的林分，乔木层树种组成为 7 红 2 桦 1 水-栎，总盖度为 0.85，林下灌木草本较少，代表了该地区红松人工林类型。样地为多边形，总面积为 4 000 m^2。样地内胸径（DBH）＞2 cm 的乔木个体挂牌，并于 2010 年安装生长监测带，每个样方布置 5 个凋落物收集器、5 个根系微根管、5 个土壤呼吸测定环。可进行生物、土壤和林内气象监测、主要树种树干液流、树干呼吸、土壤呼吸测定等工作。

2.2.2 帽儿山站兴安落叶松林综合观测场（MEFZH02）

帽儿山站兴安落叶松林综合观测场位于东北林业大学帽儿山实验林场老爷岭施业区，海拔 380～450 m。距离站点约 1 300 m。地理坐标为 45°24′47.88″N，127°39′39.60″E。为 2004 年建立的用于生态站观测、研究、试验的永久样地。

该地区属低山地貌，土壤为典型暗棕壤，植被类型为兴安落叶松人工林。保护完好，禁止放牧及森林砍伐，人为干扰活动较少。样地海拔 383 米，基本处于平地，东侧有条小溪。样地内以东北主要造林树种兴安落叶松为优势种，伴生少量榆树。树种组成为 9 落 1 榆，总盖度为 0.8，林下灌木以暴马丁香，草本以荨麻占绝对优势。样地为多边形，总面积为 4 000 m^2。样地内胸径（DBH）＞2 cm 的乔木个体挂牌，并于 2010 年安装生长监测带，每个样方布置 5 个凋落物收集器、5 个根系微根管、5 个土壤呼吸测定环。可进行生物、土壤和林内气象监测、主要树种树干液流、树干呼吸、土壤呼吸测定等工作。

2.2.3 帽儿山站蒙古栎林综合观测场（MEFZH03）

帽儿山站蒙古栎林综合观测场位于东北林业大学帽儿山实验林场老爷岭施业区，海拔 380～450 m。距离站点约 600 m。地理坐标为 45°24′20.16″N，127°39′47.52″E。为 2004 年建立的用于生态站观测、研究、试验的永久样地。

该地区属低山地貌，土壤为典型暗棕壤，植被类型为蒙古栎林。保护完好，禁止放牧及森林砍伐，人为干扰活动较少。样地海拔 439 米，位于起伏山坡上坡位，坡度较大，蒙古栎占绝对优势，树种组成为 10 栎＋椴＋桦，具有典型的代表性。样地为多边形，总面积为 4 000 m^2。样地内胸径（DBH）＞2 cm 的乔木个体挂牌，并于 2010 年安装生长监测带，每个样方布置 5 个凋落物收集器、5 个根系微根管、5 个土壤呼吸测定环。可进行生物、土壤和林内气象监测、主要树种树干液流、树干呼吸、土壤呼吸测定等工作。

2.2.4 帽儿山站杨桦林综合观测场（MEFZH04）

帽儿山站杨桦林综合观测场位于东北林业大学帽儿山实验林场老爷岭施业区，海拔 380～450 m。距离站点约 900 m。地理坐标为 45°24′18″N，127°39′53.64″E。为 2004 年建立的用于联网长期观测与生态站观测、研究、试验的永久样地。

该地区属低山地貌，土壤为典型暗棕壤，植被类型为杨桦林。保护完好，禁止放牧及森林砍伐，人为干扰活动较少。样地海拔 429 米，位于起伏山坡中上位，坡度较小；山杨为优势种，乔木树种组成为 5 杨 1 水 1 椴 1 槭 1 栎 1 桦＋胡＋黄＋榆，盖度为 0.78。具有典型的代表性。样地为多边形，总面积为 4 000 m^2。样地内胸径（DBH）＞2 cm 的乔木个体挂牌，并于 2010 年安装生长监测带，每个样方布置 5 个凋落物收集器、5 个根系微根管、5 个土壤呼吸测定环。可进行生物、土壤和林内气象监测、主要树种树干液流、树干呼吸、土壤呼吸测定等工作。

2.2.5 帽儿山站硬阔叶林综合观测场（MEFZH05）

帽儿山站硬阔叶林综合观测场位于东北林业大学帽儿山实验林场老爷岭施业区，海拔380～450 m。距离站点约600 m。地理坐标为45°24′13.68″N，127°39′53.28″E。为2004年建立的用于联网长期观测与生态站观测、研究、试验的永久样地。

该地区属低山地貌，土壤为典型暗棕壤，植被类型为硬阔叶林。保护完好，禁止放牧及森林砍伐，人为干扰活动较少。样地海拔406米，处于沟谷地带，以水曲柳为主的东北三大硬阔叶树种为优势种，伴生蒙古栎、春榆等。乔木层组成结构为6水2胡1栎1榆＋槭一黄。盖度为0.74。属于三大硬阔分布适宜地带。样地为多边形，总面积为4 000 m^2。样地内胸径（DBH）＞2 cm的乔木个体挂牌，并于2010年安装生长监测带，每个样方布置5个凋落物收集器、5个根系微根管、5个土壤呼吸测定环。可进行生物、土壤和林内气象监测、主要树种树干液流、树干呼吸、土壤呼吸测定等工作。

2.2.6 帽儿山站杂木林综合观测场（MEFZH06）

帽儿山站杂木林综合观测场位于东北林业大学帽儿山实验林场老爷岭施业区，海拔380～450 m。距离站点约900 m。地理坐标为45°24′20.16″N，127°39′59.76″E。样地为1979年建立的用于联网长期观测与生态站观测、研究、试验的永久样地。

该地区属低山地貌，土壤为典型暗棕壤，植被类型为杂木林。保护完好，禁止放牧及森林砍伐，人为干扰活动较少。样地海拔450米，位于起伏山坡中上位，坡度较小，先锋种逐渐衰退，无固定的优势种，组成为2胡2杨1黄1椴1槭1栎1榆1桦，总盖度为0.78，主要灌木为丁香、卫矛、绣线菊等；主要草本植物为苔草、山茄子、白花碎米荠、荨麻等。具有典型的代表性。样地为多边形，总面积为4 000 m^2。样地内胸径（DBH）＞2 cm的乔木个体挂牌，并于2010年安装生长监测带，每个样方布置5个凋落物收集器、5个根系微根管、5个土壤呼吸测定环。可进行生物、土壤和林内气象监测、主要树种树干液流、树干呼吸、土壤呼吸测定等工作。

2.2.7 帽儿山站次生林56年龄系列样地辅助观测场（MEFFZ01）

帽儿山站次生林56年龄系列样地辅助观测场位于东北林业大学帽儿山实验林场老爷岭施业区，海拔380～450 m。距离站点约800 m。地理坐标为45°24′30.60″N，127°39′48.60″E。为2013年建立用于生态站观测、研究、试验的永久样地。

该区域属于低山地貌，土壤类型为暗棕壤，植被主要是典型的东北东部温带森林次生林和主要造林树种的人工林。保护完好，禁止放牧及森林砍伐，人为干扰活动较少。对同一坡面不同坡位进行皆伐，形成代表该地区经采伐后形成的56年次生林。样地海拔439米，植被林型为杂木林；样地为长方形，面积达1 800 m^2。可开展物种组成、生物量、碳储量清查，生产力估算等工作。

2.2.8 帽儿山站次生林25年龄系列样地辅助观测场（MEFFZ02）

帽儿山站次生林25年龄系列样地辅助观测场位于东北林业大学帽儿山实验林场老爷岭施业区，海拔380～450 m。距离站点约800 m。地理坐标为45°24′37.08″N，127°39′54.00″E。为2013年建立用于生态站观测、研究、试验的永久样地。

该区域属于低山地貌，土壤类型为暗棕壤，植被主要是典型的东北东部温带森林次生林和主要造林树种的人工林。保护完好，禁止放牧及森林砍伐，人为干扰活动较少。对同一坡面不同坡位进行皆伐，形成代表该地区经采伐后形成的25年次生林。样地海拔436米，植被林型为杨桦林；样地为长方形，面积达1 800 m^2。可开展物种组成、生物量、碳储量清查，生产力估算等工作。

2.2.9 帽儿山站次生林10年龄系列样地辅助观测场（MEFFZ03）

帽儿山站次生林10年龄系列样地辅助观测场位于东北林业大学帽儿山实验林场老爷岭施业区，海拔380～450 m。距离站点约800 m。地理坐标为45°24′42.84″N，127°40′0.84″E。为2013年建立用于生态站观测、研究、试验的永久样地。

该区域属于低山地貌，土壤类型为暗棕壤，植被主要是典型的东北东部温带森林次生林和主要造林树种的人工林。保护完好，禁止放牧及森林砍伐，人为干扰活动较少。对同一坡面不同坡位进行皆伐，形成代表该地区经采伐后形成的10年次生林。样地海拔448米，植被林型为杨桦林；样地为长方形，面积达1 800 m²。可开展物种组成、生物量、碳储量清查，生产力估算等工作。

2.2.10 帽儿山站兴安落叶松暖化实验样地（MEFSY01）

帽儿山站兴安落叶松暖化实验样地位于东北林业大学帽儿山实验林场老爷岭施业区，海拔380～450 m。距离站点约1 000 m。地理坐标为45°24′30.24″N，127°39′24.84″E。为2004年建立用于生态站观测、研究、试验的永久样地。

该地区属低山地貌，土壤为典型暗棕壤，植被为兴安落叶松人工林。保护完好，禁止放牧及森林砍伐，人为干扰活动较少。样地海拔365米，基本处于平地，地势平坦区。样地内植被林型为兴安落叶松纯林；样地为多边形，面积达14 400 m²。样地建立后建立围栏，布置采样踏板、土壤呼吸环、根系监测微根管等设施，可开展生物量测定、生长量测定、碳储量测定、凋落物量测定、土壤呼吸测定等工作。

2.2.11 帽儿山站通量监测辅助实验样地（MEFSY02）

帽儿山站通量监测辅助实验样地位于东北林业大学帽儿山实验林场老爷岭施业区，海拔380～450 m。距离站点约1 900 m。地理坐标为45°25′9.48″N，127°40′16.32″E。为2008年建立的用于生态站观测、研究、试验的永久样地。

该地区属低山地貌，土壤为典型暗棕壤，植被类型为典型次生林。保护完好，禁止放牧及森林砍伐，人为干扰活动较少。样地海拔415米，位于起伏山坡中上位，坡度较小，先锋种逐渐衰退，无固定的优势种，具有典型的代表性。样地为多边形，面积达17 200 m²。样地内胸径（DBH）>2 cm的乔木个体挂牌，并安装生长监测带；每个样方布置凋落物收集器5个、土壤呼吸环5个。可开展生物量测定、生长量测定、碳储量测定、凋落物量测定、土壤呼吸测定等工作。

2.2.12 帽儿山站同质园实验样地（MEFSY03）

帽儿山站同质园实验样地位于东北林业大学帽儿山实验林场老爷岭施业区，海拔380～450 m。距离站点约1 000 m。地理坐标为45°24′33.84″N，127°39′27″E。为2004年建立的用于生态站观测、研究、试验的永久样地。

该地区属低山地貌，土壤为典型暗棕壤，植被类型为东北主要11个树种人工林。保护完好，禁止放牧及森林砍伐，人为干扰活动较少。样地海拔365米，基本处于平地，地势平坦区。样地内为人工营造东北主要11个树种纯林（每个样地为25 m×25 m），整体形状呈多边形，总面积达160 000 m²。可在永久样地内进行降水控制实验、生物量生长量测定等工作。

2.2.13 帽儿山站兴安落叶松种源实验样地（MEFSY04）

帽儿山站兴安落叶松种源实验样地位于东北林业大学帽儿山实验林场2号施业区，海拔380～450 m。距离站点约10.2km。地理坐标为45°22′59.52″N，127°35′46.68″E。为2004年建立的用于生态站观测、研究、试验的永久样地。

该地区属低山地貌，土壤为典型暗棕壤，植被类型为兴安落叶松人工林。保护完好，禁止放牧及森林砍伐，人为干扰活动较少。样地海拔376米，位于兴安落叶松生长适宜地段的中下坡。样地内树种组成全为兴安落叶松，已经郁闭。样地为多边形，面积达40 000 m^2。可进行生长监测、光合测定等工作。

2.3 主要观测设施介绍

1984年建成测水堰4座（集水区面积分别为4 000 hm^2、147 hm^2、24 hm^2 和16 hm^2）、径流平衡场4个（集水面积为500 m^2）；于2012年进行维修。目前有1座测水堰（147 hm^2）、2个径流平衡场，运行良好。有地下水位测定井2口。2007年建立通量监测塔1套，并配备相应的地面验证监测样地。拥有面积为625 m^2 的标准常规气象观测站1个、林内自动森林小气候气象站10个（表2-2）。

表2-2 帽儿山站主要设施列表

序号	设施名称	设施代码	设施类别	建立年份	经度（E）	纬度（N）
1	帽儿山站气象观测场	MEF_QXZH_01	永久设施	1979	127°39′38.88″	45°24′13.32″
2	帽儿山站水文站	MEF_SWZJ_01	长期设施	1984	127°40′11.64″	45°24′28.80″
3	帽儿山站通量监测塔	MEF_FTCS_01	长期设施	2007	127°40′4.08″	45°25′0.12″

2.3.1 森林气象观测设施

帽儿山站气象观测场（设施代码：MEF_QXZH_01）位于黑龙江省尚志市帽儿山镇东北林业大学帽儿山实验林场，观测场海拔高度为362米，地理坐标为45°24′13.32″N，127°39′38.88″E，土壤类型为典型暗棕壤。该设施建于1979年，占地面积0.062 5 hm^2，是可进行大气温湿度、辐射、土壤水分等综合观测工作的永久设施。

目前该观测场内的观测设备主要有：人工观测大气、土壤温度计，自动监测气象站常规气象仪器（HMP45C等，VAISALA等公司的产品）以及数据采集器（CR3000）。主要观测项目为：人工观测，8时、14时、20时人工观测土壤温度、大气温度、降水、蒸发量；自动气象，每隔15分钟监测1次大气温度、湿度、土壤温度、土壤湿度、光合有效辐射、总辐射、紫外辐射、净辐射。

2.3.2 森林水文观测设施

帽儿山站水文站（设施代码：MEF_SWZJ_01）位于黑龙江省尚志市帽儿山镇东北林业大学帽儿山实验林场，水文站海拔高度为367米，地理坐标为45°24′28.80″N，127°40′11.64″E。该设施建于1984年，设计使用年限为50年，占地面积0.01 hm^2，是可进行森林水分平衡研究，森林碳水耦合研究工作的长期设施。

水文站主要观测设备为水位仪，可以进行每1小时连续自动测水位、流量的主要观测项目。

2.3.3 森林通量观测设施

帽儿山站通量监测塔（设施代码：MEF_FTCS_01）位于黑龙江省尚志市帽儿山镇东北林业大学帽儿山实验林场，通量塔海拔高度为385米，地理坐标为45°25′0.12″N，127°40′4.08″E，土壤类型为典型暗棕壤，植被类型为次生林。该设施建于2007年，设计使用年限20年，占地面积0.01 hm^2，是可进行东北温带次生林生态系统碳通量和水热通量长期定位观测，东北温带次生林生态系统C通量和水热通量分布特征研究，东北温带次生林生态系统 C、水通量廓线特征，森林的涡流特征研究工作的长期设施。

通量塔主要观测设备有：三维超声风速仪（CSAT3，Campbell Scientific Ltd，USA）、快速响应红外 CO_2/H_2O 分析仪（Li－7500，Li Cor Inc，USA）、七层 CO_2 廓线观测系统（LI－840，Li Cor Inc，USA）、常规气象仪器（HMP45C 等，VAISALA 等公司的产品）以及数据采集器（CR10XTD、CR23XTD、CR1000）。主要观测项目为：水汽通量，观测频度为 10 Hz/sec，30 min；CO_2 通量，观测频度为 10 Hz/sec，30 min；显热通量，观测频度为 10 Hz/sec，30 min；潜热通量，观测频度为 sec，30 min；辐射，观测频度为 30 min；降水量，观测频度为 30 min；大气压，观测频度为 30 min；相对湿度，观测频度为 30 min；气温，观测频度为 30 min；风向，观测频度为 30 min；风速，观测频度为 30 min；土壤热通量，观测频度为 30 min；土壤含水量，观测频度为 30 min；土壤温度，观测频度为 30 min。

3 环境监测方法

3.1 监测设备设施

3.1.1 观测目的

通过在帽儿山站林外设立一个标准气象观测场，利用人工观测和自动监测同步系统，连续观测风、温、光、湿、气压、降水等常规气象因子，获得具有代表性、准确性和比较性的林区气象资料，了解典型区域气象因子的变化规律，为探索气象因子与生物生长发育之间的关联性，揭示影响森林植物生长发育的关键气象因子，以及为研究森林对气候变化的响应提供基础数据。

3.1.2 观测内容

帽儿山站标准气象观测按照中华人民共和国国家标准《森林生态系统长期定位观测指标体系》和《森林生态系统长期定位观测方法》制定观测指标，包括天气现象、大气降水、空气温湿度等主要长期气象指标 9 类，观测指标 21 项（表 3-1）。

表 3-1 帽儿山站标准气象观测场观测指标

指标类别	观测指标	单位
天气现象	风、雨、雪、雾、沙尘、能见度	WMO 电报代码、m
大气降水	降雨量	mm
	强度	mm/h
风	风速	m/s
	风向	°
气压	气压	hPa
空气温湿度	最低温度	℃
	最高温度	℃
	定时温度	℃
	相对湿度	%
地表面温度	地表定时温度	℃
	地表最高温度	℃
	地表最低温度	℃
土壤温度	土壤温度	℃
蒸发	蒸发量	mm

（续）

指标类别	观测指标	单位
辐射	日照时数	h
	总辐射	MJ/m^2
	净辐射	MJ/m^2
	长波辐射	MJ/m^2
	紫外辐射	MJ/m^2
	光合有效辐射	mol/m^2

3.1.3 观测场及设备配置

帽儿山站气象观测场的设置严格按照中华人民共和国气象行业标准《森林生态系统长期定位观测方法》（GB/T 33027—2016）执行。观测场面积为 25 m×25 m，地面平坦，周围由 1.2 米高的稀疏角铁围栏围起。场地内设有人工观测百叶箱 2 个、人工降水雨量桶 1 个、小型人工观测蒸发皿 1 个、地表和土壤温度观测区 1 个。自动气象观测系统 2 套。分别以 CR3000 和 CR1000 为数据采集存储系统，连接 1 个 014A _ L 风速计、2 个 HMP45C 空气温湿度计、1 个 LI200X 总辐射计、2 个 LI190SB 光合有效辐射计、9 个 HFP01 土壤热通量板、27 个 CS107L 土壤温度传感器、9 个 CS616 土壤湿度传感器、1 个 CUV4 紫外辐射传感器、2 个 CSD3 日照时数传感器、1 个 CNR2 净辐射传感器、1 个 255 - 100（加 E601B）蒸发传感器、1 个 T200B 雨雪量计（图 3 - 1）。仪器设备布置情况见图 3 - 2。

图 3 - 1 帽儿山站 T200B 雨雪量计

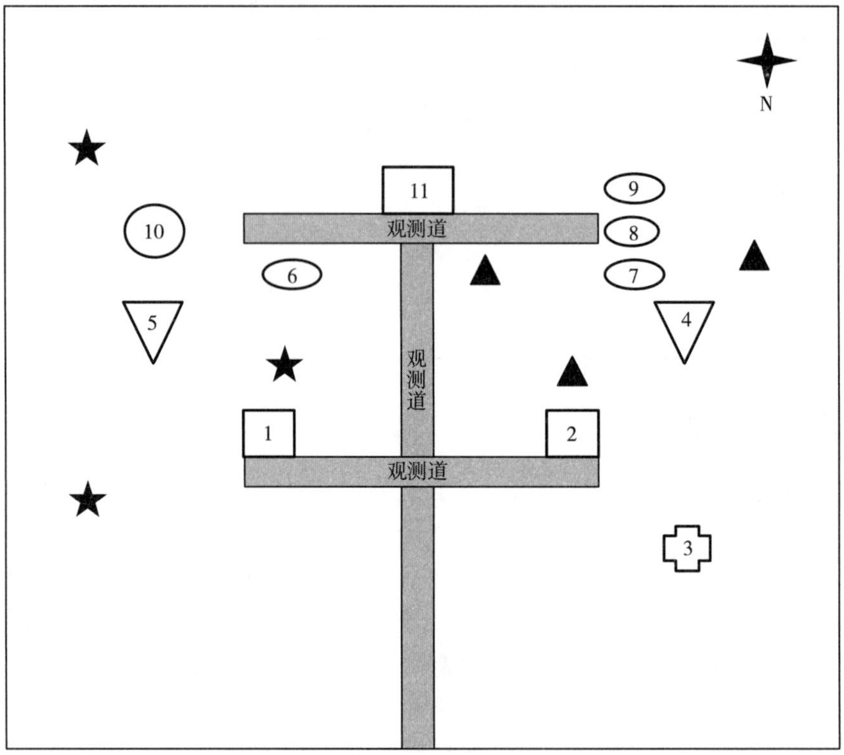

图 3-2 帽儿山站标准气象观测场设备布置图

1. 百叶箱 2. 百叶箱 3. 10 m 风杆 4. 自动气象站 5. 自动气象站 6. T200B 雨雪量计
7. 自记雨量计 8. 人工雨量桶 9. 小型蒸发皿 10. 255-100（加 E601B）蒸发传感器
11. 土壤温度人工测定区 ★. 雪深传感器 ▲. 土壤温度、土壤湿度、土壤热通量测定点

3.2 数据采集方法

3.2.1 人工观测数据采集

标准气象观测场于 1979 年建立，1980 年正式开始对空气温度、相对湿度、土壤温度等常规气象因子进行连续观测。数据采集方式为每日 8 时、14 时、20 时观测云、能见度、气压、气温、湿度、风速、风向、0～40 cm 地温。8 时观测降水量，20 时观测降水量、蒸发量、最高和最低气温、最高和最低地表温度。

3.2.2 自动气象观测数据采集

2005—2017 年，利用自动采集系统 CR3000 和 CR1000 连接气压、空气温度、相对湿度、地表温度、土壤温度、总辐射、净辐射、光合有效辐射、紫外辐射、风速等传感器，以每 10 次/min 的频率扫描采集数据，存储 15 分钟滑动平均值数据。降水量和降水强度的采样频率为 10 Hz，存储 15 分钟累计值。定期查看各传感器是否正常，地温传感器的埋置是否准确，风向、风速传感器是否转动灵活，辐射传感器表面是否清洁等。每月检查供电设施，保证供电安全。每年春季对防雷设施进行全面检查，对接地电阻进行复测。自动监测数据完好率达 98.4%。

3.3 数据处理方法

数据质量控制和评估符合中国生态系统研究网络（China Ecosystem Research Network，简称

CERN）的数据质量管理体系。数据质量控制过程包括：定期检查和维护观测设施和仪器，确保仪器设备正常运行；检查、整理原始监测数据，检查单个数据点，分析、汇总数据，推动数据集形成、入库与共享。对原始数据的检查包括文件格式化错误、存储损坏等明显的数据问题。单个数据点的检查，主要是针对异常数据进行修正、剔除。具体的构建过程见图 3-3。

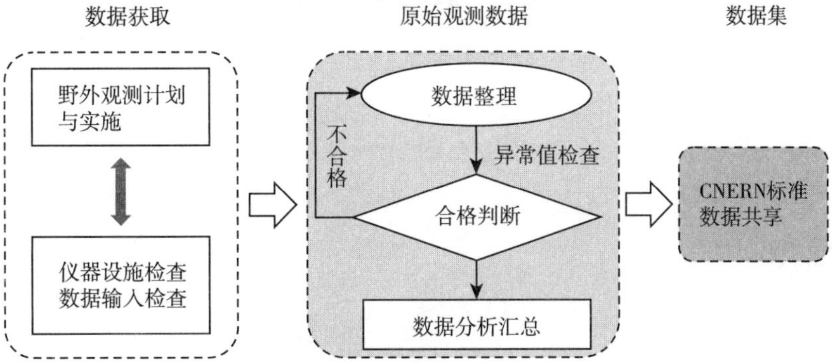

图 3-3 数据构建流程

4 空气温湿度

4.1 空气温度

4.1.1 引言

工业革命以来，使用化石燃料和土地利用变化等人类活动使大气 CO_2 的浓度上升了 30%，造成地表平均温度在 20 世纪升高了 0.6 ℃，预计到 21 世纪末，地表平均温度还将继续上升 1.4～5.8 ℃（IPCC，2001；牛书丽等，2007）。全球变暖会对动、植物的生长和分布产生深远的影响，进而改变生态系统的服务功能，最终威胁到人类自身的生存和发展（Walther et al.，2002）。帽儿山森林生态站位于高纬度地带，是我国气候变化的敏感地区（张全智，2010）。开展帽儿山森林生态站气候变暖过程研究非常必要，可为评估东北温带森林气候变暖步伐研究提供精确数据，为估算植被净初级生产力及森林碳汇能力、建立生态系统模型等提供基础气象数据。

4.1.2 数据采集和处理方法

2005—2017 年，利用自动采集系统 CR3 000 连接 HMP45C 空气温湿度计，通过每 6 s 扫描 1 次，求得并存储 15 min 平均气温。依据 15 min 监测数据计算逐小时数据，数据完好率为 100%。1980—2017 年，人工观测空气温度的数据采集方式为每日 8 时、14 时、20 时分别通过观察水银温度计记录 1 次，得到 8 时空气温度、14 空气温度、20 时空气温度、日最高气温和日最低气温，并对人工观测缺失或者异常的空气温度数据进行插补和矫正，异常数据和缺失数据占总数据量的 2.4%。插补方法是利用已有的帽儿山空气温度数据与尚志市的相应温度数据建立回归关系，1980—2004 年缺少的数据根据尚志市的空气温度数据计算；2005—2017 年缺少的温度数据直接采用帽儿山自动气象站的数据。校正的方法是首先对异常值进行检验，如日最低温高于日均温、日最高气温低于日均温等情况都属于异常值。1980—2004 年的异常值通过建立相应的回归关系，根据已有的数据重新计算；2005—2017 年的异常值直接采用自动气象站数据。

4.1.3 空气温度动态特征

基于 1980—2017 年的人工观测数据，帽儿山森林生态系统定位研究站年均温为 2.0 ℃，波动范围为 0.2～3.3 ℃，年均温最低值和最高值分别出现在 1987 年和 2007 年（图 4-1）。年平均气温呈显著升高趋势，升高速度为每 10 年 0.33 ℃（$y=0.033x-64$，$R^2=0.21$，$P=0.004$）。日最低温度>0 ℃的天数共 151 天，波动范围为 130～172 天，最小值和最大值分别出现在 1986 年和 1991 年；1980 年以来，日最低温度>0 ℃的天数呈显著增加趋势（$y=0.48x-800$，$R^2=0.25$，$P=0.001$）。帽儿山站≥10 ℃积温为 2 446 ℃，变化范围为 2 019～2 777 ℃，也呈显著增加趋势（$y=8.9x-15\ 424$，$R^2=0.36$，$P<0.001$）。

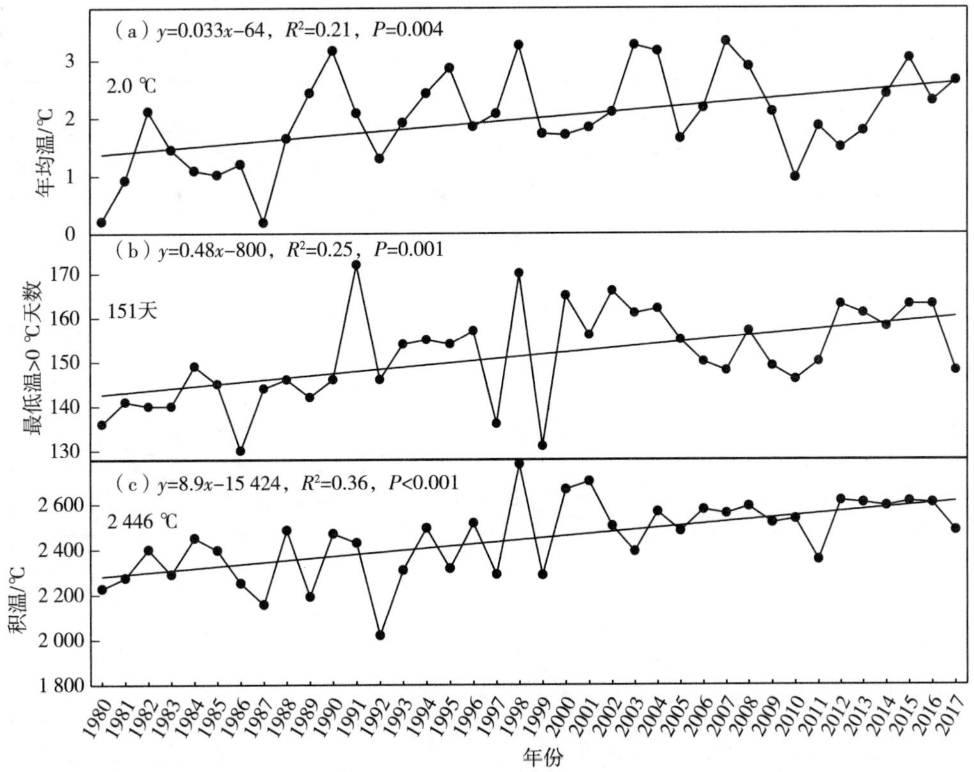

图 4-1 1980—2017 年帽儿山站气温年际变化（人工观测）

帽儿山站最热月为 7 月，1980—2017 年的 7 月平均温度为 20.5 ℃，历史极端高温为 38.7 ℃（2015 年）；最冷月为 1 月，1980—2017 年的 1 月平均温度为－20.7 ℃，历史极端低温为－55.2（1991 年）（图 4-2）。

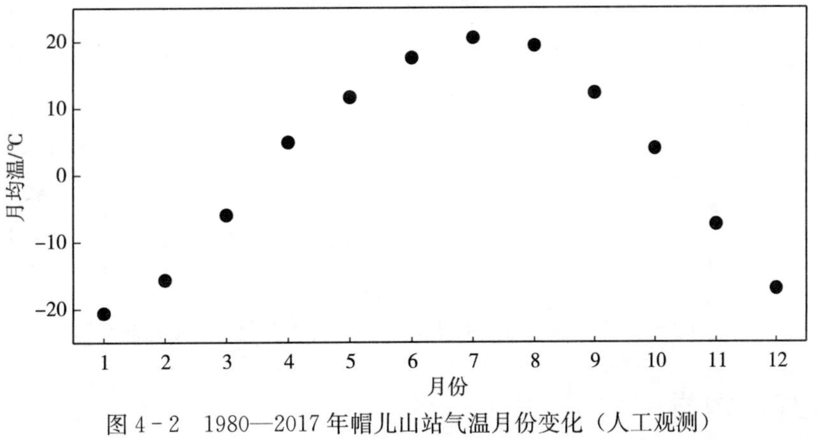

图 4-2 1980—2017 年帽儿山站气温月份变化（人工观测）

基于 2005—2017 年的自动观测数据，帽儿山森林生态系统定位研究站年平均气温为 2.1 ℃，波动范围为 1.2～3.3 ℃，年均温最低值和最高值分别出现在 2012 年和 2017 年。自动观测数据也显示 2005—2017 年的年平均气温呈升高趋势，升高速度为每 10 年 0.87 ℃（$y=0.087x-173$，$R^2=0.21$，$P=0.117$）。2005 年以来，日最低温度＞0 ℃的天数共 156 天，日最低温度＞0 ℃的天数呈显著增加趋势（$y=1.4x-2\ 589$，$R^2=0.32$，$P=0.046$）。2005—2017 年帽儿山站≥10 ℃积温多年均值为 2 373 ℃（图 4-3）。

2005—2017 年 1 月、2 月、3 月、4 月、5 月、6 月、7 月、8 月、9 月、10 月、11 月、12 月平均

温度分别为−19.7 ℃、−15.1 ℃、−5.6 ℃、4.6 ℃、11.9 ℃、17.3 ℃、20.2 ℃、19.1 ℃、12.4 ℃、4.2 ℃、−6.9 ℃、−17.2 ℃（图 4-4）。

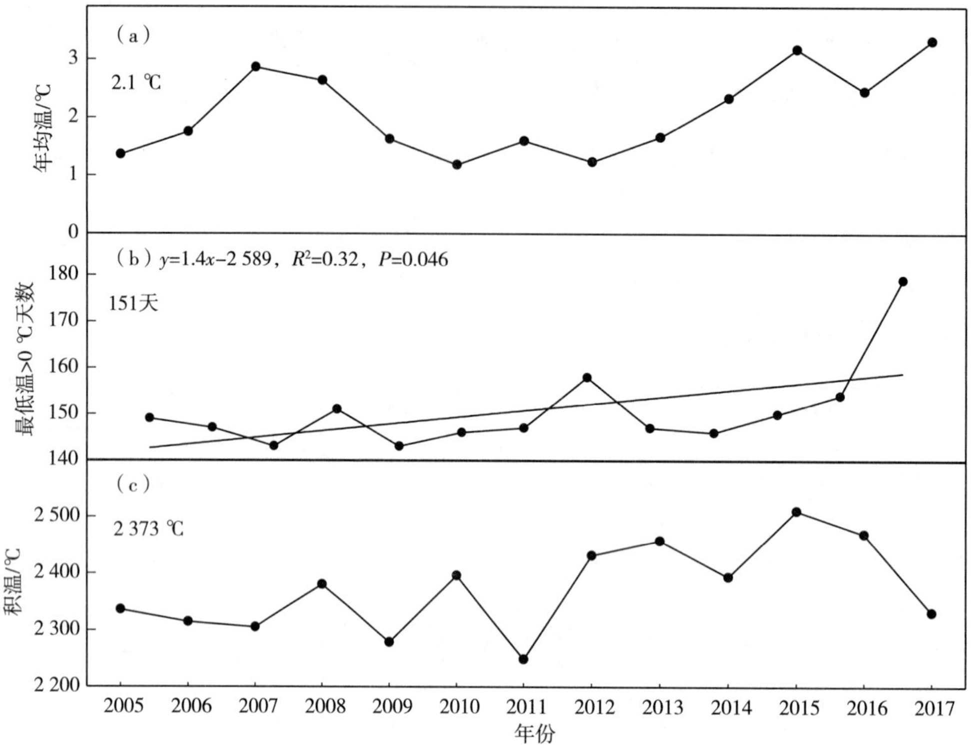

图 4-3 2005—2017 年帽儿山站气温年际变化（自动监测）

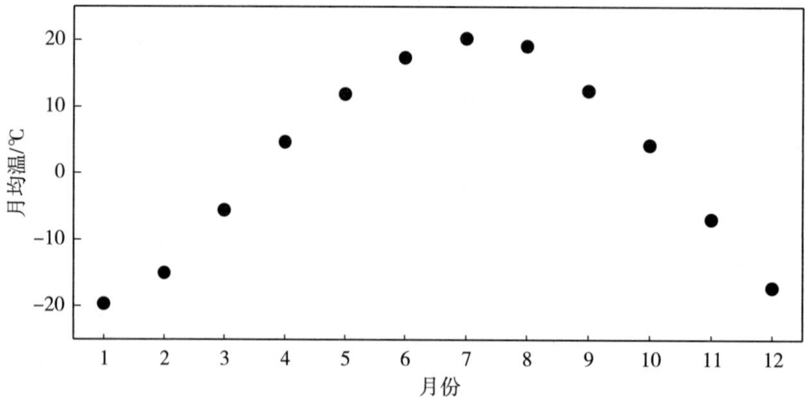

图 4-4 2005—2017 年帽儿山站气温月份变化（自动监测）

4.1.4 逐月统计数据

1980—2017 年帽儿山站气温人工观测数据见表 4-1，2005—2007 年帽儿山站气温自动监测数据见表 4-2。

表 4-1 帽儿山站气温人工观测数据

时间（年-月）	月平均温/℃	最低温/℃	最高温/℃	日最低温月平均值/℃	日最高温月平均值/℃	最低温>0 ℃天数	积温/℃
1980-01	−24.6	−45.6	−0.5	−33.9	−13.7	0	0.0
1980-02	−19.1	−38.0	2.5	−28.9	−8.5	0	0.0

（续）

时间（年-月）	月平均温/℃	最低温/℃	最高温/℃	日最低温月平均值/℃	日最高温月平均值/℃	最低温＞0℃天数	积温/℃
1980-03	−7.4	−28.5	17.1	−18.0	0.7	3	11.2
1980-04	0.7	−19.0	19.0	−8.1	7.2	15	0.0
1980-05	11.2	−9.5	29.4	1.0	19.4	31	232.9
1980-06	17.4	0.5	31.8	8.2	24.2	30	502.1
1980-07	19.2	5.0	28.9	11.0	25.5	31	596.7
1980-08	18.4	3.5	30.8	9.7	25.9	31	571.7
1980-09	10.4	−10.6	26.5	1.3	18.0	30	264.2
1980-10	1.2	−20.5	24.6	−7.3	7.8	16	47.7
1980-11	−5.6	−25.0	9.5	−15.1	1.8	4	0.0
1980-12	−19.9	−37.0	3.0	−28.4	−11.9	0	0.0
1981-01	−23.6	−37.5	−4.4	−32.7	−12.9	0	0.0
1981-02	−18.1	−37.5	−0.5	−27.7	−7.9	0	0.0
1981-03	−6.7	−33.0	11.0	−16.6	0.8	1	0.0
1981-04	6.3	−13.0	23.9	−3.4	14.3	28	73.3
1981-05	10.7	−3.5	32.6	2.2	20.1	31	272.0
1981-06	15.8	−1.4	27.7	7.2	23.3	30	473.8
1981-07	21.8	9.0	31.9	15.6	27.0	31	675.4
1981-08	16.9	2.0	26.8	9.9	22.9	31	523.9
1981-09	10.9	−10.5	25.5	2.5	19.3	30	244.7
1981-10	2.7	−16.0	20.4	−4.7	9.9	22	11.6
1981-11	−11.4	−30.5	3.8	−18.4	−4.4	0	0.0
1981-12	−15.5	−33.1	1.4	−22.8	−7.7	0	0.0
1982-01	−22.3	−34.0	−2.3	−25.8	−10.2	0	0.0
1982-02	−15.3	−37.8	2.2	−23.6	−5.4	1	0.0
1982-03	−6.6	−26.9	10.0	−15.7	0.8	3	0.0
1982-04	6.8	−9.6	27.2	−2.5	15.2	28	97.1
1982-05	11.2	−6.3	26.7	1.0	19.4	31	247.1
1982-06	17.4	−2.0	32.3	5.6	27.3	30	512.9
1982-07	20.7	4.5	33.7	11.8	28.1	31	640.7
1982-08	20.5	2.3	35.5	12.9	26.9	31	634.2
1982-09	11.0	−5.0	25.6	2.3	19.1	30	216.9
1982-10	3.4	−18.5	25.5	−5.8	12.5	23	50.4
1982-11	−6.8	−27.1	11.2	−14.3	1.7	2	0.0
1982-12	−15.6	−33.0	2.5	−23.2	−8.1	0	0.0
1983-01	−19.6	−39.5	2.8	−27.5	−10.1	0	0.0
1983-02	−18.7	−39.5	1.5	−27.4	−9.0	0	0.0

（续）

时间（年-月）	月平均温/℃	最低温/℃	最高温/℃	日最低温月平均值/℃	日最高温月平均值/℃	最低温＞0 ℃天数	积温/℃
1983-03	−4.3	−26.0	22.5	−14.1	3.6	8	11.6
1983-04	6.5	−11.7	24.0	−1.6	14.2	27	95.4
1983-05	11.1	−5.0	26.0	1.1	18.4	31	239.5
1983-06	14.0	1.5	25.5	7.4	19.2	30	420.9
1983-07	18.7	7.5	30.0	12.0	24.4	31	581.1
1983-08	19.2	3.0	30.5	11.3	25.8	31	594.0
1983-09	13.0	−6.5	28.0	5.0	20.3	30	335.4
1983-10	0.9	−18.5	18.5	−8.1	9.5	18	11.5
1983-11	−6.6	−27.5	11.0	−13.9	0.9	4	0.0
1983-12	−18.2	−35.0	2.0	−25.3	−9.0	0	0.0
1984-01	−22.0	−35.5	−8.2	−28.8	−13.2	0	0.0
1984-02	−19.4	−39.0	−2.2	−26.6	−9.9	0	0.0
1984-03	−10.0	−29.4	3.0	−18.5	−2.4	0	0.0
1984-04	4.3	−15.6	21.6	−2.6	10.9	25	50.8
1984-05	12.9	−5.5	27.5	3.0	21.2	31	335.4
1984-06	17.5	1.4	28.5	9.7	23.6	30	525.8
1984-07	20.2	6.1	34.9	13.7	26.3	31	626.6
1984-08	19.5	7.0	29.7	14.1	24.9	31	605.0
1984-09	10.8	−8.7	24.0	2.7	18.2	30	267.0
1984-10	1.8	−15.0	22.4	−5.5	9.1	16	40.0
1984-11	−6.4	−26.4	14.0	−13.6	1.3	7	0.0
1984-12	−16.8	−34.0	2.2	−23.1	−8.6	0	0.0
1985-01	−24.0	−38.5	−6.0	−31.0	−13.7	0	0.0
1985-02	−17.2	−33.4	−3.4	−24.4	−8.5	0	0.0
1985-03	−7.0	−29.0	11.1	−14.4	0.0	5	0.0
1985-04	5.5	−12.5	19.5	−3.0	13.1	29	45.0
1985-05	12.1	−6.1	28.3	1.9	21.0	31	274.1
1985-06	17.6	0.0	31.2	9.7	23.7	30	526.7
1985-07	20.2	5.5	37.0	14.4	25.6	31	626.8
1985-08	19.7	−3.5	28.6	13.8	24.5	31	609.4
1985-09	11.0	−5.2	27.6	3.8	18.8	30	240.7
1985-10	4.2	−13.0	22.0	−4.0	12.5	21	74.0
1985-11	−8.8	−27.8	13.5	−15.4	−1.6	6	0.0
1985-12	−22.0	−37.2	−1.0	−29.0	−13.4	0	0.0
1986-01	−23.6	−36.5	−2.8	−30.7	−14.3	0	0.0
1986-02	−17.1	−35.2	−1.5	−26.0	−7.5	0	0.0

（续）

时间（年-月）	月平均温/℃	最低温/℃	最高温/℃	日最低温月平均值/℃	日最高温月平均值/℃	最低温>0℃天数	积温/℃
1986-03	−5.6	−25.4	7.5	−13.9	2.0	0	0.0
1986-04	3.4	−14.4	23.4	−5.4	10.5	26	24.5
1986-05	11.3	−9.5	28.2	0.7	19.3	31	255.6
1986-06	17.6	−1.2	29.7	9.3	24.7	30	529.2
1986-07	19.8	6.8	28.3	13.0	25.9	31	613.8
1986-08	17.5	5.4	27.3	11.0	23.4	31	542.3
1986-09	11.4	−6.0	23.8	3.8	19.6	30	263.8
1986-10	1.6	−18.0	22.6	−7.3	10.4	18	22.2
1986-11	−7.9	−23.0	9.0	−15.0	−1.4	3	0.0
1986-12	−15.2	−39.6	2.6	−22.3	−6.7	0	0.0
1987-01	−22.6	−40.8	−1.9	−30.1	−12.7	0	0.0
1987-02	−17.1	−32.8	2.7	−25.2	−8.2	0	0.0
1987-03	−9.7	−29.6	7.7	−19.2	−2.5	0	0.0
1987-04	0.9	−8.6	22.7	−3.0	11.6	16	12.6
1987-05	6.3	−7.6	28.3	1.6	18.7	27	66.8
1987-06	16.6	−1.0	29.1	7.8	24.3	30	498.3
1987-07	19.2	7.0	29.1	13.2	24.5	31	594.1
1987-08	19.3	9.9	27.9	14.4	24.2	31	598.7
1987-09	11.9	−5.8	32.4	5.1	19.2	30	308.1
1987-10	4.1	−15.4	24.8	−2.9	11.4	24	78.2
1987-11	−11.5	−36.4	38.0	−19.2	−2.1	1	0.0
1987-12	−16.3	−36.0	3.0	−23.3	−8.6	1	0.0
1988-01	−18.3	−35.9	0.5	−25.2	−10.4	0	0.0
1988-02	−20.2	−34.3	−2.9	−27.9	−10.8	0	0.0
1988-03	−7.8	−28.6	9.2	−15.7	−0.2	3	0.0
1988-04	3.7	−18.4	23.1	−3.5	11.2	23	61.7
1988-05	10.4	−5.7	28.9	2.9	17.2	31	274.6
1988-06	17.6	2.0	30.8	9.3	25.1	30	528.7
1988-07	20.5	8.0	30.3	14.4	26.0	31	636.8
1988-08	20.8	4.9	38.0	16.0	26.0	31	645.9
1988-09	12.7	−3.0	24.5	5.9	20.0	30	326.4
1988-10	3.4	−12.8	19.7	−4.6	11.8	26	10.7
1988-11	−6.7	−24.0	12.9	−13.4	−0.1	3	0.0
1988-12	−17.3	−33.5	2.1	−24.3	−8.6	0	0.0
1989-01	−16.9	−35.7	9.9	−24.4	−7.3	0	0.0
1989-02	−13.4	−30.6	3.7	−22.2	−3.8	0	0.0

（续）

时间（年-月）	月平均温/℃	最低温/℃	最高温/℃	日最低温月平均值/℃	日最高温月平均值/℃	最低温>0℃天数	积温/℃
1989-03	−3.5	−26.0	21.5	−11.6	4.6	9	0.0
1989-04	5.6	−12.3	22.4	−3.7	14.1	26	46.4
1989-05	10.7	−5.0	30.5	0.9	19.2	31	202.9
1989-06	16.6	3.3	28.8	10.2	23.3	30	498.3
1989-07	19.6	7.6	30.4	13.8	25.3	31	608.1
1989-08	18.6	3.8	33.3	11.2	25.8	31	576.5
1989-09	10.6	−5.0	28.4	3.6	18.2	30	238.0
1989-10	4.1	−10.0	19.4	−3.4	12.1	26	20.7
1989-11	−7.2	−25.7	13.0	−15.0	0.6	3	0.0
1989-12	−16.6	−30.8	7.5	−23.6	−8.9	0	0.0
1990-01	−24.3	−48.8	0.6	−32.1	−13.8	0	0.0
1990-02	−11.9	−33.5	2.8	−19.2	−3.5	0	0.0
1990-03	−2.0	−22.3	17.0	−10.4	6.0	10	0.0
1990-04	4.4	−12.3	21.7	−2.8	11.1	27	24.4
1990-05	10.8	−9.5	26.8	0.2	19.0	31	241.8
1990-06	17.3	3.1	31.5	10.6	23.8	30	518.5
1990-07	21.1	6.8	37.8	14.7	26.1	31	654.0
1990-08	20.7	6.6	29.6	13.9	25.1	31	642.1
1990-09	12.0	−2.7	26.3	4.7	19.4	30	276.4
1990-10	6.1	−30.0	22.6	−2.5	15.1	25	112.5
1990-11	−3.8	−22.6	11.6	−10.8	3.6	7	0.0
1990-12	−13.2	−32.5	3.9	−19.4	−5.5	2	0.0
1991-01	−19.0	−32.2	−3.2	−25.6	−10.3	0	0.0
1991-02	−17.1	−33.3	0.6	−22.8	−6.7	0	0.0
1991-03	−6.8	−55.2	6.7	−13.8	0.4	1	0.0
1991-04	5.5	−9.2	20.5	−0.3	11.6	28	57.4
1991-05	12.6	−2.1	32.8	5.5	19.9	31	334.7
1991-06	16.9	2.4	28.0	10.8	23.2	30	508.2
1991-07	19.5	8.7	32.0	14.2	25.4	31	604.1
1991-08	20.2	3.6	30.9	13.3	27.0	31	625.3
1991-09	11.5	−2.0	23.2	4.4	19.0	30	245.0
1991-10	4.4	−11.5	22.5	−2.0	11.1	24	53.8
1991-11	−5.7	−25.1	9.2	−13.1	1.4	5	0.0
1991-12	−18.1	−33.6	3.3	−24.7	−7.6	0	0.0
1992-01	−17.2	−33.2	−1.5	−24.1	−8.0	0	0.0
1992-02	−15.4	−31.8	12.0	−23.5	−5.1	0	0.0

（续）

时间（年-月）	月平均温/℃	最低温/℃	最高温/℃	日最低温月平均值/℃	日最高温月平均值/℃	最低温>0℃天数	积温/℃
1992-03	−4.8	−26.0	14.6	−13.2	3.9	9	0.0
1992-04	4.9	−7.5	20.4	−1.9	11.7	29	24.0
1992-05	10.4	−5.5	29.0	0.8	18.3	31	200.7
1992-06	15.4	−2.0	27.3	8.1	21.5	30	426.8
1992-07	16.1	6.4	31.9	11.6	26.6	31	498.2
1992-08	18.9	4.0	29.7	12.5	24.8	31	587.4
1992-09	11.1	−6.2	30.0	4.1	18.4	30	255.9
1992-10	4.0	−18.0	20.0	−3.2	13.4	28	26.1
1992-11	−11.0	−29.5	11.1	−13.9	−1.6	2	0.0
1992-12	−17.4	−38.0	3.1	−24.7	−8.9	1	0.0
1993-01	−19.8	−34.0	−1.2	−27.3	−9.9	0	0.0
1993-02	−13.2	−30.1	−0.3	−21.4	−5.0	0	0.0
1993-03	−4.3	−26.2	12.0	−12.8	4.4	5	0.0
1993-04	5.3	−10.0	26.0	−2.4	15.7	30	36.0
1993-05	11.9	−5.4	31.4	1.6	20.8	31	278.6
1993-06	16.3	3.6	26.7	10.6	21.7	30	489.7
1993-07	20.3	6.0	28.0	14.1	25.6	31	628.5
1993-08	18.3	4.7	27.5	11.9	24.3	31	568.2
1993-09	12.1	0.5	29.5	4.6	22.0	30	284.2
1993-10	3.8	−10.0	25.6	−3.0	11.9	25	22.7
1993-11	−10.6	−25.6	7.9	−13.4	−2.0	0	0.0
1993-12	−18.1	−36.5	−2.0	−25.9	−7.5	0	0.0
1994-01	−21.5	−38.4	−5.0	−29.2	−11.2	0	0.0
1994-02	−14.6	−32.6	2.5	−22.9	−4.8	0	0.0
1994-03	−7.3	−25.6	8.0	−12.3	−1.7	1	0.0
1994-04	4.6	−17.0	24.0	−5.2	14.0	27	23.4
1994-05	10.3	−6.0	27.5	1.2	18.3	31	210.8
1994-06	19.1	2.0	31.5	11.4	26.0	30	574.4
1994-07	22.0	9.0	31.0	15.9	27.3	31	680.5
1994-08	20.2	8.0	36.0	14.3	27.2	31	626.2
1994-09	13.6	1.0	28.2	7.2	19.7	30	378.7
1994-10	3.4	−10.5	19.5	−2.8	13.0	26	0.0
1994-11	−4.4	−22.0	14.0	−12.9	4.6	9	0.0
1994-12	−17.3	−29.5	2.5	−23.5	−8.5	0	0.0
1995-01	−16.6	−31.4	5.5	−23.7	−7.1	0	0.0
1995-02	−13.6	−27.5	6.0	−21.3	−3.3	0	0.0

（续）

时间（年-月）	月平均温/℃	最低温/℃	最高温/℃	日最低温月平均值/℃	日最高温月平均值/℃	最低温＞0 ℃天数	积温/℃
1995-03	−3.8	−19.5	9.0	−10.4	3.8	10	0.0
1995-04	4.0	−11.3	32.5	−3.2	12.6	23	62.6
1995-05	9.8	−6.0	27.1	1.7	17.8	31	199.4
1995-06	17.6	−6.0	32.0	8.7	25.9	30	520.7
1995-07	20.1	7.1	30.4	14.0	26.1	31	623.4
1995-08	18.3	4.6	30.3	11.6	25.5	31	568.0
1995-09	11.7	−7.4	28.0	3.7	22.0	30	291.2
1995-10	6.1	−6.4	20.4	0.1	12.8	31	49.8
1995-11	−6.6	−22.8	12.0	−14.5	3.0	2	0.0
1995-12	−13.9	−26.8	0.0	−20.3	−5.1	0	0.0
1996-01	−18.4	−32.4	−0.4	−25.6	−8.0	0	0.0
1996-02	−14.7	−31.0	6.4	−22.7	−4.0	0	0.0
1996-03	−6.2	−25.5	14.0	−14.6	2.4	3	0.0
1996-04	5.1	−11.5	26.7	−1.7	11.7	20	126.2
1996-05	13.2	−5.4	30.2	5.8	20.8	31	365.9
1996-06	17.4	2.6	29.7	10.2	24.5	30	523.4
1996-07	20.5	5.7	32.5	14.3	26.9	31	636.6
1996-08	17.9	4.3	34.0	11.4	24.7	31	554.6
1996-09	11.3	−4.5	27.5	2.5	18.8	30	297.3
1996-10	1.7	−23.5	19.7	−5.4	9.6	22	10.8
1996-11	−8.9	−30.5	6.5	−16.6	−1.7	1	0.0
1996-12	−17.2	−32.5	−0.8	−25.1	−8.6	0	0.0
1997-01	−20.4	−39.0	−0.1	−26.9	−11.7	0	0.0
1997-02	−13.9	−29.0	2.9	−22.6	−4.6	0	0.0
1997-03	−8.0	−24.7	13.4	−11.6	2.7	1	0.0
1997-04	5.3	−11.5	22.5	−4.6	13.2	28	58.3
1997-05	10.2	−9.5	29.5	−1.1	18.4	31	185.3
1997-06	18.1	3.8	31.5	10.4	24.8	30	543.2
1997-07	21.4	9.9	36.0	14.2	28.0	31	664.8
1997-08	19.7	8.5	38.0	13.1	25.4	31	609.2
1997-09	10.9	−7.2	26.0	1.7	19.2	30	212.3
1997-10	1.3	−21.5	23.0	−6.9	8.3	21	16.2
1997-11	−6.3	−27.6	11.4	−16.4	3.8	5	0.0
1997-12	−14.3	−39.0	2.4	−23.5	−5.9	0	0.0
1998-01	−21.6	−40.0	6.0	−30.0	−11.7	0	0.0
1998-02	−9.3	−28.5	17.9	−17.4	1.1	0	0.0

（续）

时间（年-月）	月平均温/℃	最低温/℃	最高温/℃	日最低温月平均值/℃	日最高温月平均值/℃	最低温＞0 ℃天数	积温/℃
1998-03	−3.1	−26.0	15.0	−10.6	5.2	8	10.1
1998-04	8.9	−14.2	23.8	0.3	17.4	28	175.2
1998-05	13.5	−10.2	29.3	3.4	21.5	31	370.8
1998-06	17.4	−0.4	29.0	9.7	24.3	30	523.2
1998-07	21.3	3.5	35.5	15.1	27.9	31	661.6
1998-08	19.1	6.3	37.8	14.1	24.7	31	591.2
1998-09	12.7	0.6	26.5	5.9	21.4	30	342.0
1998-10	6.8	−6.0	26.0	−0.6	14.3	30	103.3
1998-11	−11.1	−29.6	9.5	−18.8	−4.1	0	0.0
1998-12	−16.3	−33.5	3.0	−23.8	−6.9	0	0.0
1999-01	−20.1	−29.6	2.5	−23.1	−9.5	0	0.0
1999-02	−11.2	−32.0	4.8	−21.1	−4.9	0	0.0
1999-03	−11.0	−35.3	7.4	−20.3	−2.7	2	0.0
1999-04	4.1	−23.0	28.0	−5.0	13.1	24	53.0
1999-05	9.6	−4.7	29.0	0.4	20.7	31	199.5
1999-06	16.2	−2.0	32.5	7.7	24.1	30	475.9
1999-07	22.7	10.0	33.0	15.9	29.0	31	702.5
1999-08	18.8	6.5	31.5	12.1	25.5	31	583.8
1999-09	11.9	−5.7	27.5	2.7	20.0	30	245.6
1999-10	2.9	−16.6	19.5	−5.6	11.4	21	25.1
1999-11	−7.0	−30.5	15.0	−14.6	2.8	6	0.0
1999-12	−16.8	−41.9	2.2	−24.3	−6.5	0	0.0
2000-01	−21.3	−38.2	−2.6	−28.6	−12.9	0	0.0
2000-02	−18.8	−31.5	−3.6	−27.4	−7.7	0	0.0
2000-03	−6.1	−30.9	7.5	−13.7	2.8	0	0.0
2000-04	3.9	−12.0	23.0	−3.1	11.1	27	15.1
2000-05	12.9	−1.0	28.0	4.5	21.0	31	347.8
2000-06	18.9	2.5	31.5	9.6	27.0	30	567.3
2000-07	21.5	7.0	36.5	14.0	28.1	31	666.8
2000-08	20.9	10.0	30.0	14.8	26.6	31	648.2
2000-09	13.6	0.1	29.5	5.2	21.9	30	380.8
2000-10	4.5	−13.0	18.5	−3.6	11.9	24	38.4
2000-11	−9.6	−29.6	13.2	−17.1	−0.9	3	0.0
2000-12	−20.6	−38.5	0.0	−27.4	−11.3	0	0.0
2001-01	−26.1	−46.6	−8.9	−34.8	−12.4	0	0.0
2001-02	−20.1	−41.5	4.0	−29.4	−4.5	0	0.0

（续）

时间（年-月）	月平均温/℃	最低温/℃	最高温/℃	日最低温月平均值/℃	日最高温月平均值/℃	最低温>0 ℃天数	积温/℃
2001-03	−7.6	−28.0	11.2	−15.3	4.3	3	0.0
2001-04	4.8	−14.0	26.5	−5.7	15.1	27	87.6
2001-05	12.4	−3.5	30.0	2.5	23.6	31	301.7
2001-06	18.4	4.0	38.0	10.1	30.3	30	552.5
2001-07	21.3	9.2	33.4	13.7	28.2	31	661.7
2001-08	19.7	4.9	32.3	11.2	27.5	31	610.4
2001-09	14.5	0.0	32.5	7.3	23.7	30	378.1
2001-10	6.5	−11.4	25.0	−0.7	17.1	28	108.4
2001-11	−5.0	−25.0	14.0	−12.5	4.7	5	0.0
2001-12	−18.1	−38.0	1.0	−25.7	−7.8	0	0.0
2002-01	−20.0	−38.2	2.4	−26.6	−10.8	0	0.0
2002-02	−18.4	−31.5	6.0	−26.3	−6.7	0	0.0
2002-03	−6.0	−30.9	13.8	−13.0	4.3	0	0.0
2002-04	4.0	−12.0	23.0	−2.7	11.7	27	15.1
2002-05	12.7	−1.9	28.2	4.2	21.0	31	333.0
2002-06	17.4	1.2	30.4	9.5	24.3	30	521.0
2002-07	20.6	9.0	36.0	13.2	27.0	31	638.0
2002-08	18.4	6.0	30.0	13.1	24.1	31	570.4
2002-09	14.1	−10.0	35.0	6.5	24.5	30	388.8
2002-10	2.6	−10.6	22.9	−3.5	8.1	18	35.3
2002-11	−11.3	−27.2	3.2	−17.9	−4.7	0	0.0
2002-12	−10.5	−30.9	13.0	−17.5	−2.4	4	0.0
2003-01	−18.6	−33.1	0.7	−25.3	−9.7	0	0.0
2003-02	−11.9	−32.2	10.2	−20.4	−2.3	0	0.0
2003-03	−2.9	−18.0	12.5	−10.6	4.9	9	0.0
2003-04	7.1	−12.0	24.0	−0.4	14.8	28	85.7
2003-05	12.2	−22.5	27.3	0.4	21.7	31	313.4
2003-06	18.0	1.6	31.0	10.7	24.8	30	540.1
2003-07	19.8	9.7	29.0	13.1	25.4	31	613.8
2003-08	18.5	4.9	29.5	11.6	25.0	31	573.8
2003-09	10.4	−1.0	27.6	6.1	20.9	30	205.4
2003-10	6.0	−13.0	17.6	−3.9	11.3	30	44.9
2003-11	−5.7	−28.2	18.7	−14.3	0.4	5	13.3
2003-12	−14.6	−29.0	12.0	−20.0	−3.3	0	0.0
2004-01	−17.8	−32.0	0.0	−23.9	−8.4	0	0.0
2004-02	−13.3	−31.1	9.0	−19.6	−4.6	0	0.0

（续）

时间（年-月）	月平均温/℃	最低温/℃	最高温/℃	日最低温月平均值/℃	日最高温月平均值/℃	最低温>0 ℃天数	积温/℃
2004-03	−4.4	−25.5	15.0	−10.6	3.1	9	0.0
2004-04	6.5	−6.8	22.3	−1.9	12.8	30	77.6
2004-05	12.0	−6.0	26.0	3.3	19.5	31	314.1
2004-06	18.4	0.0	31.5	7.8	26.7	30	552.5
2004-07	19.6	10.2	29.5	13.6	25.0	31	606.7
2004-08	17.9	5.3	29.2	10.6	24.6	31	555.2
2004-09	13.6	−2.8	25.4	5.8	20.8	30	386.2
2004-10	5.9	−9.7	23.3	−1.9	13.5	28	72.6
2004-11	−4.0	−23.1	12.2	−8.8	2.2	6	0.0
2004-12	−16.8	−29.9	6.4	−22.6	−11.0	0	0.0
2005-01	−19.3	−34.4	−3.8	−26.9	−11.5	0	0.0
2005-02	−20.2	−33.0	−4.2	−28.3	−10.4	0	0.0
2005-03	−7.3	−29.5	8.1	−16.3	−0.5	2	0.0
2005-04	5.5	−11.6	23.5	−2.3	10.6	28	61.9
2005-05	10.1	−5.0	28.5	1.5	17.4	31	224.5
2005-06	17.9	2.4	28.8	10.2	24.8	30	538.2
2005-07	19.7	1.0	29.7	13.1	25.9	31	610.5
2005-08	19.7	5.3	38.5	13.5	26.3	31	609.3
2005-09	12.8	−0.5	27.0	5.0	21.2	30	332.9
2005-10	5.6	−15.5	26.5	−2.8	15.2	27	78.8
2005-11	−5.6	−23.0	15.0	−12.5	2.3	5	24.3
2005-12	−20.5	−35.0	3.6	−27.9	−10.7	0	0.0
2006-01	−21.1	−36.0	0.5	−29.3	−9.8	0	0.0
2006-02	−15.4	−36.5	5.0	−25.3	−5.3	2	0.0
2006-03	−5.6	−24.0	16.4	−14.7	2.9	2	0.0
2006-04	2.9	−18.0	26.5	−5.1	10.3	23	20.4
2006-05	12.8	−3.5	28.5	2.7	21.9	31	353.3
2006-06	16.4	2.8	28.6	9.4	21.6	30	491.5
2006-07	19.8	1.5	30.1	11.0	26.2	31	614.8
2006-08	20.1	6.0	29.0	13.4	26.1	31	622.6
2006-09	12.6	−1.5	26.0	4.1	21.2	30	347.9
2006-10	5.3	−14.0	25.0	−3.4	13.0	26	124.2
2006-11	−7.3	−25.5	14.5	−15.1	−0.2	3	0.0
2006-12	−15.6	−31.5	9.5	−22.5	−6.2	0	0.0
2007-01	−14.7	−30.2	1.4	−21.6	−5.6	0	0.0
2007-02	−10.3	−31.7	6.8	−19.8	−1.4	0	0.0

（续）

时间（年-月）	月平均温/℃	最低温/℃	最高温/℃	日最低温月平均值/℃	日最高温月平均值/℃	最低温＞0℃天数	积温/℃
2007-03	−6.4	−27.0	9.5	−14.2	0.4	4	0.0
2007-04	4.0	−13.7	25.6	−4.0	10.5	24	48.7
2007-05	11.6	−6.0	25.5	3.8	18.1	31	311.3
2007-06	18.7	2.5	32.5	9.3	27.2	30	560.1
2007-07	19.5	3.5	32.0	10.9	26.5	31	605.0
2007-08	19.6	3.0	29.5	11.5	26.1	31	607.8
2007-09	13.8	−4.5	28.0	5.6	21.5	30	379.6
2007-10	4.4	−12.5	23.6	−5.5	13.4	27	45.4
2007-11	−6.8	−28.0	11.8	−15.0	1.1	5	0.0
2007-12	−14.4	−27.5	0.2	−21.1	−6.0	0	0.0
2008-01	−21.5	−36.8	−5.8	−29.6	−11.7	0	0.0
2008-02	−15.3	−29.7	7.0	−24.4	−4.2	0	0.0
2008-03	−0.8	−20.0	14.1	−8.8	7.8	15	0.0
2008-04	8.2	−10.9	28.1	−0.8	16.9	27	199.6
2008-05	10.1	−5.1	23.0	1.6	17.5	31	211.1
2008-06	18.4	2.4	35.3	9.4	26.1	30	551.3
2008-07	21.6	10.5	30.2	15.3	26.0	31	668.2
2008-08	19.5	5.7	31.3	12.5	25.9	31	604.5
2008-09	12.3	−5.1	26.7	4.3	20.3	30	332.2
2008-10	5.1	−11.3	20.5	−2.2	13.4	26	22.9
2008-11	−8.1	−27.5	11.0	−15.1	−0.8	3	0.0
2008-12	−15.4	−33.6	6.3	−22.7	−6.9	2	0.0
2009-01	−19.3	−33.6	−1.3	−26.9	−10.4	0	0.0
2009-02	−14.3	−32.0	2.4	−23.0	−6.5	0	0.0
2009-03	−6.9	−26.9	8.8	−16.3	−0.3	1	0.0
2009-04	6.8	−12.0	24.4	−2.4	13.4	28	101.4
2009-05	14.1	−6.2	30.0	2.7	22.0	31	415.1
2009-06	16.2	1.0	27.5	9.7	21.3	30	485.1
2009-07	19.7	8.3	28.6	13.2	24.5	31	610.1
2009-08	19.4	0.3	30.2	12.1	24.8	31	592.1
2009-09	12.0	−2.6	25.0	3.5	19.2	30	268.1
2009-10	4.5	−14.5	19.3	−3.1	11.9	28	22.2
2009-11	−8.4	−31.0	16.4	−15.7	−2.7	5	23.6
2009-12	−19.6	−39.4	−0.9	−27.0	−12.0	0	0.0
2010-01	−20.4	−38.5	17.9	−27.6	−11.0	0	0.0
2010-02	−21.0	−39.6	5.8	−29.5	−11.9	0	0.0

（续）

时间（年-月）	月平均温/℃	最低温/℃	最高温/℃	日最低温月平均值/℃	日最高温月平均值/℃	最低温>0℃天数	积温/℃
2010-03	−12.5	−32.5	7.0	−20.2	−4.9	0	0.0
2010-04	1.2	−15.7	17.0	−5.7	6.9	17	0.0
2010-05	13.1	−2.2	29.0	4.9	19.7	31	308.3
2010-06	20.6	3.3	36.7	11.2	28.6	30	619.3
2010-07	20.9	8.9	28.7	15.3	25.5	31	647.6
2010-08	19.2	6.8	32.7	13.3	24.8	31	596.6
2010-09	12.4	−5.7	28.6	3.7	21.4	30	298.6
2010-10	3.5	−15.0	25.9	−3.9	11.5	21	62.9
2010-11	−7.4	−29.5	10.5	−13.8	−0.1	5	0.0
2010-12	−19.5	−38.5	17.9	−25.7	−10.6	0	0.0
2011-01	−24.6	−39.6	4.7	−31.7	−14.2	0	0.0
2011-02	−13.9	−34.1	7.1	−23.0	−5.0	0	0.0
2011-03	−6.7	−28.2	15.3	−16.1	0.9	4	0.0
2011-04	4.1	−10.7	22.8	−3.2	11.6	27	12.8
2011-05	11.4	−6.1	28.4	3.3	18.3	31	221.0
2011-06	17.2	3.4	30.2	10.2	23.3	30	505.2
2011-07	22.1	11.5	30.6	16.9	27.1	31	683.7
2011-08	19.7	6.2	30.5	13.1	26.4	31	612.0
2011-09	11.4	−4.4	25.4	2.2	19.7	30	252.7
2011-10	5.8	−10.2	21.8	−2.2	13.9	30	54.6
2011-11	−6.6	−26.9	15.0	−13.5	0.4	6	12.4
2011-12	−18.6	−35.1	−2.5	−25.6	−10.2	0	0.0
2012-01	−21.8	−50.3	27.5	−30.6	−10.7	1	0.0
2012-02	−16.9	−35.6	18.7	−25.1	−6.3	0	0.0
2012-03	−7.1	−32.2	10.3	−15.8	0.7	4	0.0
2012-04	4.5	−14.8	23.7	−3.4	11.9	23	63.1
2012-05	12.6	−1.7	28.7	3.1	20.3	31	318.6
2012-06	18.3	5.3	32.3	12.0	24.5	30	550.0
2012-07	20.9	9.9	33.5	15.1	26.4	31	648.8
2012-08	18.8	4.3	30.9	12.1	25.4	31	583.2
2012-09	13.9	−1.0	27.4	7.8	20.5	30	401.4
2012-10	3.9	−11.3	20.7	−3.1	11.2	24	49.7
2012-11	−7.4	−29.2	9.3	−13.2	−1.0	6	0.0
2012-12	−22.5	−39.2	−4.7	−29.3	−14.0	0	0.0
2013-01	−22.5	−37.1	20.3	−29.5	−10.0	0	0.0
2013-02	−19.1	−35.1	17.5	−27.5	−8.9	0	0.0

（续）

时间（年-月）	月平均温/℃	最低温/℃	最高温/℃	日最低温月平均值/℃	日最高温月平均值/℃	最低温>0℃天数	积温/℃
2013-03	−9.0	−28.3	5.3	−18.1	−1.5	0	0.0
2013-04	1.8	−15.8	21.3	−5.3	7.5	15	24.5
2013-05	14.3	−2.1	30.0	5.8	21.7	31	411.5
2013-06	18.2	0.5	30.5	11.2	24.8	30	546.2
2013-07	21.4	11.3	29.7	16.2	26.4	31	663.5
2013-08	19.8	2.0	30.0	14.3	24.8	31	613.9
2013-09	12.5	−5.1	27.7	4.4	20.8	30	309.5
2013-10	4.4	−10.3	26.9	−2.7	12.7	26	36.4
2013-11	−4.8	−28.6	12.2	−11.4	1.0	6	0.0
2013-12	−17.0	−32.8	2.3	−25.0	−7.6	0	0.0
2014-01	−21.3	−37.7	1.1	−29.8	−10.7	0	0.0
2014-02	−17.1	−35.8	8.4	−26.3	−5.9	1	0.0
2014-03	−4.1	−26.5	17.2	−12.9	4.0	10	0.0
2014-04	7.1	−11.3	25.5	−2.7	15.7	27	108.4
2014-05	11.6	−0.7	33.0	5.0	17.4	31	279.8
2014-06	19.4	5.4	31.8	12.2	26.4	30	581.2
2014-07	20.9	8.7	30.8	15.2	26.3	31	649.1
2014-08	19.3	6.8	32.1	13.1	26.1	31	598.2
2014-09	12.2	−8.5	26.6	4.5	20.4	30	330.0
2014-10	3.9	−14.3	22.7	−4.4	12.6	24	44.8
2014-11	−4.6	−21.3	12.2	−11.7	3.9	6	0.0
2014-12	−19.5	−37.5	15.2	−26.8	−10.3	0	0.0
2015-01	−18.7	−33.5	−0.8	−27.0	−7.8	0	0.0
2015-02	−13.2	−35.1	4.8	−21.9	−3.5	1	0.0
2015-03	−3.6	−29.2	17.6	−11.9	3.4	11	11.7
2015-04	5.8	−17.5	30.8	−2.9	13.5	27	109.7
2015-05	11.5	−4.2	38.7	3.1	19.0	31	271.2
2015-06	18.0	1.8	30.8	10.3	25.2	30	541.1
2015-07	20.4	6.5	33.3	13.0	27.0	31	631.6
2015-08	20.4	9.8	32.2	15.4	25.4	31	630.9
2015-09	13.3	−2.8	28.4	5.4	21.3	30	351.4
2015-10	3.8	−14.3	24.0	−3.6	11.5	23	52.3
2015-11	−7.2	−26.0	14.8	−13.5	−0.4	6	11.2
2015-12	−15.0	−34.2	16.6	−22.1	−5.2	1	0.0
2016-01	−22.1	−37.2	12.7	−29.4	−12.3	0	0.0
2016-02	−13.9	−32.8	8.0	−22.5	−5.6	1	0.0

（续）

时间（年-月）	月平均温/℃	最低温/℃	最高温/℃	日最低温月平均值/℃	日最高温月平均值/℃	最低温>0℃天数	积温/℃
2016-03	−2.6	−24.5	16.3	−10.9	4.9	12	0.0
2016-04	5.4	−13.0	22.1	−2.5	12.2	28	24.3
2016-05	12.5	−1.2	28.7	5.0	19.4	31	312.4
2016-06	16.9	2.3	27.7	10.3	23.3	30	507.4
2016-07	21.4	10.3	35.7	15.2	27.5	31	663.5
2016-08	20.2	3.2	33.2	13.5	27.0	31	625.3
2016-09	14.5	−4.8	26.5	8.4	20.7	30	418.1
2016-10	1.9	−16.7	21.7	−5.3	8.9	21	53.2
2016-11	−12.2	−31.8	6.2	−20.2	−4.1	0	0.0
2016-12	−15.0	−33.7	13.7	−22.6	−5.9	1	0.0
2017-01	−17.4	−36.0	21.8	−23.8	−6.0	0	0.0
2017-02	−13.1	−38.6	4.8	−21.7	−5.0	1	0.0
2017-03	−4.2	−27.5	11.5	−12.9	3.8	6	0.0
2017-04	5.8	−11.0	24.5	−3.5	12.8	29	62.6
2017-05	12.2	−7.5	28.6	1.7	20.5	31	293.3
2017-06	16.4	−2.3	30.7	10.0	21.9	30	465.8
2017-07	21.8	4.7	33.5	15.2	28.4	31	674.5
2017-08	20.0	1.5	30.7	14.7	25.1	31	609.2
2017-09	12.1	−5.2	26.7	4.5	20.3	30	316.7
2017-10	3.5	−12.2	20.8	−3.8	11.4	26	61.0
2017-11	−7.5	−32.5	13.0	−15.4	−0.4	5	0.0
2017-12	−18.9	−34.9	11.0	−25.7	−9.9	0	0.0

表 4-2 帽儿山站气温自动监测数据

时间（年-月）	月平均温/℃	最低温/℃	最高温/℃	日最低温月平均值/℃	日最高温月平均值/℃	最低温>0℃天数	积温/℃
2005-01	−18.9	−34.4	−3.8	−26.9	−11.5	0	0
2005-02	−19.8	−33.0	−4.2	−28.3	−10.4	0	0
2005-03	−7.4	−29.5	8.1	−16.3	−0.5	0	0
2005-04	4.7	−11.6	23.5	−2.3	10.6	7	51.2
2005-05	10.1	−5.0	26.4	1.7	16.4	19	217.3
2005-06	17.8	6.6	28.8	11.3	24.0	29	517.5
2005-07	19.8	11.4	27.7	15.6	24.2	30	596.5
2005-08	18.8	5.3	30.2	13.5	24.6	30	565.1
2005-09	12.3	−1.8	26.9	4.6	19.7	26	308.4
2005-10	5.0	−15.4	21.8	−3.3	12.1	7	57.8
2005-11	−5.8	−22.6	14.7	−12.8	1.4	1	22.2

（续）

时间（年-月）	月平均温/℃	最低温/℃	最高温/℃	日最低温月平均值/℃	日最高温月平均值/℃	最低温>0℃天数	积温/℃
2005-12	−20.3	−36.3	−1.4	−27.9	−12.9	0	0
2006-01	−20.8	−35.5	−1.3	−28.9	−11.4	0	0
2006-02	−15.5	−36.1	4.1	−24.5	−7.4	1	0
2006-03	−5.9	−23.5	9.4	−14.1	0.6	0	0
2006-04	2.5	−12.5	19.1	−4.8	8.9	3	12.4
2006-05	12.1	−3.6	27.4	2.2	20.0	20	320.8
2006-06	15.7	2.8	28.6	9.4	21.6	29	453.4
2006-07	19.4	5.5	30.1	13.4	25.5	30	581.0
2006-08	19.4	6.3	28.4	13.6	25.4	30	579.5
2006-09	11.9	−1.2	25.5	3.9	20.8	23	283.0
2006-10	4.6	−13.1	24.8	−3.6	12.7	11	84.3
2006-11	−7.3	−25.4	14.3	−14.8	−0.5	0	0
2006-12	−15.1	−31.2	1.6	−22.9	−7.5	0	0
2007-01	−14.4	−29.8	0.8	−21.7	−6.2	0	0
2007-02	−9.8	−31.4	6.8	−19.9	−1.6	0	0
2007-03	−6.5	−26.9	9.2	−14.4	−0.1	0	0
2007-04	3.5	−13.7	25.6	−4.2	9.8	3	50.3
2007-05	11.0	−5.5	25.6	3.1	17.2	24	235.7
2007-06	18.4	2.0	32.1	9.7	25.8	29	536.3
2007-07	19.1	3.6	31.7	11.6	25.9	30	572.6
2007-08	18.9	3.0	29.3	12.2	25.4	30	566.9
2007-09	12.8	−4.3	26.9	5.1	20.5	25	319.8
2007-10	3.3	−12.5	23.6	−5.2	12.2	2	23.4
2007-11	−7.2	−27.7	11.5	−14.9	0.4	0	0
2007-12	−14.7	−27.3	−0.4	−21.5	−6.7	0	0
2008-01	−21.9	−36.8	−4.0	−29.6	−11.7	0	0
2008-02	−15.0	−29.7	5.9	−24.4	−5.3	0	0
2008-03	−0.9	−20.0	13.1	−8.8	6.4	1	0
2008-04	8.0	−10.9	27.1	−0.8	15.9	13	196.9
2008-05	9.5	−5.1	22.3	1.6	16.5	17	161.0
2008-06	17.4	2.4	34.8	9.4	25.4	29	513.8
2008-07	20.6	10.5	30.2	15.3	25.6	30	620.1
2008-08	19.1	5.7	31.4	12.5	25.7	30	575.1
2008-09	11.6	−5.1	25.3	4.3	19.2	23	290.9
2008-10	5.1	−11.3	20.2	−2.2	12.7	8	22.5
2008-11	−7.6	−27.5	10.8	−15.1	−0.9	0	0
2008-12	−14.5	−33.6	6.4	−22.7	−7.8	0	0
2009-01	−19.0	−33.6	−1.3	−26.9	−10.4	0	0

（续）

时间（年-月）	月平均温/℃	最低温/℃	最高温/℃	日最低温月平均值/℃	日最高温月平均值/℃	最低温>0℃天数	积温/℃
2009-02	−14.2	−32.0	2.4	−23.0	−6.5	0	0
2009-03	−7.4	−26.9	8.8	−16.3	−0.3	0	0
2009-04	6.1	−12.0	24.4	−2.4	13.4	7	65.1
2009-05	13.7	−6.2	30.0	2.7	22.0	21	371.7
2009-06	15.4	1.0	27.5	9.7	21.3	29	441.7
2009-07	18.9	8.3	28.6	13.2	24.5	30	570.1
2009-08	18.6	0.3	30.2	12.1	24.8	30	556.2
2009-09	11.5	−2.6	25.0	3.5	19.2	18	226.7
2009-10	4.2	−14.5	19.3	−3.1	11.9	5	23.9
2009-11	−9.0	−31.0	16.4	−15.7	−2.7	3	23.6
2009-12	−19.4	−39.4	−0.9	−27.0	−12.0	0	0
2010-01	−19.6	−38.9	0.7	−27.3	−12.6	0	0
2010-02	−18.4	−38.3	0.6	−27.0	−10.3	0	0
2010-03	−10.1	−31.8	6.4	−19.5	−2.8	1	0
2010-04	0.9	−15.0	16.4	−5.6	6.1	4	0
2010-05	12.8	−1.9	29.3	5.2	19.2	24	311.2
2010-06	19.8	3.5	36.3	11.6	28.0	29	576.1
2010-07	20.4	8.8	28.2	15.1	25.4	30	608.2
2010-08	18.7	7.1	29.2	13.2	24.1	30	562.4
2010-09	12.0	−5.5	28.6	3.7	21.2	20	276.6
2010-10	3.2	−14.5	23.5	−3.9	10.7	7	61.8
2010-11	−6.8	−29.3	10.2	−13.9	−0.7	1	0
2010-12	−18.6	−38.4	1.3	−25.6	−11.8	0	0
2011-01	−24.0	−38.6	−8.6	−31.3	−14.9	0	0
2011-02	−13.5	−33.8	7.1	−23.0	−5.1	0	0
2011-03	−6.9	−27.9	14.7	−15.8	0.2	0	0
2011-04	4.0	−10.4	22.0	−3.4	10.6	10	12.2
2011-05	11.0	−2.5	28.0	3.3	17.7	21	239.0
2011-06	16.6	3.3	29.7	10.0	22.7	29	489.5
2011-07	21.2	9.5	30.2	16.0	26.8	30	635.5
2011-08	19.2	6.8	30.4	12.9	25.7	30	573.8
2011-09	11.0	−4.4	25.4	2.2	19.7	19	241.1
2011-10	5.5	−10.0	21.4	−2.3	13.5	8	58.1
2011-11	−6.5	−26.9	14.9	−13.5	0.4	0	0
2011-12	−18.4	−35.1	−2.5	−25.6	−10.2	0	0
2012-01	−22.3	−34.3	−6.4	−29.8	−12.5	0	0
2012-02	−16.3	−35.3	0.5	−25.0	−8.8	0	0
2012-03	−6.9	−32.4	11.2	−16.2	0.0	1	0

（续）

时间（年-月）	月平均温/℃	最低温/℃	最高温/℃	日最低温月平均值/℃	日最高温月平均值/℃	最低温>0℃天数	积温/℃
2012-04	4.3	−16.4	23.1	−3.6	11.0	13	51.0
2012-05	12.0	−1.8	28.5	2.8	19.9	22	288.0
2012-06	17.5	5.7	30.0	11.3	23.9	29	510.4
2012-07	20.6	9.4	31.4	15.0	26.1	30	616.0
2012-08	18.5	4.8	30.3	11.7	24.9	30	555.0
2012-09	13.7	−0.6	27.1	7.5	19.9	27	366.0
2012-10	3.6	−11.1	20.5	−3.1	10.5	6	45.3
2012-11	−7.4	−30.0	7.5	−13.5	−1.6	0	0
2012-12	−22.3	−39.4	−5.2	−29.9	−14.6	0	0
2013-01	−21.8	−39.3	0.6	−30.0	−13.0	0	0
2013-02	−18.5	−34.6	3.0	−27.5	−10.5	0	0
2013-03	−8.8	−28.5	5.4	−18.7	−2.0	0	0
2013-04	1.3	−15.8	21.0	−6.1	6.7	4	12.1
2013-05	14.1	−3.4	29.8	5.5	21.1	25	389.9
2013-06	17.9	1.1	30.1	11.1	23.7	29	517.8
2013-07	20.9	11.6	29.4	15.9	25.9	30	627.7
2013-08	19.4	2.1	29.5	14.4	24.4	30	577.5
2013-09	12.4	−4.8	25.8	4.1	19.9	20	297.7
2013-10	4.3	−10.0	23.5	−3.0	12.2	7	35.1
2013-11	−4.6	−28.6	11.9	−11.6	0.8	2	0
2013-12	−16.4	−33.1	2.6	−24.7	−7.6	0	0
2014-01	−20.4	−37.7	0.8	−30.2	−10.9	0	0
2014-02	−16.6	−36.0	8.2	−26.3	−6.4	0	0
2014-03	−4.1	−26.5	16.6	−12.8	3.7	0	0
2014-04	6.8	−11.0	25.3	−3.0	14.9	5	97.8
2014-05	11.0	−3.1	31.4	4.5	16.9	24	245.3
2014-06	19.0	5.7	31.6	12.4	25.8	29	548.3
2014-07	20.5	9.1	30.1	15.1	25.7	30	611.9
2014-08	18.9	7.1	28.1	13.2	25.4	30	562.1
2014-09	11.9	−7.9	26.1	4.4	19.7	23	283.2
2014-10	4.2	−13.8	22.2	−3.8	12.2	4	45.6
2014-11	−4.2	−20.7	11.8	−11.4	3.2	1	0
2014-12	−19.0	−37.3	−3.1	−26.3	−11.7	0	0
2015-01	−17.4	−33.4	−1.1	−26.8	−7.9	0	0
2015-02	−12.7	−34.9	3.9	−21.7	−3.7	0	0
2015-03	−3.5	−28.5	17.6	−12.9	3.4	2	12.0
2015-04	6.0	−17.0	31.0	−3.2	13.4	5	113.6
2015-05	11.5	−3.5	30.9	3.3	18.2	20	244.1

（续）

时间（年-月）	月平均温/℃	最低温/℃	最高温/℃	日最低温月平均值/℃	日最高温月平均值/℃	最低温>0℃天数	积温/℃
2015-06	18.1	2.3	30.6	10.4	25.1	29	526.6
2015-07	20.2	7.5	33.0	13.5	26.9	30	609.5
2015-08	19.9	10.7	31.8	15.4	25.1	30	597.6
2015-09	13.2	−2.9	28.6	5.8	21.1	25	330.1
2015-10	4.1	−14.1	23.8	−3.6	11.4	8	65.5
2015-11	−7.0	−25.8	14.6	−13.4	−0.6	1	11.4
2015-12	−14.3	−33.8	1.1	−22.0	−6.5	0	0
2016-01	−21.1	−37.1	−3.8	−29.3	−12.9	0	0
2016-02	−13.6	−32.8	8.0	−22.3	−5.7	0	0
2016-03	−2.1	−23.9	16.1	−10.5	4.4	0	0
2016-04	5.5	−12.6	21.8	−2.4	11.8	8	23.5
2016-05	12.7	−1.2	28.1	4.6	18.8	28	329.8
2016-06	16.9	3.1	27.8	10.6	23.2	29	491.0
2016-07	20.8	7.7	30.7	14.4	26.9	30	628.5
2016-08	19.5	2.9	32.4	12.3	26.2	30	582.5
2016-09	13.9	−4.8	25.7	8.0	20.1	26	373.3
2016-10	2.0	−17.8	21.4	−5.5	8.8	3	41.0
2016-11	−11.2	−32.2	5.9	−20.5	−3.7	0	0
2016-12	−13.8	−33.6	4.9	−22.5	−6.6	0	0
2017-01	−14.9	−26.3	−2.0	−19.4	−9.9	0	0
2017-02	−11.7	−23.9	2.0	−17.2	−6.3	0	0
2017-03	−2.7	−19.9	9.7	−7.7	2.6	0	0
2017-04	6.4	−5.4	21.9	0.6	11.8	18	76.5
2017-05	12.8	−0.5	26.4	7.0	17.7	29	293.8
2017-06	15.0	4.4	26.0	10.8	18.7	29	386.5
2017-07	20.7	10.3	29.2	16.5	24.4	30	618.3
2017-08	19.3	4.0	26.3	16.1	22.3	30	567.5
2017-09	12.7	1.1	22.6	8.3	17.2	29	328.9
2017-10	5.1	−6.7	18.0	0.2	9.8	13	60.1
2017-11	−5.6	−22.2	9.7	−10.6	−1.5	1	0
2017-12	−17.2	−27.1	−3.3	−21.7	−12.9	0	0

4.2 相对湿度

4.2.1 引言

水蒸气对水循环和陆地生态系统生产过程发挥着至关重要的作用。例如，水蒸气通过潜热交换、辐射性冷却和加热、云的形成和降雨等过程决定和影响天气和气候，在林业上会影响森林生产力，在农业上会改变农作物产量（卢爱刚，2013）。水蒸气对温室效应的贡献高达60%～70%（方精云，

2000）。人类活动导致二氧化碳、甲烷、氧化亚氮等温室气体浓度增加，造成全球变暖，必然使大气中的水蒸气浓度增加，最终放大二氧化碳、甲烷、氧化亚氮等温室气体造成的气候效应（Held et al.，2000）。长期气温监测数据显示，帽儿山站年均温呈显著升高趋势，因此，有必要同步长期监测帽儿山站相对空气湿度，提供一个全面、准确的相对空气湿度数据集来协助大气科学、农业科学、林业科学、全球变化等的研究。

4.2.2 数据采集和处理方法

2005—2017 年，利用自动采集系统 CR3000 连接 HMP45C 空气温湿度计，通过每 6 s 扫描 1 次，求得并存储 15 min 平均相对湿度。依据 15 min 监测数据计算逐小时数据，数据完好率为 100%。1980—2017 年，人工观测空气相对湿度的数据采集方式是每日 8 时、14 时、20 时通过观察毛发湿度表记录数据，计算出日平均值。人工观测的空气数据处理方法为插补。插补即利用已有的帽儿山空气湿度数据与尚志市的相应温度数据建立回归关系，1980—2004 年缺少的数据根据尚志市的空气湿度数据计算；2005—2017 年缺少的湿度数据直接采用帽儿山自动气象站的数据。

4.2.3 大气相对湿度动态特征

1980—2017 年人工观测数据显示，帽儿山森林生态系统定位研究站平均相对空气湿度为 73.3%，波动范围为 66.7%～84.9%，年均相对空气湿度最低值和最高值分别出现在 1980 年和 2003 年。不同月份的相对空气湿度呈"W"形变化。其中，8 月相对空气湿度达全年最高峰（84.3%），两个低峰分别出现在 4 月（58.6%）和 10 月（68.8%）（图 4－5）。

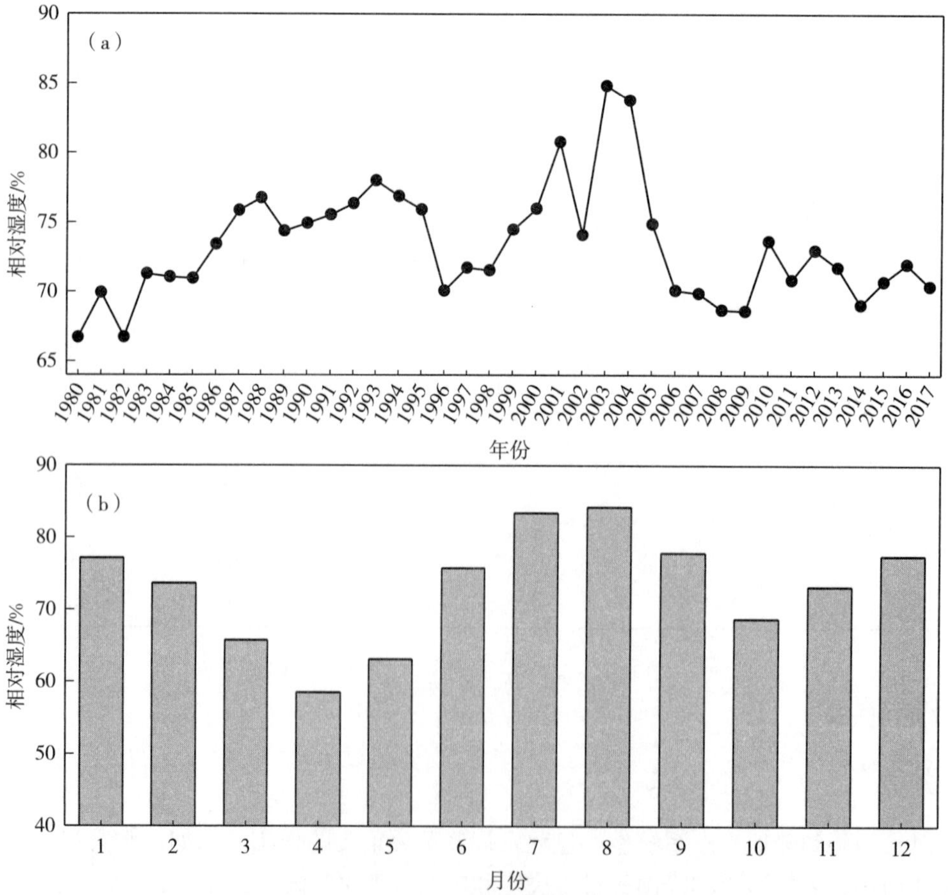

图 4－5 1980—2017 年帽儿山站相对空气湿度年际和月份变化（人工观测）

2005—2017 年自动监测数据显示，帽儿山森林生态系统定位研究站平均相对空气湿度为 69.7%，波动范围为 64.8%～72.4%，年均相对空气湿度最低值和最高值分别出现在 2017 年和 2005 年。不同月份间的相对空气湿度呈“W”形变化。其中，8 月相对空气湿度达到全年最高峰（82.9%），两个低峰分别出现在 4 月（56.5%）和 10 月（65.9%）（图 4-6）。

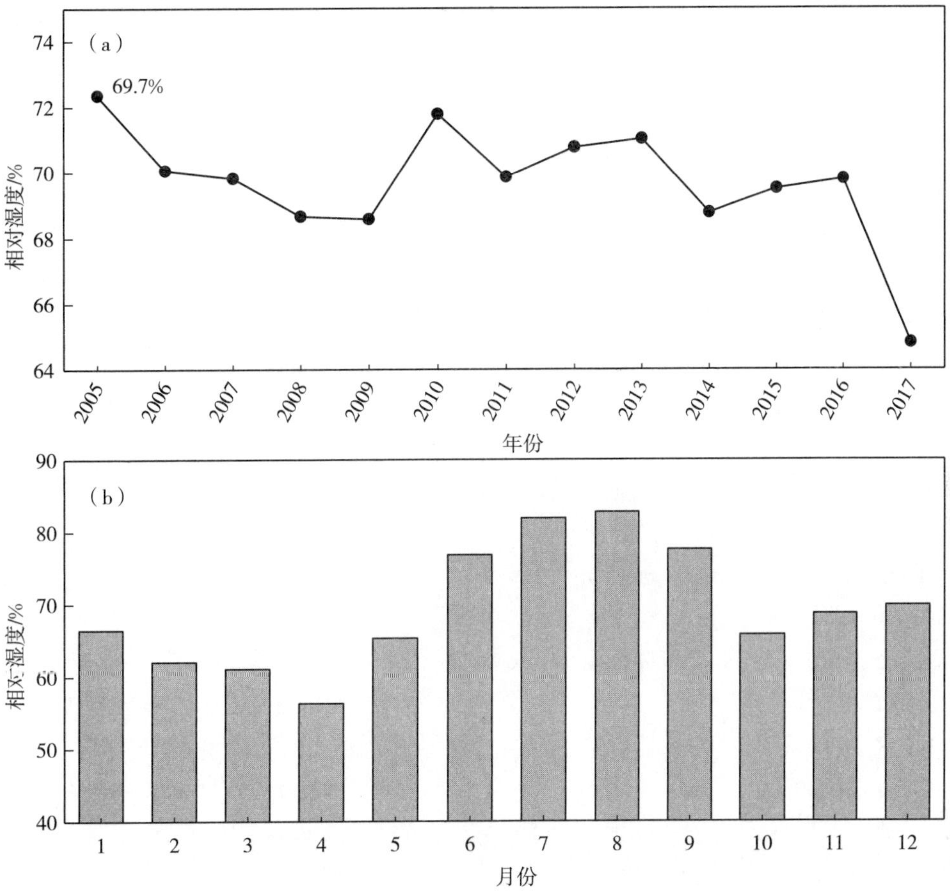

图 4-6 2005—2017 年帽儿山站相对空气湿度年际和月份变化（自动监测）

4.2.4 逐月统计数据

1980—2017 年帽儿山站相对空气湿度人工观测数据见表 4-3，2005—2017 年帽儿山站相对空气温度自动监测数据见表 4-4。

表 4-3 帽儿山站相对空气湿度人工观测数据

时间（年-月）	平均湿度/%	月最低湿度/%	月最高湿度/%
1980-01	71.4	53.7	86.3
1980-02	71	58	82.7
1980-03	50.2	26.3	80.7
1980-04	53.7	28.3	80.7
1980-05	44.5	23	81
1980-06	68.3	42.3	84
1980-07	69.5	58.3	78
1980-08	70.5	58.3	85

（续）

时间（年-月）	平均湿度/%	月最低湿度/%	月最高湿度/%
1980-09	66.8	44.7	86.7
1980-10	66	43.7	86
1980-11	78.5	55	100
1980-12	90.4	66.7	100
1981-01	90.3	82	99.3
1981-02	88.7	77.3	100
1981-03	64.6	46.7	84.3
1981-04	48.1	28	87.7
1981-05	55.1	25.3	94.3
1981-06	71.3	28	100
1981-07	73.5	64.7	84.3
1981-08	74.9	48	85.3
1981-09	65.8	41	89.3
1981-10	66.8	46.7	88
1981-11	70.6	55.3	86
1981-12	70.5	55.3	78.3
1982-01	74.7	60.9	88
1982-02	71.4	60	86
1982-03	61.7	44.3	84.3
1982-04	51.9	31.3	78
1982-05	52.7	38.7	92.7
1982-06	55.6	38.7	80
1982-07	67.1	46.7	81
1982-08	78.2	67	93
1982-09	71.4	46	89.3
1982-10	62.6	35.7	90
1982-11	73.8	49.3	92
1982-12	79.5	64.7	94
1983-01	74.6	54.7	86
1983-02	76.4	68.3	87.7
1983-03	63.5	35.7	93.7
1983-04	51	26.3	89.3
1983-05	59	32	95
1983-06	82.5	66	93.7
1983-07	81.6	69.7	93.7
1983-08	79.7	71.3	94.3
1983-09	79.3	67.7	94.7
1983-10	63.7	41	97.7
1983-11	72.2	55.7	95

（续）

时间（年-月）	平均湿度/%	月最低湿度/%	月最高湿度/%
1983-12	72.1	50	82
1984-01	74.4	63	83
1984-02	67.4	53	84
1984-03	66	52	83
1984-04	53.7	14	92
1984-05	53.6	20.7	80.3
1984-06	73.1	28.3	99.7
1984-07	84.9	68.7	100
1984-08	86.7	76.3	100
1984-09	78.2	35	100
1984-10	70.6	40.3	99.3
1984-11	68	27.7	93.3
1984-12	75.3	46.3	100
1985-01	76.5	67	94
1985-02	77.8	60.7	94.7
1985-03	62.6	29	94.7
1985-04	51.7	29.7	92.7
1985-05	50.1	17.7	95.3
1985-06	76.1	33.7	98
1985-07	85.1	67.3	100
1985-08	85.9	66.3	98
1985-09	76.1	55	97.3
1985-10	58.1	35.3	81.3
1985-11	74.4	39.3	97.7
1985-12	77.3	65.7	91.3
1986-01	76.4	61.3	89.3
1986-02	77	63.3	96
1986-03	71.2	44.7	98.3
1986-04	51.8	21.7	99.7
1986-05	51.1	20.7	100
1986-06	77.1	51	100
1986-07	89.2	73.3	100
1986-08	87.9	73.7	100
1986-09	85.2	63.7	100
1986-10	61.1	39.7	90.3
1986-11	76.5	52.3	96.3
1986-12	76.5	50.3	95
1987-01	81.5	61.3	100
1987-02	75.7	55	95.7

（续）

时间（年-月）	平均湿度/%	月最低湿度/%	月最高湿度/%
1987-03	68.9	38	100
1987-04	60.4	35.8	95.8
1987-05	58.5	30	89
1987-06	73.1	52.3	95.7
1987-07	92.3	79.7	100
1987-08	93.3	65.3	100
1987-09	82.2	47	100
1987-10	70.6	45.3	100
1987-11	75	47.3	96.3
1987-12	78.4	56.7	98
1988-01	72.9	49	92
1988-02	75.8	61.3	92.3
1988-03	66.7	37.3	96.7
1988-04	66.8	25.3	100
1988-05	70.2	27.7	100
1988-06	81.8	61.7	100
1988-07	92.5	74.7	100
1988-08	93.1	85.3	100
1988-09	78.3	39.3	100
1988-10	65.6	26.5	96
1988-11	71.2	26	100
1988-12	85.8	73.7	97.3
1989-01	79.7	66.7	91.9
1989-02	79	59	90.9
1989-03	69.2	50.3	93.8
1989-04	56.6	43.5	74.5
1989-05	63.2	40.6	86.1
1989-06	77.5	53.2	95.8
1989-07	84.9	66.7	97.7
1989-08	80.8	63.8	93.8
1989-09	80.9	60	98.7
1989-10	71.5	51.3	91.9
1989-11	74.1	60.9	92.9
1989-12	75.1	58	88
1990-01	75.8	61.9	88
1990-02	78.7	52.2	93.8
1990-03	68.7	51.3	93.8
1990-04	63.7	31.9	95.8
1990-05	68.4	43.5	97.7

（续）

时间（年-月）	平均湿度/%	月最低湿度/%	月最高湿度/%
1990-06	79.8	59	98.7
1990-07	82.4	66.7	98.7
1990-08	86.5	77.4	94.8
1990-09	83.1	72.6	96.8
1990-10	70.7	52.2	87.1
1990-11	70.7	41.6	93.8
1990-12	71.2	58	85.1
1991-01	75.1	64.8	82.2
1991-02	71.4	53.2	82.2
1991-03	60.5	28	90
1991-04	67.2	39.6	101.6
1991-05	69.1	54.2	101.6
1991-06	80	58	94.8
1991-07	88	75.5	97.7
1991-08	83.2	58.3	98
1991-09	84.4	63.8	97.7
1991-10	76.4	58	96.8
1991-11	74.4	51.3	98.7
1991-12	76.6	57.1	91.9
1992-01	81.1	73.5	89
1992-02	76	48.4	89
1992-03	66.7	50.3	99.7
1992-04	66.2	34.8	92.9
1992-05	68.2	33.8	95.8
1992-06	77.3	51.3	95.8
1992-07	78.6	58	93.8
1992-08	86	74.5	96.8
1992-09	83.9	71.6	99.7
1992-10	76.2	61.9	97.7
1992-11	73.1	39.6	90.9
1992-12	82.7	73.5	90
1993-01	91.2	83.7	98.7
1993-02	86.5	66.5	100
1993-03	80.7	62.7	99.7
1993-04	68.2	28.7	100
1993-05	53.3	25	86.3
1993-06	83.3	59	97
1993-07	84.2	65.7	97.3
1993-08	83.7	67	95.7

（续）

时间（年-月）	平均湿度/%	月最低湿度/%	月最高湿度/%
1993-09	79.2	52.7	93.7
1993-10	67.3	35	93.8
1993-11	77.9	62.9	95.8
1993-12	81	67.7	90
1994-01	79.4	66.7	89
1994-02	79	66.7	91.9
1994-03	71.6	50.3	94.8
1994-04	58.2	37.7	80.3
1994-05	70.6	41.6	92.9
1994-06	73.8	56.1	98.7
1994-07	87.1	74.5	98.7
1994-08	87.6	78.4	99.7
1994-09	86.3	75.5	100.6
1994-10	77.2	52.2	99.7
1994-11	70.7	43.5	94.8
1994-12	80.8	69.7	91.9
1995-01	79	69.7	91.9
1995-02	86.5	66.5	100
1995-03	65.3	47.4	81.3
1995-04	60.9	28.3	89.3
1995-05	68.8	35	98.7
1995-06	74.1	49.3	100
1995-07	83.7	68.7	97.7
1995-08	87.6	76.7	99
1995-09	82.8	43.7	100
1995-10	81.7	57.1	100.6
1995-11	63.6	43.5	84.2
1995-12	77.5	68.7	90.9
1996-01	66.9	54.2	77.4
1996-02	57.3	38.7	70.6
1996-03	55.9	34.8	84.2
1996-04	62	30	96.8
1996-05	62.7	44.5	86.1
1996-06	71.4	48.4	95.8
1996-07	83.3	65.8	93.8
1996-08	84.5	72.6	95.8
1996-09	78.2	62.9	96.8
1996-10	68.1	52.2	90
1996-11	74.1	51.3	92.9

（续）

时间（年-月）	平均湿度/%	月最低湿度/%	月最高湿度/%
1996 - 12	75.7	56.1	83.2
1997 - 01	78	65.8	87.1
1997 - 02	75.8	53.2	87.1
1997 - 03	63.1	42.5	96.8
1997 - 04	54.8	30	90
1997 - 05	66.7	26.1	97.7
1997 - 06	72.9	56.1	91.9
1997 - 07	80.8	66.7	93.8
1997 - 08	86.1	69.7	96.8
1997 - 09	76.7	62.9	91.9
1997 - 10	69	44.5	87.1
1997 - 11	66.8	46.4	88
1997 - 12	70	50.3	82.2
1998 - 01	72	60	79.3
1998 - 02	63.5	43.5	79.3
1998 - 03	54.6	30	90
1998 - 04	55.3	34.8	78.4
1998 - 05	64.5	44.5	96.8
1998 - 06	76.6	56.1	92.9
1998 - 07	78.6	64.8	92.9
1998 - 08	87.2	77.4	95.8
1998 - 09	79.6	68.7	93.8
1998 - 10	73.8	45.5	90
1998 - 11	75.9	67.7	87.1
1998 - 12	76.5	65.8	86.1
1999 - 01	75.4	55.1	86.1
1999 - 02	70.2	55.1	84.2
1999 - 03	73	42.5	94.8
1999 - 04	68.7	44.5	88
1999 - 05	65.1	41.6	96.8
1999 - 06	77.7	59	98.7
1999 - 07	81.5	64.8	94.8
1999 - 08	85	68.7	99.7
1999 - 09	74	46.4	88
1999 - 10	67.3	38.7	90.9
1999 - 11	74.5	42.5	98.7
1999 - 12	80.9	71.6	88
2000 - 01	83.1	66.7	88
2000 - 02	82.4	74.5	92.9

（续）

时间（年-月）	平均湿度/%	月最低湿度/%	月最高湿度/%
2000-03	69.6	49.3	90
2000-04	68.1	47.4	95.8
2000-05	72	40.6	95.8
2000-06	67.4	44.5	90.9
2000-07	81.5	62.9	96.8
2000-08	87.1	76.4	97.7
2000-09	80.7	69.7	95.8
2000-10	67.7	33.8	92.9
2000-11	70.8	52.2	89
2000-12	81.6	64.8	90.9
2001-01	89.2	73.3	100
2001-02	83.6	65.7	98.7
2001-03	81.6	52.3	99.7
2001-04	62.3	38	100
2001-05	72.7	37.3	100
2001-06	76.9	48.7	100
2001-07	92.7	65	100
2001-08	90.6	73.7	100
2001-09	76.6	43.3	100
2001-10	77.3	48.3	100
2001-11	82.3	57.7	100
2001-12	83.3	65.3	100
2002-01	80.6	66.7	91.9
2002-02	71.5	57.1	88
2002-03	58.5	34.8	81.3
2002-04	66.7	40.6	92.9
2002-05	62.7	37.7	89
2002-06	76.7	58	96.8
2002-07	83.6	69.7	97.7
2002-08	87.1	76.4	97.7
2002-09	76.9	68.7	92.9
2002-10	75.6	60.9	95.8
2002-11	75	60	89
2002-12	74	59	82.2
2003-01	91.3	78.3	100
2003-02	85	70	95
2003-03	73.9	56.3	100
2003-04	64.4	44	100
2003-05	73.1	47.7	100

（续）

时间（年-月）	平均湿度/%	月最低湿度/%	月最高湿度/%
2003-06	92.4	62.3	100
2003-07	97.5	87.7	100
2003-08	95.4	82	100
2003-09	79.1	64.8	94.8
2003-10	86.6	62.7	100
2003-11	88.8	75.3	100
2003-12	90.3	71	100
2004-01	87.8	63	100
2004-02	90	67	100
2004-03	75.6	61.9	98.3
2004-04	70	46.7	100
2004-05	79.6	55	100
2004-06	82.2	53.3	100
2004-07	95.5	75	100
2004-08	90.5	68	100
2004-09	82	45	100
2004-10	74.9	50	100
2004-11	86.8	71.5	100
2004-12	90.7	72.5	100
2005-01	93	77.5	100
2005-02	81.5	60	100
2005-03	57.7	34.5	100
2005-04	61.9	26.5	100
2005-05	60.2	31.8	100
2005-06	79.9	49.5	99.5
2005-07	93.2	73	100
2005-08	84.9	62	100
2005-09	77.1	51.5	100
2005-10	59.6	31	97
2005-11	69	48	96
2005-12	81	60	100
2006-01	66.5	54.4	80.4
2006-02	60.6	48.6	72.1
2006-03	60.6	49.9	79.7
2006-04	54.9	33.1	90.5
2006-05	60.1	28.7	93.2
2006-06	81.8	66.3	94.8
2006-07	83.1	67.9	93.4
2006-08	83.7	75.2	96

（续）

时间（年-月）	平均湿度/%	月最低湿度/%	月最高湿度/%
2006-09	80.7	71.6	95
2006-10	66.6	39.7	95.2
2006-11	70.7	41.3	85
2006-12	71.4	61.8	86.3
2007-01	72.4	60.9	87.9
2007-02	63.4	44.9	86.2
2007-03	67.7	47.2	85.7
2007-04	65	28	90.1
2007-05	69.5	34	93
2007-06	69.5	52.7	90.2
2007-07	76.4	61.1	91.5
2007-08	79.3	62.6	89.9
2007-09	76.8	62	92.5
2007-10	63.2	45.2	88.1
2007-11	60.6	39.7	76.8
2007-12	73.8	57.8	83.6
2008-01	65.8	56.9	77.4
2008-02	61.1	41.7	78.5
2008-03	62.6	36.4	90.4
2008-04	51.8	20.8	92.9
2008-05	71.2	49.6	90.6
2008-06	71.4	46.3	86.3
2008-07	81.8	73.5	92.2
2008-08	79.2	66	93
2008-09	75.9	56.2	86.6
2008-10	66.3	46.5	88.8
2008-11	71.1	41.1	92.9
2008-12	65.7	50.5	78.9
2009-01	68	53.8	82.1
2009-02	61.8	46.6	74.4
2009-03	64.3	54.1	79.6
2009-04	56.3	34.8	89.5
2009-05	53.1	23.3	73.3
2009-06	79.2	48.8	91
2009-07	82.8	73.6	91.2
2009-08	80.7	73.6	90.3
2009-09	76.2	57.2	89.9
2009-10	66.1	42.1	86.6
2009-11	65.5	40.5	86

（续）

时间（年-月）	平均湿度/%	月最低湿度/%	月最高湿度/%
2009-12	69.1	60.6	82.5
2010-01	77.8	65.3	91
2010-02	73.8	59.3	83.7
2010-03	74.4	50.7	94
2010-04	64.3	37.3	94.3
2010-05	64.8	31	97
2010-06	66.1	22.5	92.2
2010-07	85.1	70.7	96.3
2010-08	83.2	66.1	97
2010-09	72	36.7	87.7
2010-10	65.4	6.3	90.7
2010-11	76.1	59.2	91
2010-12	80.2	66	91
2011-01	76.5	68.2	83.7
2011-02	67.4	54.2	82.4
2011-03	67.1	50.1	88.8
2011-04	53.5	24.9	97.8
2011-05	65.6	26.8	97.8
2011-06	77.8	45.2	97.1
2011-07	82.7	60.2	95.7
2011-08	81	59.6	97.1
2011-09	71.6	54.2	91.8
2011-10	69	32.3	97.8
2011-11	70.8	53.9	83.3
2011-12	66.7	58.9	81.9
2012-01	70.6	58.9	80.4
2012-02	64.6	47	88.1
2012-03	65	47.9	93.2
2012-04	53.2	21.6	96.8
2012-05	58.4	28.5	90.4
2012-06	78.3	62.2	95.7
2012-07	84.5	69.7	96.9
2012-08	81.5	68.3	93
2012-09	83.7	70.5	98.5
2012-10	70.4	46.3	96.2
2012-11	83.6	67.4	98.9
2012-12	81.6	72.3	91.7
2013-01	76.8	68.4	97
2013-02	72.4	61.3	86.4

（续）

时间（年-月）	平均湿度/%	月最低湿度/%	月最高湿度/%
2013 - 03	65.8	32.1	86.3
2013 - 04	63.9	37.1	87.8
2013 - 05	59.7	27.7	94.8
2013 - 06	73.5	41.2	94.2
2013 - 07	81.1	62.9	94.5
2013 - 08	81.9	73.2	94
2013 - 09	70.7	39.2	89.8
2013 - 10	67.2	43.5	95.9
2013 - 11	72.1	45.2	90.9
2013 - 12	76	65.7	86.7
2014 - 01	69.6	56	81
2014 - 02	65.4	48.8	90.7
2014 - 03	63.9	36.2	87.5
2014 - 04	44.7	30.4	86.3
2014 - 05	74.1	38.8	96.8
2014 - 06	74.6	53.3	95.2
2014 - 07	80.3	60.6	94.5
2014 - 08	81	62.9	94.7
2014 - 09	73.8	53.1	94.3
2014 - 10	59.1	36.2	95.6
2014 - 11	64.6	43.9	86
2014 - 12	76.8	44.6	86.5
2015 - 01	72.6	63.2	82.3
2015 - 02	71.1	47	93.8
2015 - 03	61.9	36.1	88.8
2015 - 04	52.1	22.1	90.2
2015 - 05	64.2	31.6	96.3
2015 - 06	74	49.3	94.3
2015 - 07	77.8	62.9	92.2
2015 - 08	85.4	66.8	94.5
2015 - 09	77.3	59.1	96.2
2015 - 10	64	35.5	97.6
2015 - 11	71.6	39.7	91.1
2015 - 12	76.9	57.6	95.7
2016 - 01	72.8	60.2	82.5
2016 - 02	67.4	51.6	85.2
2016 - 03	58.5	28.2	95.6
2016 - 04	51.4	30.2	98.2
2016 - 05	65.2	34.8	95.8

（续）

时间（年-月）	平均湿度/%	月最低湿度/%	月最高湿度/%
2016-06	80.5	56.5	94.9
2016-07	83.2	66.7	96.7
2016-08	81.3	63.7	97
2016-09	81.5	65	98.5
2016-10	68.6	43.9	94.7
2016-11	76.9	60	90.9
2016-12	76.6	46.1	91.6
2017-01	72.8	44.5	88.5
2017-02	73.6	60	93.7
2017-03	67.5	53.9	87.4
2017-04	50.2	15.7	97.5
2017-05	58.4	14.7	96
2017-06	76.1	55	97.7
2017-07	79.7	64.9	97.4
2017-08	80.3	44.5	98.5
2017-09	75.8	39.2	95.5
2017-10	62.8	36.8	96.6
2017-11	72	36.4	95.4
2017-12	75.8	58	87.4

表 4-4　帽儿山站相对空气湿度自动监测数据

时间（年-月）	月平均值/%	极高值/%	极低值/%	日极高值月平均值/%	日极低值月平均值/%
2005-01	73.7	93.1	28.5	84.5	56.1
2005-02	64.9	85.8	21.5	80.9	39.3
2005-03	58.4	96.7	18.7	84.6	34.0
2005-04	65.2	98.8	19.6	91.0	40.5
2005-05	65.7	99.0	12.9	93.1	36.7
2005-06	80.6	97.6	27.9	96.9	54.7
2005-07	87.6	97.8	46.9	96.6	72.0
2005-08	86.4	98.3	38.7	97.5	63.4
2005-09	81.8	99.3	34.4	97.9	50.9
2005-10	62.9	99.2	15.0	90.6	33.8
2005-11	68.7	97.6	19.0	89.8	39.6
2005-12	72.3	90.0	22.5	82.6	52.8
2006-01	66.5	92.9	18.8	80.9	41.0
2006-02	60.6	95.3	13.2	81.2	35.8
2006-03	60.6	97.3	17.5	86.6	32.6
2006-04	54.9	97.5	13.9	86.8	27.4
2006-05	60.1	97.9	11.1	91.5	29.8

（续）

时间（年-月）	月平均值/%	极高值/%	极低值/%	日极高值月平均值/%	日极低值月平均值/%
2006-06	81.8	97.2	30.4	96.3	58.5
2006-07	83.1	97.4	27.9	96.4	60.2
2006-08	83.7	97.3	37.9	96.4	59.2
2006-09	80.7	98.7	26.0	97.2	47.0
2006-10	66.6	98.5	11.0	91.3	34.6
2006-11	70.7	97.2	21.1	88.7	44.2
2006-12	71.4	92.0	25.8	84.9	47.5
2007-01	72.4	92.5	28.2	85.8	48.2
2007-02	63.4	92.8	19.6	85.8	34.6
2007-03	67.7	95.3	20.5	88.3	38.8
2007-04	65.0	97.3	12.1	90.6	36.2
2007-05	69.5	96.7	13.2	92.7	43.9
2007-06	69.5	96.1	20.0	94.2	40.5
2007-07	76.4	95.9	32.5	94.9	51.1
2007-08	79.3	95.9	30.2	94.8	54.1
2007-09	76.8	96.3	17.6	95.3	45.5
2007-10	63.2	95.6	15.4	90.2	30.5
2007-11	60.6	93.6	23.5	82.7	33.6
2007-12	73.8	90.2	30.5	84.8	51.1
2008-01	65.8	83.0	26.0	77.4	41.9
2008-02	61.1	89.9	21.0	79.7	33.4
2008-03	62.6	95.2	12.4	87.4	35.2
2008-04	51.8	95.2	10.7	78.3	26.9
2008-05	71.2	96.1	15.2	93.6	40.4
2008-06	71.4	95.0	14.3	93.2	41.9
2008-07	81.8	94.5	36.3	93.9	61.2
2008-08	79.2	96.1	29.5	94.5	54.0
2008-09	75.9	96.2	21.4	94.7	46.3
2008-10	66.3	95.5	17.5	90.2	37.2
2008-11	71.1	94.4	19.4	87.0	45.6
2008-12	65.7	91.5	25.8	80.8	44.7
2009-01	68.0	86.8	22.8	78.6	47.9
2009-02	61.8	87.7	21.0	79.8	36.1
2009-03	64.3	92.4	19.7	86.1	35.2
2009-04	56.3	95.3	10.7	87.0	30.2
2009-05	53.1	93.8	10.3	88.0	21.7
2009-06	79.2	95.2	26.9	93.2	56.2
2009-07	82.8	95.1	37.9	94.0	60.6
2009-08	80.7	95.3	40.1	94.1	56.6

（续）

时间（年-月）	月平均值/%	极高值/%	极低值/%	日极高值月平均值/%	日极低值月平均值/%
2009-09	76.2	96.3	23.4	95.4	45.9
2009-10	66.1	96.5	13.6	91.3	34.8
2009-11	65.5	90.6	20.1	81.5	44.0
2009-12	69.1	91.3	28.7	79.6	50.0
2010-01	65.7	92.8	29.7	76.8	49.7
2010-02	65.0	93.7	24.3	78.8	40.8
2010-03	63.2	94.4	16.4	82.4	35.7
2010-04	63.8	94.8	15.9	88.0	38.4
2010-05	68.0	95.0	15.1	91.8	40.6
2010-06	72.5	95.3	17.2	93.4	39.7
2010-07	83.6	95.8	45.6	93.8	65.3
2010-08	84.4	96.5	41.7	94.6	63.3
2010-09	75.9	96.5	20.6	95.5	40.4
2010-10	71.2	96.1	22.9	92.6	40.9
2010-11	74.4	95.1	29.6	88.9	52.4
2010-12	73.7	90.6	28.3	81.6	59.8
2011-01	67.0	83.6	29.5	74.8	51.4
2011-02	60.3	87.4	19.5	78.9	34.0
2011-03	62.2	90.8	20.6	84.1	35.7
2011-04	55.3	94.9	11.4	84.6	30.7
2011-05	69.4	95.5	13.9	92.9	40.3
2011-06	78.8	95.8	32.2	93.6	56.4
2011-07	82.9	94.7	42.1	94.1	61.9
2011-08	83.3	96.4	34.5	95.2	58.5
2011-09	71.6	96.8	20.8	94.9	36.9
2011-10	70.1	96.3	18.9	93.0	39.7
2011-11	70.9	94.8	24.7	87.4	43.2
2011-12	66.7	87.5	25.0	78.9	44.7
2012-01	63.4	81.0	19.5	74.1	40.6
2012-02	57.5	88.8	15.6	75.5	34.3
2012-03	62.1	96.1	21.9	83.6	34.7
2012-04	55.6	96.2	11.1	85.1	29.4
2012-05	65.0	95.8	13.7	93.3	33.3
2012-06	80.6	96.3	29.4	94.9	55.7
2012-07	82.5	95.7	35.2	94.5	60.8
2012-08	81.0	96.9	35.3	95.4	54.9
2012-09	82.4	97.1	34.8	95.8	57.8
2012-10	69.0	96.7	17.4	91.8	38.4
2012-11	78.7	95.3	28.7	89.0	59.4

（续）

时间（年-月）	月平均值/%	极高值/%	极低值/%	日极高值月平均值/%	日极低值月平均值/%
2012-12	71.2	89.8	39.9	78.0	59.0
2013-01	66.0	92.9	30.9	75.9	48.1
2013-02	63.9	92.0	20.3	77.9	39.8
2013-03	60.5	93.2	17.0	82.2	33.4
2013-04	63.5	94.7	16.2	89.1	35.5
2013-05	62.8	95.2	11.2	89.5	34.8
2013-06	76.3	95.6	20.0	93.5	53.1
2013-07	83.0	95.3	41.1	94.4	61.9
2013-08	84.9	96.9	47.9	95.2	65.8
2013-09	73.8	97.1	16.0	93.1	44.7
2013-10	72.4	96.3	16.6	93.0	41.6
2013-11	72.6	95.4	26.5	87.7	53.2
2013-12	72.5	90.9	34.7	82.3	51.9
2014-01	62.9	83.1	24.5	75.3	40.8
2014-02	59.4	93.8	20.2	77.8	30.0
2014-03	61.9	94.0	14.5	86.6	30.1
2014-04	50.2	94.1	12.0	84.8	21.1
2014-05	76.9	96.3	18.8	94.4	51.3
2014-06	76.3	95.8	26.0	94.2	48.6
2014-07	81.1	95.7	44.8	93.9	60.5
2014-08	82.3	96.6	36.7	94.9	56.0
2014-09	78.2	96.8	21.1	95.6	46.1
2014-10	62.9	96.2	10.0	88.6	31.5
2014-11	63.6	92.9	22.0	85.7	35.3
2014-12	69.5	85.4	32.8	79.2	52.5
2015-01	65.0	86.1	25.4	78.1	39.9
2015-02	65.4	93.0	19.1	81.4	38.6
2015-03	60.0	95.3	20.9	83.8	34.2
2015-04	53.7	94.5	9.2	84.8	25.9
2015-05	66.8	95.8	13.0	91.9	35.7
2015-06	75.4	96.2	30.2	94.5	46.4
2015-07	78.7	96.3	31.2	94.7	51.5
2015-08	85.1	96.1	35.1	94.9	64.4
2015-09	78.0	97.1	22.0	96.3	43.4
2015-10	65.5	97.2	15.0	91.3	35.3
2015-11	67.3	94.2	21.3	84.4	43.2
2015-12	73.0	96.0	21.8	83.2	50.9
2016-01	64.3	83.9	22.2	75.0	45.1
2016-02	63.1	93.9	19.2	79.5	37.5

（续）

时间（年-月）	月平均值/%	极高值/%	极低值/%	日极高值月平均值/%	日极低值月平均值/%
2016-03	57.8	93.2	11.4	83.2	34.0
2016-04	51.9	95.6	13.6	82.0	26.3
2016-05	66.1	96.1	13.0	92.0	42.5
2016-06	81.1	96.6	30.6	95.3	56.2
2016-07	82.5	96.8	39.7	95.1	59.2
2016-08	81.6	95.5	24.7	94.9	55.3
2016-09	83.2	95.7	31.9	94.6	59.6
2016-10	69.5	95.3	13.8	90.9	38.0
2016-11	68.8	91.3	23.0	82.1	47.0
2016-12	67.5	90.7	18.7	79.0	49.9
2017-01	64.4	94.9	26.2	79.2	45.5
2017-02	61.9	91.6	24.2	78.8	40.3
2017-03	54.5	96.4	20.7	77.9	32.4
2017-04	46.6	97.6	10.1	70.7	27.1
2017-05	56.2	97.8	11.0	79.3	37.5
2017-06	77.1	98.3	21.1	93.5	60.0
2017-07	80.0	98.9	33.1	94.5	61.1
2017-08	85.2	99.4	41.8	96.5	71.5
2017-09	76.4	99.5	32.2	92.1	56.2
2017-10	50.7	100.0	11.9	73.3	32.8
2017-11	61.7	100.0	22.5	80.7	44.0
2017-12	63.0	93.0	28.5	75.3	47.7

4.3 大气压强

4.3.1 引言

气压的大小与海拔高度、大气温度、大气密度等有关。气压一般随海拔升高而逐渐递减；一年之中，冬季比夏季气压高。气压变化与风、天气的好坏等关系密切，因而各区域地面气象站观测的本站气压是诸多气象研究及其相关应用的基础参数（闫荠荠等，2018）。气压及其空间分布是大气模型中的一项重要输入参数，也是地表辐射计算模式的必要参数。利用卫星遥感数据，如地表反射率、气溶胶特性等反演相关数据产品时，都需要用到地面气压（邓艳君等，2013）。

4.3.2 数据采集和处理方法

2005—2017 年，利用自动采集系统 CR3 000 连接 CS105 大气压传感器，通过每 6 s 扫描 1 次，求得并存储 15 min 平均相对湿度。依据 15 min 监测数据计算逐小时数据，数据完好率为 100%。

4.3.3 大气压强动态特征

2006—2017 年自动监测数据显示，帽儿山森林生态系统定位研究站平均气压为 970 mbar。波动范围为 968.8～971.9 mbar，最低值和最高值分别出现在 2017 年和 2014 年。不同月份间的气压值呈“V”字形变化。其中，1 月份相对空气湿度达到全年最高峰，最低峰出现在 7 月。1 月、2 月、3 月、4 月、5 月、6 月、7 月、8 月、9 月、10 月、11 月、12 月平均气压分别为 977.6 mbar、975.2 mbar、971.5 mbar、967.2 mbar、964.1 mbar、962.5 mbar、962.4 mbar、965.4 mbar、970.7 mbar、973.5 mbar、975.1 mbar、975.7 mbar（图 4－7）。

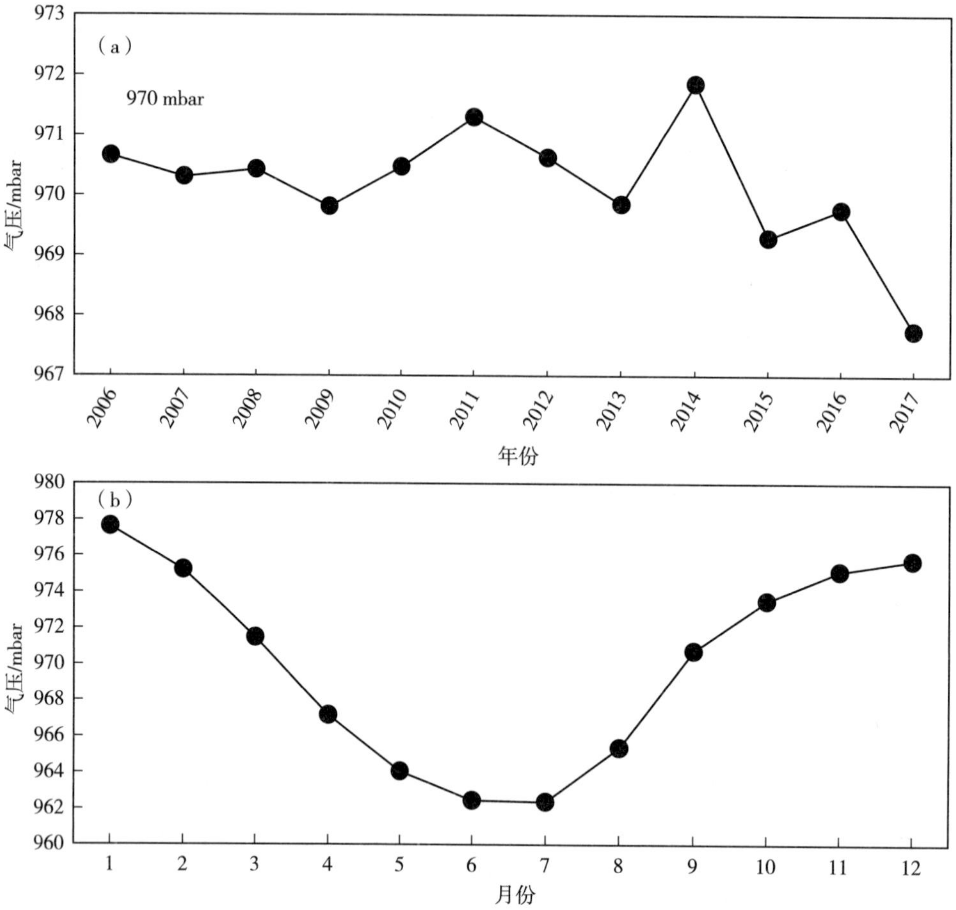

图 4－7　2006—2017 年帽儿山站气压年际和月份变化

4.3.4　逐月统计数据

2005 年 11 月至 2017 年 12 月帽儿山站气压逐月数据见表 4－5。

表 4－5　帽儿山站气压逐月数据

时间（年-月）	平均值/mbar	最小值/mbar	最大值/mbar	日最小值月平均值/mbar	日最大值月平均值/mbar
2005－11	969.5	965.0	974.0	968.1	971.2
2005－12	976.9	964.0	991.0	974.0	979.5
2006－01	979.2	967.0	989.0	976.3	982.0
2006－02	976.3	956.3	990.5	973.4	979.3
2006－03	967.4	955.0	980.8	963.9	970.8
2006－04	965.7	946.0	978.0	963.2	968.6
2006－05	967.3	957.3	977.0	964.8	970.1

（续）

时间（年-月）	平均值/mbar	最小值/mbar	最大值/mbar	日最小值月平均值/mbar	日最大值月平均值/mbar
2006-06	962.1	949.0	971.0	960.2	964.3
2006-07	962.5	953.0	974.8	960.9	964.1
2006-08	966.9	959.0	973.0	965.0	968.7
2006-09	972.8	958.3	982.0	970.9	974.9
2006-10	975.2	959.0	988.0	971.7	978.5
2006-11	973.3	956.0	992.0	970.3	976.4
2006-12	979.6	968.0	990.0	977.1	981.9
2007-01	979.2	968.0	988.0	977.5	980.9
2007-02	972.7	956.0	986.0	968.7	976.5
2007-03	971.3	949.0	986.0	968.2	974.3
2007-04	968.8	951.3	979.0	966.5	971.2
2007-05	961.9	949.3	973.0	959.1	965.0
2007-06	964.5	954.0	972.0	962.6	966.4
2007-07	962.2	953.0	969.0	960.6	963.8
2007-08	965.1	953.0	972.3	963.0	967.3
2007-09	971.7	964.0	985.0	969.6	974.1
2007-10	974.7	961.0	984.0	972.2	977.0
2007-11	976.6	963.0	987.5	973.5	979.7
2007-12	975.0	959.0	986.8	972.7	977.2
2008-01	980.4	966.0	992.8	978.4	982.7
2008-02	976.4	957.0	990.0	973.8	979.1
2008-03	971.1	957.0	981.0	968.4	973.9
2008-04	967.5	953.0	978.0	965.2	970.1
2008-05	964.2	953.0	978.0	961.9	966.8
2008-06	966.4	957.0	975.0	964.5	968.1
2008-07	963.0	949.0	971.0	961.1	965.0
2008-08	966.5	955.3	974.5	964.9	968.3
2008-09	969.7	958.5	979.0	966.8	972.6
2008-10	972.4	960.0	980.8	970.2	974.7
2008-11	974.4	957.0	987.0	971.6	977.1
2008-12	973.4	957.3	986.0	969.8	976.7
2009-01	977.0	958.0	986.0	974.6	979.3
2009-02	972.8	958.0	985.8	969.0	976.1
2009-03	971.3	953.0	985.0	967.8	974.5
2009-04	968.9	953.0	978.0	965.8	971.8
2009-05	965.8	945.8	974.0	963.2	968.5
2009-06	959.2	945.3	971.0	957.0	961.4
2009-07	961.7	953.0	969.0	959.8	963.5
2009-08	966.1	951.0	975.8	963.9	968.3

（续）

时间（年-月）	平均值/mbar	最小值/mbar	最大值/mbar	日最小值月平均值/mbar	日最大值月平均值/mbar
2009-09	970.2	959.5	980.0	968.2	972.5
2009-10	971.6	954.0	987.8	968.9	974.3
2009-11	977.8	960.5	993.0	974.8	980.8
2009-12	975.5	963.0	984.0	972.6	978.1
2010-01	975.6	962.0	986.0	973.3	978.2
2010-02	975.6	960.8	987.0	972.8	978.5
2010-03	973.2	951.3	993.0	969.5	977.0
2010-04	970.0	954.0	979.0	966.9	973.0
2010-05	965.3	948.0	975.8	962.7	967.8
2010-06	966.2	958.0	974.0	964.7	967.6
2010-07	963.7	954.0	971.0	962.3	965.2
2010-08	967.2	956.8	977.8	965.3	969.3
2010-09	971.7	965.0	977.0	969.8	973.9
2010-10	975.5	960.5	987.0	973.1	978.0
2010-11	972.6	957.3	985.0	969.8	975.4
2010-12	969.4	953.0	982.0	966.1	972.8
2011-01	978.9	966.0	989.0	977.3	980.6
2011-02	976.2	963.0	990.0	973.4	979.0
2011-03	972.1	959.0	983.0	969.6	974.7
2011-04	967.0	952.0	980.0	964.2	969.9
2011-05	964.4	948.0	974.0	961.9	967.1
2011-06	962.3	955.0	974.0	960.4	964.2
2011-07	963.3	953.0	970.0	962.0	964.6
2011-08	966.8	954.0	977.0	965.1	968.4
2011-09	971.6	960.0	981.0	969.4	973.7
2011-10	973.9	952.3	982.0	971.3	976.5
2011-11	979.1	965.0	991.0	976.6	981.5
2011-12	980.2	969.0	989.0	977.6	982.5
2012-01	979.9	972.0	991.0	978.2	981.6
2012-02	974.1	966.0	982.0	971.8	976.4
2012-03	972.0	954.0	986.0	968.1	975.8
2012-04	965.2	952.0	978.0	961.9	968.6
2012-05	966.6	954.0	976.0	964.5	968.8
2012-06	964.0	948.0	974.0	962.0	965.6
2012-07	962.9	954.0	971.0	961.0	964.9
2012-08	967.8	945.0	975.0	965.9	969.6
2012-09	971.9	962.0	983.0	970.0	973.9
2012-10	973.2	963.0	983.0	970.5	975.9
2012-11	973.1	950.0	987.0	969.8	976.5

（续）

时间（年-月）	平均值/mbar	最小值/mbar	最大值/mbar	日最小值月平均值/mbar	日最大值月平均值/mbar
2012-12	976.9	960.5	986.0	974.3	979.4
2013-01	978.6	964.0	990.5	975.7	981.2
2013-02	976.4	959.3	987.5	973.1	979.5
2013-03	969.4	952.5	982.0	965.2	973.6
2013-04	966.0	951.0	977.0	963.5	968.6
2013-05	964.1	948.0	978.0	961.2	967.0
2013-06	964.5	955.0	974.5	962.6	966.4
2013-07	960.3	941.0	969.0	958.0	962.4
2013-08	963.1	954.0	970.5	961.2	964.9
2013-09	972.4	960.0	984.0	969.9	975.0
2013-10	976.9	960.0	986.0	974.2	979.3
2013-11	971.5	953.0	986.0	968.4	974.2
2013-12	975.8	951.0	990.0	973.7	978.0
2014-01	977.0	954.3	988.0	973.5	980.2
2014-02	982.1	954.0	992.0	979.5	984.8
2014-03	974.0	962.0	982.0	971.9	976.4
2014-04	972.4	963.0	981.0	969.9	974.8
2014-05	963.3	948.0	979.0	960.7	966.1
2014-06	964.8	959.5	971.0	963.4	966.2
2014-07	963.2	952.0	971.0	961.4	964.9
2014-08	967.9	959.0	977.0	966.7	969.4
2014-09	972.1	960.0	982.8	969.9	974.2
2014-10	976.2	963.3	986.5	973.0	979.3
2014-11	975.2	962.0	985.5	972.2	978.0
2014-12	975.0	961.0	990.0	972.1	978.1
2015-01	978.7	964.0	993.0	976.1	981.7
2015-02	975.5	959.0	989.0	972.9	978.4
2015-03	973.4	965.0	988.0	970.7	976.4
2015-04	969.5	946.7	989.0	965.4	973.4
2015-05	960.7	940.0	978.3	956.4	965.2
2015-06	949.5	940.0	1 020.0	943.8	957.2
2015-07	961.5	940.5	972.0	957.9	964.8
2015-08	962.9	952.5	971.8	959.8	965.7
2015-09	970.1	961.0	983.0	967.6	972.4
2015-10	969.8	948.3	985.0	966.6	973.3
2015-11	981.0	967.0	993.0	978.2	984.0
2015-12	976.6	956.8	988.0	973.8	979.8
2016-01	976.7	966.0	990.0	974.4	979.4
2016-02	974.0	960.0	985.0	971.8	976.2

（续）

时间（年-月）	平均值/mbar	最小值/mbar	最大值/mbar	日最小值月平均值/mbar	日最大值月平均值/mbar
2016-03	971.3	958.0	981.0	968.8	974.0
2016-04	965.1	950.0	979.0	961.7	968.5
2016-05	962.5	942.0	980.0	959.1	966.4
2016-06	961.1	954.0	968.0	959.5	962.8
2016-07	963.2	955.0	970.0	961.5	964.9
2016-08	964.0	941.0	971.0	962.2	965.8
2016-09	970.4	946.0	981.0	968.2	972.6
2016-10	975.0	958.8	986.0	971.7	978.1
2016-11	976.8	962.0	991.0	973.4	980.6
2016-12	977.1	963.0	987.0	974.4	979.7
2017-01	976.6	960.0	988.3	973.7	979.4
2017-02	973.9	959.0	987.0	970.4	977.1
2017-03	972.3	958.3	980.0	970.5	974.4
2017-04	963.2	941.5	974.0	959.9	966.9
2017-05	964.2	949.0	976.0	961.6	966.7
2017-06	963.8	954.0	973.3	961.8	965.8
2017-07	961.7	952.5	969.0	959.9	963.4
2017-08	962.3	953.0	969.5	960.4	964.0
2017-09	966.1	961.0	971.0	964.9	967.1
2017-10	957.3	957.0	957.7	957.0	957.7
2017-11	970.0	958.0	979.0	966.5	973.6
2017-12	973.1	958.5	986.0	970.4	975.8

5 土壤温湿度

5.1 土壤温度变化特征

5.1.1 引言

土壤温度是陆面过程的重要参数，显著影响着陆地生态系统的生物地球化学循环。土壤与大气周期性的能量交换形成了土壤温度的日动态和季节动态变化，土壤温度这种周期性的变化显著影响着土壤中的一系列物理、化学及生物过程（张慧智等，2009）。例如，土壤温度是土壤有机物分解、养分矿化、土壤呼吸、陆地生态系统生产等生态学过程的关键影响因素（Bond - Lamberty et al.，2005）。因此，土壤温度是陆地生态系统模型的关键参数，土壤温度评估的准确性直接关系到陆地生态系统模型的准确性（Kang et al.，2000）。全球气候变暖必然会导致土壤温度的升高。长期监测帽儿山森林生态站的土壤温度，可为模拟东北温带森林生态系统碳循环提供精确的输入参数。

5.1.2 数据采集和处理方法

2005—2017 年，在气象观测场选择 3 个刨面，每个刨面在 0 cm、5 cm、10 cm、15 cm、20 cm、30 cm、40 cm、50 cm、60 cm、100 cm 布置 CS107 土壤温度传感器，利用 CR3 000 数据采集器，每 6 s 采集 1 次数据，存储 15 min 的滑动平均数据，利用 15 min 平均值算出逐时的土壤温度数据，以 3 个刨面数据的平均值为帽儿山森林生态站 0 cm、5 cm、10 cm、15 cm、20 cm、30 cm、40 cm、50 cm、60 cm、100 cm 的土壤温度数据。

5.1.3 土壤温度动态特征

帽儿山森林生态站土壤多年年平均温度为 7.1 ℃。其中，0 cm、5 cm、10 cm、15 cm、20 cm、30 cm、40 cm、50 cm、60 cm、100 cm 土层多年年平均温度分别为 6.8 ℃、7.2 ℃、6.8 ℃、7.3 ℃、7.0 ℃、7.0 ℃、6.7 ℃、8.0 ℃、7.1 ℃、7.0 ℃。年内表层土壤温度的变化幅度高于底层土壤温度的变化幅度。其中，0 cm 土层 7 月份土壤温度达到全年最高（22.3 ℃），1 月份达到全年最低（−6.1 ℃）；而 100 cm 土层 8 月份土壤温度达到全年最高（17 ℃），3 月份达到全年最低（−0.05 ℃）（图 5 - 1）。

5.1.4 逐月统计数据

帽儿山站 0 cm、5 cm、10 cm、15 cm、20 cm、30 cm、40 cm、50 cm、60 cm、100 cm 土壤温度自动监测逐月统计数据见表 5 - 1 至表 5 - 10。

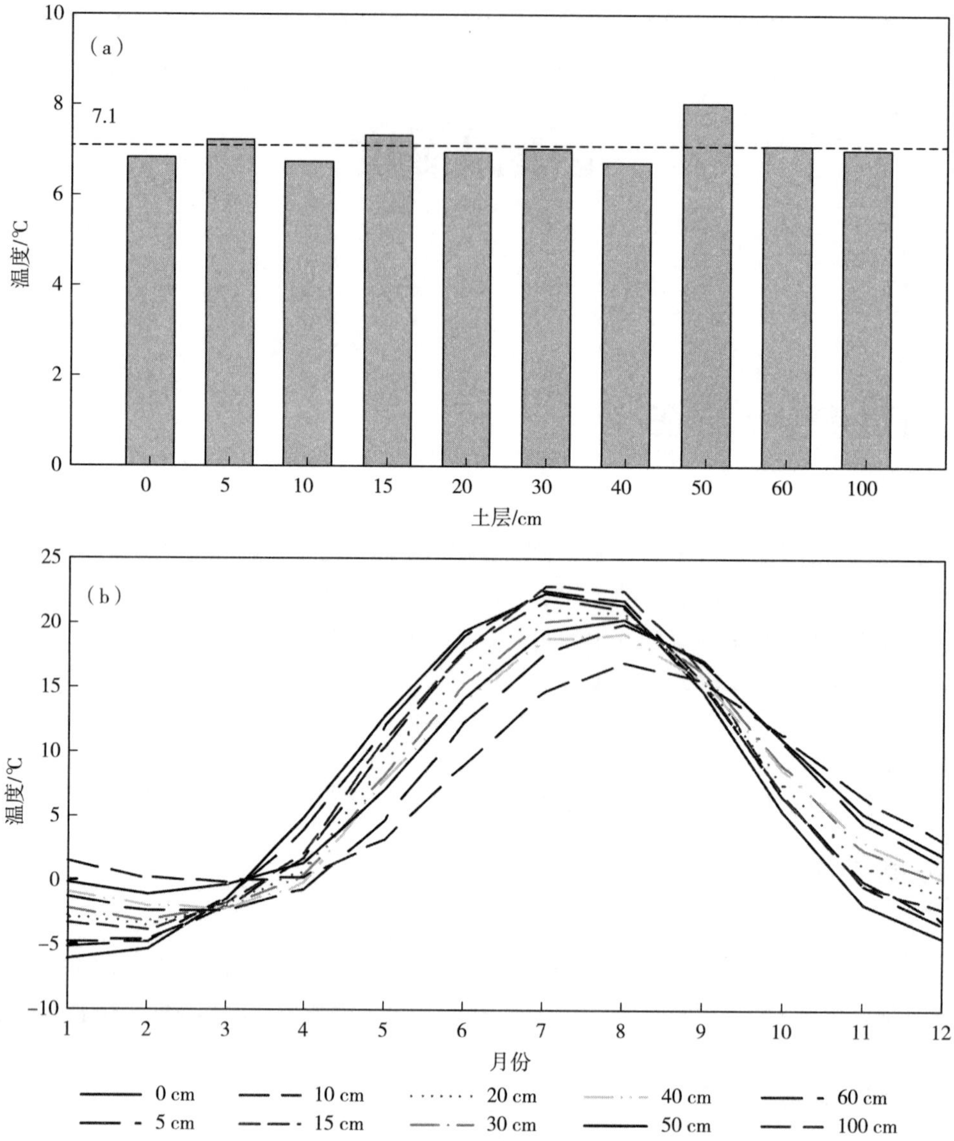

图 5-1 不同土层土壤温度的多年年均值和月均值

表 5-1 帽儿山站 0 cm 土壤温度自动监测数据

时间（年-月）	月平均温/℃	极高温/℃	极低温/℃	日极高温月平均值/℃	日极低温月平均值/℃
2005-01	−2.0	−1.3	−3.1	−1.8	−2.2
2005-02	−2.3	−1.6	−2.7	−2.1	−2.4
2005-03	−1.1	9.0	−7.4	0.8	−2.3
2005-04	4.4	21.7	−2.2	12.0	−0.1
2005-05	10.8	25.2	−1.6	18.4	4.6
2005-06	19.7	30.4	11.4	25.7	15.1
2005-07	21.7	31.0	16.1	25.3	19.0
2005-08	21.4	32.4	13.4	25.6	18.2
2005-09	15.1	25.3	7.7	19.5	11.4

（续）

时间（年-月）	月平均温/℃	极高温/℃	极低温/℃	日极高温月平均值/℃	日极低温月平均值/℃
2005-10	7.2	17.2	−0.3	11.2	4.3
2005-11	−0.2	11.2	−6.6	1.9	−2.0
2005-12	−7.0	−0.2	−10.1	−5.4	−8.3
2006-01	−6.6	−4.5	−9.0	−5.9	−7.2
2006-02	−5.6	0.4	−11.6	−4.3	−6.8
2006-03	−0.5	9.3	−11.1	1.9	−3.3
2006-04	6.2	20.6	0.0	11.4	3.6
2006-05	15.1	28.8	3.5	22.0	9.3
2006-06	20.6	29.3	14.5	25.7	17.0
2006-07	22.2	31.6	14.0	26.9	18.6
2006-08	22.5	30.6	14.3	27.7	18.7
2006-09	16.3	24.7	8.1	21.5	12.5
2006-10	8.7	20.4	1.1	12.8	5.9
2006-11	−0.6	9.7	−7.4	1.4	−2.4
2006-12	−6.7	−2.1	−12.8	−4.4	−8.7
2007-01	−8.5	−3.5	−13.8	−5.5	−10.7
2007-02	−4.6	1.3	−8.7	−3.7	−5.6
2007-03	−0.6	6.6	−6.5	0.7	−1.9
2007-04	4.6	20.1	0.0	9.3	1.7
2007-05	13.2	25.8	6.1	17.4	9.8
2007-06	19.4	30.0	11.6	24.9	15.0
2007-07	21.1	29.8	13.3	26.7	17.1
2007-08	21.1	30.4	13.5	25.8	17.4
2007-09	16.7	24.0	7.4	20.0	14.0
2007-10	7.7	18.9	0.2	13.0	4.2
2007-11	−1.2	9.0	−9.6	3.0	−3.6
2007-12	−7.6	0.2	−12.7	−3.1	−10.3
2008-01	−11.0	−3.9	−16.0	−7.9	−12.9
2008-02	−10.0	6.5	−17.9	−2.2	−14.8
2008-03	0.6	16.6	−11.9	8.2	−3.7
2008-04	8.8	26.5	0.0	17.3	3.4
2008-05	12.6	27.6	2.7	20.6	6.6
2008-06	19.4	38.6	7.2	28.5	12.9
2008-07	22.6	38.1	14.8	29.9	17.6
2008-08	22.5	41.0	12.0	31.9	16.1
2008-09	15.0	34.8	−1.4	21.2	10.4
2008-10	6.8	21.0	−5.7	14.9	1.1
2008-11	−1.7	11.3	−11.4	1.0	−4.0
2008-12	−2.9	1.1	−6.4	−2.2	−3.6

（续）

时间（年-月）	月平均温/℃	极高温/℃	极低温/℃	日极高温月平均值/℃	日极低温月平均值/℃
2009-01	−4.0	−2.6	−6.1	−3.7	−4.4
2009-02	−3.6	−2.4	−5.1	−3.3	−3.8
2009-03	−1.4	1.0	−4.8	−0.7	−2.2
2009-04	6.2	24.8	−11.7	15.5	−1.9
2009-05	16.2	42.6	−3.0	30.8	4.4
2009-06	17.7	35.8	2.8	26.8	11.5
2009-07	20.6	32.2	12.2	27.7	15.1
2009-08	21.6	37.2	9.5	31.1	14.8
2009-09	13.7	31.1	2.5	21.5	8.1
2009-10	5.8	19.8	−5.9	13.5	0.6
2009-11	−2.3	15.0	−12.2	1.2	−5.0
2009-12	−3.7	−1.2	−6.7	−3.0	−4.5
2010-01	−4.8	−2.8	−6.4	−4.3	−5.3
2010-02	−6.0	−2.4	−9.4	−5.2	−6.7
2010-03	−2.3	0.3	−3.9	−2.1	−2.5
2010-04	2.4	22.0	−3.8	7.5	−1.2
2010-05	13.2	30.8	−1.7	21.9	5.8
2010-06	21.6	44.4	8.2	32.5	13.0
2010-07	21.9	34.5	13.2	29.5	16.3
2010-08	20.3	33.7	10.6	27.0	15.1
2010-09	14.5	35.5	−2.3	26.8	6.1
2010-10	4.3	26.8	−8.7	13.0	−1.5
2010-11	−1.3	10.8	−10.9	1.7	−3.6
2010-12	−2.2	−0.7	−3.9	−1.7	−2.6
2011-01	−4.7	−1.6	−7.0	−4.1	−5.1
2011-02	−4.4	−0.2	−8.0	−3.4	−5.5
2011-03	−2.5	15.8	−9.0	0.9	−5.7
2011-04	4.6	25.2	−8.6	14.7	−3.3
2011-05	11.9	30.5	−2.6	22.0	3.6
2011-06	18.6	34.8	7.3	27.2	11.8
2011-07	23.3	34.5	12.5	30.8	17.9
2011-08	21.6	35.5	11.0	29.9	15.8
2011-09	13.5	28.9	1.6	23.2	6.7
2011-10	6.0	19.0	−3.1	13.1	1.1
2011-11	−2.1	11.8	−13.4	2.0	−5.4
2011-12	−10.5	−1.7	−18.0	−6.0	−13.4
2012-01	−16.5	−3.8	−25.9	−8.3	−20.7
2012-02	−13.2	0.3	−26.4	−5.7	−18.4
2012-03	−4.3	6.4	−18.1	−0.9	−7.5

（续）

时间（年-月）	月平均温/℃	极高温/℃	极低温/℃	日极高温月平均值/℃	日极低温月平均值/℃
2012-04	4.7	24.9	−6.9	13.3	−2.0
2012-05	12.8	34.1	−3.0	25.9	1.9
2012-06	19.4	38.3	5.4	31.1	11.1
2012-07	23.0	44.4	12.4	32.5	16.3
2012-08	20.7	34.7	10.1	27.9	15.0
2012-09	15.9	29.1	5.9	21.3	11.7
2012-10	5.2	18.7	−2.3	9.5	2.0
2012-11	−0.6	3.5	−4.0	0.4	−1.2
2012-12	−0.6	−0.5	−0.9	−0.6	−0.7
2013-01	−1.2	−0.8	−1.4	−1.1	−1.2
2013-02	−1.3	−0.4	−1.7	−1.2	−1.3
2013-03	−0.8	−0.4	−1.3	−0.7	−0.8
2013-04	2.2	23.0	−2.6	6.5	−0.5
2013-05	15.0	31.1	0.7	23.4	8.7
2013-06	20.4	37.7	8.7	27.8	15.2
2013-07	23.8	36.3	17.5	29.9	19.7
2013-08	22.8	33.9	10.3	27.7	19.4
2013-09	14.8	26.1	3.6	20.5	10.3
2013-10	5.6	16.2	−1.2	9.5	2.5
2013-11	0.9	9.1	−3.4	2.1	−0.1
2013-12	−0.3	1.3	−1.0	−0.1	−0.3
2014-01	−1.2	1.4	−4.8	−0.8	−1.6
2014-02	−1.9	−0.3	−2.5	−1.8	−2.1
2014-03	−0.5	10.5	−4.2	2.1	−2.2
2014-04	5.5	22.5	−3.3	14.0	−0.1
2014-05	11.7	24.9	2.7	15.2	8.7
2014-06	20.3	31.5	9.8	26.4	15.8
2014-07	23.1	32.7	17.0	27.3	19.8
2014-08	22.0	30.0	15.3	26.6	18.5
2014-09	15.1	27.0	2.6	20.2	11.1
2014-10	5.5	18.5	−3.4	9.8	1.9
2014-11	−1.5	6.3	−6.2	0.6	−3.2
2014-12	−3.1	−2.0	−4.5	−2.8	−3.4
2015-01	−8.9	−2.2	−13.3	−5.0	−11.5
2015-02	−6.7	0.8	−14.5	−2.5	−9.4
2015-03	−1.7	13.4	−7.8	1.7	−4.3
2015-04	4.6	28.1	−3.3	13.3	−1.1
2015-05	11.9	32.6	−0.8	21.4	5.1
2015-06	20.2	40.4	8.1	30.6	13.4

（续）

时间（年-月）	月平均温/℃	极高温/℃	极低温/℃	日极高温月平均值/℃	日极低温月平均值/℃
2015-07	23.0	39.7	12.4	32.5	16.4
2015-08	20.8	43.5	12.5	29.6	15.3
2015-09	14.2	36.5	−0.4	26.1	6.2
2015-10	4.0	23.9	−7.2	12.0	−1.0
2015-11	−4.3	10.5	−15.7	−0.2	−7.1
2015-12	−3.5	−0.5	−7.6	−3.1	−3.8
2016-01	−6.6	−3.8	−9.5	−6.2	−6.9
2016-02	−6.7	−0.6	−10.0	−5.8	−7.8
2016-03	−1.8	17.4	−9.8	3.0	−4.6
2016-04	4.7	25.5	−6.8	15.4	−3.2
2016-05	11.7	33.5	−1.7	21.1	4.1
2016-06	17.4	32.6	2.8	26.1	10.9
2016-07	21.7	38.0	10.3	30.9	15.5
2016-08	20.9	39.1	6.9	31.3	14.1
2016-09	14.4	33.2	−1.2	22.6	9.1
2016-10	1.8	20.3	−8.6	8.5	−2.6
2016-11	−2.8	2.9	−9.0	−1.4	−4.2
2016-12	−2.1	−1.1	−3.2	−1.9	−2.2
2017-01	−2.8	−1.7	−3.6	−2.6	−2.9
2017-02	−2.8	−0.7	−3.5	−2.6	−3.0
2017-03	−1.2	8.8	−5.2	1.8	−2.9
2017-04	3.9	23.9	−10.0	14.1	−4.9
2017-05	12.5	35.3	−4.1	24.3	3.8
2017-06	16.8	36.9	1.2	26.8	8.7
2017-07	21.9	40.6	5.7	32.8	13.7
2017-08	20.0	38.1	2.3	28.5	13.9
2017-09	11.7	32.6	−4.8	22.0	3.6
2017-10	2.0	22.1	−8.9	11.4	−4.0
2017-11	−4.5	11.0	−13.0	−0.8	−7.6
2017-12	−5.7	−3.1	−9.9	−4.8	−6.6

表5-2 帽儿山站5 cm土壤温度自动监测数据

时间（年-月）	月平均温/℃	极高温/℃	极低温/℃	日极高温月平均值/℃	日极低温月平均值/℃
2005-01	−1.9	−1.1	−2.7	−1.7	−2.0
2005-02	−2.2	−1.6	−2.6	−2.1	−2.3
2005-03	−1.1	7.4	−5.7	0.3	−1.9
2005-04	4.2	18.6	−0.7	10.4	0.7
2005-05	10.6	20.9	0.5	15.9	6.0

（续）

时间（年-月）	月平均温/℃	极高温/℃	极低温/℃	日极高温月平均值/℃	日极低温月平均值/℃
2005-06	19.3	27.5	12.1	23.7	15.7
2005-07	21.7	28.5	17.1	24.6	19.4
2005-08	21.5	32.1	14.2	25.1	18.6
2005-09	15.2	23.9	8.5	18.7	12.1
2005-10	7.3	16.1	0.5	10.3	5.0
2005-11	−0.1	10.1	−6.1	1.4	−1.5
2005-12	−7.1	−1.2	−10.0	−5.7	−8.2
2006-01	−6.7	−4.8	−8.8	−6.1	−7.2
2006-02	−5.9	−0.8	−11.9	−4.7	−7.0
2006-03	−2.2	1.3	−10.6	−0.7	−4.0
2006-04	3.7	16.4	−0.4	7.6	1.7
2006-05	11.3	25.9	2.1	17.7	6.0
2006-06	17.4	28.7	9.7	22.8	13.3
2006-07	21.8	32.0	14.1	26.5	18.0
2006-08	22.9	29.9	16.0	27.5	19.5
2006-09	18.5	25.1	10.6	22.2	15.3
2006-10	11.6	22.3	3.9	14.8	9.1
2006-11	−0.1	11.2	−7.8	1.8	−1.9
2006-12	−6.5	−1.8	−12.5	−4.2	−8.4
2007-01	−8.4	−3.6	−13.4	−5.7	−10.4
2007-02	−4.5	5.6	−8.8	−3.2	−5.7
2007-03	1.6	12.0	−6.7	3.3	−0.1
2007-04	9.2	24.1	4.7	14.2	6.2
2007-05	15.4	27.7	5.5	20.8	10.9
2007-06	21.2	31.0	13.6	26.6	16.9
2007-07	21.3	29.1	13.2	26.4	17.3
2007-08	20.7	28.9	12.8	24.8	17.4
2007-09	15.5	23.9	6.1	19.3	12.4
2007-10	7.2	17.9	1.2	11.4	4.2
2007-11	−0.8	7.0	−7.5	1.5	−2.2
2007-12	−6.7	−2.5	−10.6	−4.2	−8.5
2008-01	−10.4	−3.6	−14.6	−8.3	−11.8
2008-02	−9.8	−1.0	−16.0	−5.2	−13.1
2008-03	0.1	12.1	−9.8	3.9	−2.3
2008-04	7.2	19.5	0.7	13.3	3.1
2008-05	11.3	24.0	2.5	17.6	6.5
2008-06	18.6	31.6	7.4	25.3	13.4
2008-07	22.4	32.3	16.3	27.1	18.8
2008-08	21.8	32.3	14.4	26.7	17.9

（续）

时间（年-月）	月平均温/℃	极高温/℃	极低温/℃	日极高温月平均值/℃	日极低温月平均值/℃
2008-09	14.4	25.6	4.7	17.7	11.6
2008-10	7.2	14.5	1.5	10.2	4.9
2008-11	−0.3	5.3	−3.8	0.2	−0.9
2008-12	−2.1	−0.3	−4.1	−1.8	−2.4
2009-01	−3.4	−2.4	−4.8	−3.2	−3.6
2009-02	−3.2	−2.3	−4.2	−3.0	−3.3
2009-03	−1.3	−0.1	−3.7	−1.0	−1.7
2009-04	3.6	13.7	−2.6	7.2	0.9
2009-05	13.5	24.2	3.7	18.4	8.9
2009-06	17.3	25.6	9.6	20.9	14.1
2009-07	21.0	26.6	16.0	24.0	18.1
2009-08	21.7	29.4	12.5	25.3	18.4
2009-09	14.0	24.3	7.0	16.6	11.6
2009-10	6.6	13.5	1.0	8.9	4.7
2009-11	−0.2	7.1	−2.5	0.2	−0.6
2009-12	−1.7	−0.7	−2.6	−1.5	−1.8
2010-01	−3.0	−2.1	−3.8	−2.9	−3.1
2010-02	−3.9	−2.3	−5.2	−3.7	−4.1
2010-03	−1.9	−0.1	−3.0	−1.8	−2.0
2010-04	1.1	8.7	−0.6	2.4	0.2
2010-05	11.6	20.7	1.7	14.5	8.5
2010-06	21.2	30.8	13.5	25.0	17.6
2010-07	22.6	28.1	17.6	25.6	20.0
2010-08	21.1	27.7	15.8	23.7	18.7
2010-09	15.9	25.1	5.1	19.9	12.6
2010-10	6.0	16.3	−0.2	8.2	4.3
2010-11	0.1	2.4	−0.8	0.2	0.0
2010-12	−1.0	−0.4	−1.6	−0.9	−1.1
2011-01	−2.9	−1.2	−4.5	−2.7	−3.2
2011-02	−3.2	−0.9	−5.1	−2.7	−3.6
2011-03	−2.1	1.1	−5.9	−1.3	−3.1
2011-04	3.3	11.2	−0.5	6.6	1.0
2011-05	11.3	20.7	2.9	14.7	8.2
2011-06	18.3	26.8	11.8	21.5	15.3
2011-07	23.5	29.1	17.4	26.6	20.8
2011-08	22.2	29.1	15.9	25.4	19.4
2011-09	14.6	22.5	7.4	17.8	11.7
2011-10	7.0	13.1	1.6	9.5	4.9
2011-11	−0.2	8.8	−8.5	1.0	−1.1

（续）

时间（年-月）	月平均温/℃	极高温/℃	极低温/℃	日极高温月平均值/℃	日极低温月平均值/℃
2011-12	−7.8	−3.2	−12.3	−6.3	−9.1
2012-01	−12.9	−8.8	−18.3	−10.8	−14.4
2012-02	−10.9	−5.0	−18.5	−9.2	−12.5
2012-03	−4.1	−0.5	−11.6	−3.0	−5.3
2012-04	2.2	10.5	−2.6	4.2	0.5
2012-05	10.9	20.3	2.2	14.9	7.1
2012-06	18.9	29.1	10.9	23.1	15.4
2012-07	22.9	35.3	14.3	27.2	19.3
2012-08	21.0	30.3	12.9	25.7	17.1
2012-09	16.5	26.9	8.3	20.1	13.5
2012-10	5.8	16.5	−0.1	8.4	3.7
2012-11	−0.2	2.2	−1.8	0.0	−0.4
2012-12	−0.6	0.4	−1.2	−0.5	−0.6
2013-01	−1.6	−0.9	−1.9	−1.5	−1.7
2013-02	−1.9	−0.4	−2.4	−1.8	−2.0
2013-03	−1.2	−0.6	−2.0	−1.1	−1.2
2013-04	1.5	14.3	−1.3	3.2	0.3
2013-05	14.1	25.0	2.9	18.3	10.4
2013-06	20.1	29.9	12.3	23.8	16.9
2013-07	23.9	30.9	18.3	27.2	21.2
2013-08	22.9	30.5	13.3	25.2	21.1
2013-09	14.9	21.9	6.6	17.6	12.5
2013-10	6.1	13.2	0.5	7.7	4.4
2013-11	1.1	6.3	−1.9	1.9	0.6
2013-12	−0.5	10.1	−2.0	1.6	−0.8
2014-01	−2.4	2.7	−3.1	−1.1	−2.6
2014-02	−3.1	−0.1	−3.8	−2.6	−3.3
2014-03	−1.6	3.0	−5.4	−0.9	−2.3
2014-04	3.7	13.2	−0.9	6.2	1.6
2014-05	11.0	21.1	4.3	12.7	9.4
2014-06	20.3	26.5	16.0	22.9	17.8
2014-07	22.5	27.7	18.6	24.6	20.7
2014-08	21.6	26.7	17.4	23.6	19.7
2014-09	15.3	22.4	6.2	17.2	13.4
2014-10	6.3	11.3	1.2	7.9	4.7
2014-11	1.2	5.8	−2.5	1.9	0.5
2014-12	−1.4	−0.2	−2.5	−1.2	−1.6
2015-01	−4.0	−1.5	−5.2	−3.7	−4.3
2015-02	−3.9	−0.7	−6.5	−3.6	−4.1

（续）

时间（年-月）	月平均温/℃	极高温/℃	极低温/℃	日极高温月平均值/℃	日极低温月平均值/℃
2015-03	−0.7	3.8	−2.8	−0.3	−1.1
2015-04	3.2	12.5	0.4	5.2	1.7
2015-05	10.2	17.5	3.5	12.2	8.3
2015-06	18.1	25.7	11.7	20.4	15.9
2015-07	22.1	27.9	16.5	24.7	19.7
2015-08	21.9	32.1	15.7	26.4	18.3
2015-09	16.2	33.3	6.2	23.5	11.2
2015-10	6.2	16.9	−1.5	8.6	4.2
2015-11	−1.6	6.4	−10.3	−0.3	−2.8
2015-12	−2.3	0.5	−4.7	−2.0	−2.6
2016-01	−4.9	−3.1	−6.3	−4.7	−5.1
2016-02	−5.6	0.3	−8.8	−5.0	−6.2
2016-03	−1.4	8.9	−8.8	0.1	−2.4
2016-04	5.2	15.3	0.8	8.9	2.5
2016-05	12.6	23.5	4.2	16.4	9.2
2016-06	18.8	25.6	9.3	22.7	15.5
2016-07	23.0	30.3	15.4	26.5	19.9
2016-08	22.0	30.3	13.8	25.3	19.0
2016-09	16.3	24.3	5.6	19.5	13.7
2016-10	4.6	15.8	−1.4	6.7	2.9
2016-11	−1.7	−0.5	−3.8	−1.3	−2.3
2016-12	−1.8	−0.8	−2.8	−1.6	−1.9
2017-01	−2.9	−1.6	−3.9	−2.8	−3.0
2017-02	−3.0	−0.5	−3.8	−2.9	−3.2
2017-03	−0.7	2.4	−2.2	−0.1	−1.0
2017-04	3.5	12.3	−0.5	7.3	0.6
2017-05	12.9	24.8	1.9	17.9	8.5
2017-06	18.3	31.6	7.0	23.2	13.6
2017-07	24.3	36.0	14.4	30.3	19.2
2017-08	22.6	33.2	8.9	27.0	18.8
2017-09	14.2	26.2	2.6	18.8	10.4
2017-10	4.5	15.0	−0.5	7.5	2.5
2017-11	−1.4	5.6	−6.1	−0.6	−2.3
2017-12	−4.7	−2.9	−6.9	−4.3	−5.1

表 5-3　帽儿山站 10 cm 土壤温度自动监测数据

时间（年-月）	月平均温/℃	极高温/℃	极低温/℃	日极高温月平均值/℃	日极低温月平均值/℃
2005-01	−1.3	−0.8	−1.8	−1.2	−1.4
2005-02	−1.7	−1.2	−2.0	−1.6	−1.7

（续）

时间（年-月）	月平均温/℃	极高温/℃	极低温/℃	日极高温月平均值/℃	日极低温月平均值/℃
2005-03	−1.1	0.0	−2.7	−0.9	−1.3
2005-04	2.4	11.5	−0.2	4.6	0.9
2005-05	9.6	16.1	2.2	11.9	7.3
2005-06	18.2	23.4	13.3	20.0	16.5
2005-07	20.9	23.6	18.5	22.1	19.9
2005-08	21.0	27.0	16.6	22.3	19.7
2005-09	15.3	20.0	10.7	16.6	14.0
2005-10	8.1	13.9	2.8	9.4	7.0
2005-11	2.2	9.1	−3.4	2.9	1.6
2005-12	−5.4	−0.5	−7.9	−4.7	−6.0
2006-01	−5.7	−4.4	−7.2	−5.4	−6.0
2006-02	−5.1	−1.4	−9.2	−4.4	−5.7
2006-03	−1.9	0.5	−8.4	−1.0	−2.8
2006-04	1.7	8.5	0.2	2.8	0.9
2006-05	10.5	19.1	2.5	13.1	8.0
2006-06	18.0	23.2	13.4	20.0	16.2
2006-07	22.1	25.8	17.3	23.8	20.4
2006-08	21.9	25.8	17.2	23.9	20.1
2006-09	15.6	21.3	11.1	17.6	13.8
2006-10	8.6	15.8	2.9	10.0	7.4
2006-11	0.8	6.3	−3.7	1.4	0.3
2006-12	−4.9	−2.0	−9.5	−4.0	−5.8
2007-01	−7.3	−4.0	−10.7	−6.1	−8.4
2007-02	−4.2	−0.4	−6.7	−3.7	−4.7
2007-03	−1.2	0.5	−4.4	−0.8	−1.7
2007-04	1.8	9.6	0.3	2.9	0.9
2007-05	9.0	16.2	3.7	10.7	7.3
2007-06	17.1	23.2	11.6	19.0	15.1
2007-07	20.0	23.3	15.7	21.7	18.3
2007-08	20.3	24.1	15.6	21.8	18.8
2007-09	15.5	19.8	9.4	16.6	14.3
2007-10	7.7	13.2	3.2	9.0	6.5
2007-11	1.7	6.6	−4.7	2.5	1.1
2007-12	−5.4	−2.0	−8.3	−4.3	−6.3
2008-01	−8.8	−3.7	−12.2	−7.8	−9.6
2008-02	−8.7	−3.5	−12.8	−6.5	−10.6
2008-03	0.0	7.0	−7.6	1.0	−0.9
2008-04	8.8	15.8	3.8	11.2	6.8
2008-05	13.5	20.1	7.5	15.9	11.2

（续）

时间（年-月）	月平均温/℃	极高温/℃	极低温/℃	日极高温月平均值/℃	日极低温月平均值/℃
2008-06	18.9	23.8	12.0	21.1	16.6
2008-07	22.0	26.5	18.3	23.6	20.2
2008-08	20.6	28.5	14.3	22.6	18.7
2008-09	13.3	19.8	5.1	14.7	11.9
2008-10	6.3	11.4	1.2	8.0	4.8
2008-11	0.8	4.5	−0.3	1.0	0.5
2008-12	−1.2	0.4	−3.0	−1.0	−1.4
2009-01	−3.2	−2.3	−4.3	−3.1	−3.4
2009-02	−3.4	−2.5	−4.2	−3.2	−3.5
2009-03	−1.8	−0.8	−3.9	−1.6	−2.1
2009-04	0.7	7.8	−2.7	2.3	−0.8
2009-05	10.0	17.5	3.4	12.7	7.4
2009-06	14.0	19.1	8.6	15.9	12.2
2009-07	17.6	20.9	14.6	19.1	16.1
2009-08	18.8	23.1	12.5	20.5	16.9
2009-09	12.0	19.3	6.8	13.4	10.7
2009-10	5.3	10.9	0.6	6.4	4.3
2009-11	−0.1	4.0	−0.7	0.2	−0.3
2009-12	−1.6	−0.6	−2.9	−1.5	−1.7
2010-01	−3.7	−2.5	−4.7	−3.5	−3.9
2010-02	−5.5	−3.0	−7.6	−5.2	−5.8
2010-03	−2.6	−0.9	−3.9	−2.5	−2.8
2010-04	−1.3	3.2	−2.3	−0.6	−1.8
2010-05	7.8	15.5	−0.4	9.5	6.0
2010-06	16.9	23.5	11.2	18.9	15.0
2010-07	19.2	22.5	15.9	20.7	17.9
2010-08	18.5	21.9	15.5	19.7	17.2
2010-09	14.0	20.0	5.5	16.0	12.1
2010-10	5.1	12.9	−0.2	6.4	4.0
2010-11	−0.7	1.8	−1.3	−0.5	−0.8
2010-12	−1.2	−1.0	−1.4	−1.1	−1.2
2011-01	−2.9	−1.2	−4.4	−2.7	−3.0
2011-02	−3.3	−1.2	−5.1	−3.0	−3.6
2011-03	−2.6	−1.2	−5.7	−2.0	−3.3
2011-04	0.5	5.4	−2.2	2.2	−0.9
2011-05	9.5	17.0	2.0	11.4	7.6
2011-06	16.8	22.9	11.3	18.8	14.9
2011-07	21.9	25.5	17.6	23.6	20.3
2011-08	20.9	25.6	16.3	22.6	19.2

（续）

时间（年-月）	月平均温/℃	极高温/℃	极低温/℃	日极高温月平均值/℃	日极低温月平均值/℃
2011-09	14.1	20.6	8.4	15.8	12.4
2011-10	6.9	11.5	2.1	8.2	5.6
2011-11	0.6	7.4	−5.2	1.2	0.0
2011-12	−6.2	−2.2	−10.7	−5.3	−7.1
2012-01	−12.2	−8.6	−17.1	−10.9	−13.4
2012-02	−10.6	−5.2	−17.3	−9.3	−11.8
2012-03	−4.1	−1.2	−10.7	−3.2	−5.0
2012-04	0.4	6.0	−1.9	1.6	−0.5
2012-05	9.6	16.4	1.5	11.9	7.2
2012-06	17.1	23.4	11.1	19.2	15.1
2012-07	20.8	30.8	16.7	23.4	19.0
2012-08	19.4	25.2	14.1	21.7	17.2
2012-09	15.3	21.9	9.5	16.9	13.7
2012-10	5.0	13.0	−0.6	6.2	3.8
2012-11	−1.3	−0.1	−2.0	−1.2	−1.4
2012-12	−1.8	−1.6	−2.1	−1.7	−1.9
2013-01	−2.1	−1.8	−2.4	−2.0	−2.2
2013-02	−2.5	−1.8	−2.9	−2.4	−2.6
2013-03	−2.3	−2.0	−2.8	−2.2	−2.4
2013-04	−0.3	9.0	−2.4	0.7	−1.0
2013-05	12.8	20.7	3.3	14.9	10.9
2013-06	19.8	25.7	14.4	21.5	18.2
2013-07	24.8	28.5	19.9	26.3	23.5
2013-08	24.3	28.6	15.7	25.3	23.4
2013-09	15.0	20.0	8.1	16.2	13.8
2013-10	5.9	12.4	0.9	6.8	5.0
2013-11	0.4	4.5	−1.2	0.7	0.1
2013-12	−1.1	0.1	−1.8	−1.0	−1.2
2014-01	−1.9	−1.6	−2.3	−1.8	−2.0
2014-02	−2.4	−1.7	−2.6	−2.3	−2.5
2014-03	−1.9	−0.3	−3.0	−1.7	−2.1
2014-04	2.8	11.1	−2.0	4.2	1.6
2014-05	11.7	20.0	5.5	12.7	10.9
2014-06	21.6	26.4	18.3	22.9	20.4
2014-07	24.4	27.4	22.0	25.4	23.4
2014-08	23.2	26.2	20.9	24.1	22.4
2014-09	18.2	23.4	11.1	19.1	17.3
2014-10	7.9	13.0	1.4	8.8	7.0
2014-11	−0.6	4.1	−3.1	−0.3	−0.9

（续）

时间（年-月）	月平均温/℃	极高温/℃	极低温/℃	日极高温月平均值/℃	日极低温月平均值/℃
2014-12	−2.7	−2.0	−3.3	−2.6	−2.9
2015-01	−3.7	−2.6	−4.6	−3.5	−3.9
2015-02	−3.7	−1.9	−5.4	−3.5	−3.9
2015-03	−2.1	−0.5	−2.9	−1.9	−2.3
2015-04	1.0	9.9	−1.8	2.2	0.0
2015-05	9.8	16.2	3.7	11.0	8.8
2015-06	19.0	23.9	14.2	20.1	17.9
2015-07	23.1	26.7	19.4	24.3	22.0
2015-08	22.5	28.3	16.8	24.2	20.9
2015-09	17.6	24.2	11.6	19.9	15.6
2015-10	6.9	15.1	−0.5	8.0	6.0
2015-11	−1.6	2.8	−7.7	−0.9	−2.2
2015-12	−2.9	−1.4	−4.4	−2.7	−3.0
2016-01	−5.0	−3.3	−6.4	−4.8	−5.1
2016-02	−5.6	−1.0	−7.8	−5.3	−5.9
2016-03	−2.7	−0.1	−7.9	−2.4	−3.0
2016-04	2.0	7.3	−0.7	3.0	1.1
2016-05	10.5	16.6	4.0	11.8	9.4
2016-06	18.4	22.2	12.1	19.7	17.2
2016-07	22.9	26.3	18.2	24.3	21.7
2016-08	22.2	27.1	17.2	23.2	21.2
2016-09	16.8	21.7	10.0	17.7	16.0
2016-10	5.9	12.9	0.6	6.5	5.3
2016-11	−0.7	0.6	−1.4	−0.6	−0.8
2016-12	−1.2	−0.7	−1.9	−1.1	−1.2
2017-01	−2.6	−1.5	−3.5	−2.5	−2.7
2017-02	−3.3	−1.0	−3.9	−3.1	−3.4
2017-03	−1.0	−0.5	−2.2	−0.9	−1.1
2017-04	2.2	7.0	−0.6	3.4	1.2
2017-05	12.0	18.8	3.7	13.8	10.3
2017-06	18.1	27.4	10.7	20.2	16.2
2017-07	24.2	30.3	19.3	26.5	22.1
2017-08	22.7	27.9	13.2	24.3	21.2
2017-09	14.9	20.3	6.9	16.2	13.7
2017-10	5.6	11.2	1.7	6.5	4.9
2017-11	0.2	4.0	−2.6	0.5	−0.1
2017-12	−3.4	−2.2	−4.9	−3.2	−3.6

表 5-4 帽儿山站 15 cm 土壤温度自动监测数据

时间（年-月）	月平均温/℃	极高温/℃	极低温/℃	日极高温月平均值/℃	日极低温月平均值/℃
2015-09	16.4	24.7	10.3	18.8	14.3
2015-10	7.4	13.7	1.0	8.2	6.7
2015-11	−0.5	4.4	−6.8	−0.1	−1.0
2015-12	−2.3	−0.9	−3.8	−2.2	−2.5
2016-01	−4.7	−3.1	−6.2	−4.5	−4.8
2016-02	−5.2	−1.4	−7.3	−4.9	−5.6
2016-03	−2.5	0.6	−7.5	−2.1	−2.8
2016-04	2.0	7.2	−0.9	3.1	1.0
2016-05	10.3	16.8	3.8	11.5	9.1
2016-06	17.8	21.8	11.5	19.1	16.6
2016-07	22.3	25.7	17.8	23.6	21.0
2016-08	22.4	26.5	17.3	23.6	21.2
2016-09	17.4	22.5	10.6	18.3	16.4
2016-10	6.5	13.9	0.9	7.1	5.8
2016-11	−0.5	0.9	−1.2	−0.4	−0.7
2016-12	−1.1	−0.6	−1.8	−1.0	−1.2
2017-01	−2.0	−1.3	−2.7	−1.9	−2.1
2017-02	2.5	−1.3	−2.9	−2.3	−2.6
2017-03	−0.9	−0.2	−2.0	−0.8	−1.1
2017-04	2.4	7.5	−0.5	3.5	1.4
2017-05	12.0	18.3	4.5	13.7	10.4
2017-06	17.8	26.2	10.5	19.8	15.8
2017-07	23.7	29.0	19.1	25.8	21.6
2017-08	22.6	27.3	13.5	24.1	21.1
2017-09	15.3	20.7	7.3	16.7	13.9
2017-10	6.0	11.8	1.9	6.9	5.3
2017-11	0.2	4.3	−2.7	0.6	−0.1
2017-12	−3.2	−2.2	−4.6	−3.0	−3.4

表 5-5 帽儿山站 20 cm 土壤温度自动监测数据

时间（年-月）	月平均温/℃	极高温/℃	极低温/℃	日极高温月平均值/℃	日极低温月平均值/℃
2008-09	14.5	20.2	10.4	15.0	14.0
2008-10	9.0	12.4	4.7	9.6	8.6
2008-11	2.6	5.5	1.4	2.7	2.5
2008-12	0.4	1.5	−0.8	0.5	0.4
2009-01	−1.6	−0.7	−2.3	−1.5	−1.7
2009-02	−2.1	−1.6	−2.7	−2.1	−2.2
2009-03	−0.9	0.2	−2.6	−0.8	−1.0

（续）

时间（年-月）	月平均温/℃	极高温/℃	极低温/℃	日极高温月平均值/℃	日极低温月平均值/℃
2009-04	1.1	5.9	−1.0	1.6	0.8
2009-05	10.2	14.6	5.2	11.0	9.5
2009-06	14.9	18.4	11.6	15.6	14.3
2009-07	18.9	20.9	17.0	19.5	18.4
2009-08	20.2	22.8	15.5	21.0	19.5
2009-09	14.4	19.1	11.1	14.9	13.9
2009-10	8.4	12.7	4.3	8.9	8.0
2009-11	1.9	5.2	0.6	2.1	1.8
2009-12	−0.3	0.6	−1.3	−0.2	−0.3
2010-01	−2.1	−1.3	−2.8	−2.0	−2.2
2010-02	−3.5	−2.2	−4.5	−3.3	−3.6
2010-03	−1.8	−0.5	−2.6	−1.8	−1.9
2010-04	−0.3	1.2	−0.6	−0.3	−0.4
2010-05	7.4	13.7	0.6	8.0	6.9
2010-06	17.3	21.4	12.8	18.1	16.7
2010-07	20.3	22.1	18.2	20.9	19.9
2010-08	19.9	21.5	18.5	20.4	19.5
2010-09	16.4	20.1	10.2	17.1	15.7
2010-10	8.1	13.0	3.6	8.6	7.7
2010-11	2.3	4.6	1.4	2.4	2.2
2010-12	0.8	1.4	0.3	0.9	0.8
2011-01	−0.8	0.3	−1.8	−0.7	−0.8
2011-02	−1.7	−0.9	−2.4	−1.6	−1.8
2011-03	−1.3	−0.4	−2.7	−1.1	−1.4
2011-04	1.6	5.0	−0.4	2.0	1.3
2011-05	9.4	14.1	4.5	10.0	8.9
2011-06	16.0	20.4	11.8	16.8	15.4
2011-07	21.3	23.3	19.0	22.0	20.8
2011-08	21.1	23.7	18.8	21.8	20.6
2011-09	15.7	20.8	11.5	16.4	15.1
2011-10	8.8	11.8	5.4	9.3	8.3
2011-11	2.8	8.0	−1.1	3.1	2.7
2011-12	−4.1	−1.2	−7.5	−3.8	−4.4
2012-01	−9.7	−6.9	−13.5	−9.3	−10.2
2012-02	−9.4	−5.8	−13.7	−8.9	−9.8
2012-03	−3.9	−0.6	−8.1	−3.5	−4.2
2012-04	0.1	2.7	−0.9	0.4	−0.1
2012-05	7.3	12.0	1.7	8.2	6.6
2012-06	15.1	19.4	10.7	15.9	14.5

（续）

时间（年-月）	月平均温/℃	极高温/℃	极低温/℃	日极高温月平均值/℃	日极低温月平均值/℃
2012-07	20.8	24.5	14.6	22.2	19.9
2012-08	20.3	23.5	17.1	21.3	19.4
2012-09	16.7	21.3	13.0	17.4	16.0
2012-10	7.5	14.2	2.5	8.1	7.0
2012-11	1.3	2.5	0.6	1.3	1.2
2012-12	0.4	0.7	0.0	0.4	0.3
2013-01	−0.3	0.1	−0.6	−0.3	−0.3
2013-02	−0.7	−0.4	−1.1	−0.7	−0.8
2013-03	−0.7	−0.5	−1.0	−0.7	−0.8
2013-04	0.7	6.8	−0.6	1.1	0.5
2013-05	11.9	17.5	5.0	12.9	11.1
2013-06	18.2	21.8	14.8	19.0	17.5
2013-07	22.3	24.8	18.7	23.1	21.6
2013-08	22.4	25.1	16.3	23.0	21.7
2013-09	15.6	18.7	11.1	16.2	15.0
2013-10	7.9	13.2	3.6	8.4	7.5
2013-11	2.6	5.7	1.4	2.8	2.4
2013-12	1.0	2.1	0.1	1.0	0.9
2014-01	−0.3	0.2	−0.7	−0.2	−0.3
2014-02	−1.0	−0.6	−1.3	−0.9	−1.1
2014-03	−0.8	−0.3	−1.5	−0.7	−0.8
2014-04	2.8	8.9	−0.5	3.3	2.4
2014-05	10.0	15.4	5.6	10.6	9.6
2014-06	18.3	21.8	14.9	19.0	17.7
2014-07	21.4	23.2	19.8	22.0	20.9
2014-08	21.1	23.4	19.2	21.6	20.5
2014-09	16.2	20.4	10.5	16.7	15.7
2014-10	7.7	10.8	3.7	8.2	7.3
2014-11	1.3	5.1	−0.7	1.5	1.2
2014-12	−1.4	−0.6	−1.9	−1.3	−1.4
2015-01	−2.7	−1.6	−3.6	−2.5	−2.8
2015-02	−3.0	−1.3	−4.3	−2.9	−3.1
2015-03	−1.3	−0.6	−2.1	−1.2	−1.4
2015-04	0.8	6.8	−0.7	1.1	0.5
2015-05	8.8	13.4	4.8	9.3	8.3
2015-06	16.2	20.2	12.4	16.7	15.7
2015-07	20.6	22.5	17.6	21.2	20.1
2015-08	20.4	24.2	16.7	21.4	19.3
2015-09	15.9	21.5	10.5	17.1	14.9

（续）

时间（年-月）	月平均温/℃	极高温/℃	极低温/℃	日极高温月平均值/℃	日极低温月平均值/℃
2015-10	6.9	12.0	1.1	7.5	6.5
2015-11	−0.5	3.1	−5.7	−0.3	−0.7
2015-12	−2.9	−2.1	−3.9	−2.8	−2.9
2016-01	−5.0	−3.5	−6.7	−4.9	−5.1
2016-02	−5.8	−2.6	−7.4	−5.5	−6.0
2016-03	−3.4	−1.6	−7.5	−3.2	−3.6
2016-04	0.2	4.4	−1.6	0.8	−0.2
2016-05	8.7	14.0	2.6	9.5	8.0
2016-06	16.4	19.7	10.9	17.2	15.7
2016-07	21.2	23.9	17.0	22.1	20.4
2016-08	21.0	24.7	16.9	21.7	20.3
2016-09	16.0	19.7	10.3	16.6	15.5
2016-10	5.8	12.0	0.7	6.3	5.4
2016-11	−0.8	0.7	−1.5	−0.8	−0.9
2016-12	−1.6	−1.3	−2.1	−1.6	−1.6
2017-01	−2.6	−1.9	−3.2	−2.6	−2.7
2017-02	−3.2	−2.1	−3.5	−3.1	−3.3
2017-03	−1.9	−1.6	−2.5	−1.9	−2.0
2017-04	0.8	5.2	−1.6	1.4	0.3
2017-05	10.1	15.7	2.6	11.3	9.0
2017-06	16.2	23.7	10.6	17.5	15.0
2017-07	22.4	26.5	18.9	23.8	21.2
2017-08	21.3	24.9	13.7	22.4	20.5
2017-09	14.0	18.6	7.5	15.0	13.1
2017-10	5.4	10.4	1.6	6.0	4.9
2017-11	−0.1	3.0	−2.5	0.1	−0.3
2017-12	−3.5	−2.5	−4.8	−3.4	−3.6

表 5-6　帽儿山站 30 cm 土壤温度自动监测数据

时间（年-月）	月平均温/℃	极高温/℃	极低温/℃	日极高温月平均值/℃	日极低温月平均值/℃
2008-09	14.6	18.7	11.3	14.9	14.3
2008-10	9.3	12.1	5.5	9.5	9.1
2008-11	3.1	5.8	1.7	3.2	3.1
2008-12	1.0	1.7	0.1	1.0	0.9
2009-01	−0.8	0.3	−1.3	−0.8	−0.8
2009-02	−1.7	−1.3	−2.2	−1.6	−1.7
2009-03	−1.1	−0.5	−2.3	−1.1	−1.2
2009-04	−0.2	2.6	−1.2	0.0	−0.2

（续）

时间（年-月）	月平均温/℃	极高温/℃	极低温/℃	日极高温月平均值/℃	日极低温月平均值/℃
2009-05	8.0	11.7	2.7	8.4	7.8
2009-06	13.2	15.8	10.7	13.4	13.0
2009-07	17.2	18.9	15.6	17.4	17.1
2009-08	19.0	21.5	14.3	19.7	18.5
2009-09	14.4	17.7	12.1	14.7	14.2
2009-10	9.1	12.7	5.6	9.4	9.0
2009-11	2.8	5.5	1.3	3.0	2.7
2009-12	0.4	1.3	−0.6	0.4	0.3
2010-01	−1.5	−0.6	−2.6	−1.4	−1.6
2010-02	−3.4	−2.1	−4.2	−3.3	−3.5
2010-03	−1.8	−0.8	−2.3	−1.7	−1.8
2010-04	−0.6	−0.5	−0.8	−0.6	−0.6
2010-05	4.9	10.9	−0.5	5.2	4.8
2010-06	14.8	18.5	10.9	15.0	14.6
2010-07	18.6	19.6	17.4	18.7	18.4
2010-08	18.5	19.2	17.7	18.6	18.4
2010-09	15.6	18.1	10.9	15.8	15.4
2010-10	8.1	11.6	2.8	8.3	7.9
2010-11	0.7	4.5	−1.3	1.1	0.5
2010-12	−0.9	−0.3	−1.5	−0.8	−1.0
2011-01	−0.8	−0.5	−1.2	−0.8	−0.9
2011-02	−1.6	−1.2	−2.9	−1.5	−1.7
2011-03	−2.3	−1.1	−3.7	−1.8	−2.7
2011-04	−1.0	2.3	−2.1	−0.8	−1.2
2011-05	7.5	12.2	2.4	7.8	7.3
2011-06	14.0	17.6	10.6	14.2	13.8
2011-07	19.3	21.0	17.6	19.5	19.1
2011-08	20.0	22.2	18.4	20.3	19.8
2011-09	15.1	20.4	11.6	15.7	14.8
2011-10	8.7	12.1	5.6	9.1	8.5
2011-11	2.3	7.0	−1.3	2.7	1.9
2011-12	−2.4	0.3	−5.4	−2.2	−2.6
2012-01	−8.4	−5.3	−11.7	−8.1	−8.6
2012-02	−9.0	−6.7	−12.1	−8.7	−9.4
2012-03	−5.2	−1.7	−8.4	−4.7	−5.8
2012-04	−2.1	0.3	−4.4	−1.8	−2.4
2012-05	4.3	9.0	−0.7	4.6	4.1
2012-06	12.5	16.2	8.2	12.9	12.3
2012-07	18.8	23.0	14.7	19.8	18.2

（续）

时间（年-月）	月平均温/℃	极高温/℃	极低温/℃	日极高温月平均值/℃	日极低温月平均值/℃
2012-08	18.7	21.6	16.7	19.2	18.4
2012-09	15.8	19.1	13.8	16.3	15.5
2012-10	8.1	14.6	3.8	8.5	7.8
2012-11	0.5	3.7	−0.6	0.7	0.4
2012-12	−1.1	−0.4	−2.5	−1.0	−1.2
2013-01	−2.3	0.2	−3.3	−1.9	−2.5
2013-02	−3.3	−2.9	−3.6	−3.2	−3.4
2013-03	−3.1	−1.0	−3.5	−2.8	−3.2
2013-04	0.0	6.0	−1.8	0.4	−0.2
2013-05	10.0	13.9	5.6	10.4	9.7
2013-06	15.6	18.4	13.2	15.9	15.4
2013-07	20.4	22.1	18.0	20.7	20.0
2013-08	21.3	23.3	16.6	21.9	20.7
2013-09	15.1	18.1	11.5	15.5	14.7
2013-10	7.8	12.7	3.7	8.2	7.5
2013-11	2.1	4.8	0.9	2.3	2.0
2013-12	−0.1	1.6	−2.0	0.1	−0.2
2014-01	−2.4	−1.7	−2.9	−2.3	−2.5
2014-02	−2.9	−1.7	−3.3	−2.7	−3.0
2014-03	−2.7	−1.3	−3.5	−2.5	−2.9
2014-04	1.9	7.1	−2.0	2.2	1.7
2014-05	8.8	12.6	5.3	9.2	8.6
2014-06	16.2	19.3	12.7	16.6	15.9
2014-07	19.9	21.5	18.8	20.4	19.6
2014-08	19.8	21.8	18.5	20.2	19.4
2014-09	—	—	—	—	—
2014-10	—	—	—	—	—
2014-11	—	—	—	—	—
2014-12	—	—	—	—	—
2015-01	—	—	—	—	—
2015-02	—	—	—	—	—
2015-03	—	—	—	—	—
2015-04	—	—	—	—	—
2015-05	—	—	—	—	—
2015-06	—	—	—	—	—
2015-07	—	—	—	—	—
2015-08	—	—	—	—	—
2015-09	18.3	22.3	13.7	18.9	17.8
2015-10	9.9	14.0	4.2	10.2	9.6

（续）

时间（年-月）	月平均温/℃	极高温/℃	极低温/℃	日极高温月平均值/℃	日极低温月平均值/℃
2015-11	2.5	5.3	−1.3	2.6	2.3
2015-12	−0.4	−0.1	−1.1	−0.4	−0.5
2016-01	−2.3	−1.0	−4.0	−2.2	−2.4
2016-02	−3.5	−1.0	−4.9	−3.3	−3.6
2016-03	−1.5	0.2	−5.0	−1.4	−1.7
2016-04	1.5	5.3	0.2	1.7	1.4
2016-05	10.8	15.4	4.8	11.2	10.6
2016-06	18.5	21.7	13.9	18.9	18.3
2016-07	23.3	25.1	20.2	23.7	23.0
2016-08	23.5	26.0	20.5	23.9	23.3
2016-09	19.1	21.8	14.4	19.4	18.9
2016-10	9.7	15.1	4.9	10.0	9.5
2016-11	3.4	4.9	2.3	3.4	3.3
2016-12	2.0	2.3	1.5	2.0	1.9
2017-01	1.0	1.5	0.4	1.0	1.0
2017-02	0.4	1.3	0.2	0.4	0.3
2017-03	1.4	3.1	1.0	1.5	1.3
2017-04	3.5	7.2	1.2	3.7	3.3
2017-05	12.2	17.0	3.6	13.0	11.7
2017-06	18.2	24.2	14.2	18.9	17.8
2017-07	24.4	26.9	22.0	25.1	24.0
2017-08	24.1	27.1	18.3	24.7	23.7
2017-09	17.8	20.9	12.4	18.3	17.6
2017-10	9.8	13.5	6.7	10.1	9.5
2017-11	4.7	7.3	2.0	4.8	4.5
2017-12	1.0	2.0	0.4	1.1	1.0

表 5-7 帽儿山站 40 cm 土壤温湿度自动监测数据

时间（年-月）	月平均温/℃	极高温/℃	极低温/℃	日极高温月平均值/℃	日极低温月平均值/℃
2015-09	16.8	19.5	13.5	17.1	16.5
2015-10	10.1	13.6	6.0	10.3	9.9
2015-11	4.1	6.1	0.3	4.2	4.0
2015-12	0.2	0.8	−0.8	0.3	0.2
2016-01	−1.7	−0.7	−2.9	−1.7	−1.8
2016-02	−3.2	−1.6	−6.1	−3.1	−3.4
2016-03	−3.7	−2.2	−6.2	−3.6	−3.8
2016-04	−1.5	1.1	−2.3	−1.4	−1.5
2016-05	7.3	11.8	1.0	7.5	7.1

（续）

时间（年-月）	月平均温/℃	极高温/℃	极低温/℃	日极高温月平均值/℃	日极低温月平均值/℃
2016-06	14.7	17.2	11.2	14.8	14.6
2016-07	18.7	20.3	16.6	18.8	18.5
2016-08	19.5	21.6	17.2	19.6	19.4
2016-09	15.9	17.8	12.5	16.1	15.8
2016-10	8.5	12.6	4.5	8.7	8.3
2016-11	2.7	4.5	1.8	2.7	2.6
2016-12	1.4	1.8	0.9	1.4	1.4
2017-01	0.2	0.9	−0.3	0.2	0.1
2017-02	−0.6	−0.3	−0.8	−0.6	−0.6
2017-03	−0.5	−0.3	−0.8	−0.5	−0.6
2017-04	1.1	4.2	−0.4	1.2	1.1
2017-05	8.6	12.0	4.3	8.8	8.3
2017-06	13.3	17.8	9.9	13.5	13.1
2017-07	18.9	20.2	16.9	19.1	18.7
2017-08	18.9	20.1	14.9	19.1	18.8
2017-09	14.1	16.2	10.3	14.2	13.9
2017-10	7.4	10.6	4.5	7.5	7.2
2017-11	2.7	4.5	0.9	2.8	2.6
2017-12	−0.8	0.9	−1.8	−0.7	−0.8

表 5-8　帽儿山站 50 cm 土壤温度自动监测数据

时间（年-月）	月平均温/℃	极高温/℃	极低温/℃	日极高温月平均值/℃	日极低温月平均值/℃
2005-01	1.2	1.7	0.9	1.2	1.2
2005-02	0.6	0.9	0.3	0.6	0.6
2005-03	0.2	0.3	0.1	0.2	0.2
2005-04	0.5	2.7	0.1	0.6	0.5
2005-05	6.1	9.6	2.8	6.3	6.0
2005-06	13.6	16.7	9.7	13.6	13.4
2005-07	17.8	18.7	16.4	17.8	17.7
2005-08	19.1	20.7	18.2	19.2	19.0
2005-09	15.9	18.2	14.1	16.0	15.8
2005-10	12.0	14.3	9.6	12.2	11.9
2005-11	6.6	10.4	3.2	6.7	6.4
2005-12	0.8	3.3	−1.6	0.9	0.8
2006-01	−2.7	−2.0	−3.2	−2.6	−2.7
2006-02	−3.0	−1.9	−3.9	−2.9	−3.1
2006-03	−1.8	−0.4	−3.7	−1.7	−1.9
2006-04	−0.4	−0.3	−0.5	−0.4	−0.4

（续）

时间（年-月）	月平均温/℃	极高温/℃	极低温/℃	日极高温月平均值/℃	日极低温月平均值/℃
2006-05	1.8	5.9	−0.3	1.9	1.7
2006-06	10.3	13.6	5.9	10.4	10.1
2006-07	16.4	17.6	13.6	16.5	16.3
2006-08	18.8	19.5	17.7	18.8	18.7
2006-09	15.7	18.3	14.1	15.8	15.5
2006-10	12.0	14.4	8.0	12.1	11.8
2006-11	6.4	8.1	5.3	6.4	6.3
2006-12	4.0	5.7	−1.6	4.2	3.9
2007-01	−3.2	−1.6	−4.3	−3.2	−3.3
2007-02	−2.7	−0.6	−3.3	−2.6	−2.8
2007-03	−0.7	0.7	−1.7	−0.7	−0.8
2007-04	2.0	4.9	0.7	2.1	2.0
2007-05	6.4	11.1	3.8	6.5	6.2
2007-06	17.0	22.0	11.1	17.2	16.8
2007-07	22.2	23.0	21.3	22.3	22.1
2007-08	22.1	22.8	20.3	22.1	22.0
2007-09	18.3	20.3	15.4	18.4	18.2
2007-10	12.1	15.5	9.0	12.2	11.9
2007-11	6.6	9.1	3.9	6.8	6.5
2007-12	0.8	3.9	−1.6	1.0	0.7
2008-01	−3.4	0.4	−5.5	−3.3	−3.5
2008-02	−5.4	−4.0	−6.4	−5.3	−5.5
2008-03	−1.4	0.5	−4.1	−1.3	−1.4
2008-04	2.4	4.8	0.5	2.5	2.3
2008-05	6.4	8.7	4.1	6.5	6.3
2008-06	12.2	16.5	8.4	12.3	12.1
2008-07	17.7	19.3	16.2	17.8	17.6
2008-08	18.5	19.9	17.6	18.6	18.4
2008-09	15.9	18.5	12.2	16.0	15.8
2008-10	10.3	12.3	7.6	10.4	10.2
2008-11	5.0	7.6	3.5	5.1	4.9
2008-12	2.8	3.5	2.1	2.8	2.7
2009-01	1.3	2.3	0.6	1.4	1.3
2009-02	0.0	0.6	−0.7	0.1	0.0
2009-03	−0.2	0.4	−0.9	−0.2	−0.3
2009-04	0.0	0.9	−0.5	0.0	−0.1
2009-05	6.9	10.5	0.7	7.0	6.7
2009-06	12.2	14.4	10.3	12.3	12.1
2009-07	16.1	17.7	14.4	16.1	16.0

（续）

时间（年-月）	月平均温/℃	极高温/℃	极低温/℃	日极高温月平均值/℃	日极低温月平均值/℃
2009-08	18.8	21.7	16.1	19.4	18.4
2009-09	14.9	18.2	12.8	15.1	14.7
2009-10	10.3	13.2	7.5	10.5	10.1
2009-11	4.6	7.4	3.0	4.7	4.5
2009-12	2.1	3.0	1.2	2.1	2.0
2010-01	0.5	1.2	−0.6	0.6	0.5
2010-02	−1.8	−0.6	−2.4	−1.7	−1.8
2010-03	−1.1	−0.2	−1.4	−1.0	−1.1
2010-04	−0.2	−0.1	−0.3	−0.2	−0.2
2010-05	3.7	9.6	−0.2	3.9	3.6
2010-06	13.4	16.9	9.6	13.5	13.2
2010-07	17.9	18.9	16.9	18.0	17.8
2010-08	18.7	19.3	18.1	18.7	18.6
2010-09	16.9	18.8	13.2	17.1	16.8
2010-10	10.6	13.3	7.1	10.8	10.5
2010-11	5.1	7.1	3.8	5.1	5.0
2010-12	2.9	3.8	2.3	3.0	2.9
2011-01	1.7	2.3	1.0	1.7	1.6
2011-02	0.7	1.1	0.4	0.7	0.6
2011-03	0.2	1.7	−0.2	0.3	0.2
2011-04	3.5	4.9	1.8	3.6	3.4
2011-05	8.3	11.8	4.9	8.4	8.2
2011-06	14.1	17.2	11.4	14.2	13.9
2011-07	19.4	21.0	17.2	19.5	19.3
2011-08	20.7	21.8	19.8	20.8	20.6
2011-09	17.4	20.5	14.8	17.5	17.3
2011-10	11.5	14.8	8.9	11.6	11.4
2011-11	6.1	9.4	3.2	6.2	6.0
2011-12	1.0	3.2	−1.8	1.1	0.9
2012-01	−5.1	−1.9	−8.3	−5.0	−5.3
2012-02	−6.8	−5.2	−8.7	−6.7	−6.9
2012-03	−3.0	0.2	−5.3	−2.9	−3.1
2012-04	0.0	0.4	−0.3	0.0	−0.1
2012-05	4.0	8.1	0.4	4.1	3.8
2012-06	12.3	16.6	8.1	12.5	12.2
2012-07	18.6	23.8	16.5	19.4	18.0
2012-08	20.0	22.1	19.0	20.2	19.8
2012-09	19.0	21.0	17.3	19.1	18.8
2012-10	12.3	20.8	7.9	12.5	12.0

（续）

时间（年-月）	月平均温/℃	极高温/℃	极低温/℃	日极高温月平均值/℃	日极低温月平均值/℃
2012-11	5.4	7.8	4.3	5.5	5.4
2012-12	3.9	4.4	3.5	3.9	3.8
2013-01	3.1	3.5	2.8	3.2	3.1
2013-02	2.7	2.9	1.8	2.8	2.7
2013-03	2.7	2.8	2.3	2.7	2.6
2013-04	3.8	8.2	2.6	4.0	3.7
2013-05	12.8	16.5	8.3	12.9	12.6
2013-06	18.9	21.2	16.5	19.0	18.7
2013-07	23.9	25.6	20.8	24.0	23.7
2013-08	25.3	26.9	22.2	25.8	25.0
2013-09	20.3	22.9	17.7	20.7	20.2
2013-10	14.4	18.2	11.1	14.6	14.2
2013-11	9.5	11.2	8.6	9.6	9.5
2013-12	7.8	8.7	7.1	7.9	7.8
2014-01	6.2	6.7	5.7	6.2	6.2
2014-02	5.3	5.8	4.2	5.4	5.3
2014-03	4.8	5.0	4.7	4.9	4.8
2014-04	6.9	10.8	4.7	7.0	6.7
2014-05	12.9	15.7	10.6	13.1	12.7
2014-06	19.2	21.6	15.6	19.4	19.1
2014-07	23.0	24.2	21.4	23.3	22.8
2014-08	23.5	24.7	22.8	23.8	23.3
2014-09	20.7	23.6	17.5	21.0	20.5
2014-10	14.4	17.5	11.6	14.6	14.2
2014-11	8.1	11.9	4.7	8.5	7.8
2014-12	4.2	5.2	2.9	4.4	4.0
2015-01	2.3	3.5	1.3	2.7	1.9
2015-02	1.7	2.8	0.5	2.1	1.4
2015-03	2.5	3.0	1.8	2.6	2.3
2015-04	3.0	3.3	2.5	3.1	2.9
2015-05	10.4	14.2	3.2	10.6	10.2
2015-06	17.0	21.9	14.2	17.2	16.9
2015-07	21.8	23.1	20.3	21.9	21.7
2015-08	19.7	22.8	16.5	19.9	19.4
2015-09	16.1	18.4	13.0	16.3	15.9
2015-10	9.0	13.0	4.4	9.2	8.8
2015-11	2.1	4.3	−0.8	2.2	2.0
2015-12	−1.2	−0.9	−1.7	−1.2	−1.2
2016-01	−2.7	−1.7	−4.1	−2.7	−2.8

（续）

时间（年-月）	月平均温/℃	极高温/℃	极低温/℃	日极高温月平均值/℃	日极低温月平均值/℃
2016-02	−4.0	−3.0	−4.9	−4.0	−4.1
2016-03	−3.2	−2.3	−5.0	−3.2	−3.3
2016-04	−2.2	−0.9	−2.4	−2.1	−2.2
2016-05	5.3	9.5	−0.9	5.4	5.1
2016-06	12.9	15.7	9.1	13.0	12.8
2016-07	17.7	19.5	15.5	17.8	17.6
2016-08	19.0	21.0	16.9	19.1	18.9
2016-09	15.7	17.3	12.5	15.8	15.6
2016-10	8.0	12.5	3.7	8.2	7.8
2016-11	1.4	3.6	0.3	1.5	1.4
2016-12	−0.2	0.3	−0.7	−0.2	−0.2
2017-01	−1.1	−0.7	−1.6	−1.1	−1.1
2017-02	−1.9	−1.6	−2.1	−1.9	−1.9
2017-03	−2.0	−1.9	−2.1	−2.0	−2.0
2017-04	−0.1	5.9	−1.9	0.1	−0.3
2017-05	7.2	10.9	2.7	7.4	7.0
2017-06	12.6	17.2	10.0	12.7	12.4
2017-07	18.9	19.7	16.9	19.0	18.7
2017-08	19.3	20.3	15.9	19.4	19.2
2017-09	14.8	16.6	11.2	14.9	14.6
2017-10	7.7	11.3	4.4	7.8	7.5
2017-11	2.2	4.4	0.2	2.3	2.1
2017-12	−1.1	0.2	−2.0	−1.0	−1.1

表 5-9 帽儿山站 60 cm 土壤温度自动监测数据

时间（年-月）	月平均温/℃	极高温/℃	极低温/℃	日极高温月平均值/℃	日极低温月平均值/℃
2015-09	16.0	17.8	13.4	16.0	15.8
2015-10	9.5	13.4	5.3	9.7	9.4
2015-11	2.9	5.3	0.1	3.0	2.8
2015-12	−0.5	0.1	−1.1	−0.5	−0.6
2016-01	−2.0	−1.1	−3.1	−2.0	−2.0
2016-02	−3.3	−2.7	−4.0	−3.3	−3.3
2016-03	−2.9	−2.2	−4.1	−2.9	−3.0
2016-04	−2.2	−1.8	−2.3	−2.2	−2.2
2016-05	4.5	8.7	−1.8	4.7	4.3
2016-06	12.1	14.9	8.6	12.2	12.0
2016-07	16.9	18.6	14.9	17.0	16.8
2016-08	18.5	20.3	16.8	18.6	18.4

（续）

时间（年-月）	月平均温/℃	极高温/℃	极低温/℃	日极高温月平均值/℃	日极低温月平均值/℃
2016-09	15.7	17.0	13.0	15.8	15.6
2016-10	8.7	13.0	4.6	8.8	8.5
2016-11	2.3	4.6	1.0	2.3	2.2
2016-12	0.4	1.0	−0.1	0.5	0.4
2017-01	−0.6	−0.1	−1.1	−0.6	−0.6
2017-02	−1.4	−1.1	−1.7	−1.4	−1.4
2017-03	−1.7	−1.6	−1.7	−1.6	−1.7
2017-04	1.1	2.5	0.3	1.2	1.1
2017-05	5.1	8.8	2.4	5.2	5.0
2017-06	12.4	16.0	8.8	12.5	12.3
2017-07	18.3	21.0	16.0	18.3	18.1
2017-08	21.5	22.2	20.4	21.6	21.5
2017-09	19.8	20.9	16.9	19.9	19.7
2017-10	14.4	16.9	11.1	14.4	14.3
2017-11	8.5	11.1	6.2	8.6	8.4
2017-12	4.5	6.2	2.9	4.5	4.4

表 5-10 帽儿山站 100 cm 土壤温度自动监测数据

时间（年-月）	月平均温/℃	极高温/℃	极低温/℃	日极高温月平均值/℃	日极低温月平均值/℃
2005-01	2.7	3.3	2.1	2.7	2.7
2005-02	1.8	2.1	1.4	1.8	1.8
2005-03	1.1	1.4	0.9	1.1	1.1
2005-04	0.9	1.3	0.8	0.9	0.9
2005-05	4.0	7.0	1.3	4.1	3.9
2005-06	10.4	13.3	7.1	10.5	10.3
2005-07	15.2	16.8	13.3	15.3	15.2
2005-08	17.3	18.2	16.8	17.4	17.3
2005-09	15.6	17.1	14.2	15.7	15.6
2005-10	12.1	14.2	9.5	12.1	12.0
2005-11	7.4	9.5	5.1	7.5	7.3
2005-12	3.2	5.1	1.4	3.3	3.2
2006-01	0.3	1.4	−0.5	0.4	0.3
2006-02	−0.9	−0.5	−1.2	−0.9	−0.9
2006-03	−0.9	−0.4	−1.2	−0.9	−0.9
2006-04	−0.3	−0.2	−0.4	−0.3	−0.3
2006-05	0.1	1.2	−0.2	0.1	0.0
2006-06	6.3	10.3	1.2	6.5	6.2

（续）

时间（年-月）	月平均温/℃	极高温/℃	极低温/℃	日极高温月平均值/℃	日极低温月平均值/℃
2006-07	13.1	14.8	10.3	13.2	13.0
2006-08	16.1	16.6	14.8	16.2	16.1
2006-09	15.0	16.5	13.8	15.1	14.9
2006-10	11.8	13.8	9.0	11.9	11.7
2006-11	6.7	9.0	4.7	6.8	6.6
2006-12	3.1	4.7	1.7	3.1	3.0
2007-01	1.3	2.3	−0.3	1.4	1.2
2007-02	−0.5	−0.3	−0.7	−0.5	−0.5
2007-03	−0.2	0.0	−0.4	−0.2	−0.2
2007-04	0.2	0.4	0.0	0.3	0.2
2007-05	0.6	3.0	0.0	0.7	0.6
2007-06	6.2	9.7	0.6	6.4	6.1
2007-07	11.7	13.0	9.7	11.8	11.7
2007-08	14.2	14.9	13.0	14.2	14.1
2007-09	14.0	14.6	13.0	14.0	13.9
2007-10	11.2	13.5	8.8	11.3	11.1
2007-11	6.6	8.8	4.4	6.6	6.5
2007-12	2.8	4.4	1.5	2.9	2.8
2008-01	0.6	2.7	−0.8	0.6	0.5
2008-02	−1.9	−0.6	−2.6	−1.8	−1.9
2008-03	−1.2	−0.2	−2.5	−1.2	−1.3
2008-04	−0.1	0.2	−0.4	0.0	−0.1
2008-05	−0.2	0.9	−0.4	−0.2	−0.2
2008-06	4.9	9.3	0.9	5.1	4.8
2008-07	12.2	14.1	9.3	12.2	12.1
2008-08	14.9	15.4	14.1	14.9	14.9
2008-09	14.1	15.9	12.2	14.1	14.0
2008-10	10.4	12.2	8.5	10.5	10.3
2008-11	6.2	8.5	4.6	6.3	6.2
2008-12	3.7	4.6	2.9	3.7	3.6
2009-01	2.2	2.9	1.5	2.2	2.1
2009-02	1.2	1.6	0.8	1.2	1.1
2009-03	0.6	0.9	0.4	0.6	0.6
2009-04	0.5	0.7	0.3	0.5	0.4
2009-05	4.0	6.7	0.6	4.1	3.9
2009-06	8.7	11.4	6.7	8.8	8.7
2009-07	13.6	14.6	11.4	13.7	13.5
2009-08	16.5	19.5	14.5	17.1	16.2
2009-09	14.3	17.5	12.6	14.5	14.2

（续）

时间（年-月）	月平均温/℃	极高温/℃	极低温/℃	日极高温月平均值/℃	日极低温月平均值/℃
2009-10	10.8	12.6	8.8	10.8	10.7
2009-11	6.4	8.8	4.8	6.5	6.4
2009-12	3.8	4.8	3.0	3.8	3.8
2010-01	2.4	3.0	1.8	2.4	2.4
2010-02	1.4	1.9	1.1	1.5	1.4
2010-03	0.9	1.1	0.6	0.9	0.9
2010-04	0.5	0.6	0.4	0.6	0.5
2010-05	2.8	6.5	0.5	2.9	2.7
2010-06	9.8	12.6	6.5	9.8	9.6
2010-07	14.8	16.5	12.6	14.8	14.7
2010-08	16.5	17.0	15.9	16.5	16.5
2010-09	15.8	17.0	13.8	15.8	15.7
2010-10	11.4	13.8	8.6	11.5	11.3
2010-11	6.6	8.6	5.0	6.6	6.5
2010-12	4.2	5.1	3.5	4.3	4.2
2011-01	3.0	3.6	2.5	3.0	3.0
2011-02	2.1	2.5	1.8	2.2	2.1
2011-03	1.5	1.8	1.1	1.5	1.4
2011-04	2.0	3.3	1.1	2.0	1.9
2011-05	5.4	7.6	3.3	5.4	5.3
2011-06	10.2	12.6	7.7	10.3	10.1
2011-07	15.1	16.4	12.6	15.2	15.1
2011-08	16.9	17.4	16.3	17.0	16.9
2011-09	15.5	16.9	13.9	15.5	15.4
2011-10	11.5	13.9	9.4	11.6	11.5
2011-11	7.4	9.4	5.1	7.5	7.3
2011-12	3.3	5.1	1.6	3.4	3.2
2012-01	0.1	1.6	−1.5	0.2	0.1
2012-02	−2.8	−1.5	−3.3	−2.8	−2.9
2012-03	−2.4	−1.5	−3.2	−2.4	−2.5
2012-04	−1.1	−0.7	−1.5	−1.0	−1.1
2012-05	−0.6	−0.3	−0.8	−0.6	−0.6
2012-06	5.5	9.8	−0.3	5.6	5.3
2012-07	14.4	23.0	9.8	15.8	13.9
2012-08	16.6	17.9	16.1	16.7	16.5
2012-09	15.7	17.1	14.4	15.8	15.6
2012-10	—	—	—	—	—
2012-11	—	—	—	—	—
2012-12	—	—	—	—	—

（续）

时间（年-月）	月平均温/℃	极高温/℃	极低温/℃	日极高温月平均值/℃	日极低温月平均值/℃
2013-01	1.9	2.4	1.4	1.9	1.8
2013-02	1.1	1.5	0.8	1.2	1.1
2013-03	0.6	0.8	0.4	0.7	0.6
2013-04	0.8	2.5	0.4	0.9	0.7
2013-05	6.2	9.4	2.5	6.3	6.1
2013-06	11.8	14.1	9.4	11.8	11.7
2013-07	16.6	18.8	14.1	16.8	16.5
2013-08	19.3	21.0	17.9	19.7	18.9
2013-09	16.2	18.5	14.2	16.5	16.0
2013-10	11.7	14.5	9.0	11.9	11.6
2013-11	7.0	9.2	5.5	7.1	6.9
2013-12	4.4	5.5	3.4	4.5	4.4
2014-01	2.7	3.4	2.1	2.7	2.7
2014-02	1.6	2.1	0.4	1.7	1.5
2014-03	1.0	1.2	0.9	1.1	1.0
2014-04	1.8	4.3	0.7	1.9	1.7
2014-05	6.6	9.0	4.3	6.8	6.5
2014-06	12.2	14.7	9.1	12.4	12.1
2014-07	16.7	18.2	14.6	17.0	16.6
2014-08	18.1	19.3	17.6	18.4	17.9
2014-09	16.7	18.9	14.6	16.9	16.5
2014-10	11.6	14.5	9.2	11.8	11.5
2014-11	6.5	9.2	4.5	6.7	6.4
2014-12	3.3	4.6	2.1	3.4	3.3
2015-01	1.4	2.2	0.6	1.4	1.3
2015-02	0.2	0.7	−0.1	0.3	0.2
2015-03	−0.1	0.3	−0.2	0.0	−0.1
2015-04	0.2	0.9	−0.1	0.3	0.1
2015-05	4.7	8.1	0.9	4.8	4.5
2015-06	10.8	15.4	8.1	11.0	10.7
2015-07	16.1	17.9	14.7	16.2	16.0
2015-08	18.0	19.3	13.1	18.1	17.7
2015-09	16.5	18.1	15.0	16.6	16.5
2015-10	11.7	15.1	8.4	11.8	11.5
2015-11	5.9	8.4	3.6	6.0	5.8
2015-12	2.3	3.6	1.4	2.3	2.2
2016-01	0.6	1.4	−0.3	0.6	0.6
2016-02	−0.8	−0.3	−1.3	−0.8	−0.8
2016-03	−1.4	−1.2	−1.7	−1.4	−1.5

（续）

时间（年-月）	月平均温/℃	极高温/℃	极低温/℃	日极高温月平均值/℃	日极低温月平均值/℃
2016-04	−1.1	−0.9	−1.3	−1.1	−1.1
2016-05	3.6	7.7	−1.0	3.7	3.4
2016-06	10.8	13.7	7.7	10.9	10.7
2016-07	15.4	17.2	13.7	15.5	15.4
2016-08	17.8	18.5	17.1	17.9	17.8
2016-09	16.3	17.1	14.7	16.3	16.2
2016-10	11.3	14.7	8.1	11.4	11.2
2016-11	5.4	8.1	3.6	5.5	5.3
2016-12	2.8	3.6	2.0	2.8	2.8
2017-01	1.5	2.0	0.8	1.5	1.4
2017-02	0.4	0.9	0.1	0.5	0.4
2017-03	−0.2	0.1	−0.7	−0.1	−0.2
2017-04	0.3	1.8	−0.2	0.4	0.3
2017-05	5.4	9.0	1.8	5.6	5.3
2017-06	10.7	13.7	9.0	10.7	10.6
2017-07	16.5	17.2	13.7	16.6	16.4
2017-08	18.2	18.7	17.1	18.3	18.2
2017-09	15.9	17.4	14.2	15.9	15.8
2017-10	11.1	14.2	8.4	11.2	11.0
2017-11	6.3	8.4	4.3	6.4	6.2
2017-12	2.9	4.3	1.3	3.0	2.8

5.2 土壤湿度变化特征

5.2.1 引言

土壤含水率是农业及水资源管理、气候、生态等陆表研究分析和模型创建中的重要输入参数。土壤水分是农业和自然植被水资源的主要来源（Robock et al.，2000），土壤含水率的时空变化直接影响着陆地生态系统植被群落的组成结构、多样性、生产力及其生态服务功能（Rodríguez - Iturbe et al.，2007）。土壤水分是陆地生态系统物质循环的载体，活跃地发生在地-气、根-土等界面上，调节着陆地生态系统养分、碳和能量的时空分配格局，进而深刻影响生态系统结构与功能演变（中国生态系统研究网络科学委员会，2007；刘佩伶等，2019）。土壤含水率直接影响着土壤水分的垂直和水平流通，进而影响壤中流、渗透流、地表径流、地下径流等生态水文学过程（张川等，2013）。土壤含水率还是陆面过程研究中的重要参量，研究土壤含水率与蒸发和蒸腾的分布和联系，对预测地表过程和气候的相互作用至关重要（Robock et al.，2000）。因此，对土壤含水率进行长期定位观测研究，有利于揭示土壤水分动态规律，为相关科学研究提供长期基础数据。

5.2.2 数据采集和处理方法

2005—2017 年，在气象观测场选择 3 个刨面，每个土壤刨面在 5 cm、15 cm、30 cm 布置 CS616

土壤体积含水量传感器，利用 CR3000 数据采集器，每 6 s 采集 1 次数据，存储 15 min 的滑动平均数据，利用 15 min 平均值算出逐时的土壤温度数据，以 3 个土壤刨面的数据平均值为帽儿山生态站 5 cm、15 cm、30 cm 的土壤温度数据。

5.2.3 土壤湿度动态特征

帽儿山生态站 5 cm、15 cm、30 cm 土壤含水率的多年年平均值分别为 25%、28%、30%。土壤完全解冻期（5—10 月）不同土层的土壤含水率均在 30%以上，且 5—10 月土壤含水率波动不明显（图 5-2）。

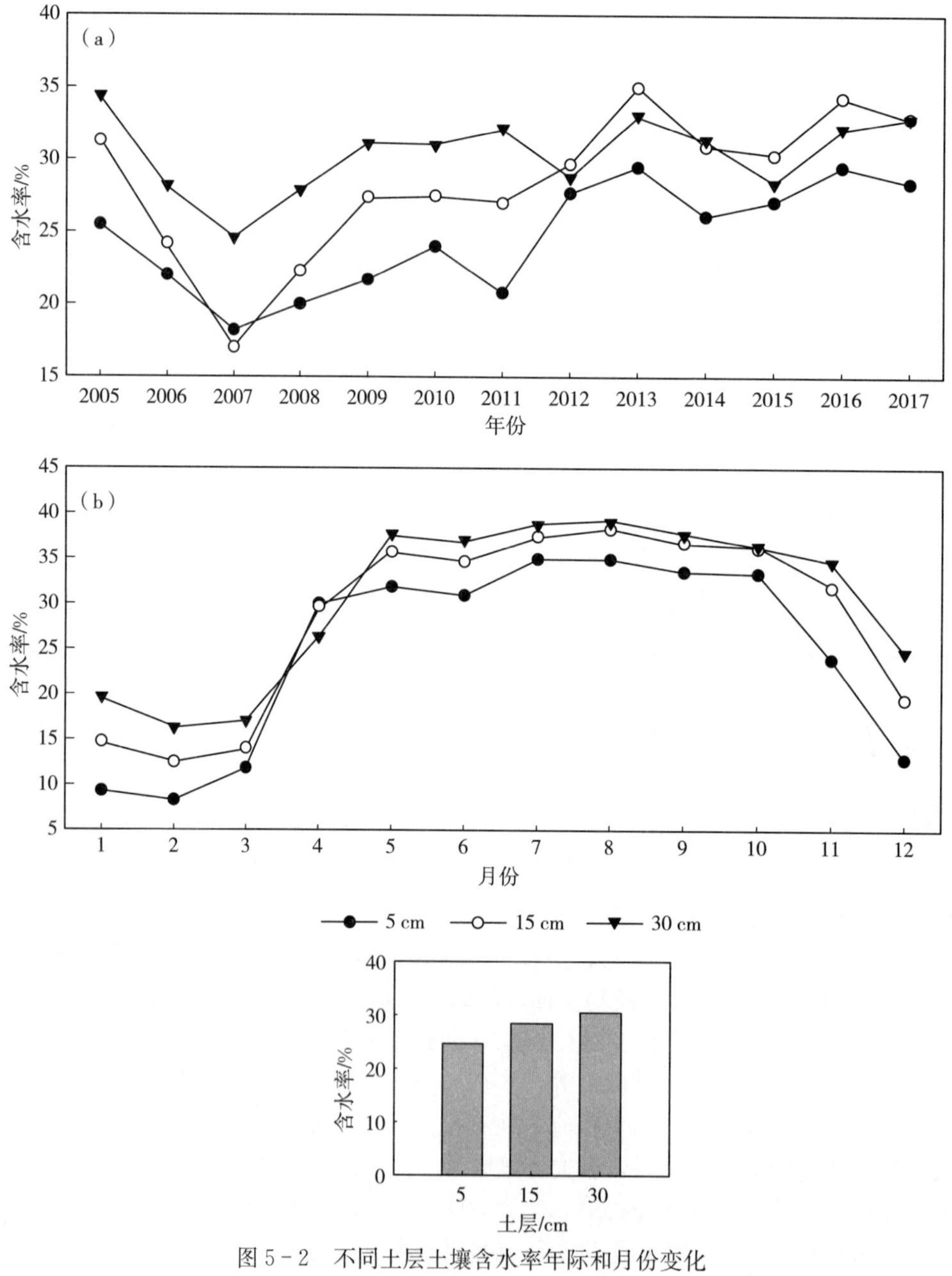

图 5-2 不同土层土壤含水率年际和月份变化

5.2.4 逐月统计数据

帽儿山站 5 cm、15 cm、30 cm 土壤湿度自动监测逐月统计数据见表 5-11 至表 5-13。

表 5-11 帽儿山站 5 cm 土壤湿度自动监测数据

时间（年-月）	月平均值/%	极高值/%	极低值/%	日极高值月平均值/%	日极低值月平均值/%
2005-01	12.4	17.3	9.4	12.8	12.3
2005-02	8.0	12.7	6.7	8.2	8.0
2005-03	7.8	10.7	6.0	8.0	7.6
2005-04	24.7	36.3	10.0	25.8	24.0
2005-05	32.8	37.2	29.2	33.2	32.3
2005-06	35.6	45.2	32.7	36.8	34.9
2005-07	39.7	61.1	36.8	41.5	38.8
2005-08	39.5	48.0	35.8	40.5	39.0
2005-09	37.7	45.5	35.9	38.2	37.3
2005-10	35.8	39.7	34.0	36.0	35.7
2005-11	26.1	37.7	11.7	26.6	25.7
2005-12	5.9	11.7	4.2	6.0	5.8
2006-01	4.3	4.4	4.2	4.3	4.3
2006-02	4.3	4.8	4.1	4.4	4.3
2006-03	5.0	6.1	4.2	5.1	4.9
2006-04	14.6	31.4	5.6	15.8	13.9
2006-05	30.3	36.0	24.8	30.7	29.8
2006-06	32.2	49.4	22.9	33.8	31.3
2006-07	36.7	55.7	31.1	38.7	35.7
2006-08	36.6	47.3	30.5	37.7	35.6
2006-09	35.8	43.6	31.8	36.6	35.4
2006-10	34.3	46.6	31.1	34.8	33.9
2006-11	25.0	42.1	8.3	26.0	24.5
2006-12	4.5	8.3	2.9	4.6	4.4
2007-01	2.9	3.1	2.7	2.9	2.8
2007-02	3.0	4.5	2.9	3.1	3.0
2007-03	6.0	18.6	3.6	6.7	5.5
2007-04	21.6	35.0	11.8	23.2	20.4
2007-05	30.6	38.7	26.1	31.1	30.1
2007-06	27.7	35.7	20.5	28.1	27.2
2007-07	26.2	33.9	18.7	26.9	25.6
2007-08	27.7	35.7	22.5	28.2	27.1
2007-09	23.4	26.4	21.3	23.6	23.1
2007-10	23.5	26.0	17.8	23.7	23.1
2007-11	18.4	24.9	9.1	18.7	18.2

（续）

时间（年-月）	月平均值/%	极高值/%	极低值/%	日极高值月平均值/%	日极低值月平均值/%
2007-12	7.4	9.4	6.8	7.5	7.3
2008-01	5.8	7.1	4.2	5.9	5.8
2008-02	6.3	7.1	5.9	6.5	6.2
2008-03	10.7	18.0	6.6	11.1	10.2
2008-04	22.9	25.2	16.9	23.2	22.6
2008-05	27.9	33.1	23.4	28.5	27.4
2008-06	27.2	35.9	21.1	27.8	26.8
2008-07	31.8	42.8	26.1	32.7	31.0
2008-08	28.1	40.4	24.1	29.0	27.2
2008-09	28.7	33.4	25.3	29.4	28.0
2008-10	29.3	41.3	25.3	30.4	28.6
2008-11	14.9	37.5	6.7	16.2	14.2
2008-12	6.2	7.7	5.5	6.3	6.1
2009-01	5.5	5.7	5.3	5.5	5.4
2009-02	5.5	5.6	5.3	5.5	5.4
2009-03	8.4	14.2	5.4	8.8	8.1
2009-04	33.9	47.5	7.4	35.5	32.5
2009-05	23.7	36.2	15.7	24.0	23.3
2009-06	28.9	41.5	15.4	30.7	27.6
2009-07	34.4	40.9	29.7	36.0	33.4
2009-08	32.4	42.8	24.7	33.9	31.3
2009-09	33.4	43.4	29.2	34.6	32.3
2009-10	30.9	39.4	27.9	31.5	30.4
2009-11	15.6	28.9	9.0	16.5	15.0
2009-12	8.0	9.1	7.3	8.1	8.0
2010-01	7.0	7.4	6.7	7.0	7.0
2010-02	6.6	7.0	6.4	6.6	6.6
2010-03	7.6	22.9	6.9	8.0	7.5
2010-04	39.9	58.3	22.5	42.8	37.1
2010-05	37.5	50.7	29.3	38.6	36.7
2010-06	23.1	37.0	18.5	24.2	22.1
2010-07	33.2	43.6	27.1	35.1	31.8
2010-08	34.6	43.4	28.4	36.0	33.3
2010-09	27.0	35.6	22.7	27.3	26.7
2010-10	26.6	30.1	23.3	27.0	26.3
2010-11	27.6	38.3	23.5	28.2	27.1
2010-12	17.8	28.6	8.8	18.2	17.5
2011-01	7.3	11.1	6.3	7.6	7.2
2011-02	6.5	7.3	6.0	6.6	6.5

（续）

时间（年-月）	月平均值/%	极高值/%	极低值/%	日极高值月平均值/%	日极低值月平均值/%
2011-03	9.5	30.3	5.7	10.7	8.5
2011-04	28.9	37.9	24.5	30.2	27.4
2011-05	28.2	33.0	22.0	29.6	26.6
2011-06	29.6	37.8	23.5	31.5	28.0
2011-07	30.2	40.5	22.7	31.2	29.1
2011-08	30.0	41.3	24.3	31.6	29.1
2011-09	24.0	35.6	19.7	24.4	23.5
2011-10	29.0	38.1	22.7	30.1	28.2
2011-11	20.6	32.2	5.3	21.5	19.7
2011-12	5.2	5.9	4.8	5.3	5.1
2012-01	4.5	4.9	4.1	4.6	4.5
2012-02	4.5	5.1	4.1	4.6	4.5
2012-03	6.8	17.2	4.6	7.3	6.5
2012-04	26.3	61.4	11.5	28.7	24.9
2012-05	27.6	34.4	22.8	28.0	27.2
2012-06	28.8	37.8	21.1	30.3	27.6
2012-07	36.6	52.4	0.3	38.7	34.2
2012-08	43.0	50.8	39.8	43.8	42.3
2012-09	43.0	49.5	37.7	43.9	42.2
2012-10	42.2	48.1	39.7	42.8	41.6
2012-11	38.6	45.9	31.7	39.4	38.1
2012-12	31.0	35.1	24.7	31.2	30.8
2013-01	17.7	24.6	13.9	17.9	17.6
2013-02	14.0	15.8	12.9	14.1	13.9
2013-03	14.4	16.4	13.1	14.5	14.3
2013-04	28.9	45.6	16.4	30.1	27.9
2013-05	34.4	44.1	26.6	35.1	33.6
2013-06	28.5	42.2	23.1	29.6	27.6
2013-07	40.0	48.0	30.2	41.5	38.1
2013-08	40.9	50.3	31.9	42.7	39.8
2013-09	35.6	46.1	27.8	36.0	35.1
2013-10	33.5	41.7	27.6	34.0	33.0
2013-11	35.1	36.9	31.0	35.3	34.9
2013-12	31.3	36.7	22.8	31.5	31.1
2014-01	17.0	22.9	13.5	17.1	16.8
2014-02	12.8	14.7	12.3	12.9	12.7
2014-03	17.5	43.7	11.5	18.3	16.8
2014-04	32.1	39.7	22.4	32.6	31.7
2014-05	35.7	42.7	20.6	36.9	34.7

（续）

时间（年-月）	月平均值/%	极高值/%	极低值/%	日极高值月平均值/%	日极低值月平均值/%
2014-06	30.7	40.1	27.1	31.5	30.0
2014-07	35.1	47.0	26.6	36.7	34.1
2014-08	28.7	42.7	23.9	29.5	28.1
2014-09	35.9	44.0	29.7	36.8	35.0
2014-10	33.4	36.9	30.7	33.6	33.0
2014-11	22.4	31.3	11.8	23.0	22.0
2014-12	11.8	12.5	11.5	11.9	11.8
2015-01	11.3	12.4	10.9	11.4	11.2
2015-02	11.2	12.3	10.5	11.2	11.1
2015-03	16.2	44.0	11.9	17.1	15.7
2015-04	39.0	54.7	29.9	40.2	38.2
2015-05	31.3	42.1	24.7	32.4	30.3
2015-06	32.6	44.3	22.6	34.0	31.6
2015-07	32.3	44.0	25.3	33.4	31.5
2015-08	40.5	51.9	18.0	42.1	39.0
2015-09	34.2	46.4	26.0	34.9	33.5
2015-10	38.1	47.0	31.5	38.8	37.3
2015-11	26.2	43.1	11.0	27.2	25.4
2015-12	12.9	13.7	12.0	13.0	12.8
2016-01	11.9	12.4	11.4	11.9	11.8
2016-02	11.9	14.7	11.2	12.0	11.7
2016-03	22.8	45.4	11.2	24.1	21.7
2016-04	38.7	48.3	31.1	39.6	38.0
2016-05	38.5	49.6	25.5	40.3	36.3
2016-06	40.1	55.1	29.8	42.9	38.6
2016-07	40.3	52.4	34.3	41.5	38.8
2016-08	35.3	50.0	29.0	36.5	34.1
2016-09	41.2	49.1	37.9	42.1	40.4
2016-10	41.6	48.7	36.6	42.5	41.0
2016-11	17.3	36.4	14.3	18.0	16.9
2016-12	14.8	16.0	13.9	14.9	14.7
2017-01	13.4	14.3	12.8	13.5	13.4
2017-02	12.9	13.8	12.8	13.0	12.9
2017-03	21.4	37.7	13.2	22.4	20.7
2017-04	38.5	45.5	28.3	39.3	37.5
2017-05	36.0	45.9	29.4	37.6	34.6
2017-06	37.4	48.2	32.9	38.7	36.4
2017-07	37.9	56.4	33.2	39.4	36.8
2017-08	36.7	50.8	28.2	38.0	35.4

（续）

时间（年-月）	月平均值/%	极高值/%	极低值/%	日极高值月平均值/%	日极低值月平均值/%
2017-09	36.2	48.7	30.5	37.4	35.3
2017-10	35.5	43.6	32.4	36.2	35.0
2017-11	23.5	33.7	11.7	24.1	23.0
2017-12	11.2	11.7	10.7	11.2	11.1

表 5-12 帽儿山站 15 cm 土壤湿度自动监测数据

时间（年-月）	月平均值/%	极高值/%	极低值/%	日极高值月平均值/%	日极低值月平均值/%
2005-01	21.7	27.4	19.1	21.9	21.6
2005-02	17.2	19.1	15.5	17.3	17.1
2005-03	17.0	20.4	14.3	17.3	16.8
2005-04	31.5	48.2	19.8	32.9	30.8
2005-05	37.6	43.8	35.3	38.1	37.2
2005-06	39.3	47.2	37.1	40.2	38.8
2005-07	42.8	62.6	40.1	44.6	41.9
2005-08	42.4	52.2	39.2	43.2	41.9
2005-09	41.3	47.5	39.7	41.6	40.9
2005-10	40.4	44.0	38.5	40.6	40.3
2005-11	33.0	41.4	20.1	33.4	32.7
2005-12	11.5	20.1	7.4	11.7	11.3
2006-01	7.4	7.6	7.3	7.4	7.4
2006-02	7.3	7.8	6.9	7.4	7.3
2006-03	8.5	10.7	7.0	8.7	8.4
2006-04	16.4	31.0	9.9	17.1	16.0
2006-05	32.1	35.4	27.6	32.4	31.7
2006-06	33.8	52.0	25.0	35.6	32.8
2006-07	38.2	61.5	33.0	40.2	37.2
2006-08	38.4	52.6	32.5	39.5	37.4
2006-09	36.9	45.0	32.7	37.5	36.5
2006-10	35.0	46.9	32.0	35.5	34.7
2006-11	27.1	42.3	15.2	27.9	26.7
2006-12	9.7	15.2	6.0	9.9	9.6
2007-01	5.8	6.2	5.5	5.8	5.7
2007-02	6.0	8.9	5.7	6.1	5.9
2007-03	9.9	17.9	7.1	10.4	9.5
2007-04	22.2	36.7	15.8	23.6	21.1
2007-05	30.7	41.5	23.9	31.3	30.3
2007-06	27.1	35.5	14.9	27.5	26.4
2007-07	19.1	26.4	14.0	19.6	18.5

（续）

时间（年-月）	月平均值/%	极高值/%	极低值/%	日极高值月平均值/%	日极低值月平均值/%
2007-08	21.7	29.9	16.7	22.1	21.1
2007-09	17.3	20.9	15.5	17.5	17.0
2007-10	19.1	22.0	15.3	19.3	18.9
2007-11	17.8	21.2	11.3	18.0	17.6
2007-12	7.5	11.3	6.5	7.6	7.4
2008-01	6.5	8.5	5.8	6.6	6.5
2008-02	5.8	6.2	5.6	5.9	5.7
2008-03	8.3	12.9	6.0	8.5	8.1
2008-04	17.6	20.5	12.3	17.8	17.4
2008-05	23.7	27.3	19.7	24.0	23.4
2008-06	23.8	30.5	18.7	24.2	23.5
2008-07	29.1	38.4	24.0	29.7	28.5
2008-08	31.7	35.9	26.2	32.3	31.2
2008-09	31.9	36.8	29.3	32.4	31.5
2008-10	35.0	40.0	32.5	35.4	34.7
2008-11	33.5	38.2	29.0	33.8	33.2
2008-12	20.8	29.9	11.1	21.1	20.5
2009-01	10.1	11.2	9.7	10.1	10.1
2009-02	9.7	9.9	9.5	9.8	9.7
2009-03	11.2	13.5	9.6	11.4	11.1
2009-04	31.5	45.3	11.7	32.6	30.8
2009-05	31.8	39.7	25.5	32.1	31.6
2009-06	33.2	42.9	24.9	34.0	32.7
2009-07	38.3	42.3	35.2	39.0	37.9
2009-08	38.0	45.5	32.1	38.9	37.5
2009-09	37.9	45.0	35.7	38.5	37.5
2009-10	35.6	38.8	34.2	35.8	35.4
2009-11	31.5	34.4	27.4	31.6	31.3
2009-12	19.7	27.4	13.3	19.9	19.5
2010-01	11.0	13.3	10.2	11.1	10.9
2010-02	9.8	10.2	9.5	9.8	9.8
2010-03	10.5	15.6	10.0	10.7	10.5
2010-04	23.4	52.6	15.2	24.5	22.7
2010-05	41.3	56.2	36.0	42.3	40.5
2010-06	30.3	39.2	26.9	30.9	30.0
2010-07	38.4	46.8	34.6	39.5	37.7
2010-08	39.6	51.4	35.4	40.7	38.8
2010-09	33.1	39.9	29.3	33.3	33.0
2010-10	30.3	31.3	29.0	30.4	30.2

（续）

时间（年-月）	月平均值/%	极高值/%	极低值/%	日极高值月平均值/%	日极低值月平均值/%
2010-11	32.1	41.0	29.3	32.5	31.8
2010-12	30.4	33.5	27.0	30.5	30.3
2011-01	21.9	27.0	17.3	22.1	21.8
2011-02	14.5	17.3	13.0	14.6	14.4
2011-03	13.9	18.3	11.3	14.2	13.7
2011-04	31.9	37.4	18.3	32.6	31.4
2011-05	35.3	38.1	32.7	35.8	34.9
2011-06	36.5	42.0	33.0	37.1	36.0
2011-07	36.1	44.5	30.0	36.9	35.4
2011-08	35.0	44.5	31.0	35.8	34.6
2011-09	30.0	40.2	25.7	30.3	29.8
2011-10	32.8	40.9	26.7	33.4	32.4
2011-11	29.7	35.2	9.8	30.3	29.1
2011-12	6.7	9.6	5.9	6.8	6.7
2012-01	5.5	6.0	5.0	5.6	5.5
2012-02	5.4	5.8	5.0	5.4	5.3
2012-03	6.8	10.6	5.5	6.9	6.7
2012-04	23.0	58.3	10.1	25.0	21.9
2012-05	33.6	41.6	29.2	33.9	33.3
2012-06	33.5	40.0	27.4	34.4	32.9
2012-07	37.7	52.6	−0.3	39.4	35.5
2012-08	44.7	51.6	41.9	45.4	44.1
2012-09	44.2	50.6	39.9	45.0	43.6
2012-10	43.1	48.8	41.3	43.6	42.7
2012-11	41.2	46.2	38.9	41.6	41.0
2012-12	37.5	39.4	34.8	37.6	37.4
2013-01	28.5	34.8	22.8	28.7	28.3
2013-02	23.4	25.7	21.6	23.5	23.2
2013-03	22.5	25.4	21.6	22.6	22.4
2013-04	33.0	49.4	25.4	33.9	32.3
2013-05	39.3	46.6	34.2	39.9	38.9
2013-06	34.1	45.5	30.1	34.9	33.6
2013-07	43.7	51.3	36.9	45.1	42.4
2013-08	43.8	52.9	37.9	45.3	43.1
2013-09	39.5	47.5	33.9	39.9	39.2
2013-10	37.0	43.3	33.8	37.4	36.7
2013-11	38.6	39.8	37.2	38.6	38.5
2013-12	36.8	39.0	33.0	36.9	36.7
2014-01	26.6	33.0	20.9	26.8	26.4

（续）

时间（年-月）	月平均值/%	极高值/%	极低值/%	日极高值月平均值/%	日极低值月平均值/%
2014-02	18.7	20.9	16.7	18.8	18.5
2014-03	19.0	27.6	16.3	19.3	18.8
2014-04	35.7	39.7	27.1	36.3	35.3
2014-05	40.0	46.3	29.0	40.9	39.4
2014-06	36.3	41.9	33.5	36.9	35.9
2014-07	39.6	49.2	33.0	40.8	38.9
2014-08	34.2	43.8	30.5	34.7	33.9
2014-09	39.3	45.5	34.9	39.9	38.8
2014-10	36.7	39.8	34.7	36.9	36.6
2014-11	29.9	35.0	15.1	30.3	29.4
2014-12	14.5	18.4	13.4	14.6	14.4
2015-01	12.8	13.4	12.2	12.8	12.7
2015-02	12.4	13.6	11.8	12.5	12.4
2015-03	15.6	30.7	13.3	16.1	15.4
2015-04	38.1	44.0	27.9	39.1	37.5
2015-05	35.6	43.6	31.4	36.4	34.9
2015-06	36.7	46.8	28.5	37.8	35.9
2015-07	36.0	45.6	30.4	36.7	35.4
2015-08	43.8	51.6	26.9	44.9	42.7
2015-09	40.6	47.5	37.0	41.0	40.4
2015-10	41.4	47.7	39.0	41.7	41.1
2015-11	32.9	40.5	15.6	33.4	32.5
2015-12	17.5	18.2	16.4	17.5	17.4
2016-01	16.2	16.9	15.5	16.2	16.2
2016-02	15.7	17.7	15.1	15.9	15.7
2016-03	19.8	40.8	15.1	20.4	19.4
2016-04	41.8	49.2	38.7	42.6	41.4
2016-05	42.2	48.2	36.6	43.2	41.3
2016-06	43.5	53.3	38.5	44.9	42.9
2016-07	44.3	52.2	41.6	45.1	43.7
2016-08	41.1	50.6	37.3	41.9	40.6
2016-09	44.3	49.3	42.0	44.8	43.8
2016-10	42.9	48.6	40.5	43.4	42.5
2016-11	34.2	40.5	28.6	34.6	33.9
2016-12	25.6	30.6	19.6	25.9	25.4
2017-01	17.8	19.9	16.5	17.8	17.7
2017-02	16.4	17.0	16.2	16.4	16.4
2017-03	19.4	23.9	16.6	19.6	19.3
2017-04	40.0	47.3	23.9	41.0	39.2

（续）

时间（年-月）	月平均值/%	极高值/%	极低值/%	日极高值月平均值/%	日极低值月平均值/%
2017-05	41.5	48.5	37.7	42.5	40.9
2017-06	42.7	49.6	39.8	43.4	42.1
2017-07	43.8	55.7	40.9	44.6	43.3
2017-08	43.4	51.9	38.4	44.2	42.6
2017-09	41.5	49.3	39.1	42.1	41.1
2017-10	40.5	44.8	38.5	40.7	40.2
2017-11	32.6	38.7	16.9	33.0	32.2
2017-12	15.1	16.9	14.3	15.1	15.0

表 5-13 帽儿山站 30 cm 土壤湿度自动监测数据

时间（年-月）	月平均值/%	极高值/%	极低值/%	日极高值月平均值/%	日极低值月平均值/%
2005-01	30.6	35.7	27.8	30.7	30.5
2005-02	24.7	27.8	21.3	24.9	24.6
2005-03	21.3	24.2	18.7	21.5	21.2
2005-04	34.0	48.5	24.2	34.7	33.6
2005-05	41.2	44.8	38.9	41.5	40.9
2005-06	41.3	45.7	38.9	41.8	40.8
2005-07	43.3	51.8	41.3	44.2	42.8
2005-08	42.6	50.4	39.8	43.1	42.3
2005-09	40.9	45.2	39.3	41.1	40.6
2005-10	39.0	41.8	37.4	39.1	38.9
2005-11	36.6	39.4	31.2	36.7	36.4
2005-12	17.8	31.1	12.1	18.1	17.5
2006-01	12.0	12.2	11.9	12.1	12.0
2006-02	12.0	12.5	11.4	12.0	11.9
2006-03	12.7	14.3	11.6	12.8	12.7
2006-04	16.2	28.0	14.1	16.5	16.1
2006-05	36.7	41.0	28.2	37.1	36.4
2006-06	38.8	50.6	33.3	39.8	38.3
2006-07	40.9	50.8	37.3	42.0	40.3
2006-08	40.6	50.8	36.2	41.2	40.0
2006-09	38.9	42.9	36.2	39.2	38.7
2006-10	37.6	43.7	35.6	37.9	37.4
2006-11	35.6	40.7	27.7	35.9	35.4
2006-12	16.0	27.6	10.9	16.3	15.7
2007-01	10.6	11.1	10.2	10.6	10.5
2007-02	10.8	12.1	10.6	10.8	10.8
2007-03	12.7	14.4	11.6	12.7	12.6
2007-04	17.4	29.8	14.4	17.7	17.2

（续）

时间（年-月）	月平均值/%	极高值/%	极低值/%	日极高值月平均值/%	日极低值月平均值/%
2007-05	38.8	42.9	30.1	39.2	38.3
2007-06	35.3	40.1	30.7	35.5	35.0
2007-07	33.8	37.9	30.2	34.1	33.6
2007-08	34.7	39.3	31.2	35.0	34.4
2007-09	30.9	32.3	30.0	31.0	30.8
2007-10	29.2	30.0	28.9	29.3	29.2
2007-11	27.4	29.1	21.3	27.5	27.2
2007-12	13.3	21.3	11.5	13.5	13.1
2008-01	11.9	17.8	9.8	11.9	11.8
2008-02	10.0	10.6	9.8	10.1	10.0
2008-03	12.5	15.2	10.5	12.6	12.5
2008-04	24.4	29.4	15.2	24.7	24.2
2008-05	33.0	36.4	29.2	33.3	32.7
2008-06	33.3	36.9	29.6	33.5	32.9
2008-07	36.1	41.6	32.6	36.5	35.6
2008-08	35.6	38.8	33.4	35.9	35.4
2008-09	35.9	39.6	34.8	36.1	35.6
2008-10	36.1	37.6	34.8	36.2	35.9
2008-11	35.6	38.0	33.1	35.8	35.5
2008-12	30.2	33.4	25.0	30.4	30.1
2009-01	18.9	25.0	15.8	19.1	18.8
2009-02	15.1	15.8	14.4	15.2	15.1
2009-03	16.0	18.1	14.3	16.1	15.9
2009-04	27.7	45.3	17.0	28.2	27.1
2009-05	35.8	41.1	30.6	36.0	35.6
2009-06	36.5	45.8	30.2	36.9	36.2
2009-07	41.2	44.6	38.5	41.5	40.9
2009-08	40.9	48.7	36.6	41.6	40.4
2009-09	40.2	48.0	38.3	40.5	39.8
2009-10	37.7	39.2	36.8	37.8	37.7
2009-11	35.1	36.8	32.5	35.2	35.0
2009-12	28.4	32.5	23.9	28.5	28.2
2010-01	20.4	23.9	16.8	20.5	20.3
2010-02	14.5	16.8	14.0	14.6	14.5
2010-03	14.9	17.4	14.5	15.0	14.9
2010-04	20.8	27.5	17.4	21.0	20.7
2010-05	42.1	49.3	27.8	42.8	41.3
2010-06	34.8	38.5	32.1	35.1	34.6
2010-07	41.2	48.0	37.4	41.8	40.6

（续）

时间（年-月）	月平均值/%	极高值/%	极低值/%	日极高值月平均值/%	日极低值月平均值/%
2010-08	42.1	48.9	38.8	42.8	41.5
2010-09	37.0	42.5	33.8	37.1	36.8
2010-10	34.1	34.6	33.3	34.1	34.0
2010-11	35.4	40.8	33.2	35.6	35.2
2010-12	34.6	37.2	32.1	34.7	34.5
2011-01	28.7	32.3	24.3	28.8	28.6
2011-02	22.9	24.3	22.0	22.9	22.8
2011-03	23.5	29.0	20.0	23.8	23.3
2011-04	33.2	40.8	28.0	33.5	32.9
2011-05	38.8	40.7	36.7	39.0	38.5
2011-06	39.6	44.3	37.3	40.0	39.3
2011-07	39.7	46.7	35.0	40.2	39.1
2011-08	38.1	42.8	35.6	38.5	37.9
2011-09	34.7	41.0	31.0	34.9	34.5
2011-10	35.7	40.0	31.0	36.0	35.4
2011-11	34.9	37.1	28.5	35.1	34.7
2011-12	16.3	28.5	10.8	16.6	16.0
2012-01	9.9	10.8	9.0	9.9	9.8
2012-02	9.3	9.7	8.9	9.3	9.3
2012-03	10.6	12.8	9.6	10.6	10.5
2012-04	19.7	50.6	12.8	20.4	19.0
2012-05	39.4	50.2	34.9	39.7	39.0
2012-06	38.4	45.5	33.6	38.9	38.0
2012-07	33.9	44.6	0.2	35.2	32.1
2012-08	38.5	43.0	36.8	38.8	38.2
2012-09	38.2	41.5	36.2	38.6	38.0
2012-10	37.3	40.2	36.3	37.6	37.2
2012-11	36.3	38.4	35.3	36.4	36.2
2012-12	34.3	35.5	32.9	34.4	34.3
2013-01	29.4	32.9	24.8	29.5	29.3
2013-02	24.7	27.5	22.4	24.8	24.5
2013-03	23.2	26.8	22.4	23.3	23.1
2013-04	29.9	38.1	26.6	30.4	29.4
2013-05	36.3	39.5	34.1	36.5	36.1
2013-06	33.5	40.0	31.2	33.9	33.2
2013-07	39.4	43.9	36.3	40.1	38.7
2013-08	39.3	44.3	36.9	40.1	38.9
2013-09	36.8	41.3	33.9	37.0	36.7
2013-10	34.6	37.0	33.6	34.7	34.5

（续）

时间（年-月）	月平均值/%	极高值/%	极低值/%	日极高值月平均值/%	日极低值月平均值/%
2013-11	35.4	36.2	35.0	35.5	35.4
2013-12	34.6	35.5	32.7	34.6	34.5
2014-01	30.2	32.7	26.8	30.2	30.1
2014-02	23.3	28.1	21.0	23.6	23.2
2014-03	24.0	26.5	22.1	24.2	23.9
2014-04	30.1	33.3	25.9	30.3	29.9
2014-05	36.2	40.7	31.1	36.7	35.9
2014-06	35.2	37.4	33.7	35.4	35.0
2014-07	37.2	43.9	33.1	37.9	36.8
2014-08	34.2	39.9	31.2	34.6	33.9
2014-09	37.0	41.1	34.7	37.3	36.7
2014-10	35.0	36.4	33.7	35.1	34.9
2014-11	32.3	33.8	28.8	32.5	32.2
2014-12	22.0	28.8	16.1	22.2	21.8
2015-01	13.2	16.1	11.8	13.2	13.1
2015-02	11.7	12.5	11.3	11.7	11.7
2015-03	13.8	18.2	12.3	14.0	13.6
2015-04	23.8	34.8	16.0	24.2	23.5
2015-05	33.6	38.1	31.5	34.0	33.3
2015-06	34.7	44.2	29.5	35.6	34.3
2015-07	35.0	40.4	31.3	35.4	34.6
2015-08	41.1	47.7	27.3	41.8	40.4
2015-09	39.3	43.7	36.9	39.5	39.2
2015-10	39.3	42.4	37.5	39.4	39.1
2015-11	34.9	37.5	19.9	35.2	34.7
2015-12	20.6	21.7	17.3	20.7	20.5
2016-01	15.3	17.3	14.0	15.4	15.3
2016-02	14.0	15.2	13.4	14.1	14.0
2016-03	15.4	18.2	13.3	15.5	15.3
2016-04	31.1	42.4	18.2	31.6	30.6
2016-05	39.8	44.0	37.2	40.4	39.3
2016-06	40.8	47.9	37.9	41.5	40.3
2016-07	41.5	46.5	39.7	41.9	41.1
2016-08	39.4	46.8	36.5	39.8	39.1
2016-09	41.2	44.3	39.8	41.5	40.9
2016-10	40.0	43.4	38.3	40.3	39.8
2016-11	35.7	38.3	33.5	35.8	35.6
2016-12	32.1	33.8	29.6	32.2	32.0
2017-01	24.6	29.6	20.1	24.8	24.5

（续）

时间（年-月）	月平均值/%	极高值/%	极低值/%	日极高值月平均值/%	日极低值月平均值/%
2017-02	18.3	20.1	17.5	18.3	18.2
2017-03	21.2	26.3	17.8	21.3	21.0
2017-04	34.4	41.5	23.8	34.7	33.8
2017-05	39.2	43.8	36.8	39.7	38.9
2017-06	39.9	44.3	38.2	40.3	39.7
2017-07	41.1	47.7	39.2	41.5	40.9
2017-08	41.3	46.9	38.0	41.6	40.8
2017-09	39.3	44.3	38.2	39.6	39.1
2017-10	38.2	39.9	36.9	38.3	38.1
2017-11	35.3	36.9	31.6	35.3	35.2
2017-12	22.0	31.6	16.0	22.2	21.7

6 能量与降水特征

6.1 能量特征

6.1.1 引言

陆地生态系统的能量平衡是生态系统与大气相互作用研究的重要内容，影响着全球气候和水量平衡，是生态系统功能评价的重要方面（牛晓栋等，2018）。太阳辐射是生物圈最重要的能量来源，土壤、水体、大气间的能量收支平衡为生物的生存提供必要的温度（Wild et al.，2005）。其中，波长在 400～700 nm 的光合有效辐射（Photosynthetically Active Radiation，简称 PAR）是植物光合作用的能量来源，是生态系统生产力模型的主要驱动因子（任小丽等，2014）。辐射平衡控制着土壤温度的垂直和周期性变化，进而影响土壤有机质的分解速率、养分的提供能力等关键生态学过程（Mercado et al.，2009）。因此，长期地表能量特征数据集的获取，对分析生态系统生产力、利用生态系统模型精确估计生态系统碳循环具有重要意义。

6.1.2 数据采集和处理方法

2005—2017 年，在帽儿山站的林外标准气象观测场内，利用 CR3000 数据采集系统连接 CUV4 紫外辐射传感器、LI200X 总辐射传感器、LI190SB 光合有效辐射传感器、CSD3 日照时数传感器、CNR2 净辐射传感器，每 6 s 中采集 1 次数据，存储 15 min 的滑动平均数据，以 15 min 的滑动平均值为该时的小时辐射数据。

6.1.3 辐射动态特征

通过对 2009—2017 年自动气象数据进行汇总计算，得到帽儿山生态站年净辐射、年净短波辐射、年净长波辐射、年光合有效辐射、年紫外辐射、年总辐射，分别为 2 563 MJ/（m^2·年）、3 684 MJ/（m^2·年）、−1 159 MJ/（m^2·年）、6 187 mol/（m^2·年）、205 MJ/（m^2·年）、4 733 MJ/（m^2·年）（图 6-1）。

6.1.4 逐月统计数据

帽儿山站能量特征自动监测数据见表 6-1。

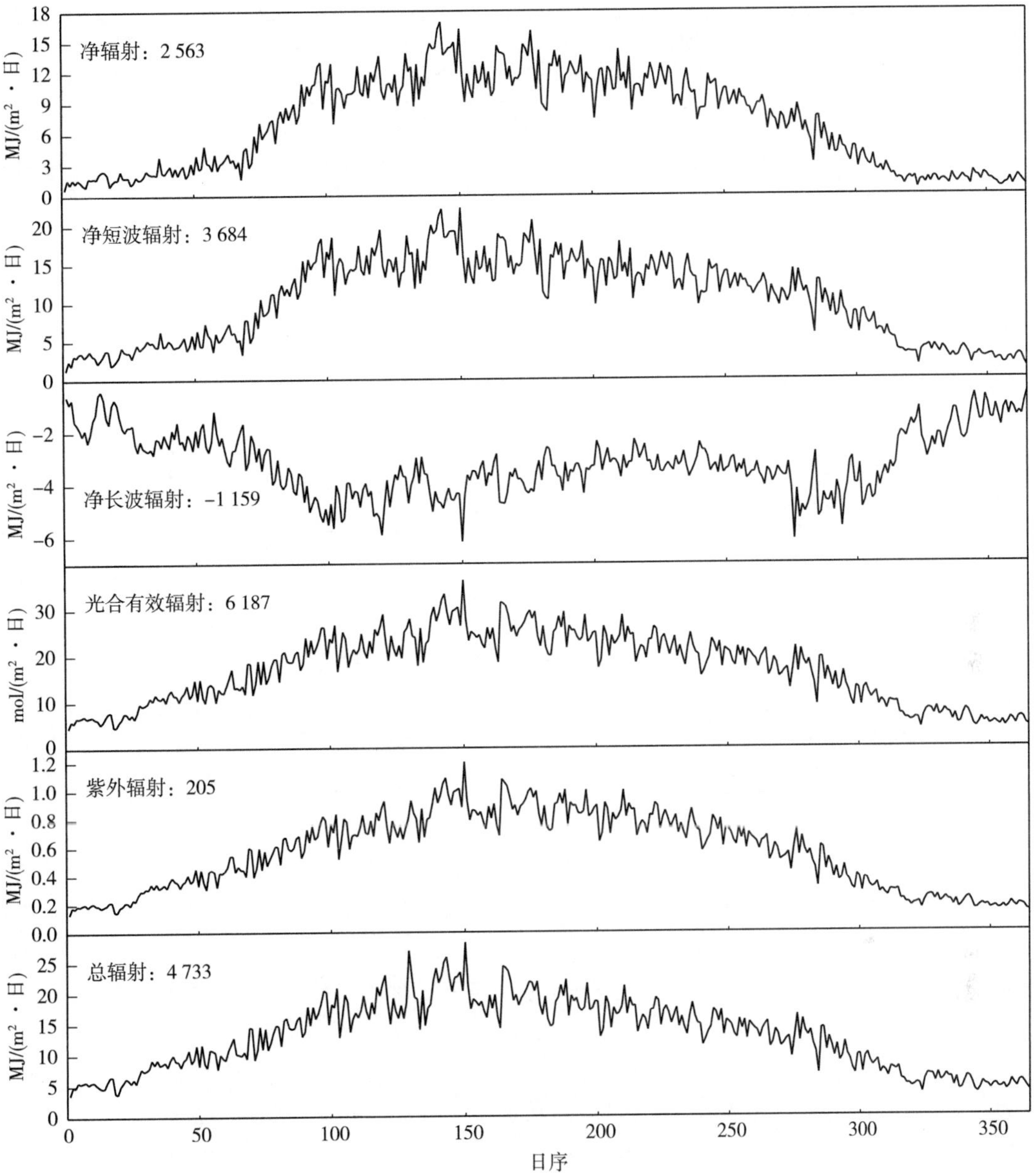

图 6-1 能量特征逐日变化

表 6-1 帽儿山站能量特征自动监测数据

时间（年-月）	净辐射/[MJ/（m² · 月）]	净短波辐射/[MJ/（m² · 月）]	净长波辐射/[MJ/（m² · 月）]	光合有效辐射/[mol/（m² · 月）]	总辐射/[MJ/（m² · 月）]	紫外辐射/[MJ/（m² · 月）]
2009-01	−17.9	21.0	−38.9	166 485.0	154.9	5.3
2009-02	3.4	68.8	−65.4	310 929.0	257.0	10.1
2009-03	58.6	123.2	−64.6	441 437.1	356.5	14.7
2009-04	293.3	411.4	−118.1	629 380.4	534.5	20.4
2009-05	381.0	519.7	−138.7	851 596.9	684.8	28.0
2009-06	323.1	411.3	−88.2	664 274.1	505.5	24.5
2009-07	344.9	428.9	−84.0	696 493.3	532.1	26.0
2009-08	305.2	405.8	−100.4	668 858.2	527.2	24.1

（续）

时间（年-月）	净辐射/[MJ/（m²·月）]	净短波辐射/[MJ/（m²·月）]	净长波辐射/[MJ/（m²·月）]	光合有效辐射/[mol/（m²·月）]	总辐射/[MJ/（m²·月）]	紫外辐射/[MJ/（m²·月）]
2009-09	229.2	326.0	−96.9	535 371.2	399.3	18.0
2009-10	118.4	234.9	−116.5	388 145.6	272.7	11.9
2009-11	22.6	98.1	−75.5	175 713.6	135.3	5.5
2009-12	34.0	37.7	−3.7	97 254.7	121.4	4.6
2010-01	5.2	57.6	−52.4	138 515.9	123.2	4.9
2010-02	30.3	76.7	−46.4	249 083.6	200.3	7.9
2010-03	77.6	137.2	−59.6	335 117.0	249.8	14.2
2010-04	237.3	322.9	−85.6	474 545.3	350.2	18.0
2010-05	331.2	435.5	−104.2	694 026.7	514.9	24.3
2010-06	433.6	563.7	−130.1	889 531.7	618.7	30.1
2010-07	319.9	401.7	−81.8	650 417.7	434.6	24.3
2010-08	283.2	368.4	−85.2	592 880.9	422.6	21.3
2010-09	300.6	419.1	−118.4	652 296.2	458.5	21.3
2010-10	120.3	219.7	−99.4	345 942.2	244.8	10.7
2010-11	26.7	77.7	−51.0	207 060.0	158.5	6.5
2010-12	14.7	32.7	−18.0	94 412.0	83.2	3.6
2011-01	68.0	71.8	−3.8	42 817.8	50.3	3.6
2011-02	52.7	124.2	−71.5	344 511.1	267.2	10.9
2011-03	177.7	291.2	−113.5	541 327.0	392.0	17.8
2011-04	289.0	417.7	−128.7	613 692.8	443.7	19.8
2011-05	316.1	420.2	−104.1	660 843.9	496.4	22.9
2011-06	363.1	467.5	−104.4	721 137.7	535.2	25.3
2011-07	401.4	496.1	−94.6	776 039.5	550.2	27.6
2011-08	353.5	457.8	−104.3	711 496.3	497.5	25.4
2011-09	308.4	430.5	−122.1	646 200.6	452.5	21.5
2011-10	151.4	259.1	−107.8	395 406.8	277.2	11.4
2011-11	61.5	167.5	−106.0	257 030.0	188.6	7.3
2011-12	30.3	110.7	−80.4	224 812.5	170.2	6.2
2012-01	34.9	126.4	−91.4	266 483.6	205.0	7.2
2012-02	79.0	156.1	−77.1	341 965.0	269.2	10.2
2012-03	145.5	217.9	−72.4	468 554.3	365.9	15.2
2012-04	272.8	386.1	−113.3	506 516.5	367.2	17.9
2012-05	401.7	539.9	−138.2	836 393.3	619.8	27.6
2012-06	385.2	493.0	−107.8	775 053.4	589.4	26.8
2012-07	315.5	411.5	−96.1	664 261.0	492.5	23.9
2012-08	347.9	457.0	−109.1	737 436.8	535.5	25.3
2012-09	219.3	315.7	−96.5	507 429.1	360.1	17.4
2012-10	120.4	234.9	−114.5	382 879.6	275.6	12.4

（续）

时间（年-月）	净辐射/[MJ/（m² · 月）]	净短波辐射/[MJ/（m² · 月）]	净长波辐射/[MJ/（m² · 月）]	光合有效辐射/[mol/（m² · 月）]	总辐射/[MJ/（m² · 月）]	紫外辐射/[MJ/（m² · 月）]
2012-11	25.0	70.7	−45.7	152 441.2	123.5	5.1
2012-12	22.4	34.5	−12.2	176 353.6	135.2	5.1
2013-01	48.1	79.7	−31.6	259 341.4	193.0	7.7
2013-02	50.8	111.0	−60.2	364 958.9	270.7	11.2
2013-03	114.0	197.5	−83.6	539 785.2	402.5	17.6
2013-04	265.0	372.7	−107.6	621 449.9	450.8	20.1
2013-05	366.9	518.9	−152.4	798 483.1	617.6	26.2
2013-06	354.3	467.2	−114.6	722 788.3	556.6	24.4
2013-07	360.8	452.9	−92.1	724 932.1	560.7	25.9
2013-08	—	—	−81.3	595 436.3	439.8	21.2
2013-09	—	—	−121.2	626 503.1	463.7	20.6
2013-10	396.4	737.8	−337.0	1 114 779.1	813.7	33.5
2013-11	91.3	222.7	−131.4	454 968.4	371.6	13.9
2013-12	87.5	142.5	−55.0	326 327.1	279.6	9.5
2014-01	59.7	118.3	−58.5	277 552.1	236.2	7.7
2014-02	105.8	179.4	−73.6	388 904.7	302.9	11.4
2014-03	246.8	369.7	−123.0	581 961.2	432.8	17.9
2014-04	331.4	500.8	169.4	724 291.1	597.1	22.2
2014-05	—	—	−86.1	579 647.7	479.5	20.2
2014-06	—	—	−130.5	825 560.2	621.6	28.0
2014-07	—	—	−100.1	707 110.6	498.1	23.7
2014-08	—	—	−102.8	681 604.2	502.0	23.7
2014-09	—	—	−97.7	571 864.0	424.9	19.2
2014-10	—	—	−120.3	387 402.9	294.3	12.0
2014-11	79.5	199.8	−120.3	263 690.8	200.3	7.4
2014-12	68.0	95.6	−27.5	114 981.2	111.8	4.3
2015-01	77.4	130.1	−52.7	255 962.6	209.4	7.4
2015-02	101.1	151.3	−50.2	323 241.5	274.2	10.1
2015-03	210.5	318.3	−107.8	562 607.0	463.8	16.8
2015-04	287.0	422.2	−135.3	626 795.8	478.7	19.2
2015-05	317.5	423.8	−107.3	664 225.2	510.6	22.1
2015-06	—	—	−116.2	831 200.7	634.3	27.5
2015-07	—	—	−116.8	864 258.8	652.4	29.3
2015-08	—	—	−77.9	573 950.4	422.6	21.1
2015-09	319.9	422.1	−102.2	631 481.9	465.0	21.1
2015-10	158.9	275.1	−116.2	387 225.7	290.3	11.9
2015-11	75.6	170.4	−94.8	247 251.6	202.8	6.9
2015-12	58.1	111.3	−53.2	165 440.0	146.0	4.9

（续）

时间（年-月）	净辐射/［MJ/（m^2・月）］	净短波辐射/［MJ/（m^2・月）］	净长波辐射/［MJ/（m^2・月）］	光合有效辐射/［mol/（m^2・月）］	总辐射/［MJ/（m^2・月）］	紫外辐射/［MJ/（m^2・月）］
2016-01	81.7	146.1	−64.5	262 495.8	218.3	7.0
2016-02	103.8	182.8	−79.0	352 281.7	287.5	11.3
2016-03	287.2	428.6	−142.3	657 917.6	523.8	20.1
2016-04	614.9	887.8	−273.6	1 315 336.9	1 140.2	41.5
2016-05	619.5	826.7	−207.8	1 317 749.2	1 094.7	43.7
2016-06	338.6	436.9	−98.3	715 682.2	560.1	24.1
2016-07	365.8	480.1	−114.4	783 712.3	611.8	27.1
2016-08	379.5	477.1	−97.9	722 893.7	554.3	25.3
2016-09	231.9	319.2	−87.3	471 217.7	346.0	16.4
2016-10	158.8	260.6	−102.0	351 687.6	271.4	11.2
2016-11	77.7	138.3	−60.6	213 236.2	173.3	6.5
2016-12	61.9	110.5	−48.7	189 576.1	159.5	5.7
2017-01	103.6	151.9	−48.3	258 351.4	196.7	7.5
2017-02	169.3	217.9	−48.5	337 373.0	251.0	10.6
2017-03	244.3	347.7	−103.3	526 110.7	402.1	16.8
2017-04	289.7	430.2	−140.5	605 221.6	461.2	19.2
2017-05	360.2	489.3	−129.1	826 750.2	699.7	25.4
2017-06	325.2	451.2	−126.0	747 260.2	573.5	25.3
2017-07	392.3	536.0	−143.7	858 343.3	656.9	29.3
2017-08	328.3	435.9	−107.8	684 175.9	504.4	24.1
2017-09	291.9	399.7	−107.7	573 595.7	414.1	19.0
2017-10	173.3	296.5	−123.4	394 805.5	296.0	11.9
2017-11	76.8	158.6	−82.0	248 244.9	192.3	7.2
2017-12	88.2	137.2	−49.0	180 236.3	143.9	5.9

6.2 降水

6.2.1 引言

降水是陆地森林生态系统获取水分的主要形式。水分几乎与所有森林生态系统过程有关。植物光合作用受水分供应的限制（Brodribb et al.，2007），水分也是植物将固定的碳水化合物运输到其他器官的载体（McDowell et al.，2008）。然而，随着全球气候变化，模型预测降水格局也将发生变化，如降水量、降水强度和季节特征等（Trenberth，2011；Zhou et al.，2018），这将显著影响陆地生态系统总初级生产力（Bai et al.，2008；Beer et al.，2010）和生态系统净碳交换量（初小静等，2015），以及植物碳分配格局（周双喜等，2010）。因此，长期监测降水季节和年际变化对分析生态系统生产力和植物个体生理生态等具有重要作用。

6.2.2 数据采集和处理方法

1980—2017 年，每日 8 时、14 时、20 时分别记录该时间段的降水量。2005—2017 年采用 TE525（mm）翻斗式雨量桶连接 CR3000 数据采集器，数据记录频度为每 15 min 1 次。由于 TE525（mm）翻斗式雨量无法自动监测降雪数据，因此，本数据集整合了人工记录和自动气象记录。当人工数据缺失时，采用自动气象站的降水数据进行插补，并以相邻的尚志市气象站数据为辅助，替换异常和缺失的数据。

6.2.3 数据样本描述

帽儿山站 1980—2017 年平均年降水量为 702 mm，2007 年年降水量最低（419 mm），1987 年年降水量最高（1 057 mm）。1980 年以来，年降水量呈显著降低趋势，降低速度为每 10 年 78 mm（$y=-7.8x+16\ 374$，$R^2=0.27$，$P=0.001$）。生长季降水量（576 mm，5—9 月）占年降水量的 81%。其中，7 月降水量最大，达到 177 mm，占年降水量的 25%。1980—2017 年 7、8、9 月降水量显著减小，其中，7 月降水量降低速度为每 10 年 29 mm（$y=-2.9x+5\ 925$，$R^2=0.14$，$P=0.021$），8 月降水量降低速度为每 10 年 25 mm（$y=-2.5x+5\ 172$，$R^2=0.13$，$P=0.028$），9 月降水量降低速度为每 10 年 15 mm（$y=-1.5x+2\ 986$，$R^2=0.25$，$P=0.002$）（图 6-2）。

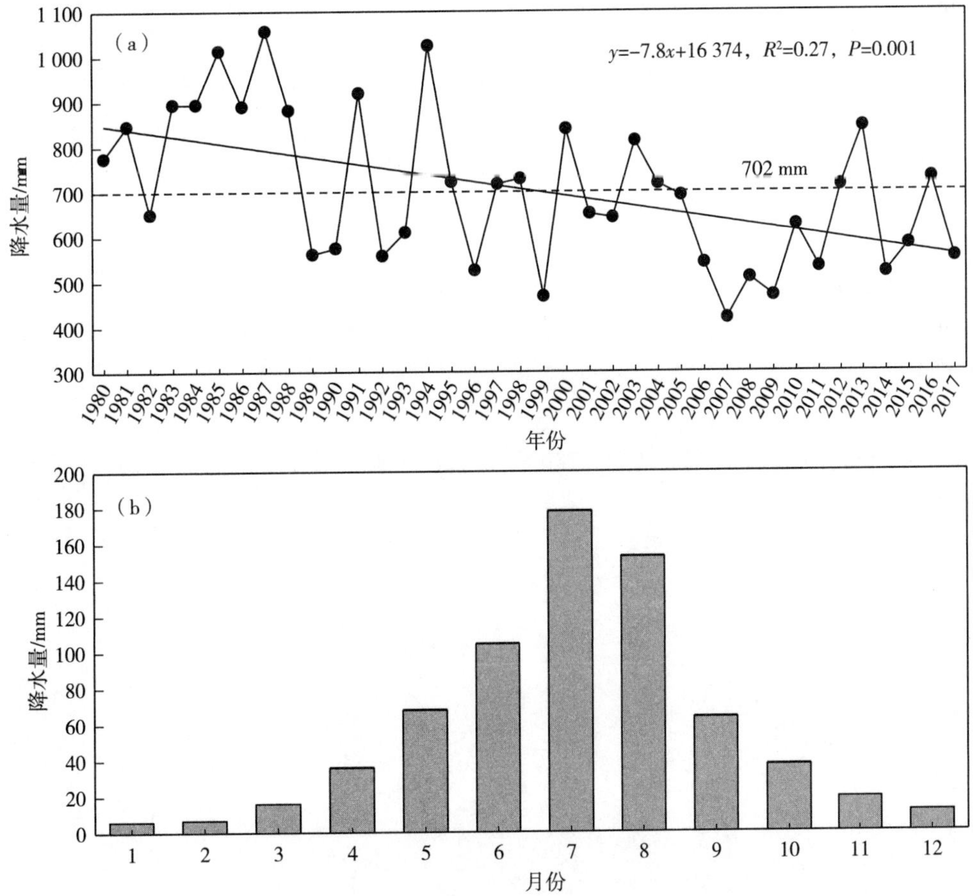

图 6-2 帽儿山站降水量的年际和月份变化

6.2.4 逐月统计数据

帽儿山降水长期观测数据见表 6-2。

表 6-2 帽儿山降水长期观测数据

时间（年-月）	降水量/mm	日最大降雨量/mm	降水天数
1980-01	15.1	5.7	14
1980-02	10.1	2.8	10
1980-03	3.2	1.3	4
1980-04	79.9	20.8	17
1980-05	77.5	18.4	14
1980-06	134.6	25.0	17
1980-07	152.9	45.4	16
1980-08	100.9	43.2	12
1980-09	115.2	29.8	17
1980-10	58.2	16.4	15
1980-11	15.6	6.1	10
1980-12	12.5	3.0	16
1981-01	2.1	0.6	7
1981-02	6.1	1.5	9
1981-03	31.0	6.3	11
1981-04	12.9	5.6	6
1981-05	83.3	25.6	15
1981-06	145.2	27.9	17
1981-07	147.8	53.7	16
1981-08	267.7	77.6	21
1981-09	94.6	44.8	13
1981-10	38.2	6.3	13
1981-11	10.5	5.6	11
1981-12	6.9	3.8	7
1982-01	7.6	3.4	11
1982-02	13.2	7.3	6
1982-03	37.0	11.8	9
1982-04	23.7	10.8	9
1982-05	51.6	12.5	11
1982-06	30.3	11.1	9
1982-07	121.0	28.0	18
1982-08	249.0	51.2	16
1982-09	43.8	12.9	12
1982-10	39.9	27.2	9
1982-11	14.3	7.0	3
1982-12	19.3	5.1	13
1983-01	4.3	3.7	3
1983-02	6.5	2.3	9
1983-03	4.0	1.5	6

（续）

时间（年-月）	降水量/mm	日最大降雨量/mm	降水天数
1983-04	103.2	26.0	12
1983-05	85.4	37.5	13
1983-06	184.8	23.1	24
1983-07	262.3	42.4	21
1983-08	69.1	19.9	11
1983-09	113.3	36.1	12
1983-10	12.8	5.3	5
1983-11	43.2	18.4	7
1983-12	5.1	2.1	9
1984-01	3.9	1.4	12
1984-02	6.6	4.1	6
1984-03	28.1	8.2	14
1984-04	35.3	9.0	10
1984-05	44.6	11.6	13
1984-06	176.6	52.9	19
1984-07	163.4	55.4	20
1984-08	290.0	91.7	20
1984-09	95.0	29.6	14
1984-10	40.0	9.5	13
1984-11	7.2	3.3	4
1984-12	3.5	1.0	8
1985-01	15.1	5.9	7
1985-02	12.5	3.5	11
1985-03	23.1	7.2	12
1985-04	14.3	4.1	9
1985-05	124.5	72.6	13
1985-06	97.3	33.7	17
1985-07	220.5	29.8	25
1985-08	335.7	63.3	21
1985-09	76.0	15.2	17
1985-10	27.0	17.3	2
1985-11	36.3	21.9	11
1985-12	31.3	8.2	14
1986-01	9.5	1.5	13
1986-02	5.7	2.3	8
1986-03	30.7	13.1	12
1986-04	46.2	30.5	11
1986-05	63.8	20.5	16
1986-06	158.8	67.9	13

（续）

时间（年-月）	降水量/mm	日最大降雨量/mm	降水天数
1986-07	222.6	32.0	19
1986-08	207.6	58.6	22
1986-09	58.8	12.3	17
1986-10	56.1	18.8	6
1986-11	19.0	5.8	13
1986-12	10.7	3.9	10
1987-01	13.7	3.2	14
1987-02	6.5	2.1	7
1987-03	29.3	13.0	11
1987-04	9.3	3.8	11
1987-05	35.4	11.2	10
1987-06	86.1	28.5	11
1987-07	344.0	60.5	27
1987-08	271.4	46.9	27
1987-09	151.7	50.5	16
1987-10	54.4	17.5	10
1987-11	43.9	9.0	10
1987-12	11.5	5.5	13
1988-01	11.5	4.8	8
1988-02	12.4	7.0	8
1988-03	13.5	6.1	11
1988-04	81.4	17.4	15
1988-05	137.9	29.5	22
1988-06	101.7	31.7	15
1988-07	198.8	32.4	18
1988-08	161.4	43.6	19
1988-09	102.1	18.5	15
1988-10	27.4	10.5	10
1988-11	21.0	6.5	11
1988-12	11.6	2.0	15
1989-01	7.6	2.7	10
1989-02	7.9	3.2	3
1989-03	6.4	4.2	6
1989-04	8.6	6.2	3
1989-05	36.6	14.9	12
1989-06	96.5	25.2	15
1989-07	267.4	79.3	16
1989-08	39.3	16.4	7
1989-09	53.1	9.0	13

（续）

时间（年-月）	降水量/mm	日最大降雨量/mm	降水天数
1989-10	17.3	8.4	10
1989-11	9.6	2.8	9
1989-12	11.0	1.8	13
1990-01	3.1	2.0	4
1990-02	18.8	5.5	13
1990-03	22.6	11.8	6
1990-04	45.0	24.2	11
1990-05	47.2	11.5	12
1990-06	111.9	20.2	18
1990-07	130.0	39.4	15
1990-08	96.3	20.2	16
1990-09	62.0	12.9	10
1990-10	15.6	7.9	5
1990-11	5.2	3.7	4
1990-12	16.7	7.3	9
1991-01	6.3	1.8	9
1991-02	3.2	1.2	5
1991-03	5.7	2.0	8
1991-04	75.3	22.3	15
1991-05	54.2	13.0	12
1991-06	147.1	27.1	20
1991-07	425.0	106.3	21
1991-08	78.8	17.8	13
1991-09	73.4	22.2	14
1991-10	19.9	6.3	11
1991-11	20.6	12.5	7
1991-12	8.7	3.4	7
1992-01	3.5	1.0	10
1992-02	4.9	1.5	7
1992-03	16.4	5.2	5
1992-04	43.9	14.9	9
1992-05	35.1	8.3	13
1992-06	53.4	10.3	12
1992-07	154.3	43.2	13
1992-08	82.4	16.4	15
1992-09	94.0	22.3	13
1992-10	37.5	26.3	7
1992-11	22.8	10.4	12
1992-12	9.4	4.0	7

（续）

时间（年-月）	降水量/mm	日最大降雨量/mm	降水天数
1993-01	2.1	0.6	8
1993-02	6.9	3.3	6
1993-03	1.2	1.2	1
1993-04	29.3	10.5	6
1993-05	6.8	3.3	6
1993-06	140.0	23.0	17
1993-07	158.9	39.7	15
1993-08	92.2	17.3	17
1993-09	69.7	18.0	13
1993-10	63.3	21.7	8
1993-11	19.2	5.0	9
1993-12	20.1	10.0	12
1994-01	6.2	3.7	5
1994-02	1.9	1.0	3
1994-03	11.2	4.8	10
1994-04	7.0	5.4	4
1994-05	91.6	22.6	16
1994-06	90.4	21.0	11
1994-07	297.8	60.6	15
1994-08	368.2	134.1	15
1994-09	79.7	29.4	14
1994-10	45.6	12.1	9
1994-11	10.6	6.3	6
1994-12	14.4	3.9	8
1995-01	3.7	1.4	5
1995-02	0.4	0.2	2
1995-03	4.0	1.6	7
1995-04	30.2	8.5	11
1995-05	51.8	11.4	17
1995-06	28.2	8.2	9
1995-07	227.9	63.5	15
1995-08	176.7	68.8	11
1995-09	70.6	16.3	11
1995-10	117.7	65.6	12
1995-11	3.0	1.6	2
1995-12	7.8	2.7	7
1996-01	0.6	0.3	2
1996-02	0.7	0.7	1
1996-03	22.7	8.7	5

（续）

时间（年-月）	降水量/mm	日最大降雨量/mm	降水天数
1996-04	26.6	9.8	11
1996-05	28.4	10.5	7
1996-06	153.0	69.7	13
1996-07	78.1	24.5	14
1996-08	93.9	42.6	11
1996-09	39.1	15.2	8
1996-10	42.3	17.2	10
1996-11	32.3	9.0	14
1996-12	7.5	2.1	11
1997-01	7.5	3.2	7
1997-02	10.6	8.3	7
1997-03	5.4	2.3	5
1997-04	7.8	4.0	5
1997-05	69.1	14.3	14
1997-06	111.6	32.5	13
1997-07	235.3	70.0	13
1997-08	214.2	62.0	15
1997-09	27.0	8.0	7
1997-10	17.5	4.2	13
1997-11	6.2	2.0	7
1997-12	4.5	1.3	7
1998-01	3.8	1.3	5
1998-02	6.2	6.1	2
1998-03	20.2	10.0	6
1998-04	17.5	8.1	5
1998-05	66.1	28.4	13
1998-06	128.8	22.6	16
1998-07	109.8	39.3	8
1998-08	180.8	56.1	15
1998-09	128.1	57.9	10
1998-10	30.0	13.2	9
1998-11	26.2	7.2	13
1998-12	11.0	4.4	8
1999-01	4.7	2.6	4
1999-02	7.8	5.1	7
1999-03	36.6	12.4	10
1999-04	17.0	4.4	10
1999-05	46.6	25.8	10
1999-06	88.1	22.3	13

（续）

时间（年-月）	降水量/mm	日最大降雨量/mm	降水天数
1999 - 07	68.9	29.9	12
1999 - 08	120.8	36.1	14
1999 - 09	14.6	9.9	6
1999 - 10	34.8	14.3	11
1999 - 11	20.4	11.0	7
1999 - 12	7.0	1.5	11
2000 - 01	20.6	5.5	10
2000 - 02	6.8	2.4	7
2000 - 03	16.9	6.6	9
2000 - 04	34.7	12.9	11
2000 - 05	135.7	26.0	19
2000 - 06	122.2	35.5	13
2000 - 07	186.6	37.5	18
2000 - 08	155.5	49.0	14
2000 - 09	64.7	17.4	9
2000 - 10	55.5	43.3	8
2000 - 11	12.5	6.4	9
2000 - 12	26.4	6.7	14
2001 - 01	11.5	5.9	8
2001 - 02	4.4	4.0	2
2001 - 03	13.7	5.8	10
2001 - 04	11.8	6.0	5
2001 - 05	73.6	34.8	14
2001 - 06	40.9	9.0	9
2001 - 07	241.8	106.0	20
2001 - 08	145.5	38.5	14
2001 - 09	51.7	13.8	8
2001 - 10	45.9	21.4	6
2001 - 11	5.1	2.7	3
2001 - 12	4.6	3.3	6
2002 - 01	20.1	5.1	15
2002 - 02	0.7	0.4	2
2002 - 03	8.7	3.5	6
2002 - 04	54.1	9.9	14
2002 - 05	36.2	12.6	12
2002 - 06	106.1	47.2	14
2002 - 07	197.6	67.3	19
2002 - 08	146.7	39.1	12
2002 - 09	9.4	4.5	3

（续）

时间（年-月）	降水量/mm	日最大降雨量/mm	降水天数
2002-10	41.1	11.6	14
2002-11	14.5	6.3	8
2002-12	7.1	4.5	5
2003-01	7.2	3.8	6
2003-02	6.7	6.5	3
2003-03	4.3	2.5	5
2003-04	26.3	7.7	10
2003-05	24.7	7.6	6
2003-06	114.9	38.0	15
2003-07	284.7	56.9	21
2003-08	201.1	68.0	10
2003-09	45.2	14.1	9
2003-10	59.5	15.0	10
2003-11	33.2	8.3	8
2003-12	4.2	1.1	8
2004-01	1.4	0.5	6
2004-02	7.8	2.3	6
2004-03	21.3	7.4	7
2004-04	1.9	1.1	5
2004-05	90.2	22.9	13
2004-06	88.8	48.2	6
2004-07	245.0	46.3	14
2004-08	135.6	39.7	14
2004-09	48.6	14.8	10
2004-10	17.0	11.0	5
2004-11	28.7	12.2	7
2004-12	30.3	11.9	14
2005-01	14.2	3.7	16
2005-02	1.7	1.0	3
2005-03	8.1	2.8	5
2005-04	78.9	21.8	13
2005-05	69.7	16.6	11
2005-06	114.6	47.7	13
2005-07	171.8	24.6	19
2005-08	148.6	58.3	12
2005-09	46.9	20.0	8
2005-10	20.5	12.4	6
2005-11	7.5	6.5	4
2005-12	8.6	3.1	10

（续）

时间（年-月）	降水量/mm	日最大降雨量/mm	降水天数
2006-01	0.0	0.0	0
2006-02	0.0	0.0	0
2006-03	0.0	0.0	0
2006-04	0.0	0.0	0
2006-05	23.5	5.8	10
2006-06	169.4	45.8	18
2006-07	165.2	28.9	18
2006-08	131.5	45.0	13
2006-09	51.2	17.3	9
2006-10	0.0	0.0	0
2006-11	0.0	0.0	0
2006-12	0.0	0.0	0
2007-01	0.0	0.0	0
2007-02	7.0	4.3	5
2007-03	29.5	14.6	10
2007-04	37.4	11.1	10
2007-05	81.6	26.6	17
2007-06	54.0	20.9	7
2007-07	86.7	22.6	12
2007-08	64.7	27.5	11
2007-09	32.1	9.4	12
2007-10	25.6	11.0	7
2007-11	0.2	0.2	1
2007-12	0.0	0.0	0
2008-01	0.0	0.0	0
2008-02	0.1	0.1	1
2008-03	20.5	7.5	15
2008-04	24.2	6.6	10
2008-05	81.3	20.1	20
2008-06	63.7	19.2	9
2008-07	114.2	37.9	17
2008-08	71.7	31.7	8
2008-09	74.4	18.5	11
2008-10	38.7	18.4	4
2008-11	17.8	7.5	9
2008-12	1.3	0.9	2
2009-01	0.0	0.0	0
2009-02	0.0	0.0	0
2009-03	0.0	0.0	0

（续）

时间（年-月）	降水量/mm	日最大降雨量/mm	降水天数
2009 - 04	50.8	24.9	10
2009 - 05	14.8	5.7	6
2009 - 06	105.0	18.3	21
2009 - 07	91.4	19.9	20
2009 - 08	117.5	23.0	15
2009 - 09	66.0	29.2	17
2009 - 10	22.6	11.3	7
2009 - 11	0.0	0.0	0
2009 - 12	0.0	0.0	0
2010 - 01	18.1	9.0	11
2010 - 02	0.0	0.0	0
2010 - 03	63.4	16.9	12
2010 - 04	55.0	19.5	18
2010 - 05	112.6	44.7	18
2010 - 06	9.0	3.7	11
2010 - 07	96.3	34.7	14
2010 - 08	149.3	54.9	21
2010 - 09	10.8	5.0	5
2010 - 10	22.6	7.0	13
2010 - 11	55.7	26.6	7
2010 - 12	32.5	9.0	18
2011 - 01	0.0	0.0	0
2011 - 02	8.0	5.0	5
2011 - 03	3.4	1.0	7
2011 - 04	51.7	9.4	12
2011 - 05	82.2	13.1	22
2011 - 06	103.3	21.7	18
2011 - 07	103.1	25.4	16
2011 - 08	100.4	25.1	19
2011 - 09	14.4	11.5	7
2011 - 10	64.4	21.0	13
2011 - 11	0.0	0.0	0
2011 - 12	0.0	0.0	0
2012 - 01	0.0	0.0	0
2012 - 02	4.6	1.4	7
2012 - 03	37.1	16.5	10
2012 - 04	73.6	20.1	13
2012 - 05	35.4	7.2	18
2012 - 06	116.9	18.7	17

（续）

时间（年-月）	降水量/mm	日最大降雨量/mm	降水天数
2012-07	162.7	55.2	17
2012-08	99.5	73.3	20
2012-09	75.9	14.6	17
2012-10	33.9	8.2	14
2012-11	46.7	13.9	13
2012-12	26.1	6.4	18
2013-01	8.1	2.4	10
2013-02	34.0	14.4	9
2013-03	27.6	9.1	10
2013-04	32.0	7.5	16
2013-05	56.6	12.4	12
2013-06	93.1	22.3	17
2013-07	286.9	57.8	16
2013-08	158.1	21.6	23
2013-09	37.7	11.9	13
2013-10	49.0	14.3	11
2013-11	51.7	14.7	12
2013-12	7.2	3.4	8
2014-01	4.2	1.8	5
2014-02	6.7	3.3	7
2014-03	1.9	1.0	5
2014-04	9.5	5.3	5
2014-05	106.1	12.8	19
2014-06	56.9	20.5	12
2014-07	125.7	31.6	16
2014-08	78.6	31.2	19
2014-09	77.4	18.4	14
2014-10	16.7	9.2	8
2014-11	12.7	6.5	4
2014-12	22.1	6.9	17
2015-01	3.0	2.2	3
2015-02	25.6	16.4	9
2015-03	11.3	5.4	6
2015-04	24.0	9.8	10
2015-05	103.2	21.2	19
2015-06	102.9	23.7	17
2015-07	2.2	0.8	8
2015-08	199.7	37.3	20
2015-09	28.4	10.3	11

（续）

时间（年-月）	降水量/mm	日最大降雨量/mm	降水天数
2015-10	43.4	18.8	9
2015-11	9.8	5.9	4
2015-12	27.7	11.3	9
2016-01	2.3	2.2	5
2016-02	0.1	0.1	3
2016-03	0.3	0.2	5
2016-04	83.0	37.0	8
2016-05	158.5	28.0	17
2016-06	171.2	28.4	24
2016-07	93.6	29.2	13
2016-08	80.9	41.8	10
2016-09	58.1	13.3	14
2016-10	46.7	12.7	11
2016-11	28.3	7.5	12
2016-12	6.0	4.1	8
2017-01	4.0	1.1	10
2017-02	14.0	4.2	12
2017-03	5.5	1.8	5
2017-04	18.2	12.1	7
2017-05	67.2	17.6	17
2017-06	75.6	12.9	16
2017-07	119.4	67.0	15
2017-08	128.3	26.9	13
2017-09	68.3	29.6	14
2017-10	24.0	11.0	6
2017-11	18.7	8.5	10
2017-12	9.1	2.3	13

7 生物监测方法

7.1 概况

7.1.1 监测目的

通过选定帽儿山地区 6 种具有代表性的群落，并在相应的地段设立森林生态系统长期定位观测样地，获取作为森林生态系统结构参数的样地观测数据，为森林生态系统水文、土壤、气候等观测提供背景资料。同时，揭示森林生态系统生物群落的动态变化规律，为深入研究森林生态系统的结构与功能、森林可持续利用的途径和方法提供数据服务。

7.1.2 观测内容

监测方法和观测内容按照中华人民共和国林业行业标准《森林生态系统长期定位观测方法》和中华人民共和国国家标准《森林生态系统长期定位观测指标体系》。生物监测的主要内容包括：乔木层，群落中所有乔木种的胸径、树高、冠幅、郁闭度、密度等；灌木层，灌木种的株数（丛数）、株高、基径、盖度和多度等；草本层，草本植物的种类、数量、高度、多度和盖度等；枯倒木和凋落物动态。

7.2 林分选择和样地设置

选定帽儿山地区在不同立地条件下和不同的干扰方式下形成的具有代表性的 6 种林型，即生长在沟谷地带水分和养分条件比较良好的土壤条件下的硬阔叶林、山坡中腹和中上腹的杨桦林和杂木林、坡度较大且水分和养分条件较差的土壤条件下的蒙古栎林，以及生长在下坡的人工营造的落叶松人工林和经“栽针保阔”更新并于 1986 年进行了透光抚育的红松人工林。

每种林型的固定监测样地均设置在所调查生物群落的典型地段。物种组成分布均匀、一致。群落结构要完整、层次分明，地形和土壤一致。1979—2002 年只对硬阔叶林、杨桦林、杂木林和蒙古栎林 4 种天然次生林设立 1 个 25 m×40 m 的长期固定监测标准地，2004 年后，增加红松人工林和落叶松人工林，并在原有的基础上，为每个林型增加 2 块长期固定监测样地，样地面积为 20 m×30 m，每个林型的固定监测样地面积均大于温带森林群落最小面积（400 m^2）。样地分布位置详见图 7－1。

7.3 监测方法

7.3.1 群落结构监测

采用网格法区划分割每个林型 20 m×30 m 的固定监测样地，分为 24 个 5 m×5 m 样方。使用行

图 7-1 帽儿山站典型森林生态系统长期固定监测样地分布图

列数进行编号，行号从南到北编写，列号从西到东编写。5 m×5 m 的样方以坐标系统命名为（1.1）、（1.2）、（1.3）、（1.4）等。利用罗盘仪与皮尺对样地中胸径≥1.0 cm 的木本植物（乔木、灌木、木质藤本）进行准确定位，对每个样方内的林木编号，编号为 7 位数字，其中前 4 位代表林型和样方号，后 3 位代表样方内的林木编号，如 0101026。准确鉴定并详细记录群落中所有植物种的中文名、拉丁名以及树木的生长状态（如枯死、冠层位置等）。对于不能当场鉴定的，应采集带有花或果的标本，带回实验室鉴定。没有花或果的则做好标记，以备在花果期进行鉴定。对样地内胸径≥1.0 cm 的各类树种的胸径等进行逐一测定，并做好记录，每测一株树就要进行编号。2 个人一组，1 个人拿着皮尺贴树干站好，1 个人拉住皮尺的另一端，向东、南、西、北 4 个方向转一圈，测定其冠幅垂直投影的宽度。

7.3.2 生物量监测

7.3.2.1 生物量方程采样

在 2004 年 8 月，生物量达到最大值时，在杨桦林、硬阔叶林、杂木林、蒙古栎林、红松人工林和落叶松人工林中选择主要的 11 个组成树种，即白桦、黄檗、胡桃楸、蒙古栎、水曲柳、山杨、五角槭、紫椴、红松、兴安落叶松和春榆，在破坏性采样样地中按照径级大小，每个树种选择 10 株健康的树木进行破坏取样。在土壤表面伐倒树干。测量总树高（从地面到顶芽基部，H）、树冠长度、胸径（DBH）、冠基部直径，并立即记录。将树冠分为 3 部分（上、中、下），每一冠位的活枝和死枝分别剪断、称重。树干断成 1 米长，分别称重，在每一段的末端切下 1 个 5 厘米厚的圆盘，称重，并带到实验室进行含水率测定。每个冠层位置的活枝均分为新叶（当年）、多年叶（常绿树种）、新枝（当年）、多年枝、生殖组织。用电子天平测定各组分的鲜重，精度为 1g。从各组分中随机抽取 500～1 000 g 鲜重，如果各组分质量的鲜重>1 000 g，则将 500～1 000 g 鲜重放入贴有标签的袋中，带回实验室进行含水率测定；此外，还要对整个组分的生物量进行采样，进行含水率测定。

采用滑轮装置和人工联合挖掘的方法，对样树的整个根系进行挖掘。这些树种的浅生根结构和土壤特性促进了这一任务的完成。由于收获细根是不现实的，我们只挖掘和测量粗根生物量，定义为直径≥5 mm的根。清除根系上的土，剪去外植的小根（直径<5 mm），分为根桩和粗根。随机抽取500～1 000 g新鲜粗根和根桩样品，放入贴有标签的袋中进行含水量测定。小样本树木的所有粗根和根桩新鲜体均进行干重换算。上述所有程序都是在树木被砍伐后立即在野外进行的。所有样品都储存在一间凉爽的房间（4 ℃）内直到干燥。

所有样品都在70 ℃下烘燥至恒量。将各组分的鲜重×各组分样品的干湿比，计算各组分的干生物量。将树干段的干生物量相加，计算各树干的总干生物量。总枝生物量为新枝与多年枝、干质量之和；叶片总生物量为新叶与多年叶、干质量之和；地上生物量为树干、树枝、全叶和生殖组织生物量之和；地下生物量为根桩和粗根干质量之和；总生物量为地上和地下生物量之和。以此数据建立特定立地条件下的生物量方程，方程详见9.1。

2008年8—9月，在帽儿山森林生态站取样，依据植物生长状况，在各植物的核心分布地段选取一定数量的植株全收获，测量树高（H，m）、冠幅（假设冠幅为椭圆形，$CA=\pi\times C_l\times Cw/4$；长轴$C_l$，m；短轴Cw，m）、基径（$D_0$，mm）、离地10 cm处树干直径（D10，mm）、分叉高（Hca，m）、分叉径（Dca，mm）和胸径（DBH，mm），将植物整株挖出，深度为根系分布所达范围，测量主干长（L，m）、分叶、新枝、多年枝、细根和粗根，称其鲜质量（精确到1 g），将所有称量的组分各取适量样品放入85 ℃恒温干燥箱内烘至恒量，计算干物质含量及各器官干质量。

7.3.2.2 林分生物量估算

1997年、2002年、2007年、2012年和2017年，对杨桦林、硬阔叶林、杂木林、蒙古栎林、红松人工林和落叶松人工林6个林型固定样地的乔木层（包括树高）>1.37 m的所有树木进行检尺，获得胸径。利用建立的各个树种相应的生物量组分（树干、树枝、叶和粗根）的异速生长方程来计算各个林木个体的生物量，汇总求和，获得林分水平乔木层的各个组分以及总的生物量。

7.3.3 凋落物监测

在杨桦林、硬阔叶林、杂木林、蒙古栎林、红松人工林和落叶松人工林中，每个样地安装5个1 m×1 m的凋落物收集器。收集器为钢框架结构，采用尼龙网缝制成圆锥形网兜，收集器上口距离地表80 cm左右。2008—2017年，于每年的4—11月收集凋落物收集器中的凋落物。其中，4月至9月中旬（生长季期），每个月收集1次；9月中旬至11月（大量凋落季节），每2周收集1次。收集器中的凋落物取回后，将其分为枝、叶（包含阔叶和针叶）、繁殖器官及其他（包含树皮）分类，以65 ℃烘干至恒重后称重。对于凋落物量较大的，称取300～400g，以65 ℃烘干至恒重后求算含水率，之后转换为凋落物干重。

8 群落特征

8.1 林分特征动态

8.1.1 林分密度

对6种典型林型乔木层物种的1997—2017年长期监测显示，林分密度均呈下降趋势（图8-1）。除硬阔叶林在2007年略微增加外，其他林型的乔木层密度均单调递减。其中，蒙古栎林乔木层密度下降最多，从1997年的3 950株/hm^2下降到2017年的1 350株/hm^2，下降了66%。乔木层密度下降幅度最小的是落叶松人工林乔木层密度，2007—2017年降低了13%。乔木层密度年均降幅最大的是蒙古栎林，为3.3%，年均降幅最小的是硬阔叶林，为0.9%。

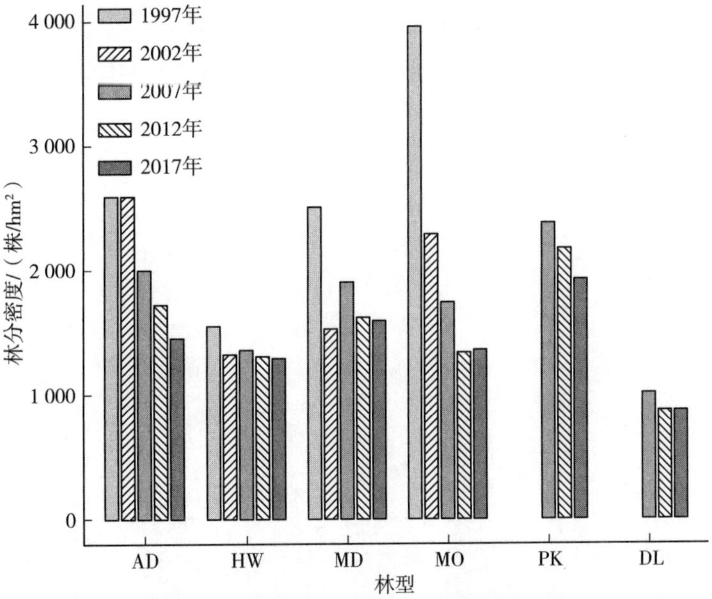

图8-1 6种林型林分密度动态特征

AD：杨桦林 HW：硬阔叶林 MD：杂木林 MO：蒙古栎林 PK：红松人工林 DL：落叶松人工林

8.1.2 林分组成结构

4种天然次生林的树种组成发生了明显的结构变化（表8-1）。杂木林1979年年初建样地时，树种组成以山杨和椴树为主，到2017年变为以胡桃楸和山杨为主。硬阔叶林中，1979—2017年水曲柳所占比例逐渐降低，胡桃楸比例逐渐增加。杨桦林中，山杨的比例逐渐减少，主林层和优势树种逐渐发生了更替。蒙古栎林优势种变化较小，蒙古栎占九成以上。2种人工林因建立时间较短，组成尚未发生变化。

表 8-1　帽儿山站典型林型乔木层树种组成

年份	杂木林	硬阔叶林	杨桦林	蒙古栎林	红松人工林	落叶松人工林
1979	3杨3椴1榆1桦1胡1栎+黄	6水2胡2其他（黄、榆、椴、槭、栎）	6杨1黄1胡1椴1其他（柳、桦）	10栎-椴	—	—
1997	3杨3胡1榆1桦1椴1槭+黄-栎-水	7水1胡1榆1槭-栎-黄	5杨1桦1椴1水1槭+黄+榆树	9栎+椴-槭-榆-杨-水	—	—
2002	3胡2杨2槭1桦1榆1黄+栎+椴	7水2胡1榆+栎-槭-黄	5杨1桦1椴1水1槭+黄+榆+金	9栎+椴-槭-榆-杨-水	—	—
2007	3胡2杨2槭2榆1桦+黄-椴-水-栎	7水2胡1榆+槭+栎	5杨1桦1椴1水1槭+黄+榆+金	9栎-椴-槭-榆-杨-水	6红3水1桦-榆-栎-椴	9落1榆-栎-槭-水-胡
2012	3胡2杨2槭1榆1桦-黄-椴-水-栎	6水3胡1榆+槭+栎	4杨2桦1椴1水1槭+黄+榆+金	9栎-椴-槭-榆-杨-水	6红3水1桦-榆-栎-椴	8落2榆-栎-槭-水
2017	3胡2杨2槭1榆1桦-黄-椴-水-栎	6水3胡1榆+槭+栎	3杨2桦2槭1椴1水+黄+榆+金	9栎-椴-槭-榆-杨-水	6红3水1桦-榆-栎-椴	8落2榆-栎-槭

注：1979年和1990年详见天然次生林数据。

8.1.3　林分胸径特征

8.1.3.1　最大胸径

对6种典型林型乔木层物种的1997—2017年长期监测显示，随着时间增加，乔木层最大胸径逐渐增大（图8-2）。除蒙古栎林2002年乔木层最大胸径降低之外，其他各林型均单调递增。如硬阔叶林最大胸径从1997年的29.3 cm增加到2017年的40.73 cm，增幅超过39%。红松人工林增幅最小，2007—2017年，乔木层最大胸径仅增加17%，年均增加1.7%。

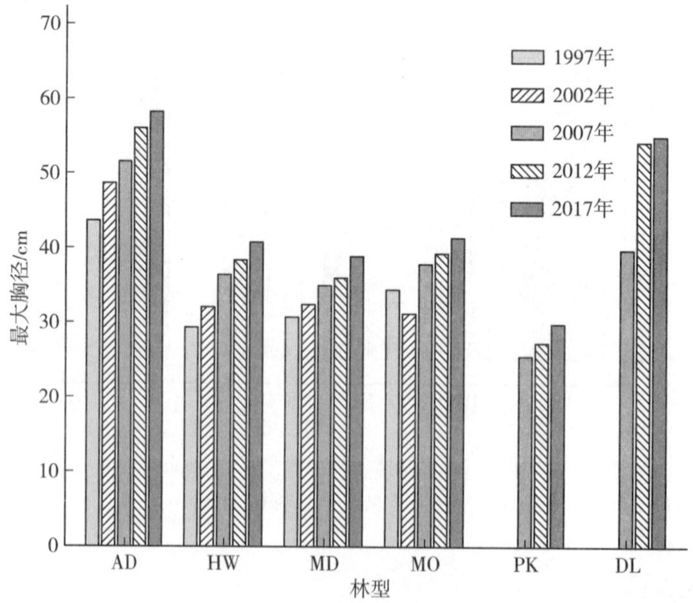

图8-2　林分最大胸径动态

AD：杨桦林　HW：硬阔叶林　MD：杂木林　MO：蒙古栎林　PK：红松人工林　DL：落叶松人工林

8.1.3.2　平均胸径

对6种典型林型乔木层物种的20年长期监测显示，乔木层平均胸径均呈递增趋势（图8-3）。其中，除杂木林外，其他林型的平均胸径都单调递增，而杂木林2002年的平均胸径观测数据高于1997年及2007年，出现了一个峰值。在6种林型中，乔木层平均胸径增加最多的是落叶松人工林，达15.3 cm，年均增加1.5 cm，增加最少的是红松人工林，为4.4 cm，与最高的落叶松人工林相差3.5倍。从年均增加来看，最多的是落叶松人工林的1.5 cm，最少的是蒙古栎林的0.35 cm。

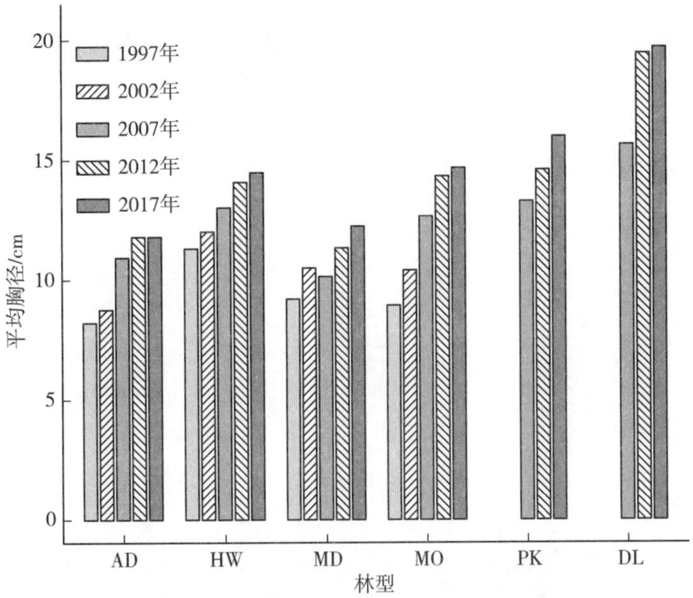

图8-3 6种林型平均胸径动态

AD：杨桦林 HW：硬阔叶林 MD：杂木林 MO：蒙古栎林 PK：红松人工林 DL：落叶松人工林

8.1.3.3 胸高断面积动态

对6种典型林型乔木层物种的1997—2017年长期监测显示，乔木层胸高断面积呈现3种变化（图8-4）。首先是硬阔叶林、红松人工林和落叶松人工林的胸高断面积单调递增。其中，硬阔叶林的乔木层胸高断面积增加最多，达10.98 m^2/hm^2，同时年均增幅也达到最大的0.55 $m^2/(hm^2 \cdot a)$。其次是杂木林和蒙古栎林的乔木层胸高断面积，随时间波动变化。最后波动较小、历年比较平稳的是

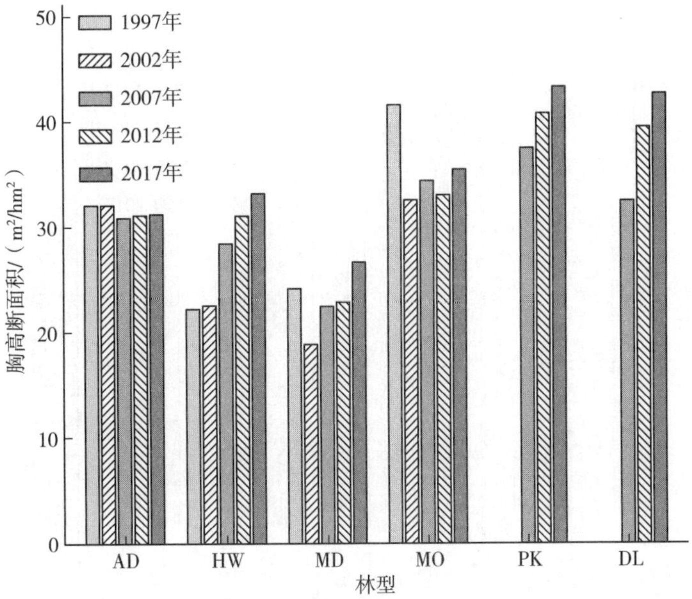

图8-4 6种林型胸高断面积动态

AD：杨桦林 HW：硬阔叶林 MD：杂木林 MO：蒙古栎林 PK：红松人工林 DL：落叶松人工林

杨桦林的胸高断面积，20 年的乔木层胸高断面积的变异系数只有 3%。

8.2 多样性指数变化动态

对 6 种典型林型乔木层物种的 1997—2017 年长期监测显示，乔木层物种数量动态呈现先波动再稳定和逐渐下降 2 种变化（图 8－5）。硬阔叶林和蒙古栎林物种数量先下降再稳定，杨桦林则是先增加再稳定。杂木林的物种数量只在 2002 年的调查中数量下降，其他年份一直保持稳定。红松人工林和落叶松人工林的物种数量持续降低，其中，落叶松人工林的物种数量从 6 种下降到 4 种。

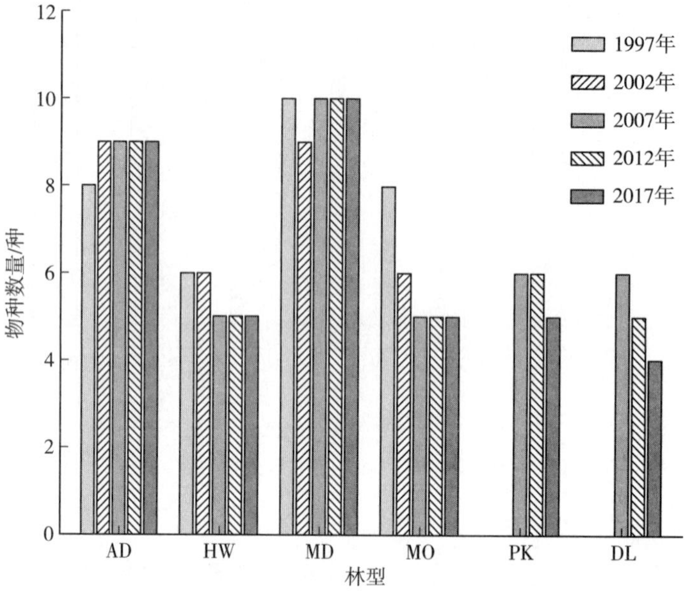

图 8－5　6 种林型乔木层物种数量动态

AD：杨桦林　HW：硬阔叶林　MD：杂木林　MO：蒙古栎林　PK：红松人工林　DL：落叶松人工林

对 6 种典型林型乔木层物种的 1997—2017 年长期监测显示，均匀度指数呈现 3 种变化（图 8－6）。

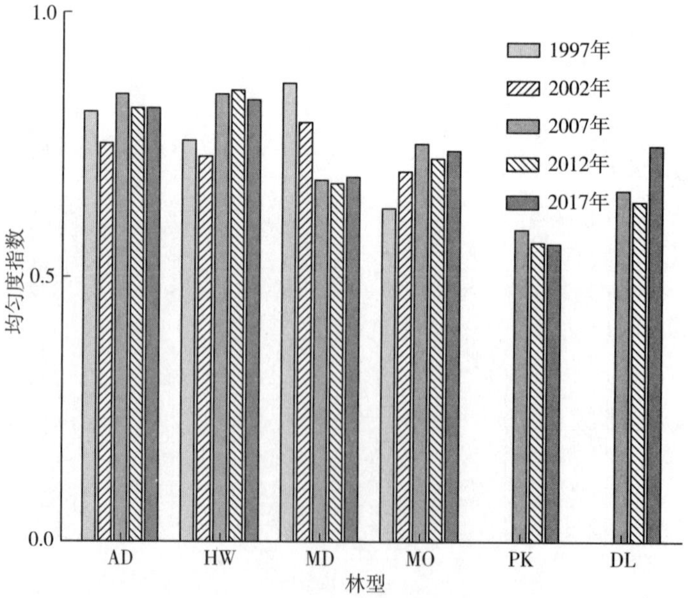

图 8－6　6 种林型乔木层物种均匀度指数

AD：杨桦林　HW：硬阔叶林　MD：杂木林　MO：蒙古栎林　PK：红松人工林　DL：落叶松人工林

杂木林和红松人工林的均匀度指数呈下降趋势，杂木林从 1997 年的 0.87 下降到 2017 年的 0.69，红松人工林从 1997 年的 0.59 下降到 2017 年的 0.56。杨桦林和硬阔叶林的均匀度指数先波动后平稳，分别稳定在 0.82 和 0.85。蒙古栎林和落叶松人工林的均匀度指数呈增加趋势，其中，蒙古栎林从 1997 年的 0.63 增到 2017 年的 0.74。

对 6 种典型林型乔木层物种的 1997—2017 年长期监测显示，Simpson 指数在林型内的变异较小，在林型间有较大差异（图 8-7）。在林型间，杨桦林、硬阔叶林和杂木林的 Simpson 指数在 0.67～0.84，蒙古栎林和落叶松人工林在 0.58～0.65，红松人工林最小，在 0.47～0.54。

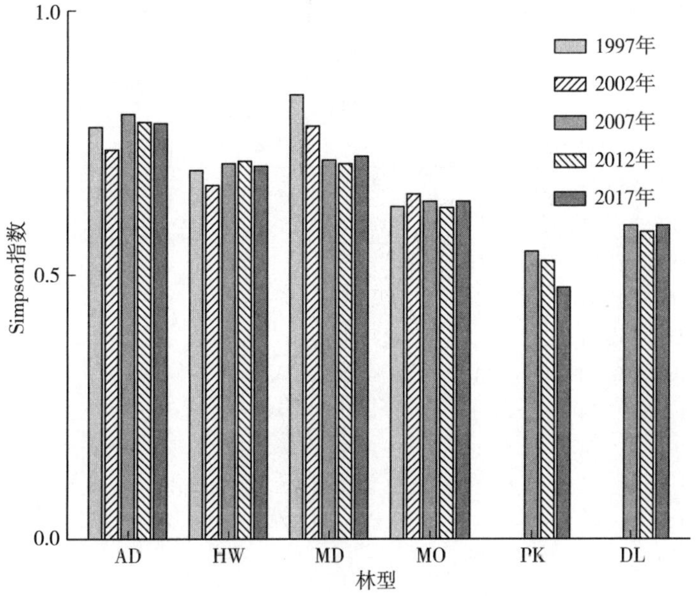

图 8-7　6 种林型 Simpson 指数动态

AD：杨桦林　HW：硬阔叶林　MD：杂木林　MO：蒙古栎林　PK：红松人工林　DL：落叶松人工林

Shannon-Wiener 指数反映了生物群落结构的复杂程度，通常指数越大，表示群落结构越复杂，

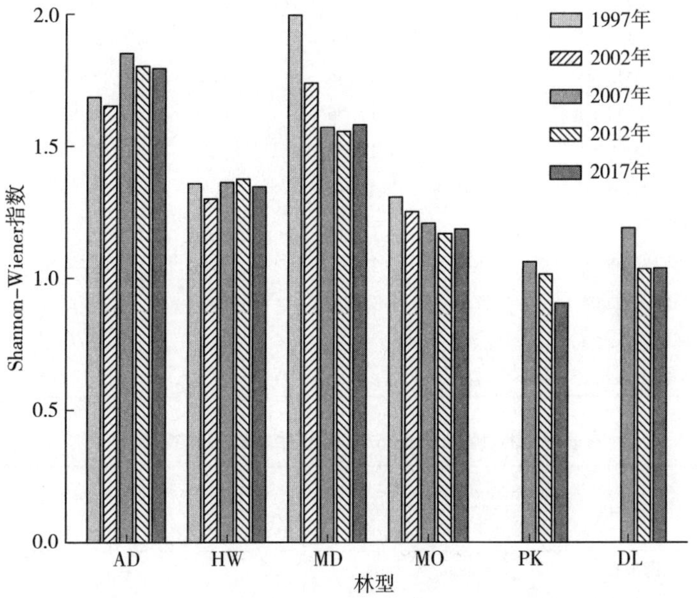

图 8-8　6 种林型 Shannon-Wiener 指数动态

AD：杨桦林　HW：硬阔叶林　MD：杂木林　MO：蒙古栎林　PK：红松人工林　DL：落叶松人工林

群落稳定性越高。对 6 种典型林型乔木层物种的 1997—2017 年长期监测显示，杨桦林和杂木林的 Shannon-Wiener 指数高于硬阔叶林、蒙古栎林、红松人工林和落叶松人工林，Shannon-Wiener 指数呈现 3 种变化趋势（图 8－8）。杂木林、蒙古栎林、红松人工林和落叶松人工林的 Shannon-Wiener 指数出现不同程度的下降，其中，杂木林下降最多，从 1997 年的 2.00 下降到 2017 年的 1.58，降幅高达 21%。杨桦林的 Shannon-Wiener 指数随时间变化呈波动趋势，从 1997 年的 1.69 下降到 2002 年的 1.66，后逐渐增加，2017 年达 1.80。硬阔叶林的 Shannon-Wiener 指数波动较小，波动范围为 1.30～1.37，20 年的变异系数只有 2%。

帽儿山站 6 种林型的林分特征见表 8－2，乔木层多样性指数见表 8－3，群落特征见表 8－4。

表 8－2　帽儿山站 6 种林型林分特征

年份	林型	样地代码	平均胸径/cm	平均树高/m	最大胸径/cm	最大树高/m	密度/(N/hm²)	断面积/(m²/hm²)
1997	杂木林	MEFMD2004	9.27	9.71	30.7	21.3	2 500	24.13
2002	杂木林	MEFMD2004	10.58	10.34	32.3	21.48	1 517	18.74
2007	杂木林	MEFMD2004	10.2	9.77	34.9	21.73	1 900	22.38
2012	杂木林	MEFMD2004	11.38	10.48	35.92	21.81	1 617	22.76
2017	杂木林	MEFMD2004	12.29	10.81	38.77	22	1 583	26.62
1997	硬阔叶林	MEFHW2004	11.37	11.22	29.3	20.46	1 550	22.18
2002	硬阔叶林	MEFHW2004	12.1	11.49	32	20.87	1 317	22.39
2007	硬阔叶林	MEFHW2004	13.11	11.59	36.3	21.17	1 350	28.41
2012	硬阔叶林	MEFHW2004	14.17	12.11	38.34	21.3	1 300	30.95
2017	硬阔叶林	MEFHW2004	14.57	11.99	40.73	21.47	1 283	33.16
1997	杨桦林	MEFAD2004	8.31	8.57	43.73	22	3 250	32.28
2002	杨桦林	MEFAD2004	8.84	8.6	48.66	22.9	2 750	33.23
2007	杨桦林	MEFAD2004	10.98	10.52	51.5	22.91	2 000	30.85
2012	杨桦林	MEFAD2004	11.98	10.98	55.97	23.07	1 717	31.04
2017	杨桦林	MEFAD2004	13.18	11.5	58.23	23.13	1 450	31.16
1997	蒙古栎林	MEFQM2004	9.01	9.27	34.3	18.78	3 950	41.59
2002	蒙古栎林	MEFQM2004	10.46	10.02	31.2	18.7	2 283	32.59
2007	蒙古栎林	MEFQM2004	12.74	11.36	37.9	18.84	1 733	34.35
2012	蒙古栎林	MEFQM2004	14.43	12.06	39.31	18.85	1 333	32.98
2017	蒙古栎林	MEFQM2004	14.76	11.99	41.25	18.86	1 350	35.42
2007	红松人工林	MEFKP2004	13.34	12.47	25.4	19.68	2 367	37.4
2012	红松人工林	MEFKP2004	14.67	13.17	27.15	20.06	2 167	40.8
2017	红松人工林	MEFKP2004	16.06	13.62	29.76	20.54	1 917	43.3
2007	落叶松人工林	MEFDL2004	15.74	13.04	39.7	24.24	1 000	32.41
2012	落叶松人工林	MEFDL2004	19.56	14.81	54.16	24.3	867	39.4
2017	落叶松人工林	MEFDL2004	19.78	14.42	54.98	24.33	867	42.57

表 8－3　帽儿山站 6 种林型乔木层多样性指数

年份	林型	样地代码	Shannon-Wiener 指数	Inverse Simpson 指数	Simpson 指数	均匀度指数	物种数量
1997	杂木林	MEFMD2004	2	6.2	0.84	0.87	10
2002	杂木林	MEFMD2004	1.74	4.52	0.78	0.79	9
2007	杂木林	MEFMD2004	1.57	3.51	0.72	0.68	10
2012	杂木林	MEFMD2004	1.56	3.43	0.71	0.68	10

（续）

年份	林型	样地代码	Shannon-Wiener 指数	Inverse Simpson 指数	Simpson 指数	均匀度指数	物种数量
2017	杂木林	MEFMD2004	1.58	3.6	0.72	0.69	10
1997	硬阔叶林	MEFHW2004	1.36	3.28	0.7	0.76	6
2002	硬阔叶林	MEFHW2004	1.3	3.01	0.67	0.73	6
2007	硬阔叶林	MEFHW2004	1.36	3.43	0.71	0.85	5
2012	硬阔叶林	MEFHW2004	1.37	3.49	0.71	0.85	5
2017	硬阔叶林	MEFHW2004	1.35	3.36	0.7	0.84	5
1997	杨桦林	MEFAD2004	1.69	4.47	0.78	0.81	8
2002	杨桦林	MEFAD2004	1.66	3.77	0.73	0.75	9
2007	杨桦林	MEFAD2004	1.86	5.03	0.8	0.84	9
2012	杨桦林	MEFAD2004	1.8	4.68	0.79	0.82	9
2017	杨桦林	MEFAD2004	1.8	4.65	0.78	0.82	9
1997	蒙古栎林	MEFQM2004	1.31	2.67	0.63	0.63	8
2002	蒙古栎林	MEFQM2004	1.25	2.85	0.65	0.7	6
2007	蒙古栎林	MEFQM2004	1.21	2.75	0.64	0.75	5
2012	蒙古栎林	MEFQM2004	1.17	2.67	0.63	0.73	5
2017	蒙古栎林	MEFQM2004	1.19	2.74	0.64	0.74	5
2007	红松人工林	MEFKP2004	1.06	2.18	0.54	0.59	6
2012	红松人工林	MEFKP2004	1.02	2.1	0.52	0.57	6
2017	红松人工林	MEFKP2004	0.9	1.9	0.47	0.56	5
2007	落叶松人工林	MEFDL2004	1.19	2.6	0.62	0.66	6
2012	落叶松人工林	MEFDL2004	1.03	2.38	0.58	0.64	5
2017	落叶松人工林	MEFDL2004	1.04	2.47	0.59	0.75	4

表 8-4　帽儿山站 6 种林型群落特征

年份	林型	样地代码	树种	重要值	种密度/（N/hm^2）	相对密度	相对显著度	相对频度
1997	蒙古栎林	MEFMO2004	春榆	3.81	100	2.53	0.2	8.70
1997	蒙古栎林	MEFMO2004	黄榆	6.66	250	6.33	0.6	13.04
1997	蒙古栎林	MEFMO2004	糠椴	4.15	117	2.95	2.2	7.25
1997	蒙古栎林	MEFMO2004	蒙古栎	61.06	2 133	54.01	94.4	34.78
1997	蒙古栎林	MEFMO2004	山杨	2.07	67	1.69	0.2	4.35
1997	蒙古栎林	MEFMO2004	水曲柳	1.92	50	1.27	0.2	4.35
1997	蒙古栎林	MEFMO2004	五角槭	16.40	1 083	27.43	1.5	20.29
1997	蒙古栎林	MEFMO2004	紫椴	3.93	150	3.80	0.7	7.25
1997	杨桦林	MEFAD2004	春榆	9.92	450	13.85	2.1	13.79
1997	杨桦林	MEFAD2004	枫桦	8.12	133	4.10	13.3	6.90
1997	杨桦林	MEFAD2004	黄波罗	4.17	117	3.59	4.3	4.60
1997	杨桦林	MEFAD2004	青楷槭	0.56	17	0.51	0.0	1.15
1997	杨桦林	MEFAD2004	山杨	31.05	600	18.46	52.8	21.84
1997	杨桦林	MEFAD2004	水曲柳	7.50	167	5.13	8.2	9.20

（续）

年份	林型	样地代码	树种	重要值	种密度/（N/hm²）	相对密度	相对显著度	相对频度
1997	杨桦林	MEFAD2004	五角槭	22.64	1 183	36.41	6.2	25.29
1997	杨桦林	MEFAD2004	紫椴	16.04	583	17.95	12.9	17.24
1997	硬阔叶林	MEFHW2004	春榆	23.62	483	31.18	7.1	32.61
1997	硬阔叶林	MEFHW2004	胡桃楸	9.44	100	6.45	13.2	8.70
1997	硬阔叶林	MEFHW2004	黄波罗	1.72	17	1.08	1.9	2.17
1997	硬阔叶林	MEFHW2004	蒙古栎	3.86	50	3.23	4.0	4.35
1997	硬阔叶林	MEFHW2004	水曲柳	47.13	650	41.94	69.0	30.43
1997	硬阔叶林	MEFHW2004	五角槭	14.23	250	16.13	4.8	21.74
1997	杂木林	MEFMD2004	白桦	4.39	33	1.33	9.2	2.60
1997	杂木林	MEFMD2004	春榆	19.41	700	28.00	10.7	19.48
1997	杂木林	MEFMD2004	胡桃楸	13.84	217	8.67	25.1	7.79
1997	杂木林	MEFMD2004	黄波罗	7.60	217	8.67	5.0	9.09
1997	杂木林	MEFMD2004	糠椴	6.13	150	6.00	3.3	9.09
1997	杂木林	MEFMD2004	蒙古栎	3.13	67	2.67	2.8	3.90
1997	杂木林	MEFMD2004	山杨	20.28	400	16.00	27.9	16.88
1997	杂木林	MEFMD2004	水曲柳	1.57	33	1.33	0.8	2.60
1997	杂木林	MEFMD2004	五角槭	11.43	367	14.67	6.6	12.99
1997	杂木林	MEFMD2004	紫椴	12.22	317	12.67	8.4	15.58
2002	蒙古栎林	MEFMO2004	春榆	10.80	250	10.95	0.8	20.69
2002	蒙古栎林	MEFMO2004	黄波罗	1.31	17	0.73	1.5	1.72
2002	蒙古栎林	MEFMO2004	糠椴	5.18	100	4.38	2.5	8.62
2002	蒙古栎林	MEFMO2004	蒙古栎	60.33	1 100	48.18	93.1	39.65
2002	蒙古栎林	MEFMO2004	五角槭	19.31	733	32.12	1.7	24.14
2002	蒙古栎林	MEFMO2004	紫椴	3.07	83	3.65	0.4	5.17
2002	杨桦林	MEFAD2004	白牛槭	2.13	67	2.42	0.1	3.85
2002	杨桦林	MEFAD2004	春榆	13.07	517	18.79	2.5	17.95
2002	杨桦林	MEFAD2004	枫桦	6.13	100	3.64	9.6	5.13
2002	杨桦林	MEFAD2004	黄波罗	3.00	50	1.82	3.3	3.85
2002	杨桦林	MEFAD2004	千金榆	2.43	33	1.21	3.5	2.56
2002	杨桦林	MEFAD2004	山杨	26.54	317	11.52	54.0	14.10
2002	杨桦林	MEFAD2004	水曲柳	8.97	167	6.06	9.3	11.54
2002	杨桦林	MEFAD2004	五角槭	26.57	1 233	44.85	7.9	26.92
2002	杨桦林	MEFAD2004	紫椴	11.17	267	9.70	9.7	14.10
2002	硬阔叶林	MEFHW2004	春榆	28.63	500	37.97	6.4	41.46
2002	硬阔叶林	MEFHW2004	胡桃楸	10.92	100	7.59	15.4	9.76
2002	硬阔叶林	MEFHW2004	黄波罗	1.69	17	1.27	1.4	2.44
2002	硬阔叶林	MEFHW2004	蒙古栎	4.10	50	3.80	3.6	4.88
2002	硬阔叶林	MEFHW2004	水曲柳	49.36	550	41.77	72.2	34.15
2002	硬阔叶林	MEFHW2004	五角槭	5.31	100	7.59	1.0	7.32

（续）

年份	林型	样地代码	树种	重要值	种密度/（N/hm²）	相对密度	相对显著度	相对频度
2002	杂木林	MEFMD2004	白桦	6.25	33	2.20	12.8	3.77
2002	杂木林	MEFMD2004	春榆	23.54	483	31.87	10.4	28.30
2002	杂木林	MEFMD2004	胡桃楸	17.70	167	10.99	27.0	15.09
2002	杂木林	MEFMD2004	黄波罗	8.45	133	8.79	7.1	9.43
2002	杂木林	MEFMD2004	糠椴	2.80	50	3.30	3.2	1.89
2002	杂木林	MEFMD2004	蒙古栎	2.54	33	2.20	3.5	1.89
2002	杂木林	MEFMD2004	山杨	14.24	150	9.89	19.6	13.21
2002	杂木林	MEFMD2004	水曲柳	1.06	17	1.10	0.2	1.89
2002	杂木林	MEFMD2004	五角槭	23.44	450	29.67	16.1	24.53
2007	红松人工林	MEFPK2004	白桦	16.81	350	14.79	14.0	21.67
2007	红松人工林	MEFPK2004	春榆	4.95	100	4.23	0.6	10.00
2007	红松人工林	MEFPK2004	红松	54.84	1 517	64.08	60.4	40.00
2007	红松人工林	MEFPK2004	蒙古栎	0.83	17	0.70	0.1	1.67
2007	红松人工林	MEFPK2004	水曲柳	21.76	367	15.49	24.8	25.00
2007	红松人工林	MEFPK2004	紫椴	0.81	17	0.70	0.0	1.67
2007	落叶松人工林	MEFDL2004	春榆	31.75	517	51.67	8.4	35.13
2007	落叶松人工林	MEFDL2004	胡桃楸	1.50	17	1.67	0.1	2.70
2007	落叶松人工林	MEFDL2004	落叶松	54.80	333	33.33	90.5	40.54
2007	落叶松人工林	MEFDL2004	蒙古栎	3.07	33	3.33	0.5	5.41
2007	落叶松人工林	MEFDL2004	水曲柳	4.43	50	5.00	0.2	8.11
2007	落叶松人工林	MEFDL2004	五角槭	4.45	50	5.00	0.3	8.11
2007	蒙古栎林	MEFMO2004	春榆	9.75	183	10.58	0.5	18.18
2007	蒙古栎林	MEFMO2004	糠椴	5.52	100	5.77	1.7	9.09
2007	蒙古栎林	MEFMO2004	蒙古栎	64.75	883	50.96	95.6	47.73
2007	蒙古栎林	MEFMO2004	五角槭	17.31	517	29.81	1.7	20.45
2007	蒙古栎林	MEFMO2004	紫椴	2.67	50	2.88	0.6	4.55
2007	杨桦林	MEFAD2004	白牛槭	1.46	33	1.67	0.0	2.67
2007	杨桦林	MEFAD2004	春榆	15.06	467	23.33	3.2	18.67
2007	杨桦林	MEFAD2004	枫桦	12.96	217	10.83	14.7	13.33
2007	杨桦林	MEFAD2004	黄波罗	4.68	83	4.17	3.2	6.67
2007	杨桦林	MEFAD2004	千金榆	4.30	83	4.17	2.1	6.67
2007	杨桦林	MEFAD2004	山杨	22.77	200	10.00	46.3	12.00
2007	杨桦林	MEFAD2004	水曲柳	7.75	117	5.83	10.8	6.67
2007	杨桦林	MEFAD2004	五角槭	23.49	667	33.33	11.8	25.33
2007	杨桦林	MEFAD2004	紫椴	7.54	133	6.67	8.0	8.00
2007	硬阔叶林	MEFHW2004	春榆	26.02	500	37.04	5.1	35.90
2007	硬阔叶林	MEFHW2004	胡桃楸	15.31	117	8.64	24.5	12.82
2007	硬阔叶林	MEFHW2004	蒙古栎	4.26	50	3.70	4.0	5.13
2007	硬阔叶林	MEFHW2004	水曲柳	42.29	467	34.57	64.1	28.21

（续）

年份	林型	样地代码	树种	重要值	种密度/（N/hm²）	相对密度	相对显著度	相对频度
2007	硬阔叶林	MEFHW2004	五角槭	12.12	217	16.05	2.4	17.95
2007	杂木林	MEFMD2004	白桦	5.89	33	1.75	12.1	3.85
2007	杂木林	MEFMD2004	白牛槭	0.95	17	0.88	0.0	1.92
2007	杂木林	MEFMD2004	春榆	25.41	600	31.58	17.7	26.92
2007	杂木林	MEFMD2004	胡桃楸	14.95	167	8.77	26.5	9.62
2007	杂木林	MEFMD2004	黄波罗	4.98	67	3.51	3.7	7.69
2007	杂木林	MEFMD2004	糠椴	1.67	33	1.75	1.3	1.92
2007	杂木林	MEFMD2004	裂叶榆	1.90	33	1.75	0.1	3.85
2007	杂木林	MEFMD2004	山杨	12.28	133	7.02	18.3	11.54
2007	杂木林	MEFMD2004	水曲柳	1.31	33	1.75	0.3	1.92
2007	杂木林	MEFMD2004	五角槭	30.66	783	41.23	20.0	30.77
2012	红松人工林	MEFPK2004	白桦	16.47	317	14.62	13.4	21.43
2012	红松人工林	MEFPK2004	春榆	2.67	50	2.31	0.3	5.36
2012	红松人工林	MEFPK2004	红松	55.59	1 417	65.38	58.5	42.86
2012	红松人工林	MEFPK2004	蒙古栎	0.89	17	0.77	0.1	1.79
2012	红松人工林	MEFPK2004	水曲柳	23.51	350	16.15	27.6	26.79
2012	红松人工林	MEFPK2004	紫椴	0.87	17	0.77	0.1	1.79
2012	落叶松人工林	MEFDL2004	春榆	36.28	450	51.92	17.5	39.39
2012	落叶松人工林	MEFDL2004	落叶松	55.17	333	38.46	81.6	45.45
2012	落叶松人工林	MEFDL2004	蒙古栎	3.47	33	3.85	0.5	6.06
2012	落叶松人工林	MEFDL2004	水曲柳	1.70	17	1.92	0.1	3.03
2012	落叶松人工林	MEFDL2004	五角槭	3.38	33	3.85	0.2	6.06
2012	蒙古栎林	MEFMO2004	春榆	9.75	150	11.25	0.5	17.50
2012	蒙古栎林	MEFMO2004	糠椴	4.16	50	3.75	1.2	7.50
2012	蒙古栎林	MEFMO2004	蒙古栎	65.71	683	51.25	95.9	50.00
2012	蒙古栎林	MEFMO2004	五角槭	17.68	417	31.25	1.8	20.00
2012	蒙古栎林	MEFMO2004	紫椴	2.70	33	2.50	0.6	5.00
2012	杨桦林	MEFAD2004	白牛槭	0.84	17	0.97	0.0	1.52
2012	杨桦林	MEFAD2004	春榆	15.47	400	23.30	3.4	19.70
2012	杨桦林	MEFAD2004	枫桦	13.45	183	10.68	16.0	13.64
2012	杨桦林	MEFAD2004	黄波罗	3.26	50	2.91	2.3	4.55
2012	杨桦林	MEFAD2004	千金榆	4.96	83	4.85	2.5	7.58
2012	杨桦林	MEFAD2004	山杨	19.81	133	7.77	41.1	10.61
2012	杨桦林	MEFAD2004	水曲柳	8.00	100	5.83	12.1	6.06
2012	杨桦林	MEFAD2004	五角槭	25.58	617	35.92	13.5	27.27
2012	杨桦林	MEFAD2004	紫椴	8.62	133	7.77	9.0	9.09
2012	硬阔叶林	MEFHW2004	春榆	26.31	483	37.18	5.9	35.90
2012	硬阔叶林	MEFHW2004	胡桃楸	15.50	117	8.97	24.7	12.82
2012	硬阔叶林	MEFHW2004	蒙古栎	4.32	50	3.85	4.0	5.13

（续）

年份	林型	样地代码	树种	重要值	种密度/（N/hm²）	相对密度	相对显著度	相对频度
2012	硬阔叶林	MEFHW2004	水曲柳	41.42	433	33.33	62.7	28.21
2012	硬阔叶林	MEFHW2004	五角槭	12.46	217	16.67	2.8	17.95
2012	杂木林	MEFMD2004	白桦	6.22	33	2.06	12.2	4.35
2012	杂木林	MEFMD2004	白牛槭	1.09	17	1.03	0.1	2.17
2012	杂木林	MEFMD2004	春榆	22.71	450	27.84	14.2	26.09
2012	杂木林	MEFMD2004	胡桃楸	14.84	150	9.28	26.5	8.70
2012	杂木林	MEFMD2004	黄波罗	2.91	33	2.06	2.3	4.35
2012	杂木林	MEFMD2004	糠椴	1.92	33	2.06	1.5	2.17
2012	杂木林	MEFMD2004	裂叶榆	1.10	17	1.03	0.1	2.17
2012	杂木林	MEFMD2004	山杨	13.97	133	8.25	20.6	13.04
2012	杂木林	MEFMD2004	水曲柳	1.52	33	2.06	0.3	2.17
2012	杂木林	MEFMD2004	五角槭	33.72	717	44.33	22.1	34.78
2017	红松人工林	MEFPK2004	白桦	13.30	200	10.43	11.8	17.65
2017	红松人工林	MEFPK2004	春榆	1.93	33	1.74	0.1	3.92
2017	红松人工林	MEFPK2004	红松	58.41	1 333	69.57	58.6	47.06
2017	红松人工林	MEFPK2004	水曲柳	25.39	333	17.39	29.4	29.41
2017	红松人工林	MEFPK2004	紫椴	0.96	17	0.87	0.1	1.96
2017	落叶松人工林	MEFDL2004	春榆	34.11	433	50.00	16.0	36.36
2017	落叶松人工林	MEFDL2004	落叶松	55.71	333	38.46	83.2	45.45
2017	落叶松人工林	MEFDL2004	蒙古栎	3.50	33	3.85	0.6	6.06
2017	落叶松人工林	MEFDL2004	五角槭	6.68	67	7.69	0.2	12.12
2017	蒙古栎林	MEFMO2004	春榆	11.42	183	13.58	0.7	20.00
2017	蒙古栎林	MEFMO2004	糠椴	4.14	50	3.70	1.2	7.50
2017	蒙古栎林	MEFMO2004	蒙古栎	64.62	683	50.62	95.7	47.50
2017	蒙古栎林	MEFMO2004	五角槭	17.13	400	29.63	1.8	20.00
2017	蒙古栎林	MEFMO2004	紫椴	2.69	33	2.47	0.6	5.00
2017	杨桦林	MEFAD2004	白牛槭	0.96	17	1.15	0.0	1.69
2017	杨桦林	MEFAD2004	春榆	14.99	317	21.84	2.8	20.34
2017	杨桦林	MEFAD2004	枫桦	14.41	167	11.49	18.2	13.56
2017	杨桦林	MEFAD2004	黄波罗	2.52	33	2.30	1.9	3.39
2017	杨桦林	MEFAD2004	千金榆	5.74	83	5.75	3.0	8.47
2017	杨桦林	MEFAD2004	山杨	15.94	83	5.75	33.6	8.47
2017	杨桦林	MEFAD2004	水曲柳	8.33	83	5.75	14.2	5.08
2017	杨桦林	MEFAD2004	五角槭	27.12	533	36.78	15.8	28.81
2017	杨桦林	MEFAD2004	紫椴	9.99	133	9.20	10.6	10.17
2017	硬阔叶林	MEFHW2004	春榆	28.66	533	41.56	6.9	37.50
2017	硬阔叶林	MEFHW2004	胡桃楸	16.60	133	10.39	26.9	12.50
2017	硬阔叶林	MEFHW2004	蒙古栎	3.69	33	2.60	3.5	5.00
2017	硬阔叶林	MEFHW2004	水曲柳	38.94	383	29.87	59.5	27.50

（续）

年份	林型	样地代码	树种	重要值	种密度/（N/hm²）	相对密度	相对显著度	相对频度
2017	硬阔叶林	MEFHW2004	五角槭	12.11	200	15.58	3.2	17.50
2017	杂木林	MEFMD2004	白桦	6.01	33	2.11	11.7	4.26
2017	杂木林	MEFMD2004	白牛槭	1.09	17	1.05	0.1	2.13
2017	杂木林	MEFMD2004	春榆	23.64	500	31.58	13.8	25.53
2017	杂木林	MEFMD2004	胡桃楸	14.98	150	9.47	26.9	8.51
2017	杂木林	MEFMD2004	黄波罗	2.85	33	2.11	2.2	4.26
2017	杂木林	MEFMD2004	糠椴	1.55	17	1.05	1.5	2.13
2017	杂木林	MEFMD2004	裂叶榆	2.17	33	2.11	0.1	4.26
2017	杂木林	MEFMD2004	山杨	14.44	133	8.42	22.1	12.77
2017	杂木林	MEFMD2004	水曲柳	1.54	33	2.11	0.4	2.13
2017	杂木林	MEFMD2004	五角槭	31.74	633	40.00	21.2	34.04

9

群落生物量动态监测

9.1　生物量方程

9.1.1　主要乔木生物量方程

9.1.1.1　方程构建

利用简单线性回归建立了组分生物量与自变量（DBH、H）之间的异速生长方程。异速生长方程的形式为 $\log_{10}B=a+b$（$\log_{10}DBH$）或 $\log_{10}B=a+b$（$\log_{10}DBH$）$+c$（$\log_{10}H$），其中 B 为组分生物量。科学文献中常用这些形式。采用对数变换对回归的非均匀性进行校正。针对对数变换引入的系统偏差，计算了所有方程的修正因子（CF）。

9.1.1.2　主要乔木树种生物量方程

主要乔木树种生物量异速生长方程的相关参数见表 9－1。

表 9－1　主要乔木树种生物量异速生长方程的相关参数

树种胸径范围/cm	组件	a	b	R^2	MSE	CF
白桦 4.4～35.6	总生物量	2.214	2.400	0.988	0.007	1.018
	地上生物量	2.159	2.367	0.983	0.009	1.025
	木质组织生物量	2.131	2.376	0.983	0.009	1.025
	树干生物量	2.141	2.278	0.988	0.006	1.017
	枝生物量	0.952	2.783	0.956	0.035	1.096
	新枝生物量	0.381	1.785	0.885	0.040	1.112
	多年枝生物量	0.913	2.807	0.955	0.036	1.100
	叶生物量	1.176	1.942	0.918	0.033	1.091
	地下生物量	1.358	2.518	0.993	0.004	1.011
	根桩生物量	0.308	2.337	0.973	0.015	1.040
	粗根生物量	1.319	2.530	0.993	0.004	1.012
黄檗 6.4～37.3	总生物量	1.871	2.468	0.989	0.004	1.011
	地上生物量	1.942	2.332	0.986	0.004	1.012
	木质组织生物量	1.933	2.328	0.985	0.005	1.012
	树干生物量	2.046	2.168	0.973	0.008	1.021
	枝生物量	0.455	2.873	0.952	0.024	1.067
	新枝生物量	0.991	2.578	0.976	0.010	1.026
	多年枝生物量	0.442	2.878	0.950	0.025	1.070

（续）

树种胸径范围/cm	组件	a	b	R^2	MSE	CF
	叶生物量	0.289	2.479	0.985	0.006	1.015
	地下生物量	1.024	2.617	0.985	0.004	1.010
	根桩生物量	0.170	2.536	0.903	0.024	1.066
	粗根生物量	1.000	2.617	0.984	0.004	1.010
胡桃楸 8.1～40.9	总生物量	2.273	2.308	0.937	0.025	1.068
	地上生物量	2.235	2.287	0.918	0.032	1.089
	木质组织生物量	2.181	2.313	0.915	0.034	1.095
	树干生物量	2.218	2.194	0.857	0.056	1.159
	枝生物量	0.641	2.898	0.844	0.107	1.329
	新枝生物量	0.466	1.662	0.678	0.091	1.271
	多年枝生物量	0.606	2.919	0.845	0.108	1.333
	叶生物量	1.586	1.639	0.823	0.040	1.112
	地下生物量	1.266	2.397	0.959	0.017	1.046
	根桩生物量	0.332	2.190	0.965	0.012	1.033
	粗根生物量	1.216	2.412	0.952	0.020	1.055
蒙古栎 4.3～57.1	总生物量	2.116	2.437	0.980	0.015	1.040
	地上生物量	2.002	2.456	0.976	0.018	1.048
	木质组织生物量	1.991	2.451	0.980	0.015	1.041
	树干生物量	2.106	2.292	0.951	0.033	1.092
	枝生物量	0.401	3.015	0.919	0.097	1.294
	新枝生物量	0.531	2.445	0.938	0.048	1.136
	多年枝生物量	0.370	3.028	0.911	0.109	1.334
	叶生物量	0.483	2.416	0.822	0.154	1.504
	地下生物量	1.482	2.356	0.981	0.013	1.036
	根桩生物量	0.848	2.007	0.896	0.057	1.164
	粗根生物量	1.391	2.390	0.975	0.018	1.048
水曲柳 2.6～45.5	总生物量	2.213	2.417	0.998	0.002	1.005
	地上生物量	2.136	2.408	0.997	0.003	1.008
	木质组织生物量	2.109	2.417	0.997	0.003	1.009
	树干生物量	2.116	2.316	0.991	0.008	1.022
	枝生物量	0.963	2.785	0.974	0.037	1.104
	新枝生物量	0.015	2.098	0.953	0.039	1.108
	多年枝生物量	0.938	2.799	0.974	0.038	1.106
	叶生物量	0.933	2.180	0.981	0.016	1.044
	地下生物量	1.396	2.467	0.984	0.018	1.048
	根桩生物量	0.363	2.332	0.984	0.016	1.042
	粗根生物量	1.357	2.475	0.982	0.020	1.053

（续）

树种胸径范围/cm	组件	a	b	R^2	MSE	CF
山杨 2.8～41.3	总生物量	1.890	2.558	0.996	0.005	1.014
	地上生物量	1.826	2.558	0.995	0.006	1.017
	木质组织生物量	1.800	2.569	0.995	0.006	1.017
	树干生物量	1.836	2.471	0.993	0.008	1.022
	枝生物量	0.129	3.224	0.971	0.062	1.179
	新枝生物量	0.798	2.752	0.951	0.078	1.230
	多年枝生物量	0.091	3.241	0.971	0.063	1.181
	叶生物量	0.567	2.182	0.795	0.243	1.905
	地下生物量	1.025	2.560	0.996	0.005	1.013
	根桩生物量	0.107	2.502	0.995	0.006	1.017
	粗根生物量	0.992	2.563	0.996	0.005	1.014
五角槭 4.3～41.3	总生物量	2.247	2.381	0.984	0.011	1.028
	地上生物量	1.930	2.535	0.983	0.012	1.033
	木质组织生物量	1.884	2.556	0.983	0.012	1.034
	树干生物量	1.877	2.408	0.971	0.019	1.053
	枝生物量	0.927	2.934	0.977	0.023	1.062
	新枝生物量	0.285	2.332	0.981	0.012	1.031
	多年枝生物量	0.911	2.942	0.977	0.023	1.063
	叶生物量	1.235	1.948	0.962	0.017	1.047
	地下生物量	2.112	1.981	0.976	0.011	1.030
	根桩生物量	0.940	1.841	0.964	0.014	1.039
	粗根生物量	2.081	1.989	0.975	0.012	1.031
紫椴 2.9～32.0	总生物量	1.665	2.702	0.991	0.007	1.020
	地上生物量	1.606	2.668	0.988	0.010	1.027
	木质组织生物量	1.575	2.684	0.988	0.010	1.026
	树干生物量	1.491	2.686	0.988	0.010	1.027
	枝生物量	0.564	2.847	0.908	0.093	1.281
	新枝生物量	0.812	2.631	0.848	0.140	1.450
	多年枝生物量	0.542	2.856	0.909	0.092	1.277
	叶生物量	0.229	2.507	0.897	0.082	1.242
	地下生物量	1.273	2.452	0.966	0.014	1.039
	根桩生物量	0.442	2.091	0.826	0.063	1.182
	粗根生物量	1.178	2.507	0.966	0.015	1.041
红松 2.4～30.0	总生物量	2.249	2.218	0.985	0.010	1.026
	地上生物量	2.236	2.144	0.992	0.005	1.012
	木质组织生物量	2.077	2.244	0.997	0.002	1.006
	树干生物量	1.908	2.258	0.996	0.003	1.007
	枝生物量	1.523	2.240	0.952	0.032	1.089
	新枝生物量	0.170	1.711	0.787	0.101	1.308

（续）

树种胸径范围/cm	组件	a	b	R^2	MSE	CF
	多年枝生物量	1.504	2.251	0.953	0.032	1.087
	叶生物量	1.709	1.657	0.883	0.046	1.130
	新叶生物量	1.093	1.708	0.855	0.063	1.183
	多年叶生物量	1.590	1.634	0.886	0.044	1.123
	地下生物量	1.296	2.376	0.910	0.071	1.207
	根桩生物量	0.648	1.898	0.972	0.013	1.036
	粗根生物量	1.227	2.406	0.907	0.076	1.222
兴安落叶松 13.7～41.4	总生物量	2.021	2.474	0.971	0.005	1.013
	地上生物量	1.977	2.451	0.971	0.005	1.013
	木质组织生物量	2.014	2.418	0.970	0.005	1.013
	树干生物量	2.311	2.154	0.963	0.005	1.013
	枝生物量	1.593	4.340	0.953	0.024	1.066
	新枝生物量	2.448	3.827	0.928	0.030	1.082
	多年枝生物量	1.627	4.355	0.953	0.024	1.067
	叶生物量	1.851	3.934	0.887	0.052	1.147
	地下生物量	1.085	2.576	0.950	0.009	1.025
	根桩生物量	0.228	2.657	0.906	0.019	1.052
	粗根生物量	1.061	2.572	0.949	0.009	1.025

资料来源：WANG C. Biomass allometric equations for 10 co-occurring tree species in Chinese temperate forests [J]. Forest Ecology and Management，2006，222 (1-3)：0-16。

注：方程形式为 $\log_{10}$B= $a+b$ ($\log_{10}$ DBH)，其中 B 为生物质组分。斜率系数有统计学意义（$\alpha=0.05$）。在样品直径范围内，给出了调整后的确定系数（R^2）、均方误差（MSE）和对数修正系数（CF）。

9.1.2 主要林下木树种生物量方程

9.1.2.1 方程构建

选取与植物各器官生物量，如叶、新枝、多年枝、细根、粗根、总枝、地上部分、地下部分，以及个体生物量相关性显著（$P<0.05$）的植物属性作为自变量，分别采用逐步回归法和选用线性方程 $y=a+bx$、二次多项式 $y=a+bx+cx^2$、三次多项式 $y=a+bx+cx^2+dx^3$、对数方程 $y=a+b\ln x$、幂函数 $y=ax^b$ 和指数方程 $y=ae^{bx}$ 6 种函数建立单物种（单一物种器官生物量与易测因子的相对生长方程）和混合物种（多个物种器官生物量与易测因子的相对生长方程）2 类相对生长方程。依据方程的显著性以及 R^2、FI、SE 和 CF 来评价方程的优劣，选出方程显著（$P<0.05$）、标准误较小、拟合性较好的数学模型作为最佳模型来估算生物量，比较分析单物种模型与混合物种模型的优劣，以及在自变量中分别引入树高和主干长的生长方程与仅基于树干直径（D）或冠幅（CA）等生物量方程的优劣。

比较经对数转换的乘幂方程和未经对数转换的方程时，选用标准误修正因子 CF 和适合指数 FI 替代乘幂方程的标准误 SE 和决定系数 R^2，作为模型优劣的判断指标，当乘幂方程的 FI 值与线性方程、二次多项式或三次多项式的 R^2 接近时，以乘幂方程作为最优模型。

9.1.2.2 主要灌木树种生物量方程

小乔木生物量异速生长方程的相关参数见表 9-2。

表 9-2 小乔木生物量异速生长方程的相关参数

树种	生物量	a	b	R^2	FI	MSE	CF
暴马丁香	总	0.540	2.297	0.960	0.800	0.071	1.042
$n=46$	叶	0.528	1.609	0.818	0.737	0.132	1.266
	新枝	0.046	1.639	0.804	0.391	0.141	1.276
	多年枝	0.232	2.403	0.932	0.719	0.098	1.082
	总枝	0.246	2.391	0.933	0.721	0.097	1.079
	地上部分	0.395	2.300	0.941	0.746	0.086	1.063
	细根	0.132	1.579	0.669	0.233	0.167	1.257
	粗根	0.094	2.363	0.948	0.847	0.083	1.058
	总根	0.129	2.302	0.948	0.842	0.081	1.056
茶条槭	总	0.683	2.226	0.988	0.917	0.073	1.031
$n=13$	叶	0.601	1.571	0.871	0.397	0.182	1.213
	新枝	0.084	1.501	0.799	0.310	0.227	1.352
	多年枝	0.302	2.317	0.990	0.947	0.069	1.028
	总枝	0.324	2.304	0.991	0.944	0.067	1.027
	地上部分	0.527	2.217	0.988	0.925	0.072	1.031
	细根	0.124	1.524	0.779	0.556	0.244	1.418
	粗根	0.111	2.317	0.979	0.739	0.103	1.064
	总根	0.149	2.261	0.977	0.790	0.104	1.065
稠李	总	0.121	2.693	0.991	0.933	0.086	1.021
$n=11$	叶	0.046	2.162	0.940	0.769	0.182	1.098
	新枝	0.013	2.057	0.932	0.693	0.185	1.102
	多年枝	0.063	2.764	0.990	0.941	0.094	1.025
	总枝	0.069	2.747	0.990	0.937	0.094	1.025
	地上部分	0.090	2.696	0.988	0.929	0.097	1.027
	细根	0.036	1.819	0.831	0.860	0.274	1.238
	粗根	0.023	2.728	0.969	0.671	0.162	1.078
	总根	0.035	2.641	0.973	0.684	0.146	1.062
疣点卫矛	总	0.331	2.352	0.990	0.900	0.071	1.016
$n=13$	叶	0.049	2.172	0.987	0.970	0.074	1.017
	新枝	0.015	1.899	0.862	0.754	0.229	1.179
	多年枝	0.109	2.562	0.994	0.917	0.062	1.012
	总枝	0.116	2.547	0.994	0.918	0.062	1.012
	地上部分	0.152	2.505	0.994	0.935	0.057	1.010
	细根	0.044	1.600	0.817	0.709	0.228	1.178
	粗根	0.181	2.086	0.965	0.817	0.121	1.047
	总根	0.217	2.046	0.961	0.809	0.125	1.050
卫矛	总	0.171	2.554	0.995	0.990	0.060	1.015
$n=11$	叶	0.048	2.118	0.956	0.965	0.152	1.096
	新枝	0.056	1.561	0.613	−0.106	0.414	1.980

（续）

树种	生物量	a	b	R^2	FI	MSE	CF
	多年枝	0.048	2.818	0.995	0.994	0.063	1.016
	总枝	0.061	2.759	0.995	0.994	0.062	1.016
	地上部分	0.095	2.655	0.994	0.990	0.070	1.020
	细根	0.058	1.600	0.869	0.749	0.207	1.187
	粗根	0.048	2.458	0.991	0.963	0.048	1.024
	总根	0.089	2.291	0.989	0.947	0.079	1.025
毛榛	总	0.066	2.932	0.911	0.921	0.306	1.051
n=15	叶	0.012	2.796	0.897	0.44	0.316	1.054
	新枝	0.011	2.073	0.659	0.701	0.498	1.141
	多年枝	0.034	2.954	0.746	0.859	0.575	1.192
	总枝	0.038	2.928	0.756	0.863	0.555	1.177
	地上部分	0.044	2.957	0.877	0.918	0.37	1.075
	细根	0.106	1.335	0.521	0.514	0.427	1.102
	粗根	0.017	2.924	0.855	0.855	0.401	1.089
	总根	0.024	2.826	0.854	0.86	0.389	1.084
鼠李	总	0.277	2.331	0.977	0.943	0.114	1.062
n=12	叶	0.083	1.972	0.952	0.921	0.14	1.095
	新枝	0.016	1.816	0.894	0.494	0.198	1.196
	多年枝	0.102	2.473	0.954	0.906	0.172	1.145
	总枝	0.113	2.45	0.957	0.903	0.164	1.131
	地上部分	0.18	2.362	0.967	0.902	0.139	1.092
	细根	0.217	1.329	0.814	0.888	0.201	1.204
	粗根	0.042	2.44	0.979	0.933	0.114	1.061
	总根	0.108	2.212	0.977	0.993	0.108	1.055
东北鼠李	总	0.255	2.497	0.993	0.971	0.064	1.014
n=12	叶	0.082	2.094	0.976	0.964	0.104	1.036
	新枝	0.034	1.456	0.852	0.832	0.192	1.128
	多年枝	0.104	2.667	0.993	0.967	0.071	1.017
	总枝	0.113	2.643	0.993	0.965	0.068	1.015
	地上部分	0.169	2.555	0.994	0.965	0.064	1.014
	细根	0.207	1.248	0.927	0.855	0.111	1.017
	粗根	0.044	2.514	0.987	0.982	0.091	1.028
	总根	0.092	2.314	0.985	0.984	0.091	1.028
鸡树条荚蒾	总	0.304	2.469	0.968	0.871	0.184	1.03
n=12	叶	0.078	2.022	0.945	0.914	0.199	1.035
	新枝	0.007	2.282	0.614	0.332	0.377	1.506
	多年枝	0.088	2.763	0.97	0.846	0.198	1.035
	总枝	0.097	2.743	0.973	0.839	0.188	1.031
	地上部分	0.141	2.649	0.974	0.856	0.176	1.027

（续）

树种	生物量	*a*	*b*	R^2	FI	MSE	CF
	细根	0.148	1.617	0.982	0.974	0.089	1.007
	粗根	0.143	2.095	0.843	0.793	0.368	1.125
	总根	0.245	1.994	0.881	0.833	0.299	1.081

资料来源：李晓娜，国庆喜，王兴昌，等．东北天然次生林下木树种生物量的相对生长［J］．林业科学，2010，46（8）：22-32。

注：本书仅给出幂函数形式模型，其余形式最佳模型详见《东北天然次生林下木树种生物量的相对生长》。其中，自变量 x 为 D_{10}，即离地面 10 cm 处的树干直径。CF 是标准误修正因子，FI 是适合指数，R^2 是决定系数，MSE 是 b 值的均方误差。

典型灌木生物量异速生长方程的相关参数见表 9-3。

表 9-3 典型灌木生物量异速生长方程的相关参数

树种	生物量	自变量 x	*a*	*b*	R^2	FI	MSE	CF
金银忍冬	总	CA	250.187	1.353	0.990	0.957	0.046	1.033
$n=11$	叶	CA	23.156	1.134	0.982	0.941	0.051	1.041
	新枝	CA	6.344	1.137	0.929	0.222	0.105	1.189
	多年枝	CA	145.013	1.445	0.991	0.907	0.047	1.035
	总枝	CA	152.907	1.433	0.991	0.906	0.046	1.034
	地上部分	CA	180.832	1.395	0.991	0.916	0.045	1.032
	细根	CA	3.707	0.681	0.882	0.716	0.083	1.116
	粗根	CA	55.346	1.311	0.965	0.965	0.083	1.116
	总根	CA	63.273	1.255	0.972	0.963	0.071	1.070
乌苏里绣线菊	总	CAH	141.899	0.870	0.913	0.931	0.095	1.046
$n=10$	叶	CAH	13.693	0.829	0.869	0.914	0.114	1.067
	新枝	CAH	4.639	0.684	0.449	0.300	0.268	1.429
	多年枝	CAH	72.171	0.966	0.842	0.927	0.148	1.115
	总枝	CAH	78.807	0.927	0.946	0.946	0.110	1.062
	地上部分	CAH	93.014	0.912	0.902	0.952	0.106	1.058
	细根	CAH	8.654	0.854	0.837	0.927	0.133	1.093
	粗根	CAH	38.167	0.781	0.849	0.767	0.116	1.070
	总根	CAH	47.113	0.794	0.862	0.806	0.112	1.065
暖木条荚蒾	总	CAH	130.681	0.627	0.932	0.771	0.056	1.062
$n=11$	叶	CAH	11.760	0.563	0.844	0.764	0.081	1.132
	新枝	CAH	1.205	0.688	0.730	0.782	0.139	1.447
	多年枝	CAH	74.386	0.663	0.955	0.878	0.048	1.044
	总枝	CAH	75.97	0.663	0.957	0.882	0.047	1.043
	地上部分	CAH	88.627	0.646	0.954	0.877	0.048	1.044
	细根	CAH	7.686	0.603	0.815	0.412	0.096	1.191
	粗根	CAH	30.992	0.612	0.791	0.442	0.105	1.233
	总根	CAH	39.156	0.609	0.810	0.444	0.098	1.202
刺五加	总	CAH	228.960	0.788	0.928	0.962	0.073	1.066
$n=11$	叶	CAH	18.651	0.723	0.912	0.975	0.075	1.069

（续）

树种	生物量	自变量 x	a	b	R^2	FI	MSE	CF
	新枝	CAH	4.384	0.599	0.662	0.809	0.143	1.276
	多年枝	CAH	105.304	0.895	0.934	0.936	0.080	1.079
	总枝	CAH	110.575	0.870	0.934	0.928	0.077	1.073
	地上部分	CAH	132.269	0.838	0.951	0.933	0.063	1.050
	细根	CAH	2.385	0.452	0.708	0.755	0.097	1.118
	粗根	CAH	89.204	0.736	0.836	0.950	0.109	1.153
	总根	CAH	91.942	0.721	0.843	0.957	0.104	1.137
东北溲疏	总	CAH	158.032	0.922	0.932	0.954	0.079	1.113
$n=12$	叶	CAH	15.425	0.659	0.954	0.952	0.046	1.037
	新枝	CAH	6.627	0.639	0.775	0.797	0.109	1.226
	多年枝	CAH	74.578	1.296	0.899	0.928	0.137	1.385
	总枝	CAH	81.684	1.072	0.903	0.911	0.111	1.237
	地上部分	CAH	99.779	0.957	0.928	0.909	0.085	1.131
	细根	CAH	4.500	0.629	0.847	0.839	0.084	1.131
	粗根	CAH	49.530	0.904	0.895	0.897	0.098	1.179
	总根	CAH	54.649	0.870	0.899	0.903	0.092	1.158
东北山梅花	总	H	61.142	2.436	0.979	0.926	0.118	1.022
$n=11$	叶	CAH	20.564	0.766	0.894	0.879	0.088	1.075
	新枝	CAH	5.148	0.695	0.836	0.887	0.103	1.103
	多年枝	H	19.240	2.859	0.939	0.934	0.244	1.099
	总枝	H	23.149	2.707	0.943	0.937	0.221	1.080
	地上部分	H	34.540	2.510	0.962	0.933	0.167	1.045
	细根	H	3.123	1.609	0.921	0.886	0.157	1.040
	粗根	H	22.265	2.317	0.932	0.613	0.208	1.071
	总根	H	25.716	2.247	0.941	0.671	0.188	1.057
珍珠梅	总	CA	146.194	1.322	0.966	0.924	0.094	1.029
$n=9$	叶	CA	28.780	1.350	0.934	0.749	0.136	1.062
	新枝	CA	10.193	1.295	0.938	0.928	0.126	1.053
	多年枝	CAH	37.759	1.054	0.899	0.780	0.133	1.117
	总枝	CAH	45.847	1.037	0.921	0.820	0.115	1.085
	地上部分	CAH	68.018	1.021	0.947	0.853	0.091	1.053
	细根	CA	3.390	1.112	0.846	0.687	0.180	1.112
	粗根	CA	43.260	1.155	0.937	0.878	0.114	1.043
	总根	CA	46.744	1.151	0.934	0.865	0.116	1.045

资料来源：李晓娜，国庆喜，王兴昌，等. 东北天然次生林下木树种生物量的相对生长［J］. 林业科学，2010，46（8）：22－32。

注：本书仅给出幂函数形式模型，其余形式最佳模型详见《东北天然次生林下木树种生物量的相对生长》。H 代表树高，CA 代表冠幅，CAH 代表冠高乘积，CF 是标准误修正因子，FI 是适合指数，R^2 是决定系数，MSE 是 b 值的均方误差。

9.2 典型林型生物量动态

9.2.1 乔木层生物量

各林型乔木层地上生物量中，杨桦林呈增加—减少—增加的波动，最小的是1997年（152.44 t/hm²），最高为2017年（178.99 t/hm²）；硬阔叶林乔木层地上生物量1997—2017年稳定增加（115.68～198.51 t/hm²）；杂木林（1997年为97.78 t/hm²，2002年为82.31 t/hm²，2017年为127.83 t/hm²）与蒙古栎林（1997年为185.96 t/hm²，2002年为152.05 t/hm²，2017年为183.74 t/hm²）的乔木层地上生物量均呈先减小后增加的波动规律；红松人工林与落叶松人工林的乔木层地上生物量2007—2017年不断增加（分别为149.55～186.70 t/hm²，185.08～263.98 t/hm²）（图9-1）。

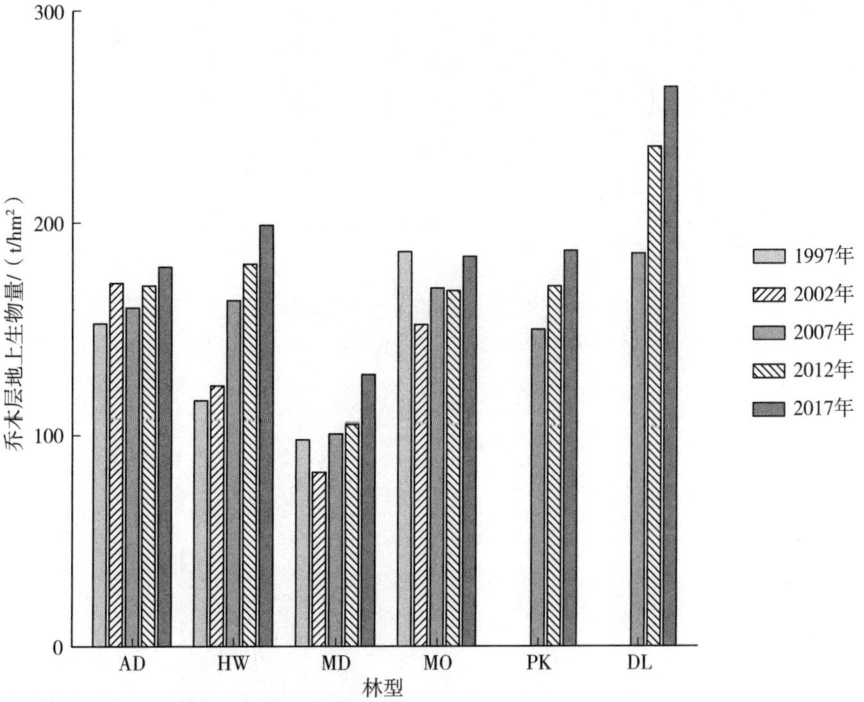

图9-1 各林型乔木层地上生物量动态

AD：杨桦林 HW：硬阔叶林 MD：杂木林 MO：蒙古栎林 PK：红松人工林 DL：落叶松人工林

各林型乔木层地下生物量中，杨桦林呈增加—减少—增加的波动，最小的是1997年（32.19 t/hm²），最高为2017年（40.02 t/hm²）；硬阔叶林乔木层地下生物量1997—2017年稳定增加（25.72～43.40 t/hm²）；杂木林（1997年为21.23 t/hm²，2002年为19.05 t/hm²，2017年为29.93 t/hm²）与蒙古栎林（1997年为45.11 t/hm²，2002年为36.88 t/hm²，2017年为43.84 t/hm²）的乔木层地下生物量均呈先减小后增加的波动规律；红松人工林与落叶松人工林的乔木层地下生物量2007—2017年不断增加（分别为33.94～43.05 t/hm²，37.45～56.59 t/hm²）（图9-2）。

各林型乔木层冠层生物量中，杨桦林呈增加—减少—增加的波动，最小的是1997年（34.35 t/hm²），最高为2017年（48.65 t/hm²）；硬阔叶林乔木层冠层生物量1997—2017年稳定增加（28.28～53.78 t/hm²）；杂木林（1997年为21.03 t/hm²，2002年为19.55 t/hm²，2017年为33.32 t/hm²）与蒙古栎林（1997年为31.73 t/hm²，2002年为27.30 t/hm²，2017年为36.86 t/hm²）的乔木层冠层生物量均呈先减小后增加的波动规律；红松人工林与落叶松人工林的乔木层冠层生物量2007—2017年不断增加（分别为43.10～54.50 t/hm²，45.51～78.29 t/hm²）（图9-3）。

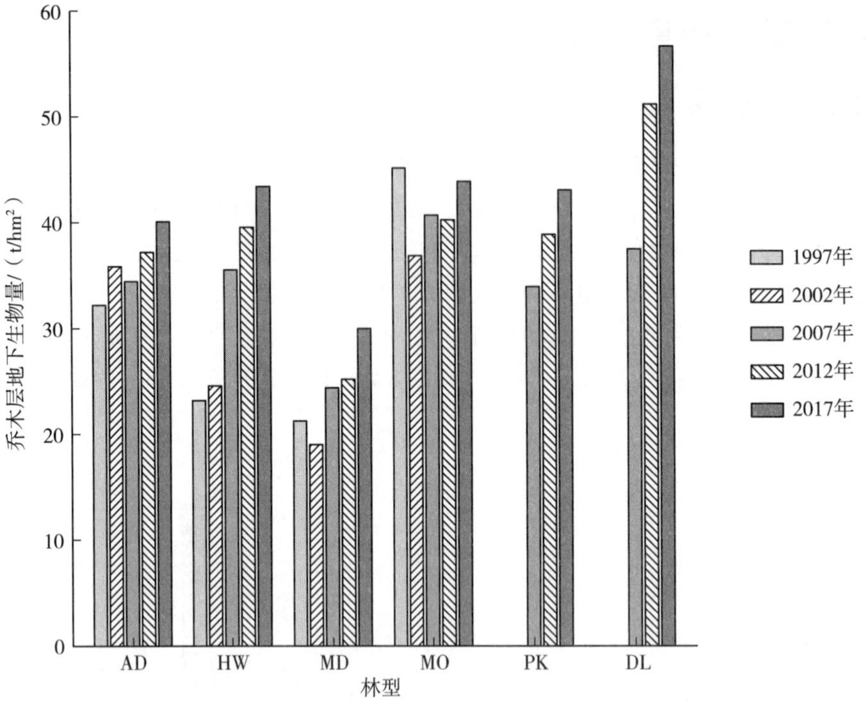

图 9-2　各林型乔木层地下生物量动态

AD：杨桦林　HW：硬阔叶林　MD：杂木林　MO：蒙古栎林　PK：红松人工林　DL：落叶松人工林

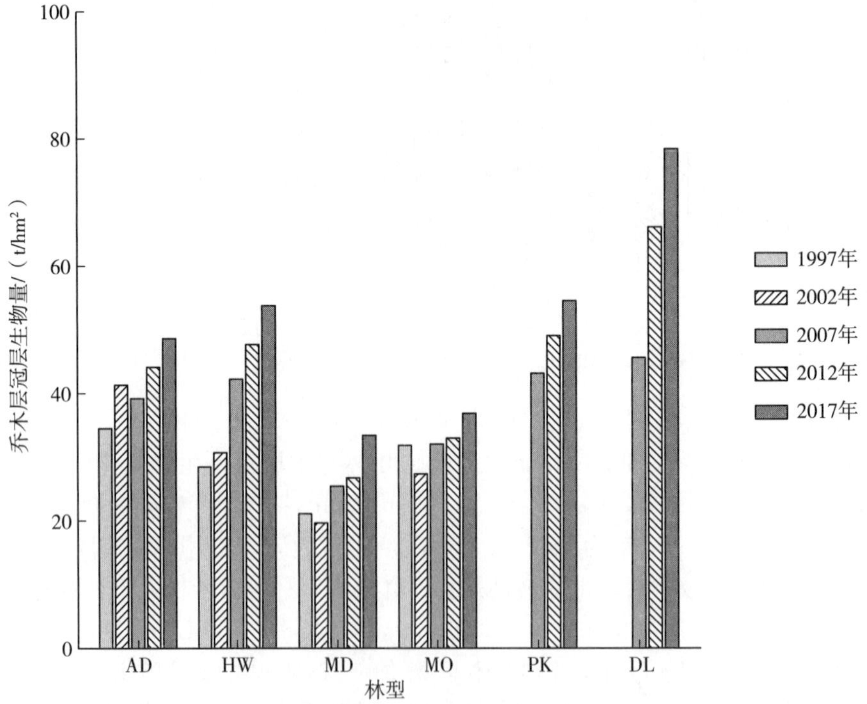

图 9-3　各林型乔木层冠层生物量动态

AD：杨桦林　HW：硬阔叶林　MD：杂木林　MO：蒙古栎林　PK：红松人工林　DL：落叶松人工林

各林型乔木层树干生物量中，杨桦林呈增加—减少—增加的波动，最小的是 1997 年（118.09 t/hm^2），最高为 2002 年（130.38 t/hm^2）；硬阔叶林乔木层树干生物量 1997—2017 年稳定增加（87.40～144.72 t/hm^2）；杂木林（1997 年为 76.75 t/hm^2，2002 年为 62.76 t/hm^2，2017 年为 94.50

t/hm²）与蒙古栎林（1997 年为 154.23 t/hm²，2002 年为 124.75 t/hm²，2017 年为 146.88 t/hm²）的乔木层树干生物量均呈先减小后增加的波动规律；红松人工林与落叶松人工林的乔木层树干生物量 2007—2017 年不断增加（分别为 106.45～132.20 t/hm²，139.57～185.69 t/hm²）（图 9-4）。

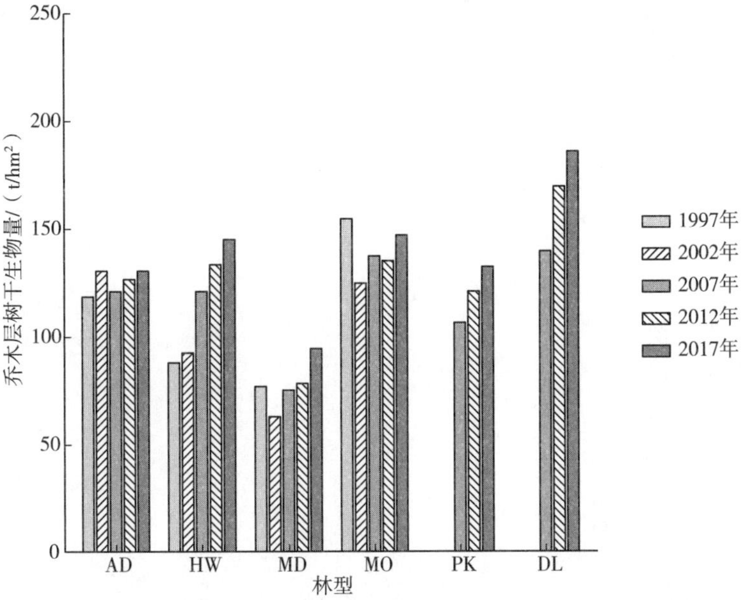

图 9-4 各林型乔木层树干生物量动态

AD：杨桦林 HW：硬阔叶林 MD：杂木林 MO：蒙古栎林 PK：红松人工林 DL：落叶松人工林

各林型乔木层总生物量中，杨桦林呈增加—减少—增加的波动，最小的是 1997 年（184.63 t/hm²），最高为 2017 年（219.00 t/hm²）；硬阔叶林乔木层总生物量 1997—2017 年稳定增加（141.40～241.90 t/hm²）；杂木林（1997 年为 119.01t/hm²，2002 年为 101.35 t/hm²，2017 年为 157.75 t/hm²）与蒙古栎林（1997 年为 231.07 t/hm²，2002 年为 188.93 t/hm²，2017 年为 227.57 t/hm²）的乔木层总生物量均呈先减小后增加的波动规律；红松人工林与落叶松人工林的乔木层总生物量 2007—2017 年不断增加（分别为 183.49～229.75 t/hm²，222.52～320.58 t/hm²）（图 9-5）。

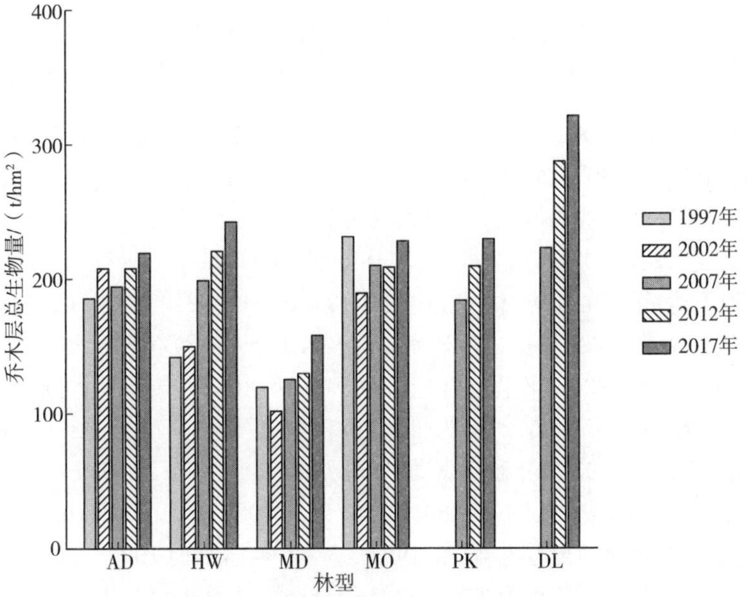

图 9-5 各林型乔木层总生物量动态

AD：杨桦林 HW：硬阔叶林 MD：杂木林 MO：蒙古栎林 PK：红松人工林 DL：落叶松人工林

9.2.2 乔木层分种生物量

9.2.2.1 杨桦林分种生物量动态

杨桦林的主要树种有山杨、枫桦、五角槭、水曲柳、紫椴等。山杨的地上生物量 1997—2002 年呈上升趋势（92.58～107.61 t/hm^2），随后逐渐减小（107.61～74.55 t/hm^2）；枫桦相反（1997—2002 年为 24.94～18.69 t/hm^2，2002—2017 年为 18.69～33.56 t/hm^2）；五角槭和水曲柳 1997—2017 年稳定增加（分别为 5.38～21.02 t/hm^2，11.79～28.40 t/hm^2）；紫椴及其他树种的地上生物量在杨桦林中占比较小，波动平稳（图 9－6）。

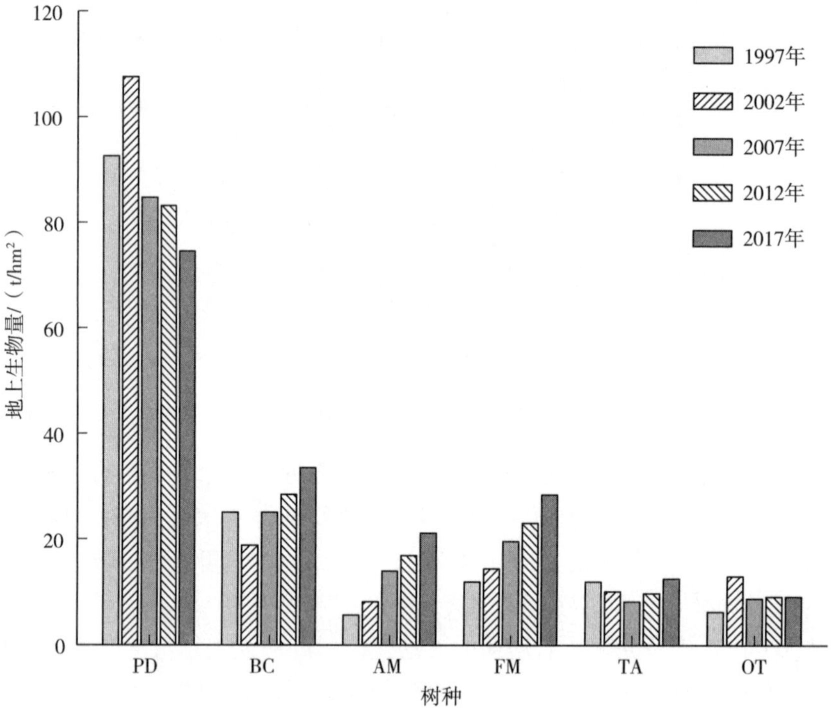

图 9－6　杨桦林中各树种地上生物量动态

PD：山杨　BC：枫桦　AM：五角槭　FM：水曲柳　TA：紫椴　OT：其他树种

山杨的地下生物量 1997—2002 年呈上升趋势（15.02～17.33 t/hm^2），随后逐渐减小（17.33～11.81 t/hm^2）；枫桦相反（1997—2002 年为 6.48～4.87 t/hm^2，2002—2017 年为 4.87～8.79 t/hm^2）；五角槭和水曲柳 1997—2017 年稳定增加（分别为 3.17～7.70 t/hm^2，2.82～6.48 t/hm^2）；紫椴呈先减小后增加趋势（1997—2007 年为 3.18～2.09 t/hm^2，2007—2017 年为 2.09～3.04 t/hm^2）；其他树种的地下生物量在杨桦林中占比较小，1997—2002 年增加（1997—2002 年为 1.51～3.41 t/hm^2），随后波动平稳（2007—2017 年为 2.03～2.19 t/hm^2）（图 9－7）。

山杨的冠层生物量 1997—2002 年呈上升趋势（20.92～26.25 t/hm^2），随后逐渐减小（26.25～20.13 t/hm^2）；枫桦相反（1997—2002 年为 6.63～5.01 t/hm^2，2002—2017 年为 5.01～9.14 t/hm^2）；五角槭和水曲柳 1997—2017 年稳定增加（分别为 1.51～7.28 t/hm^2，1.91～7.69 t/hm^2）；紫椴呈先减小后增加趋势（1997—2007 年为 2.08～1.46 t/hm^2，2007—2017 年为 1.46～2.27 t/hm^2）；其余树种的冠层生物量 1997—2002 年增加（1997—2002 年为 1.30～3.32 t/hm^2），随后波动平稳（2007—2017 年为 1.93～2.14 t/hm^2）（图 9－8）。

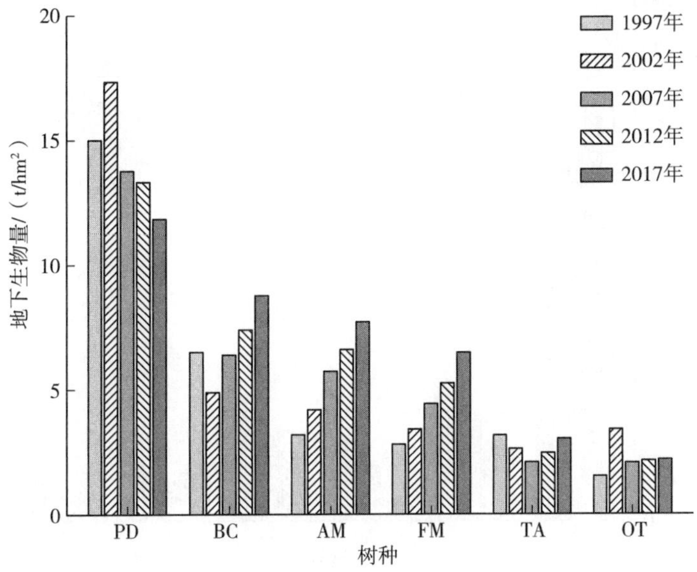

图 9-7 杨桦林中各树种地下生物量动态

PD：山杨 BC：枫桦 AM：五角槭 FM：水曲柳 TA：紫椴 OT：其他树种

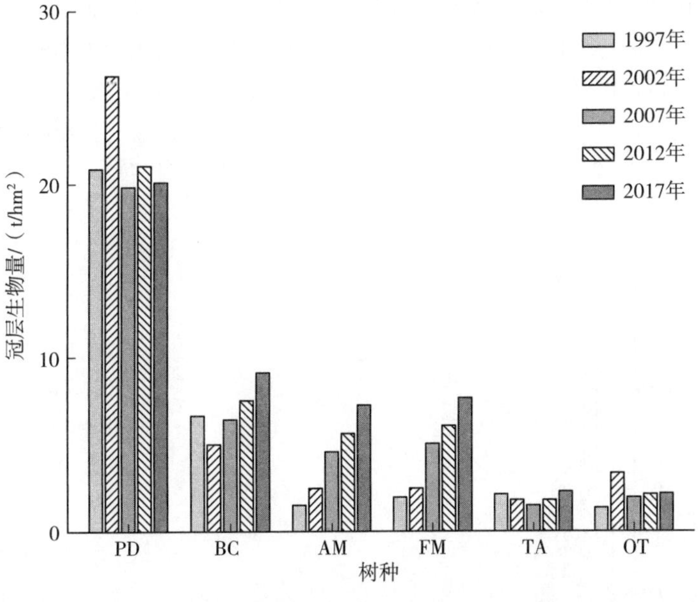

图 9-8 杨桦林中各树种冠层生物量动态

PD：山杨 BC：枫桦 AM：五角槭 FM：水曲柳 TA：紫椴 OT：其他树种

山杨的树干生物量 1997—2002 年呈上升趋势（71.66～81.36 t/hm^2），随后逐渐减小（81.36～54.42 t/hm^2）；枫桦相反（1997—2002 年为 18.31～13.68 t/hm^2，2002—2017 年为 13.68～24.42 t/hm^2）；五角槭和水曲柳 1997—2017 年稳定增加（分别为 3.86～13.75 t/hm^2，9.89～20.71 t/hm^2）；紫椴呈先减小后增加趋势（1997—2007 年为 9.69～6.68 t/hm^2，2007—2017 年为 6.78～10.15 t/hm^2）；其余树种冠层生物量 1997—2002 年增加（1997—2002 年为 4.69～9.59 t/hm^2），随后波动平稳（2007—2017 年为 6.70～6.88 t/hm^2）（图 9-9）。

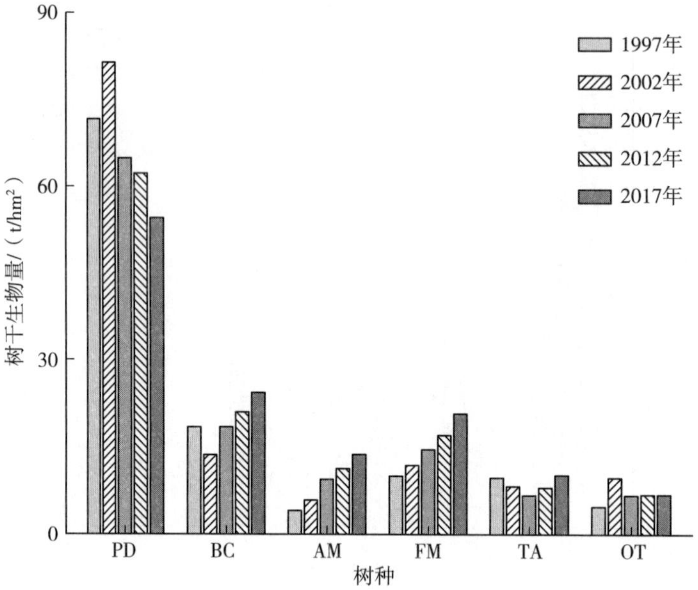

图 9-9　杨桦林中各树种树干生物量动态

PD：山杨　BC：枫桦　AM：五角槭　FM：水曲柳　TA：紫椴　OT：其他树种

杨桦林中各树种总生物量的变化规律与各组分一致。山杨的总生物量 1997—2002 年呈上升趋势（107.61～124.94 t/hm^2），随后逐渐减小（124.94～86.36 t/hm^2）；枫桦相反（1997—2002 年为 31.42～23.56 t/hm^2，2002—2017 年为 23.56～42.36 t/hm^2）；五角槭和水曲柳 1997—2017 年稳定增加（分别为 8.55～28.72 t/hm^2，14.62～34.89 t/hm^2）；紫椴呈先减小后增加趋势（1997—2007 年为 14.94～10.23 t/hm^2，2007—2017 年为 10.23～15.46 t/hm^2）；其余树种总生物量 1997—2002 年增加（1997—2002 年为 7.49～16.32 t/hm^2），随后波动平稳（2007—2017 年为 10.66～11.22 t/hm^2）（图 9-10）。

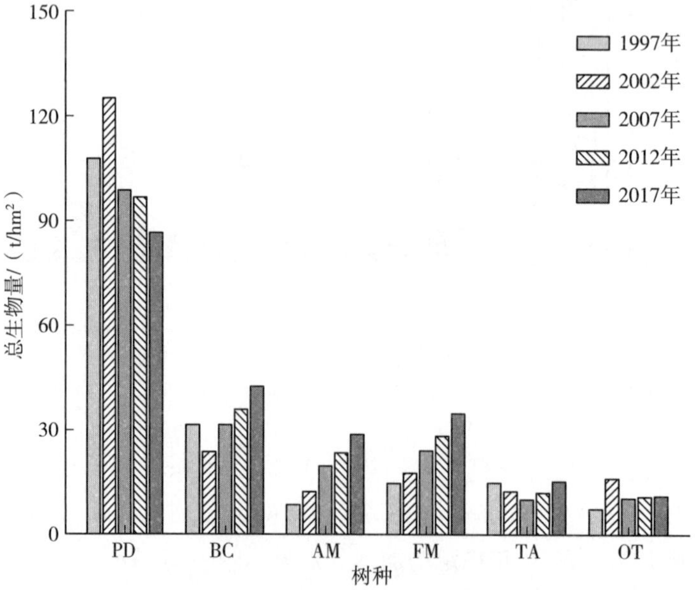

图 9-10　杨桦林中各树种总生物量动态

PD：山杨　BC：枫桦　AM：五角槭　FM：水曲柳　TA：紫椴　OT：其他树种

9.2.2.2 硬阔叶林分种生物量动态

硬阔叶林中的乔木树种有水曲柳、胡桃楸、春榆等。水曲柳的地上生物量在硬阔林中占比最大且呈上升趋势（88.79～131.62 t/hm^2）；胡桃楸其次（13.73～49.13 t/hm^2）；春榆（1997 年为 5.48 t/hm^2，2007 年为 5.02 t/hm^2，2017 年为 8.17 t/hm^2）及其他树种（1997 年为 7.68 t/hm^2，2002 年为 4.74 t/hm^2，2017 年为 9.58 t/hm^2）的地上生物量占比较小，波动稳定（图 9－11）。

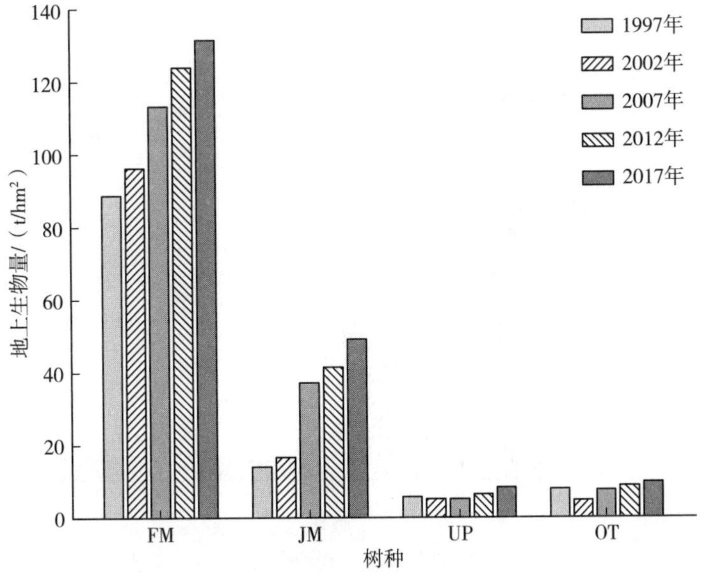

图 9－11 硬阔叶林中各树种地上生物量动态

FM：水曲柳 JM：胡桃楸 UP：春榆 OT：其他树种

水曲柳的地下生物量在硬阔林中占比最大且呈上升趋势（20.03～30.14 t/hm^2）；胡桃楸其次（2.23～8.26 t/hm^2）；春榆（1997 年为 1.29 t/hm^2，2007 年为 1.18 t/hm^2，2017 年为 1.96 t/hm^2）及其他树种（1997 年为 2.17 t/hm^2，2002 年为 1.19 t/hm^2，2017 年为 3.03 t/hm^2）的地下生物量占比较小，波动稳定（图 9－12）。

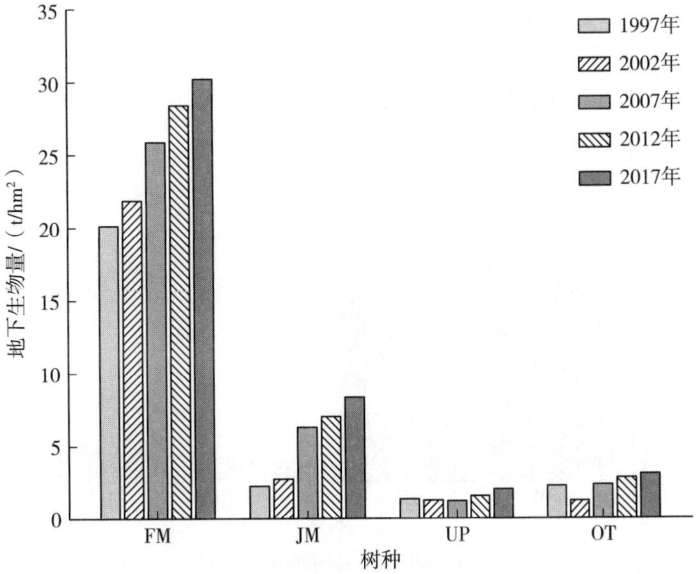

图 9－12 硬阔叶林中各树种地下生物量动态

FM：水曲柳 JM：胡桃楸 UP：春榆 OT：其他树种

水曲柳的冠层生物量在硬阔林中占比最大且呈上升趋势（22.48～36.66 t/hm^2）；胡桃楸其次（2.82～12.49 t/hm^2）；春榆（1997 年为 1.56 t/hm^2，2007 年为 1.43 t/hm^2，2017 年为 2.34 t/hm^2）及其他树种（1997 年为 1.41 t/hm^2，2002 年为 0.75 t/hm^2，2017 年为 2.29 t/hm^2）的冠层生物量占比较小，波动稳定（图 9－13）。

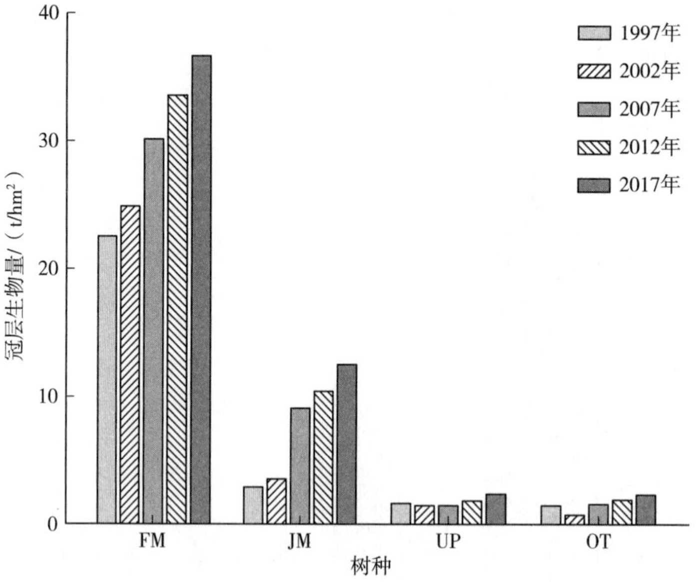

图 9－13　硬阔叶林中各树种冠层生物量动态

FM：水曲柳　JM：胡桃楸　UP：春榆　OT：其他树种

水曲柳的树干生物量在硬阔林中占比最大且呈上升趋势（66.31～94.96 t/hm^2）；胡桃楸其次（10.91～36.64 t/hm^2）；春榆（1997 年为 3.91 t/hm^2，2007 年为 3.60 t/hm^2，2017 年为 5.83 t/hm^2）及其他树种（1997 年为 6.27 t/hm^2，2002 年为 4.01 t/hm^2，2017 年为 7.29 t/hm^2）的树干生物量占比较小，波动稳定（图 9－14）。

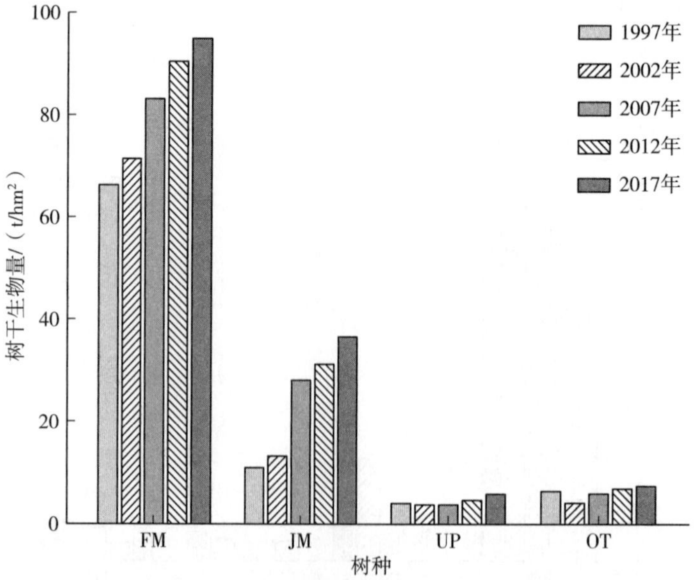

图 9－14　硬阔叶林中各树种树干生物量动态

FM：水曲柳　JM：胡桃楸　UP：春榆　OT：其他树种

水曲柳的总生物量在硬阔林中占比最大且呈上升趋势（108.81～161.76 t/hm^2）；胡桃楸其次（15.96～57.39 t/hm^2）；春榆（1997 年为 6.77 t/hm^2，2007 年为 6.20 t/hm^2，2017 年为 10.13 t/hm^2）及其他树种（1997 年为 9.86 t/hm^2，2002 年为 5.95 t/hm^2，2017 年为 12.62 t/hm^2）的总生物量占比较小，波动稳定（图 9－15）。

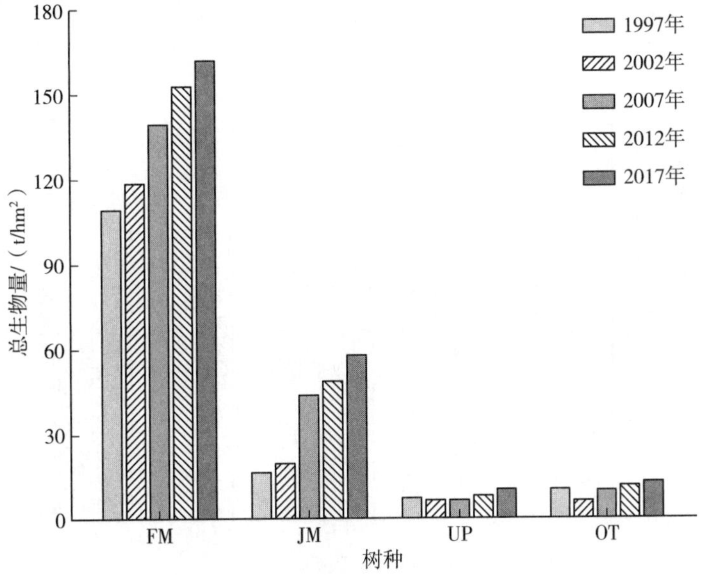

图 9－15 硬阔叶林中各树种总生物量动态

FM：水曲柳 JM：胡桃楸 UP：春榆 OT：其他树种

9.2.2.3 杂木林分种生物量动态

杂木林中的树种有山杨、五角槭、胡桃楸、白桦等，各树种生物量分布较均匀。山杨与胡桃楸的地上生物量 1997—2002 年呈下降趋势（分别为 26.27～15.24 t/hm^2，28.50～24.05 t/hm^2），2002—2017 年稳定增加（分别为 15.24～28.32 t/hm^2，24.05～36.44 t/hm^2）；五角槭和白桦的地上生物量 1997—2017 年稳定增加（分别为 5.96～24.18 t/hm^2，13.98～20.99 t/hm^2）；其他树种则呈现出一定的波动（图 9－16）。

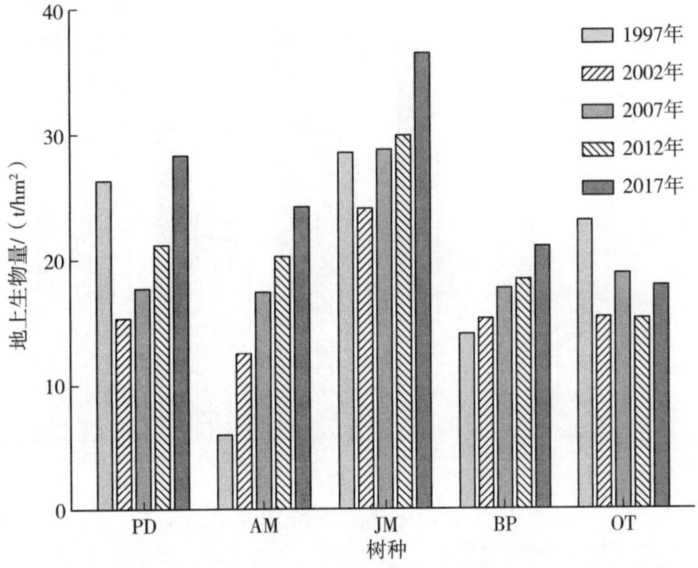

图 9－16 杂木林中各树种地上生物量动态

PD：山杨 AM：五角槭 JM：胡桃楸 BP：白桦 OT：其他树种

山杨与胡桃楸的地下生物量 1997—2002 年呈下降趋势（分别为 4.39～2.54 t/hm²，4.62～3.91 t/hm²），2002—2017 年增加（分别为 2.54～4.70 t/hm²，3.91～6.04 t/hm²）；五角槭和白桦的地下生物量 1997—2017 年稳定增加（分别为 2.52～8.84 t/hm²，3.73～5.71 t/hm²）；其他树种的地下生物量呈现与地上生物量一致的波动（图 9-17）。

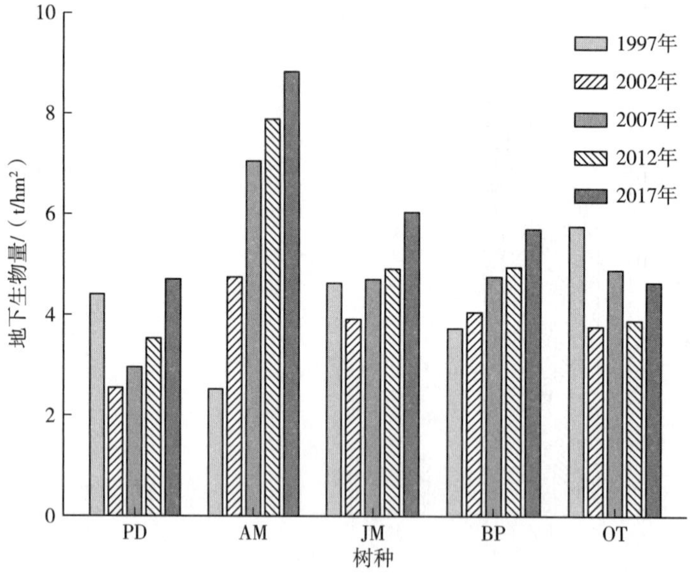

图 9-17 杂木林中各树种地下生物量动态
PD：山杨 AM：五角槭 JM：胡桃楸 BP：白桦 OT：其他树种

杂木林中，山杨与胡桃楸的冠层生物量 1997—2002 年呈下降趋势（分别为 4.18～2.55 t/hm²，5.89～5.01 t/hm²），2002—2017 年稳定增加（分别为 2.55～5.39 t/hm²，5.01～8.29 t/hm²）；五角槭和白桦的冠层生物量 1997—2017 年稳定增加（分别为 1.94～8.39 t/hm²，3.93～6.27 t/hm²）；其他树种的冠层生物量则呈现减少—增加—减少—增加的波动（图 9-18）。

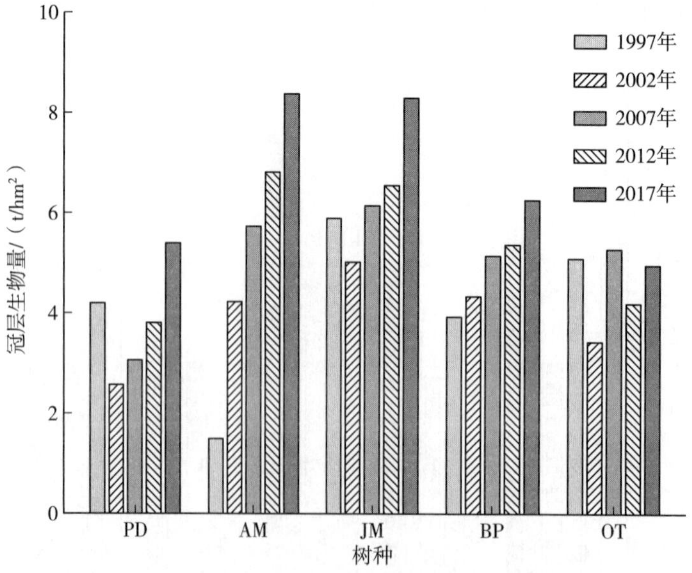

图 9-18 杂木林中各树种冠层生物量动态
PD：山杨 AM：五角槭 JM：胡桃楸 BP：白桦 OT：其他树种

杂木林中，山杨与胡桃楸的树干生物量 1997—2002 年呈下降趋势（分别为 22.10～12.69 t/

hm²，22.61～19.04 t/hm²），2002—2017 年稳定增加（分别为 12.69～22.93 t/hm²，19.04～28.15 t/hm²）；五角槭和白桦的树干生物量则 1997—2017 年稳定增加（分别为 4.02～15.79 t/hm²，10.05～14.72 t/hm²）；其他树种的树干生物量则呈现一定的波动（图 9-19）。

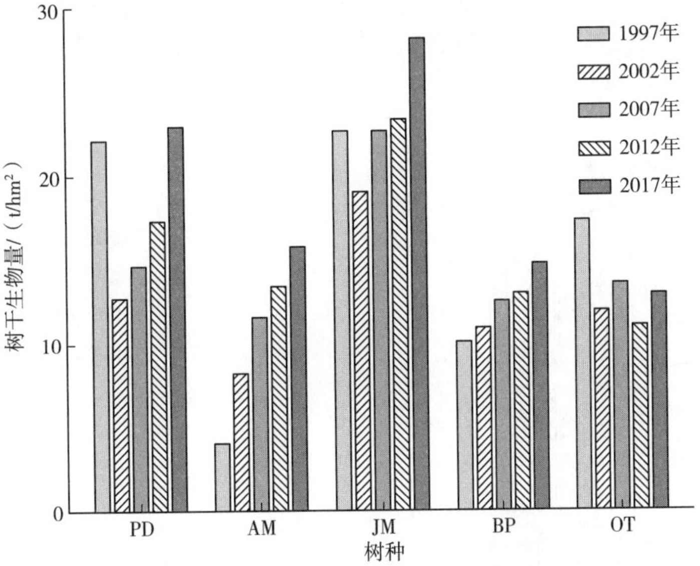

图 9-19　杂木林中各树种树干生物量动态

PD：山杨　AM：五角槭　JM：胡桃楸　BP：白桦　OT：其他树种

杂木林中，山杨与胡桃楸的总生物量 1997—2002 年呈下降趋势（分别为 30.66～17.78 t/hm²，33.12～27.96 t/hm²），2002—2017 年稳定增加（分别为 17.78～33.02 t/hm²，27.96～42.48 t/hm²）；五角槭和白桦的总生物量 1997—2017 年稳定增加（分别为 8.48～33.02 t/hm²，17.71～26.70 t/hm²）；其他树种的总生物量则呈现与各组分生物量一致的波动（图 9-20）。

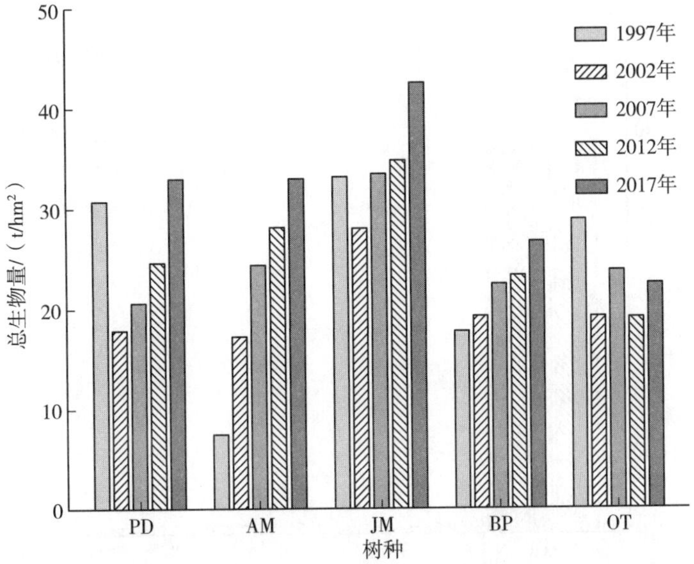

图 9-20　杂木林中各树种总生物量动态

PD：山杨　AM：五角槭　JM：胡桃楸　BP：白桦　OT：其他树种

9.2.2.4　蒙古栎林分种生物量

蒙古栎林中，蒙古栎为主要成分，且蒙古栎各组分生物量 1997—2002 年缓慢逐渐减小（地上生物量为 180.54～146.52 t/hm²，地下生物量为 43.05～34.82 t/hm²，冠层生物量为 30.60～26.13 t/hm²，树干生物量为 149.95～120.39 t/hm²，总生物量为 223.59～181.34 t/hm²），2002—2017 年呈上升趋势（地上生物量为 146.52～179.93 t/hm²，地下生物量为 34.82～42.25 t/hm²，冠层生物量为 26.13～35.98 t/hm²，树干生物量为 120.39～143.94 t/hm²，总生物量为 181.34～222.17 t/hm²）。糠椴、五角槭等其他树种的生物量在蒙古栎林各组分中远小于蒙古栎，且 1997—2017 年变化不大（图 9-21 至图 9-25）。

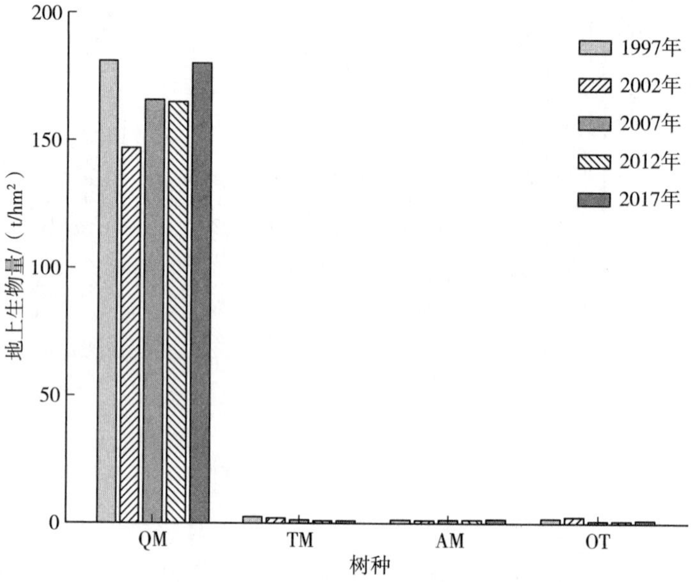

图 9-21 蒙古栎林中各树种地上生物量动态
QM：蒙古栎 TM：糠椴 AM：五角槭 OT：其他树种

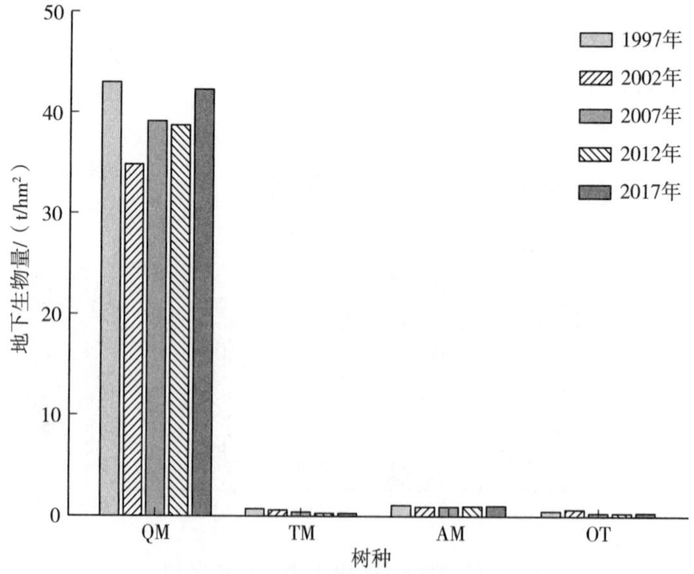

图 9-22 蒙古栎林中各树种地下生物量动态
QM：蒙古栎 TM：糠椴 AM：五角槭 OT：其他树种

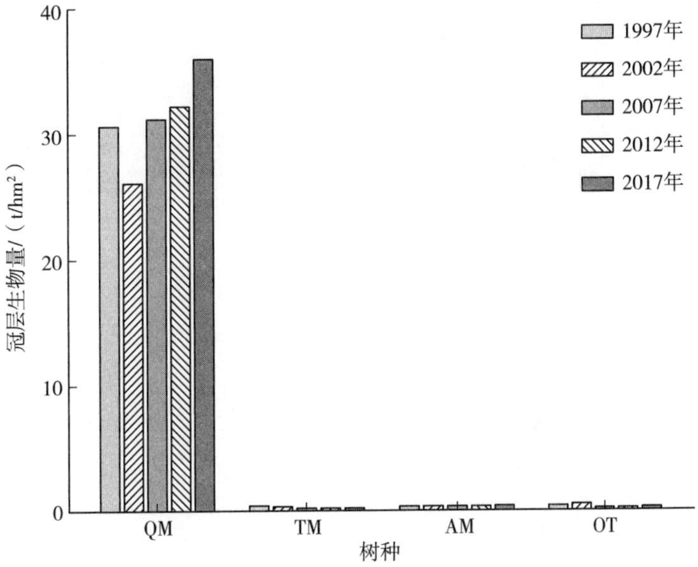

图 9-23 蒙古栎林中各树种冠层生物量动态

QM：蒙古栎 TM：糠椴 AM：五角槭 OT：其他树种

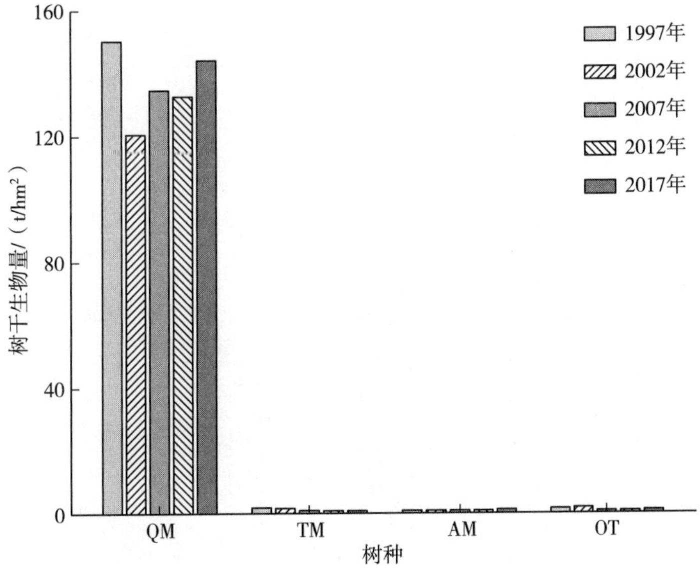

图 9-24 蒙古栎林中各树种树干生物量动态

QM：蒙古栎 TM：糠椴 AM：五角槭 OT：其他树种

9.2.2.5 红松人工林分种生物量

红松人工林中的主要树种有红松、水曲柳和白桦。红松和水曲柳的地上生物量稳定增加（分别为 71.24～81.85 t/hm²，52.07～77.60 t/hm²）；白桦的地上生物量 2007—2012 年增加（25.37～27.19 t/hm²），2012—2017 年稳定（27.19～27.04 t/hm²）；其他树种的地上生物量在红松人工林中占比很小且呈减小趋势（2007—2017 年为 0.87～0.21 t/hm²）（图 9-26）。

红松人工林中，红松和水曲柳的地下生物量稳定增加（分别为 15.87～18.58 t/hm²，11.70～17.61 t/hm²）；白桦的地下生物量 2007—2012 年增加（6.18～6.70 t/hm²），2012—2017 年稳定（6.70～6.81 t/hm²）；其他树种的地下生物量在红松人工林中占比很小且呈减小趋势（2007—2017 年为 0.19～0.05 t/hm²）（图 9-27）。

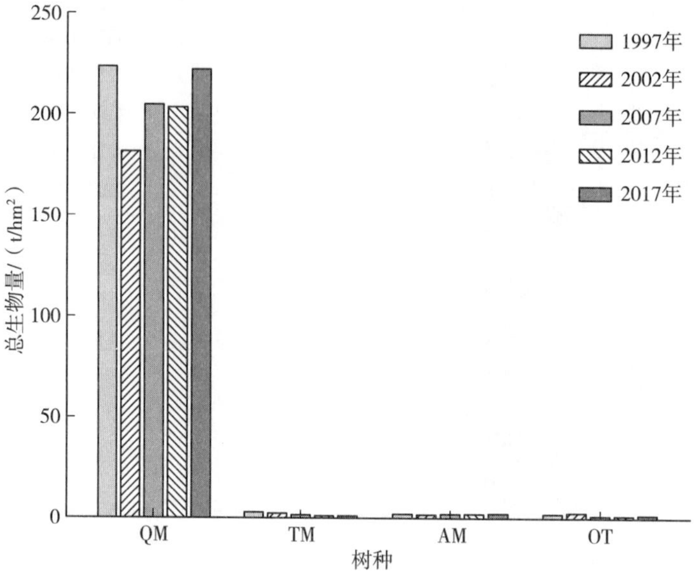

图 9-25　蒙古栎林中各树种总生物量动态

QM：蒙古栎　TM：糠椴　AM：五角槭　OT：其他树种

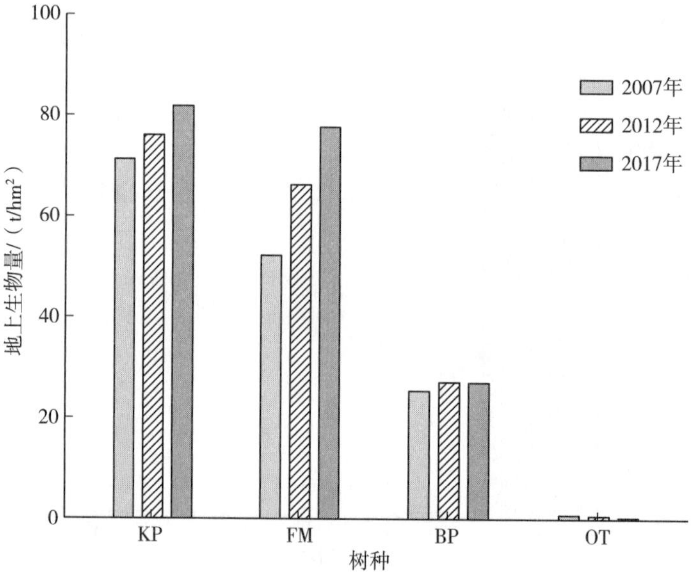

图 9-26　红松人工林中各树种地上生物量动态

KP：红松　FM：水曲柳　BP：白桦　OT：其他树种

红松人工林中，红松和水曲柳的冠层生物量稳定增加（分别为 24.22～27.52 t/hm^2，12.83～20.28 t/hm^2）；白桦的冠层生物量 2007—2012 年增加（5.84～6.40 t/hm^2），2012—2017 年稳定（6.40～6.65 t/hm^2）；其他树种的冠层生物量在红松人工林中占比很小且呈减小趋势（2007—2017 年为 0.20～0.05 t/hm^2）（图 9-28）。

红松人工林中，红松和水曲柳的树干生物量稳定增加（分别为 47.02～54.33 t/hm^2，39.24～57.32 t/hm^2）；白桦 2007—2012 年增加（19.53～20.79 t/hm^2），2012—2017 年稳定（20.79～20.39 t/hm^2）；其他树种的树干生物量在红松人工林中占比很小且呈减小趋势（2007—2012 年为 0.66～0.16 t/hm^2）（图 9-29）。

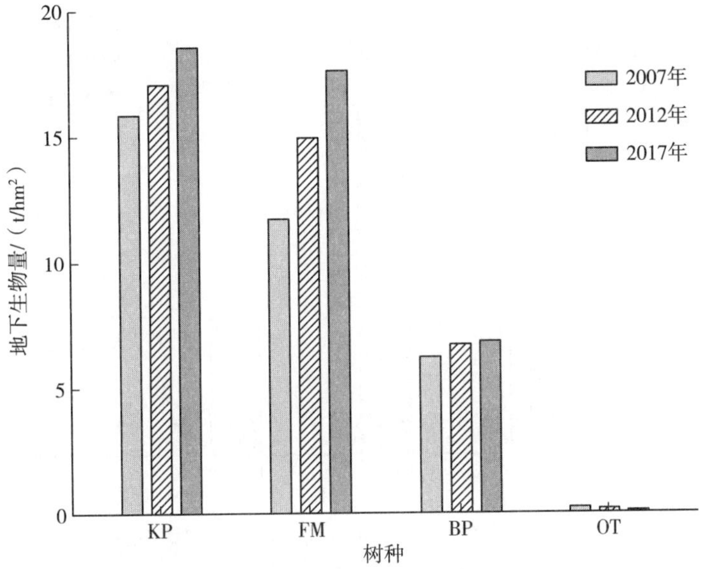

图 9-27 红松人工林中各树种地下生物量动态

KP：红松 FM：水曲柳 BP：白桦 OT：其他树种

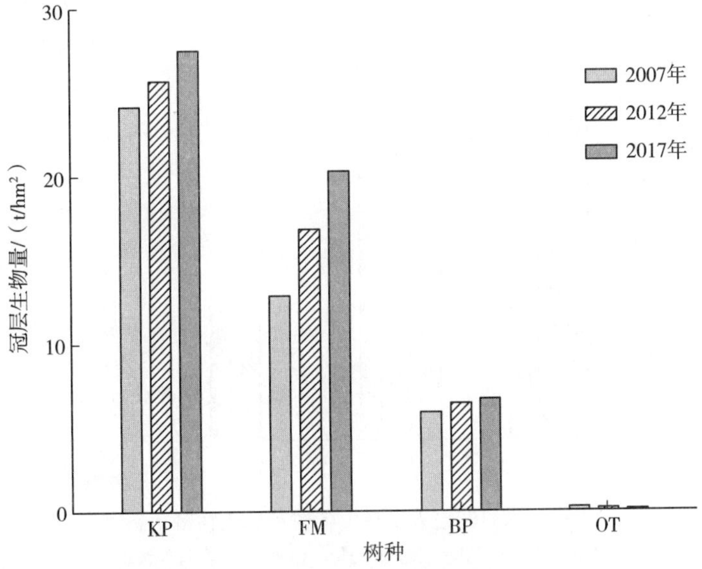

图 9-28 红松人工林中各树种冠层生物量动态

KP：红松 FM：水曲柳 BP：白桦 OT：其他树种

红松人工林中，红松和水曲柳的总生物量稳定增加（分别为 87.11～100.43 t/hm^2，63.77～95.21 t/hm^2）；白桦的总生物量 2007—2012 年增加（31.55～33.89 t/hm^2），2012—2017 年稳定（33.89～33.85 t/hm^2）；其他树种的总生物量在红松人工林中占比很小且呈减小趋势（2007—2012 年为 1.06～0.26 t/hm^2）（图 9-30）。

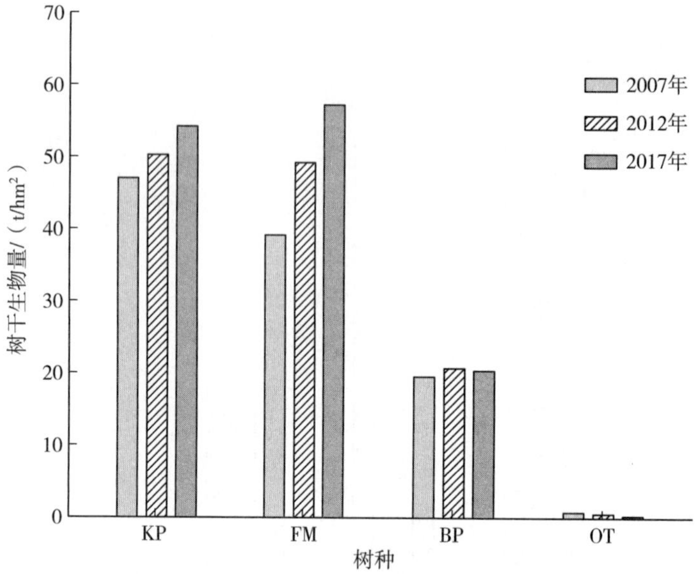

图 9-29 红松人工林中各树种树干生物量动态
KP：红松 FM：水曲柳 BP：白桦 OT：其他树种

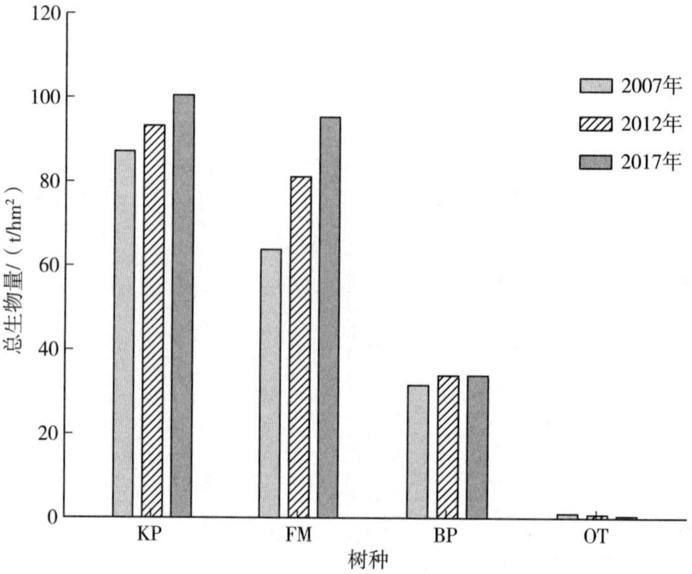

图 9-30 红松人工林中各树种总生物量动态
KP：红松 FM：水曲柳 BP：白桦 OT：其他树种

9.2.2.6 落叶松人工林分种生物量

落叶松人工林中，兴安落叶松占绝对优势，夹杂着少量春榆等其他树种。2007—2017 年，落叶松各组分生物量均稳定增加（地上生物量为 173.99～225.63 t/hm²，地下生物量为 34.66～44.25 t/hm²，冠层生物量为 42.42～64.43 t/hm²，树干生物量为 131.57～161.20 t/hm²，总生物量为 208.65～269.89 t/hm²）；春榆地上生物量 2007—2012 年增加（地上生物量为 10.04～36.88 t/hm²，地下生物量为 2.47～11.73 t/hm²，冠层生物量为 2.92～13.44 t/hm²，树干生物量为 7.12～23.44 t/hm²，总生物量为 12.52～48.61 t/hm²），2012—2017 年趋于稳定（地上生物量为 36.88～37.20 t/hm²，地下生物量为 11.73～11.96 t/hm²，冠层生物量为 13.44～13.69 t/hm²，树干生物量为 23.44～

23.51 t/hm^2，总生物量为 48.61～49.16 t/hm^2）；其余树种各组分生物量在落叶松人工林中占比很小，且波动稳定（地上生物量为 1.05～1.16 t/hm^2，地下生物量为 0.31～0.38 t/hm^2，冠层生物量为 0.16～0.18 t/hm^2，树干生物量为 0.89～0.98 t/hm^2，总生物量为 1.35～1.52 t/hm^2）（图 9-31 至图 9-35）。

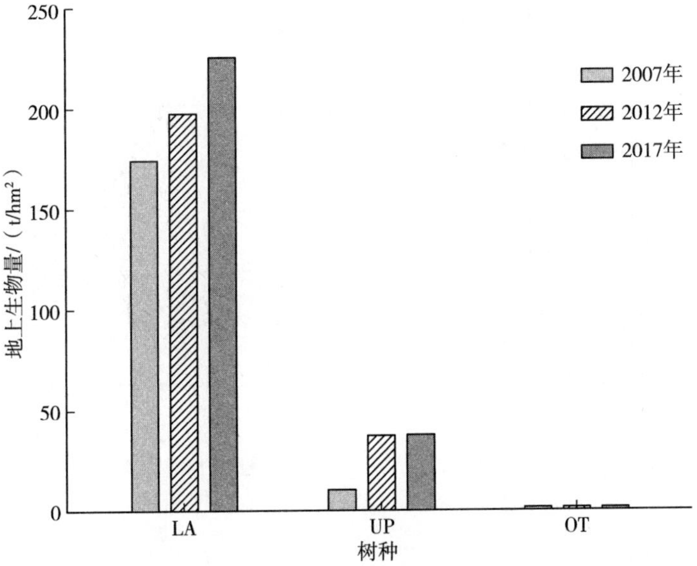

图 9-31 落叶松人工林中各树种地上生物量动态

LA：兴安落叶松 UP：春榆 OT：其他树种

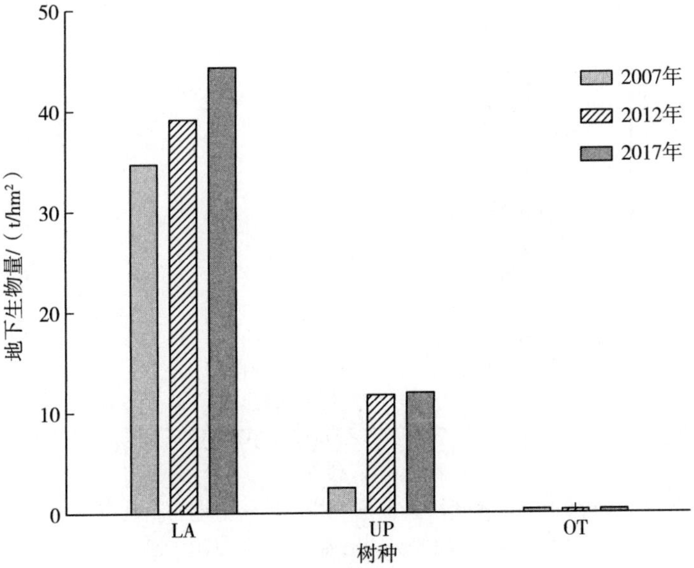

图 9-32 落叶松人工林中各树种地下生物量动态

LA：兴安落叶松 UP：春榆 OT：其他树种

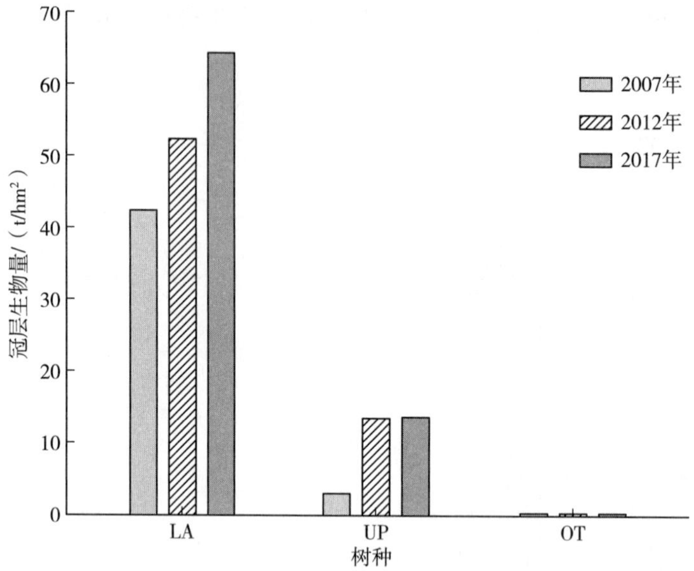

图 9-33　落叶松人工林中各树种冠层生物量动态

LA：兴安落叶松　UP：春榆　OT：其他树种

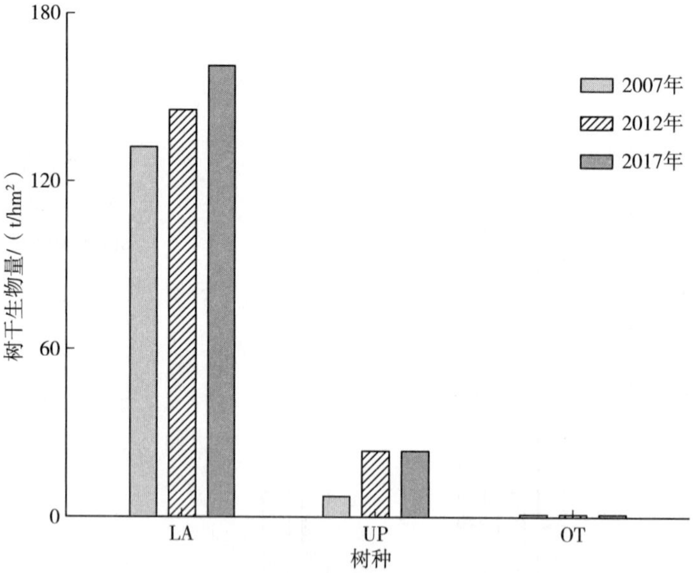

图 9-34　落叶松人工林中各树种树干生物量动态

LA：兴安落叶松　UP：春榆　OT：其他树种

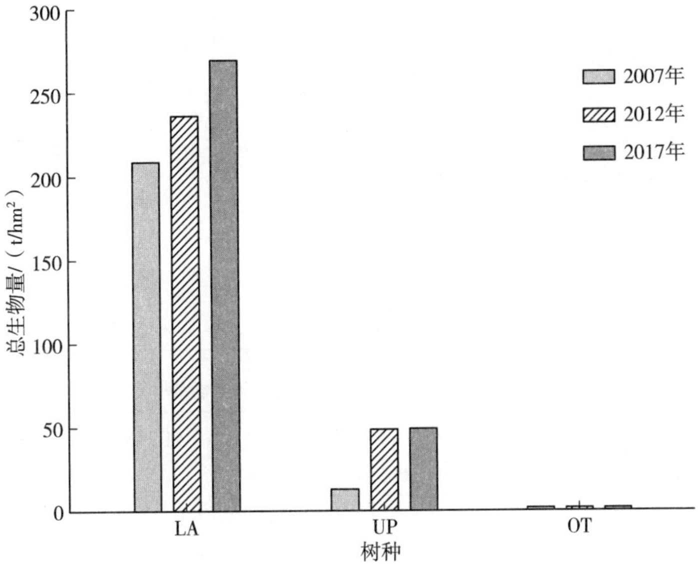

图 9-35 落叶松人工林中各树种总生物量动态

LA：兴安落叶松 UP：春榆 OT：其他树种

6 种林型乔木层生物量数据见表 9-4，碳密度数据见表 9-5，生物量数据见表 9-6。

表 9-4 6 种林型乔木层生物量数据

年份	林型	样地代码	总生物量/（t/hm²）	地上生物量/（t/hm²）	树干生物量/（t/hm²）	冠层生物量/（t/hm²）	地下生物量/（t/hm²）
1997	杂木林	MEFMD2004	119.01	97.77	76.76	21.03	21.23
2002	杂木林	MEFMD2004	101.34	82.30	62.77	19.54	19.04
2007	杂木林	MEFMD2004	124.57	100.23	74.86	25.35	24.36
2012	杂木林	MEFMD2004	129.95	104.76	78.02	26.73	25.17
2017	杂木林	MEFMD2004	157.74	127.81	94.50	33.31	29.93
1997	硬阔叶林	MEFHW2004	141.40	115.68	87.40	28.27	25.72
2002	硬阔叶林	MEFHW2004	149.80	122.85	92.26	30.61	26.94
2007	硬阔叶林	MEFHW2004	198.47	162.98	120.83	42.19	35.49
2012	硬阔叶林	MEFHW2004	220.28	180.75	133.09	47.66	39.53
2017	硬阔叶林	MEFHW2004	241.90	198.50	144.72	53.78	43.39
1997	杨桦林	MEFAD2004	184.63	152.45	118.10	34.35	32.18
2002	杨桦林	MEFAD2004	207.45	171.63	130.39	41.24	35.82
2007	杨桦林	MEFAD2004	194.32	159.94	120.74	39.20	34.37
2012	杨桦林	MEFAD2004	207.50	170.33	126.20	44.15	37.18
2017	杨桦林	MEFAD2004	219.01	178.97	130.33	48.65	40.01
1997	蒙古栎林	MEFMO2004	231.07	185.94	154.24	31.72	45.11
2002	蒙古栎林	MEFMO2004	188.93	152.06	124.76	27.31	36.88
2007	蒙古栎林	MEFMO2004	209.84	169.17	137.19	31.98	40.66
2012	蒙古栎林	MEFMO2004	208.24	168.02	135.07	32.95	40.22
2017	蒙古栎林	MEFMO2004	227.57	183.75	146.87	36.86	43.84
2007	红松人工林	MEFPK2004	183.49	149.55	106.45	43.09	33.94

（续）

年份	林型	样地代码	总生物量/（t/hm²）	地上生物量/（t/hm²）	树干生物量/（t/hm²）	冠层生物量/（t/hm²）	地下生物量/（t/hm²）
2012	红松人工林	MEFPK2004	208.85	169.98	120.88	49.08	38.87
2017	红松人工林	MEFPK2004	229.75	186.70	132.20	54.50	43.05
2007	落叶松人工林	MEFDL2004	222.52	185.08	139.58	45.50	37.44
2012	落叶松人工林	MEFDL2004	286.86	235.70	169.65	66.05	51.16
2017	落叶松人工林	MEFDL2004	320.57	263.99	185.69	78.30	56.59

表 9-5 6 种林型乔木层碳密度数据

年份	林型	样地代码	总碳密度/（t/hm²）	地上碳密度/（t/hm²）	树干碳密度/（t/hm²）	冠层碳密度/（t/hm²）	地下碳密度/（t/hm²）
1997	杂木林	MEFMD2004	57.72	47.63	37.3	10.34	10.09
2002	杂木林	MEFMD2004	49.03	40.06	30.51	9.55	8.97
2007	杂木林	MEFMD2004	60.14	48.68	36.31	12.37	11.46
2012	杂木林	MEFMD2004	62.4	50.62	37.63	13	11.78
2017	杂木林	MEFMD2004	75.68	61.68	45.49	16.19	14
1997	硬阔叶林	MEFHW2004	74.06	60.89	46.15	14.74	13.17
2002	硬阔叶林	MEFHW2004	78.57	64.74	48.77	15.98	13.82
2007	硬阔叶林	MEFHW2004	103.8	85.7	63.71	22	18.09
2012	硬阔叶林	MEFHW2004	115.13	94.99	70.14	24.85	20.14
2017	硬阔叶林	MEFHW2004	126.34	104.25	76.23	28.03	22.09
1997	杨桦林	MEFAD2004	87.6	72.57	56.08	16.49	15.03
2002	杨桦林	MEFAD2004	98.19	81.53	61.81	19.72	16.66
2007	杨桦林	MEFAD2004	90.12	74.27	55.78	18.49	15.86
2012	杨桦林	MEFAD2004	96.68	79.48	58.61	20.86	17.2
2017	杨桦林	MEFAD2004	102.87	84.24	61.13	23.1	18.64
1997	蒙古栎林	MEFQM2004	110.54	89.65	74.03	15.61	20.89
2002	蒙古栎林	MEFQM2004	90.51	73.4	59.96	13.44	17.11
2007	蒙古栎林	MEFQM2004	100.33	81.51	65.8	15.72	18.81
2012	蒙古栎林	MEFQM2004	99.55	80.95	64.76	16.19	18.6
2017	蒙古栎林	MEFQM2004	108.81	88.53	70.43	18.1	20.27
2007	红松人工林	MEFPK2004	94.99	77.64	54.9	22.74	17.35
2012	红松人工林	MEFPK2004	108.22	88.35	62.47	25.88	19.88
2017	红松人工林	MEFPK2004	119.29	97.24	68.51	28.73	22.05
2007	落叶松人工林	MEFDL2004	105	87.36	65.42	21.94	17.63
2012	落叶松人工林	MEFDL2004	136.3	111.97	79.97	32	24.33
2017	落叶松人工林	MEFDL2004	152.23	125.34	87.46	37.89	26.88

表 9-6 6 种林型种生物量数据

年份	林型	样地代码	树种	总生物量/(t/hm²)	地上生物量/(t/hm²)	树干生物量/(t/hm²)	冠层生物量/(t/hm²)	地下生物量/(t/hm²)
1997	杂木林	MEFMD2004	白桦	17.71	13.98	10.05	3.93	3.73
1997	杂木林	MEFMD2004	春榆	12.29	9.80	6.86	2.94	2.49
1997	杂木林	MEFMD2004	胡桃楸	33.12	28.50	22.61	5.89	4.62
1997	杂木林	MEFMD2004	黄波罗	3.66	2.97	2.54	0.43	0.69
1997	杂木林	MEFMD2004	糠椴	2.37	1.83	1.52	0.31	0.53
1997	杂木林	MEFMD2004	蒙古栎	3.55	2.82	2.38	0.45	0.73
1997	杂木林	MEFMD2004	山杨	30.66	26.27	22.10	4.18	4.39
1997	杂木林	MEFMD2004	水曲柳	0.69	0.59	0.51	0.08	0.10
1997	杂木林	MEFMD2004	五角槭	8.48	5.96	4.02	1.94	2.52
1997	杂木林	MEFMD2004	紫椴	6.48	5.05	4.17	0.88	1.43
2002	杂木林	MEFMD2004	白桦	19.29	15.22	10.89	4.33	4.07
2002	杂木林	MEFMD2004	春榆	8.75	7.04	5.01	2.04	1.71
2002	杂木林	MEFMD2004	胡桃楸	27.96	24.05	19.04	5.01	3.91
2002	杂木林	MEFMD2004	黄波罗	4.28	3.43	2.88	0.55	0.85
2002	杂木林	MEFMD2004	糠椴	2.20	1.74	1.43	0.31	0.47
2002	杂木林	MEFMD2004	蒙古栎	3.74	3.02	2.52	0.50	0.72
2002	杂木林	MEFMD2004	山杨	17.78	15.24	12.69	2.55	2.54
2002	杂木林	MEFMD2004	水曲柳	0.15	0.12	0.10	0.02	0.03
2002	杂木林	MEFMD2004	五角槭	17.19	12.44	8.21	4.23	4.74
2007	杂木林	MEFMD2004	白桦	22.42	17.66	12.52	5.14	4.76
2007	杂木林	MEFMD2004	白牛槭	0.03	0.02	0.01	0.00	0.01
2007	杂木林	MEFMD2004	春榆	19.67	15.61	10.88	4.73	4.06
2007	杂木林	MEFMD2004	胡桃楸	33.42	28.72	22.58	6.14	4.70
2007	杂木林	MEFMD2004	黄波罗	2.76	2.20	1.83	0.37	0.56
2007	杂木林	MEFMD2004	糠椴	1.00	0.79	0.65	0.14	0.22
2007	杂木林	MEFMD2004	裂叶榆	0.06	0.05	0.04	0.01	0.01
2007	杂木林	MEFMD2004	山杨	20.61	17.66	14.61	3.05	2.95
2007	杂木林	MEFMD2004	水曲柳	0.24	0.20	0.16	0.03	0.04
2007	杂木林	MEFMD2004	五角槭	24.36	17.32	11.58	5.74	7.05
2012	杂木林	MEFMD2004	白桦	23.30	18.35	12.98	5.37	4.96
2012	杂木林	MEFMD2004	白牛槭	0.06	0.03	0.02	0.01	0.02
2012	杂木林	MEFMD2004	春榆	15.61	12.43	8.73	3.70	3.17
2012	杂木林	MEFMD2004	胡桃楸	34.78	29.86	23.31	6.55	4.91
2012	杂木林	MEFMD2004	黄波罗	1.79	1.42	1.17	0.25	0.37
2012	杂木林	MEFMD2004	糠椴	1.25	0.98	0.81	0.17	0.27
2012	杂木林	MEFMD2004	裂叶榆	0.08	0.07	0.05	0.02	0.01
2012	杂木林	MEFMD2004	山杨	24.64	21.12	17.33	3.79	3.52
2012	杂木林	MEFMD2004	水曲柳	0.32	0.27	0.22	0.05	0.05

（续）

年份	林型	样地代码	树种	总生物量/（t/hm²）	地上生物量/（t/hm²）	树干生物量/（t/hm²）	冠层生物量/（t/hm²）	地下生物量/（t/hm²）
2012	杂木林	MEFMD2004	五角槭	28.12	20.23	13.40	6.82	7.89
2017	杂木林	MEFMD2004	白桦	26.70	20.99	14.72	6.27	5.71
2017	杂木林	MEFMD2004	白牛槭	0.09	0.05	0.04	0.01	0.04
2017	杂木林	MEFMD2004	春榆	18.15	14.42	10.08	4.34	3.74
2017	杂木林	MEFMD2004	胡桃楸	42.48	36.44	28.15	8.29	6.04
2017	杂木林	MEFMD2004	黄波罗	2.00	1.58	1.30	0.28	0.42
2017	杂木林	MEFMD2004	糠椴	1.68	1.34	1.10	0.24	0.34
2017	杂木林	MEFMD2004	裂叶榆	0.14	0.11	0.08	0.03	0.02
2017	杂木林	MEFMD2004	山杨	33.02	28.32	22.93	5.39	4.70
2017	杂木林	MEFMD2004	水曲柳	0.46	0.38	0.31	0.07	0.08
2017	杂木林	MEFMD2004	五角槭	33.02	24.18	15.79	8.39	8.84
1997	硬阔叶林	MEFHW2004	春榆	6.77	5.48	3.91	1.56	1.29
1997	硬阔叶林	MEFHW2004	胡桃楸	15.96	13.73	10.91	2.82	2.23
1997	硬阔叶林	MEFHW2004	黄波罗	1.55	1.21	0.98	0.23	0.34
1997	硬阔叶林	MEFHW2004	蒙古栎	4.89	3.94	3.31	0.63	0.94
1997	硬阔叶林	MEFHW2004	水曲柳	108.81	88.79	66.31	22.48	20.03
1997	硬阔叶林	MEFHW2004	五角槭	3.42	2.53	1.98	0.55	0.89
2002	硬阔叶林	MEFHW2004	春榆	6.27	5.07	3.62	1.45	1.21
2002	硬阔叶林	MEFHW2004	胡桃楸	19.37	16.65	13.12	3.53	2.72
2002	硬阔叶林	MEFHW2004	黄波罗	1.06	0.83	0.69	0.15	0.22
2002	硬阔叶林	MEFHW2004	蒙古栎	4.24	3.41	2.91	0.51	0.82
2002	硬阔叶林	MEFHW2004	水曲柳	118.21	96.39	71.51	24.88	21.82
2002	硬阔叶林	MEFHW2004	五角槭	0.65	0.50	0.41	0.09	0.15
2007	硬阔叶林	MEFHW2004	春榆	6.20	5.02	3.60	1.43	1.18
2007	硬阔叶林	MEFHW2004	胡桃楸	43.35	37.13	28.07	9.07	6.22
2007	硬阔叶林	MEFHW2004	蒙古栎	6.39	5.16	4.30	0.87	1.23
2007	硬阔叶林	MEFHW2004	水曲柳	139.25	113.45	83.32	30.13	25.80
2007	硬阔叶林	MEFHW2004	五角槭	3.28	2.22	1.54	0.69	1.06
2012	硬阔叶林	MEFHW2004	春榆	7.88	6.37	4.55	1.82	1.51
2012	硬阔叶林	MEFHW2004	胡桃楸	48.48	41.51	31.16	10.35	6.97
2012	硬阔叶林	MEFHW2004	蒙古栎	7.15	5.77	4.78	0.99	1.38
2012	硬阔叶林	MEFHW2004	水曲柳	152.50	124.18	90.59	33.59	28.32
2012	硬阔叶林	MEFHW2004	五角槭	4.27	2.92	2.01	0.91	1.35
2017	硬阔叶林	MEFHW2004	春榆	10.13	8.17	5.83	2.34	1.96
2017	硬阔叶林	MEFHW2004	胡桃楸	57.39	49.13	36.64	12.49	8.26
2017	硬阔叶林	MEFHW2004	蒙古栎	7.00	5.65	4.63	1.03	1.34
2017	硬阔叶林	MEFHW2004	水曲柳	161.76	131.62	94.96	36.66	30.14
2017	硬阔叶林	MEFHW2004	五角槭	5.62	3.93	2.66	1.26	1.69

（续）

年份	林型	样地代码	树种	总生物量/(t/hm²)	地上生物量/(t/hm²)	树干生物量/(t/hm²)	冠层生物量/(t/hm²)	地下生物量/(t/hm²)
1997	杨桦林	MEFAD2004	春榆	2.56	2.11	1.54	0.58	0.45
1997	杨桦林	MEFAD2004	枫桦	31.42	24.94	18.31	6.63	6.48
1997	杨桦林	MEFAD2004	黄波罗	4.90	3.86	3.14	0.72	1.05
1997	杨桦林	MEFAD2004	青楷槭	0.03	0.02	0.01	0.00	0.01
1997	杨桦林	MEFAD2004	山杨	107.61	92.58	71.66	20.92	15.02
1997	杨桦林	MEFAD2004	水曲柳	14.62	11.79	9.89	1.91	2.82
1997	杨桦林	MEFAD2004	五角槭	8.55	5.38	3.86	1.51	3.17
1997	杨桦林	MEFAD2004	紫椴	14.94	11.77	9.69	2.08	3.18
2002	杨桦林	MEFAD2004	白牛槭	0.13	0.07	0.05	0.02	0.06
2002	杨桦林	MEFAD2004	春榆	3.04	2.51	1.83	0.68	0.53
2002	杨桦林	MEFAD2004	枫桦	23.56	18.69	13.68	5.01	4.87
2002	杨桦林	MEFAD2004	黄波罗	4.23	3.27	2.59	0.68	0.96
2002	杨桦林	MEFAD2004	千金榆	8.92	7.06	5.12	1.94	1.86
2002	杨桦林	MEFAD2004	山杨	124.94	107.61	81.36	26.25	17.33
2002	杨桦林	MEFAD2004	水曲柳	17.74	14.33	11.89	2.44	3.42
2002	杨桦林	MEFAD2004	五角槭	12.29	8.11	5.67	2.44	4.18
2002	杨桦林	MEFAD2004	紫椴	12.60	9.98	8.20	1.78	2.61
2007	杨桦林	MEFAD2004	白牛槭	0.05	0.03	0.02	0.01	0.02
2007	杨桦林	MEFAD2004	春榆	3.80	3.12	2.26	0.86	0.68
2007	杨桦林	MEFAD2004	枫桦	31.27	24.91	18.50	6.41	6.36
2007	杨桦林	MEFAD2004	黄波罗	3.16	2.53	2.13	0.40	0.63
2007	杨桦林	MEFAD2004	千金榆	3.65	2.95	2.29	0.66	0.70
2007	杨桦林	MEFAD2004	山杨	98.54	84.79	64.96	19.83	13.74
2007	杨桦林	MEFAD2004	水曲柳	23.99	19.57	14.57	5.00	4.42
2007	杨桦林	MEFAD2004	五角槭	19.63	13.90	9.33	4.57	5.73
2007	杨桦林	MEFAD2004	紫椴	10.23	8.14	6.68	1.46	2.09
2012	杨桦林	MEFAD2004	白牛槭	0.05	0.03	0.02	0.01	0.02
2012	杨桦林	MEFAD2004	春榆	4.22	3.45	2.50	0.96	0.77
2012	杨桦林	MEFAD2004	枫桦	35.84	28.47	20.93	7.54	7.37
2012	杨桦林	MEFAD2004	黄波罗	2.38	1.89	1.57	0.32	0.49
2012	杨桦林	MEFAD2004	千金榆	4.43	3.57	2.77	0.81	0.86
2012	杨桦林	MEFAD2004	山杨	96.58	83.25	62.20	21.04	13.34
2012	杨桦林	MEFAD2004	水曲柳	28.39	23.13	17.06	6.08	5.26
2012	杨桦林	MEFAD2004	五角槭	23.38	16.77	11.15	5.62	6.61
2012	杨桦林	MEFAD2004	紫椴	12.23	9.77	8.00	1.77	2.46
2017	杨桦林	MEFAD2004	白牛槭	0.06	0.03	0.02	0.01	0.02
2017	杨桦林	MEFAD2004	春榆	3.53	2.88	2.08	0.80	0.65
2017	杨桦林	MEFAD2004	枫桦	42.36	33.56	24.42	9.14	8.79

（续）

年份	林型	样地代码	树种	总生物量/（t/hm²）	地上生物量/（t/hm²）	树干生物量/（t/hm²）	冠层生物量/（t/hm²）	地下生物量/（t/hm²）
2017	杨桦林	MEFAD2004	黄波罗	2.00	1.58	1.30	0.28	0.42
2017	杨桦林	MEFAD2004	千金榆	5.63	4.53	3.48	1.05	1.10
2017	杨桦林	MEFAD2004	山杨	86.36	74.55	54.42	20.13	11.81
2017	杨桦林	MEFAD2004	水曲柳	34.89	28.40	20.71	7.69	6.48
2017	杨桦林	MEFAD2004	五角槭	28.72	21.02	13.75	7.28	7.70
2017	杨桦林	MEFAD2004	紫椴	15.46	12.42	10.15	2.27	3.04
1997	蒙古栎林	MEFMO2004	春榆	0.29	0.24	0.18	0.06	0.05
1997	蒙古栎林	MEFMO2004	黄榆	0.85	0.71	0.52	0.19	0.14
1997	蒙古栎林	MEFMO2004	糠椴	2.95	2.29	1.90	0.40	0.65
1997	蒙古栎林	MEFMO2004	蒙古栎	223.59	180.54	149.95	30.60	43.05
1997	蒙古栎林	MEFMO2004	山杨	0.14	0.12	0.11	0.01	0.02
1997	蒙古栎林	MEFMO2004	水曲柳	0.28	0.23	0.19	0.04	0.05
1997	蒙古栎林	MEFMO2004	五角槭	2.31	1.32	0.98	0.34	0.99
1997	蒙古栎林	MEFMO2004	紫椴	0.66	0.49	0.41	0.08	0.16
2002	蒙古栎林	MEFMO2004	春榆	0.85	0.72	0.53	0.19	0.14
2002	蒙古栎林	MEFMO2004	黄波罗	1.78	1.39	1.11	0.28	0.40
2002	蒙古栎林	MEFMO2004	糠椴	2.57	2.00	1.65	0.35	0.57
2002	蒙古栎林	MEFMO2004	蒙古栎	181.34	146.52	120.39	26.13	34.82
2002	蒙古栎林	MEFMO2004	五角槭	2.09	1.21	0.89	0.32	0.88
2002	蒙古栎林	MEFMO2004	紫椴	0.30	0.22	0.19	0.04	0.07
2007	蒙古栎林	MEFMO2004	春榆	0.54	0.46	0.34	0.12	0.09
2007	蒙古栎林	MEFMO2004	糠椴	1.75	1.35	1.12	0.23	0.39
2007	蒙古栎林	MEFMO2004	蒙古栎	204.80	165.64	134.43	31.21	39.15
2007	蒙古栎林	MEFMO2004	五角槭	2.23	1.32	0.97	0.35	0.91
2007	蒙古栎林	MEFMO2004	紫椴	0.52	0.40	0.33	0.07	0.12
2012	蒙古栎林	MEFMO2004	春榆	0.56	0.47	0.35	0.12	0.09
2012	蒙古栎林	MEFMO2004	糠椴	1.30	1.01	0.83	0.18	0.29
2012	蒙古栎林	MEFMO2004	蒙古栎	203.45	164.68	132.48	32.20	38.77
2012	蒙古栎林	MEFMO2004	五角槭	2.37	1.43	1.05	0.38	0.94
2012	蒙古栎林	MEFMO2004	紫椴	0.56	0.43	0.36	0.07	0.13
2017	蒙古栎林	MEFMO2004	春榆	0.82	0.69	0.50	0.18	0.14
2017	蒙古栎林	MEFMO2004	糠椴	1.40	1.09	0.90	0.19	0.31
2017	蒙古栎林	MEFMO2004	蒙古栎	222.17	179.93	143.94	35.98	42.25
2017	蒙古栎林	MEFMO2004	五角槭	2.57	1.57	1.14	0.43	1.00
2017	蒙古栎林	MEFMO2004	紫椴	0.61	0.47	0.39	0.08	0.14
2007	落叶松人工林	MEFDL2004	春榆	12.52	10.04	7.12	2.92	2.47
2007	落叶松人工林	MEFDL2004	胡桃楸	0.17	0.15	0.13	0.02	0.02
2007	落叶松人工林	MEFDL2004	落叶松	208.65	173.99	131.57	42.42	34.66

（续）

年份	林型	样地代码	树种	总生物量/(t/hm^2)	地上生物量/(t/hm^2)	树干生物量/(t/hm^2)	冠层生物量/(t/hm^2)	地下生物量/(t/hm^2)
2007	落叶松人工林	MEFDL2004	蒙古栎	0.60	0.49	0.44	0.05	0.12
2007	落叶松人工林	MEFDL2004	水曲柳	0.24	0.20	0.17	0.03	0.04
2007	落叶松人工林	MEFDL2004	五角槭	0.34	0.21	0.15	0.06	0.13
2012	落叶松人工林	MEFDL2004	春榆	48.61	36.88	23.44	13.44	11.73
2012	落叶松人工林	MEFDL2004	落叶松	236.75	197.67	145.25	52.43	39.08
2012	落叶松人工林	MEFDL2004	蒙古栎	0.84	0.68	0.60	0.07	0.16
2012	落叶松人工林	MEFDL2004	水曲柳	0.25	0.21	0.17	0.04	0.04
2012	落叶松人工林	MEFDL2004	五角槭	0.41	0.26	0.19	0.07	0.15
2017	落叶松人工林	MEFDL2004	春榆	49.16	37.20	23.51	13.69	11.96
2017	落叶松人工林	MEFDL2004	落叶松	269.89	225.63	161.20	64.43	44.25
2017	落叶松人工林	MEFDL2004	蒙古栎	1.12	0.91	0.80	0.11	0.22
2017	落叶松人工林	MEFDL2004	五角槭	0.40	0.25	0.18	0.07	0.16
2007	红松人工林	MEFPK2004	白桦	31.55	25.37	19.53	5.84	6.18
2007	红松人工林	MEFPK2004	春榆	0.87	0.72	0.52	0.19	0.15
2007	红松人工林	MEFPK2004	红松	87.11	71.24	47.02	24.22	15.87
2007	红松人工林	MEFPK2004	蒙古栎	0.16	0.13	0.12	0.01	0.03
2007	红松人工林	MEFPK2004	水曲柳	63.77	52.07	39.24	12.83	11.70
2007	红松人工林	MEFPK2004	紫椴	0.03	0.02	0.02	0.00	0.01
2012	红松人工林	MEFPK2004	白桦	33.89	27.19	20.79	6.40	6.70
2012	红松人工林	MEFPK2004	春榆	0.55	0.45	0.33	0.12	0.10
2012	红松人工林	MEFPK2004	红松	93.12	76.04	50.31	25.72	17.08
2012	红松人工林	MEFPK2004	蒙古栎	0.17	0.14	0.12	0.01	0.03
2012	红松人工林	MEFPK2004	水曲柳	81.08	66.13	49.31	16.83	14.95
2012	红松人工林	MEFPK2004	紫椴	0.04	0.03	0.02	0.00	0.01
2017	红松人工林	MEFPK2004	白桦	33.85	27.04	20.39	6.65	6.81
2017	红松人工林	MEFPK2004	春榆	0.22	0.18	0.14	0.05	0.04
2017	红松人工林	MEFPK2004	红松	100.43	81.85	54.33	27.52	18.58
2017	红松人工林	MEFPK2004	水曲柳	95.21	77.60	57.32	20.28	17.61
2017	红松人工林	MEFPK2004	紫椴	0.04	0.03	0.02	0.00	0.01

10 枯立木及凋落物动态监测

10.1 枯立木动态

10.1.1 枯立木密度动态

杨桦林和蒙古栎林的枯立木株树密度整体呈增加趋势，但在2007年骤降，硬阔叶林、杂木林、红松人工林和落叶松人工林的枯立木密度均呈增加趋势（图10-1）。最后一次调查结果显示，红松人工林枯立木株树密度最大（1 000 N/hm^2），硬阔叶林枯立木株树密度最小（350 N/hm^2）。枯立木密度均值为（红松人工林和落叶松人工林从2007年开始调查）：红松人工林（733 N/hm^2）＞杂木林（600 N/hm^2）＞杨桦林（466 N/hm^2）＞蒙古栎林（413 N/hm^2）＞落叶松人工林（350 N/hm^2）＞硬阔叶林（206 N/hm^2）。

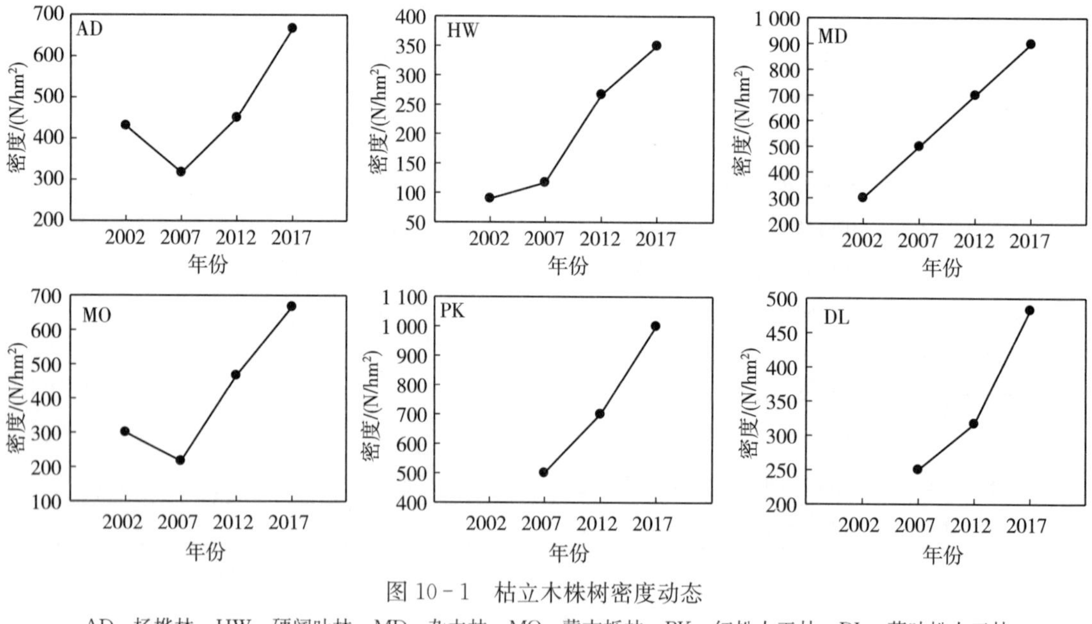

图10-1 枯立木株树密度动态

AD：杨桦林 HW：硬阔叶林 MD：杂木林 MO：蒙古栎林 PK：红松人工林 DL：落叶松人工林

10.1.2 枯立木胸高断面积动态

6个林型的枯立木胸高断面积动态整体呈增加趋势（图10-2）。其中，落叶松人工林枯立木胸高断面积明显高于其他林型，红松人工林枯立木胸高断面积明显低于其他林型。枯立木胸高断面积均值为：落叶松人工林（15.05 m^2/hm^2）＞杂木林（7.38 m^2/hm^2）＞蒙古栎林（6.90 m^2/hm^2）＞杨桦林（5.13 m^2/hm^2）＞硬阔叶林（4.69 m^2/hm^2）＞红松人工林（3.65 m^2/hm^2）。

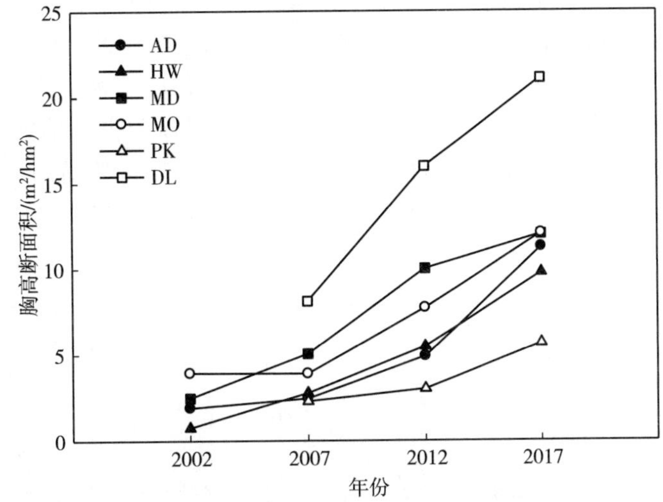

图 10-2 枯立木胸高断面积动态

AD：杨桦林 HW：硬阔叶林 MD：杂木林 MO：蒙古栎林 PK：红松人工林 DL：落叶松人工林

10.1.3 枯立木径级分布

由枯立木胸径和株数分布可以计算出，各林型中枯立木的径级分布情况以及动态变化情况（图 10-3）。在全部 6 个林型中，小径级枯立木数量较多，随径级的增大，枯立木数量呈减少趋势。杂木林、红松人工林中径级分布的年际动态较稳定。在杨桦林中，不同径级枯立木数量的时间动态变化比较明显，在调查期间，径级在 0～10 cm 的枯立木数量比例出现递减现象，10～20 cm 的枯立木数量比例基本保持稳定，而径级在 20～30 cm 的枯立木在 2002 年的调查中未发现，从 2007 年开始发现并递增。硬阔叶林、蒙古栎林、落叶松人工林的各径级分布在 4 个调查年份中升高、降低波动明显。

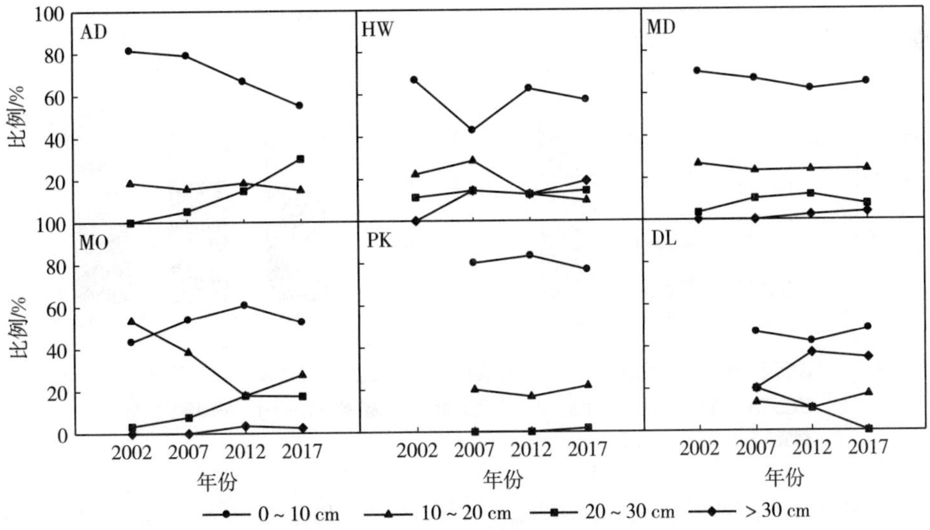

图 10-3 枯立木径级分布动态

AD：杨桦林 HW：硬阔叶林 MD：杂木林 MO：蒙古栎林 PK：红松人工林 DL：落叶松人工林

10.1.4 枯立木树种组成分布

根据不同树种株数分布情况，可以得到各林型在不同调查年份的树种分布情况（图 10-4）。可以看出，杨桦林和杂木林两个林型的枯立木树种分布较复杂，各树种分布动态变化在 4 个调查年份中升高、降低波动明显。而硬阔叶林、蒙古栎林、红松人工林和落叶松人工林的枯立木树种分布比较简单。硬阔叶林中，枯立木主要树种为水曲柳和胡桃楸，各个年份的定种个体占比较多。蒙古栎林中，受种间竞争的影响，槭树和椴树的死亡个体数量逐渐增多，仍以蒙古栎枯立木为主，占 43%以上。红松人工林中，红松、白桦以及水曲柳所占比例在 3 个调查年份中逐年增加，未定种比例逐年减少，在 2017 年发现少量蒙古栎。落叶松人工林树种分布在 3 个调查年份中的年际动态较稳定，枯立木树种主要为落叶松和榆，其中榆所占比例大于落叶松，2017 年发现少量蒙古栎枯死。

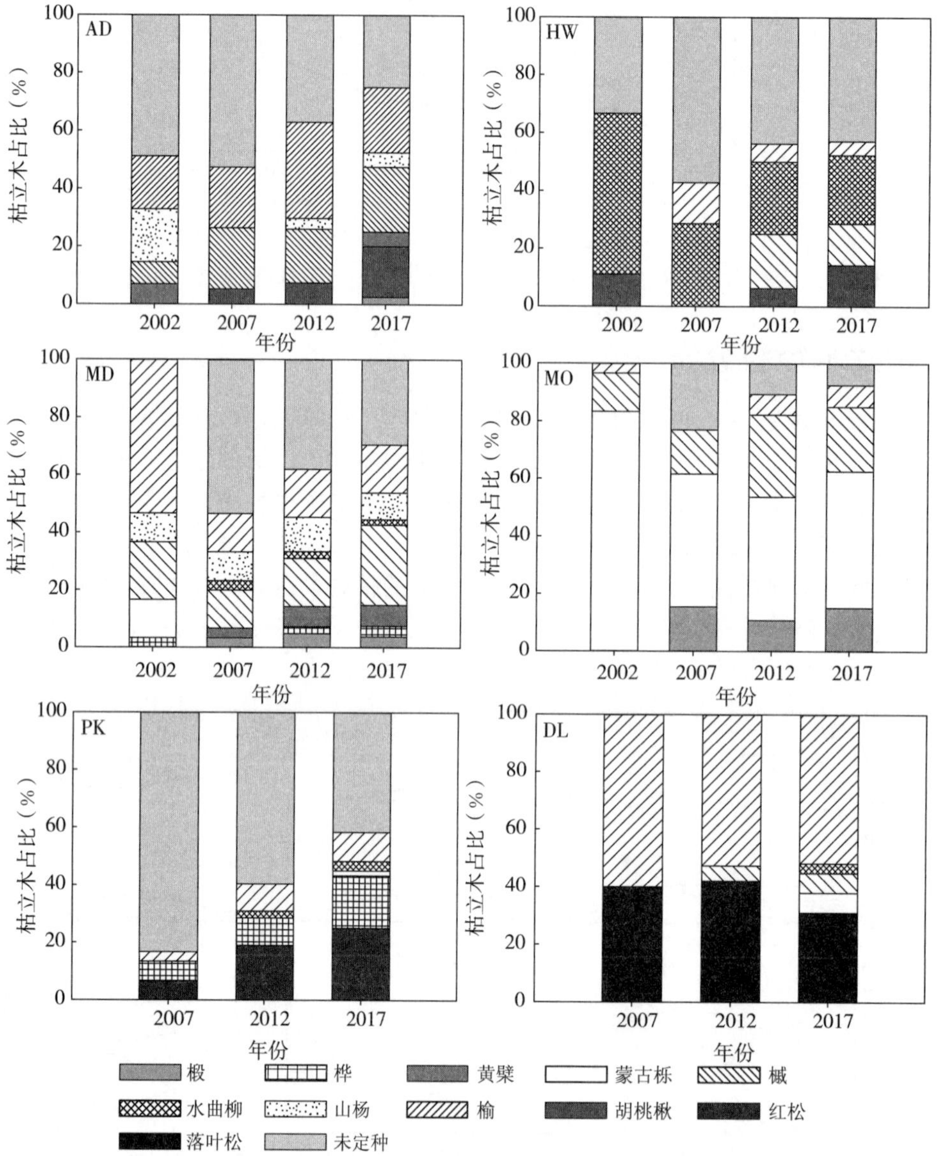

图 10-4　枯立木树种分布动态

AD：杨桦林　HW：硬阔叶林　MD：杂木林　MO：蒙古栎林　PK：红松人工林　DL：落叶松人工林

10.1.5　枯立木干物质量动态

6 个林型的枯立木干物质总量均呈增加趋势（图 10-5），其中，落叶松人工林枯立木干物质调查期间的增加量明显高于其他林型；红松人工林枯立木干物质量增加缓慢，明显低于其他林型；杨桦林、硬阔叶林、蒙古栎林和杂木林的枯立木干物质量增加量介于落叶松人工林和红松人工林之间。调查期间，各林型枯立木干物质量均值为：落叶松人工林（106.04 t/hm^2）＞杂木林（41.07 t/hm^2）＞蒙古栎林（39.57 t/hm^2）＞硬阔叶林（33.74 t/hm^2）＞杨桦林（26.15 t/hm^2）＞红松人工林（13.13 t/hm^2）。

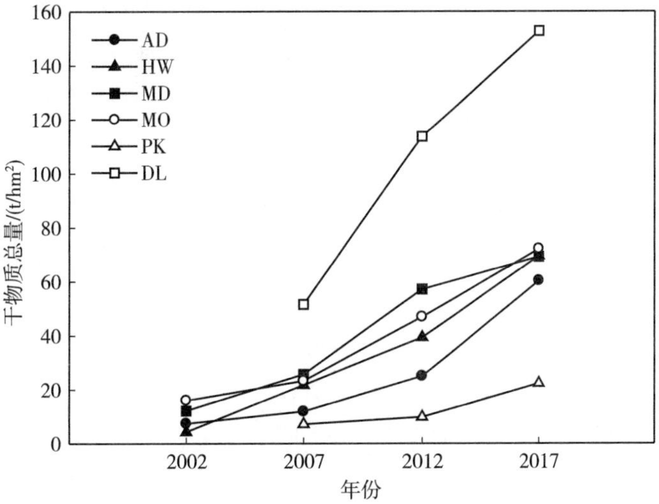

图 10－5　枯立木干物质量动态

AD：杨桦林　HW：硬阔叶林　MD：杂木林　MO：蒙古栎林　PK：红松人工林　DL：落叶松人工林

枯立木干物质总碳含量动态与干物质量动态一致（图 10－6）。调查期间，各林型枯立木干物质总碳含量均值为：落叶松人工林（50.57 t/hm^2）＞杂木林（19.21 t/hm^2）＞蒙古栎林（18.91 t/hm^2）＞硬阔叶林（17.72 t/hm^2）＞杨桦林（12.81 t/hm^2）＞红松人工林（6.73 t/hm^2）。

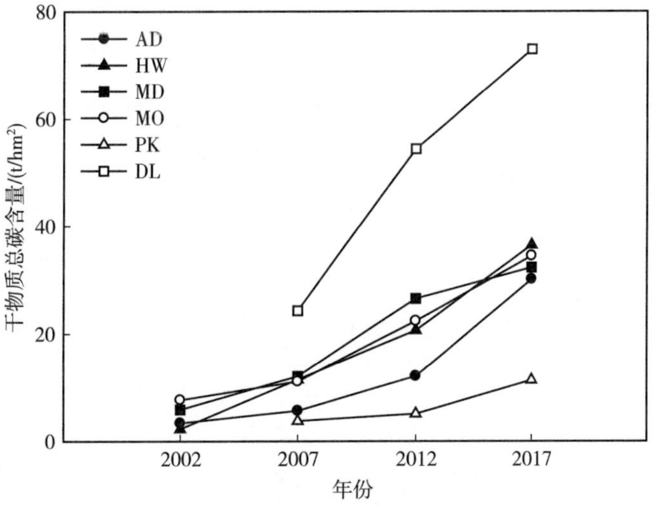

图 10－6　枯立木干物质总碳含量动态

AD：杨桦林　HW：硬阔叶林　MD：杂木林　MO：蒙古栎林　PK：红松人工林　DL：落叶松人工林

6 种林型枯立木特征见表 10－1，枯立木径级分布动态数据见表 10－2，枯立木树种数量组成分布百分数见表 10－3。

表 10－1　6 种林型枯立木特征

年份	林型	平均胸径/cm	最大胸径/cm	断面积/(m^2/hm^2)	密度/(N/hm^2)	总干重/(t/hm^2)	总碳密度/(tC/hm^2)
2002	杨桦林	6.16	17.50	1.90	430.00	7.43	3.37
2007	杨桦林	8.42	20.40	2.45	317.00	11.88	5.66
2012	杨桦林	9.95	23.60	4.90	450.00	25.04	12.10

（续）

年份	林型	平均胸径/cm	最大胸径/cm	断面积/(m^2/hm^2)	密度/(N/hm^2)	总干重/(t/hm^2)	总碳密度/(tC/hm^2)
2017	杨桦林	12.30	28.60	11.25	667.00	60.25	30.10
2002	硬阔叶林	8.57	21.70	0.75	90.00	4.32	2.27
2007	硬阔叶林	12.94	33.40	2.77	117.00	21.76	11.46
2012	硬阔叶林	12.12	35.06	5.47	267.00	39.35	20.65
2017	硬阔叶林	14.51	37.64	9.76	350.00	69.54	36.49
2007	落叶松人工林	16.55	36.20	8.12	250.00	51.61	24.30
2012	落叶松人工林	20.60	54.16	15.97	317.00	113.72	54.42
2017	落叶松人工林	18.49	54.98	21.07	483.00	152.79	72.98
2002	杂木林	8.02	24.50	2.47	300.00	12.15	5.89
2007	杂木林	9.02	26.30	5.05	500.00	25.71	12.07
2012	杂木林	10.55	34.20	10.00	700.00	57.15	26.55
2017	杂木林	10.24	36.35	12.01	900.00	69.27	32.32
2002	蒙古栎林	10.91	25.20	3.93	300.00	16.02	7.66
2007	蒙古栎林	11.92	32.60	3.90	217.00	23.26	11.10
2012	蒙古栎林	11.02	38.41	7.72	467.00	46.93	22.39
2017	蒙古栎林	12.05	39.45	12.05	667.00	72.08	34.47
2007	红松人工林	7.28	12.70	2.29	500.00	7.20	3.76
2012	红松人工林	6.98	12.70	3.00	700.00	9.84	5.09
2017	红松人工林	7.92	21.11	5.66	1 000.00	22.35	11.35

表 10-2　枯立木径级分布动态

年份	林型	0～10 cm/%	10～20 cm/%	20～30 cm/%	>30 cm/%
2002	杨桦林	81.40	18.60	0.00	0.00
2007	杨桦林	78.95	15.79	5.26	0.00
2012	杨桦林	66.67	18.52	14.81	0.00
2017	杨桦林	55.00	15.00	30.00	0.00
2002	硬阔叶林	66.67	22.22	11.11	0.00
2007	硬阔叶林	42.86	28.57	14.29	14.29
2012	硬阔叶林	62.50	12.50	12.50	12.50
2017	硬阔叶林	57.14	9.52	14.29	19.05
2002	杂木林	70.00	26.67	3.33	0.00
2007	杂木林	66.67	23.33	10.00	0.00
2012	杂木林	61.90	23.81	11.90	2.38
2017	杂木林	64.81	24.07	7.41	3.70
2002	蒙古栎林	43.33	53.33	3.33	0.00
2007	蒙古栎林	53.85	38.46	7.69	0.00
2012	蒙古栎林	60.71	17.86	17.86	3.57
2017	蒙古栎林	52.50	27.50	17.50	2.50

（续）

年份	林型	0~10 cm/%	10~20 cm/%	20~30 cm/%	>30 cm/%
2002	红松人工林	0.00	0.00	0.00	0.00
2007	红松人工林	80.00	20.00	0.00	0.00
2012	红松人工林	83.33	16.67	0.00	0.00
2017	红松人工林	76.67	21.67	1.67	0.00
2002	落叶松人工林	0.00	0.00	0.00	0.00
2007	落叶松人工林	46.67	13.33	20.00	20.00
2012	落叶松人工林	42.11	10.53	10.53	36.84
2017	落叶松人工林	48.28	17.24	0.00	34.48

表 10-3 枯立木树种数量组成分布百分数

单位：%

年份	林型	椴树	红松	胡桃楸	桦木属	黄波罗	落叶松	蒙古栎	槭树属	水曲柳	山杨	榆属	未定种
2002	杨桦林	0	0	0	0	7	0	0	25.6	0	18.6	48.8	0
2007	杨桦林	0	0	5.3	0	0	0	0	21.1	0	0	21.1	52.6
2012	杨桦林	0	0	7.4	0	0	0	0	18.5	0	3.7	33.3	37
2017	杨桦林	2.5	0	17.5	0	5	0	0	22.5	0	5	22.5	25
2002	硬阔叶林	0	0	11.1	0	0	0	0	0	55.6	0	33.3	0
2007	硬阔叶林	0	0	0	0	0	0	0	0	28.6	0	57.1	14.3
2012	硬阔叶林	0	0	6.3	0	0	0	0	18.8	25	0	43.8	6.3
2017	硬阔叶林	0	0	14.3	0	0	0	0	14.3	23.8	0	42.9	4.8
2002	杂木林	0	0	0	3.3	0	0	13.3	20	0	10	53.3	0
2007	杂木林	3.3	0	0	0	3.3	0	0	13.3	3.3	10	13.3	53.3
2012	杂木林	4.8	0	0	2.4	7.1	0	0	16.7	2.4	11.9	16.7	38.1
2017	杂木林	3.7	0	0	3.7	7.4	0	0	27.8	1.9	9.3	16.7	29.6
2002	蒙古栎林	0	0	0	0	0	0	83.3	13.3	0	0	3.3	0
2007	蒙古栎林	15.4	0	0	0	0	0	46.2	15.4	0	0	0	23.1
2012	蒙古栎林	10.7	0	0	0	0	0	42.9	28.6	0	0	7.1	10.7
2017	蒙古栎林	15	0	0	0	0	0	47.5	22.5	0	0	7.5	7.5
2007	落叶松人工林	0	0	0	0	0	40	0	0	0	0	60	0
2012	落叶松人工林	0	0	0	0	0	42.1	0	5.3	0	0	52.6	0
2017	落叶松人工林	0	0	0	0	0	31	6.9	6.9	3.4	0	51.7	0
2007	红松人工林	0	6.7	0	6.7	0	0	0	0	0	0	3.3	83.3
2012	红松人工林	0	19	0	9.5	0	0	0	0	2.4	0	9.5	59.5
2017	红松人工林	0	25	0	18.3	0	0	1.7	0	3.3	0	10	41.7

10.2 凋落物动态

10.2.1 凋落物总量及各凋落物组分年际动态

2008—2017 年的监测结果显示，6 种林型的年凋落量变化明显，不同林型凋落物总量均值依次为：蒙古栎林（5.48 t/hm²）＞落叶松人工林（5.25 t/hm²）＞杂木林（4.98 t/hm²）＞硬阔叶林（4.94 t/hm²）＞红松人工林（4.87 t/hm²）＞杨桦林（4.80 t/hm²）。研究期间，凋落物总量增加、减少现象交替出现，年际动态变化明显，各林型的凋落物总量整体呈上升趋势。

凋落物各组分含量中，叶的年际动态与凋落总量的年际动态基本一致，整体呈增加趋势，是凋落物的主要组分。各林型枝凋落量有明显的增加、减少波动，除蒙古栎林外，其余 5 个林型的枝凋落量在 2010 年最少。繁殖、皮及其他凋落量在 2011 年、2012 年出现短暂的减少现象，但整体随林龄增加而增加（图 10－7）。

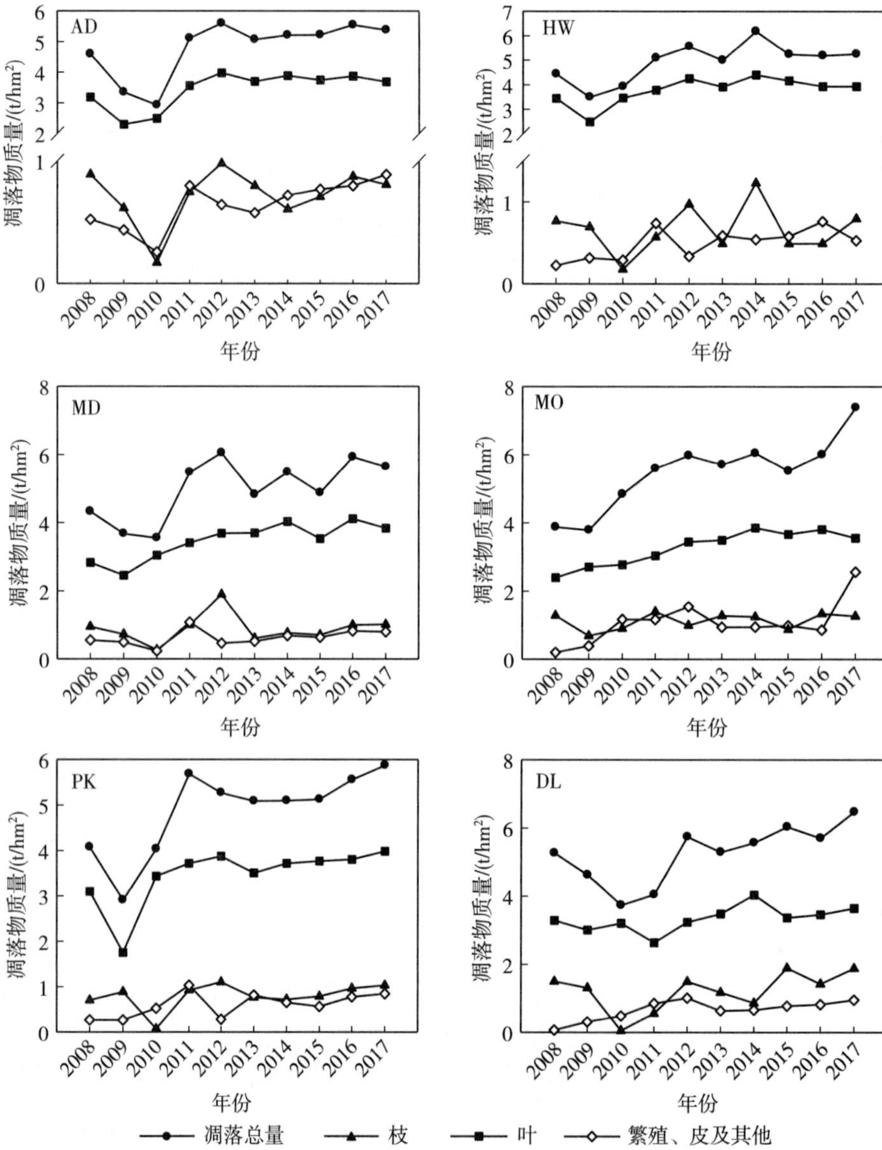

图 10－7　6 个林型凋落物总量及各凋落物组分年际动态

AD：杨桦林　HW：硬阔叶林　MD：杂木林　MO：蒙古栎林　PK：红松人工林　DL：落叶松人工林

10.2.2　季节分配动态

生长季的凋落总量均值（2.26～3.43 t/hm²）略高于凋落季（1.44～3.20 t/hm²）。生长季和凋落季的凋落物年际动态均呈现出明显的增加、减少波动。生长季和凋落季的凋落物量呈现出完全相反的年际动态，生长季凋落物量增加则凋落季减少，反之亦然。除红松人工林外，其余 5 个林型的生长季凋落量在 2010 年最少（图 10－8，表 10－4）。

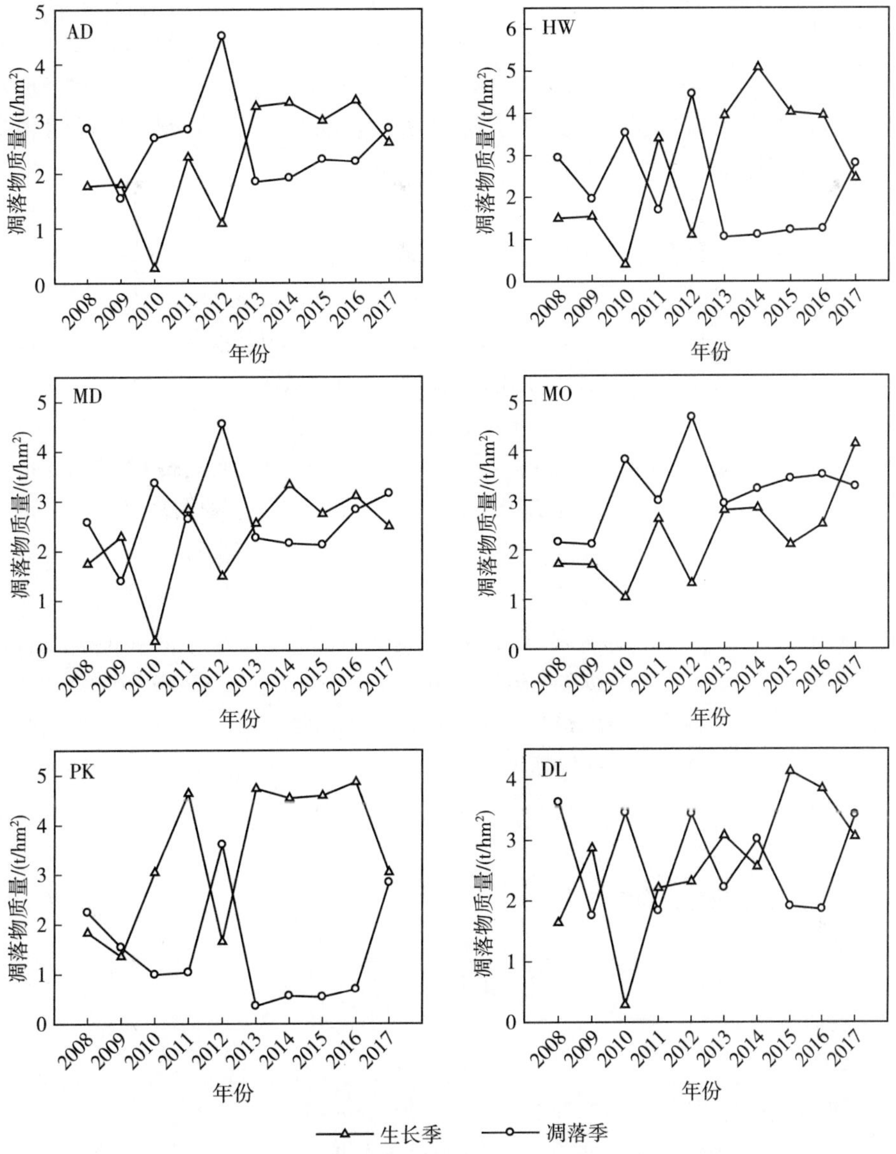

图 10－8　6 个林型生长季、凋落季凋落总量年际动态

AD：杨桦林　HW：硬阔叶林　MD：杂木林　MO：蒙古栎林　PK：红松人工林　DL：落叶松人工林

表 10－4　6 个林型凋落总量、各组分凋落量及生长季、凋落季凋落量年际动态

林型	年份	凋落总量/(t/hm²)	枝/(t/hm²)	叶/(t/hm²)	皮/(t/hm²)	繁殖及其他/(t/hm²)	生长季/(t/hm²)	凋落季/(t/hm²)
杨桦林	2008	4.60	0.89	3.18	0.10	0.42	1.77	2.83
杨桦林	2009	3.35	0.61	2.30	0.00	0.44	1.80	1.54
杨桦林	2010	2.92	0.17	2.50	0.01	0.25	0.27	2.65
杨桦林	2011	5.11	0.75	3.56	0.07	0.72	2.30	2.81
杨桦林	2012	5.60	0.98	3.97	0.12	0.52	1.09	4.51
杨桦林	2013	5.07	0.80	3.70	0.04	0.53	3.23	1.85
杨桦林	2014	5.21	0.61	3.88	0.14	0.58	3.30	1.91

（续）

林型	年份	凋落总量/（t/hm²）	枝/（t/hm²）	叶/（t/hm²）	皮/（t/hm²）	繁殖及其他/（t/hm²）	生长季/（t/hm²）	凋落季/（t/hm²）
杨桦林	2015	5.22	0.71	3.75	0.20	0.57	2.97	2.25
杨桦林	2016	5.55	0.88	3.87	0.07	0.73	3.33	2.21
杨桦林	2017	5.38	0.81	3.69	0.11	0.78	2.56	2.82
硬阔叶林	2008	4.44	0.77	3.45	0.00	0.23	1.50	2.94
硬阔叶林	2009	3.50	0.69	2.49	0.00	0.31	1.54	1.95
硬阔叶林	2010	3.93	0.18	3.47	0.01	0.28	0.41	3.53
硬阔叶林	2011	5.10	0.57	3.79	0.04	0.70	3.41	1.69
硬阔叶林	2012	5.56	0.97	4.25	0.09	0.24	1.11	4.45
硬阔叶林	2013	5.00	0.49	3.92	0.03	0.55	3.94	1.05
硬阔叶林	2014	6.18	1.24	4.40	0.04	0.50	5.08	1.10
硬阔叶林	2015	5.24	0.49	4.17	0.18	0.39	4.02	1.21
硬阔叶林	2016	5.19	0.49	3.93	0.09	0.67	3.95	1.24
硬阔叶林	2017	5.25	0.79	3.94	0.09	0.44	2.45	2.80
杂木林	2008	4.33	0.94	2.83	0.07	0.48	1.75	2.58
杂木林	2009	3.68	0.73	2.46	0.00	0.49	2.29	1.39
杂木林	2010	3.55	0.27	3.05	0.01	0.23	0.19	3.36
杂木林	2011	5.48	1.00	3.41	0.14	0.94	2.84	2.64
杂木林	2012	6.05	1.90	3.69	0.04	0.43	1.50	4.56
杂木林	2013	4.82	0.61	3.70	0.08	0.44	2.56	2.27
杂木林	2014	5.48	0.76	4.03	0.07	0.62	3.33	2.15
杂木林	2015	4.87	0.71	3.53	0.10	0.54	2.75	2.12
杂木林	2016	5.93	0.99	4.12	0.07	0.75	3.10	2.83
杂木林	2017	5.64	1.01	3.84	0.08	0.71	2.49	3.15
蒙古栎林	2008	3.88	1.28	2.40	0.00	0.20	1.73	2.15
蒙古栎林	2009	3.79	0.69	2.71	0.00	0.39	1.70	2.10
蒙古栎林	2010	4.84	0.90	2.78	0.04	1.13	1.04	3.80
蒙古栎林	2011	5.60	1.39	3.04	0.07	1.09	2.62	2.98
蒙古栎林	2012	5.98	0.99	3.45	0.15	1.39	1.32	4.66
蒙古栎林	2013	5.71	1.27	3.50	0.02	0.92	2.79	2.92
蒙古栎林	2014	6.05	1.24	3.86	0.07	0.88	2.83	3.21
蒙古栎林	2015	5.52	0.87	3.67	0.09	0.90	2.10	3.42
蒙古栎林	2016	6.01	1.33	3.81	0.21	0.65	2.51	3.49
蒙古栎林	2017	7.39	1.26	3.56	0.11	2.46	4.13	3.26
红松人工林	2008	4.08	0.71	3.10	0.00	0.27	1.83	2.24
红松人工林	2009	2.91	0.89	1.75	0.00	0.27	1.36	1.55
红松人工林	2010	4.04	0.08	3.43	0.01	0.52	3.04	0.99
红松人工林	2011	5.68	0.93	3.72	0.08	0.95	4.64	1.04
红松人工林	2012	5.27	1.11	3.88	0.05	0.23	1.66	3.61

（续）

林型	年份	凋落总量/(t/hm²)	枝/(t/hm²)	叶/(t/hm²)	皮/(t/hm²)	繁殖及其他/(t/hm²)	生长季/(t/hm²)	凋落季/(t/hm²)
红松人工林	2013	5.09	0.77	3.51	0.05	0.76	4.74	0.35
红松人工林	2014	5.10	0.72	3.72	0.06	0.59	4.54	0.56
红松人工林	2015	5.13	0.79	3.77	0.08	0.49	4.59	0.54
红松人工林	2016	5.56	0.97	3.81	0.15	0.63	4.86	0.69
红松人工林	2017	5.87	1.04	3.99	0.12	0.73	3.04	2.83
落叶松人工林	2008	5.27	1.50	3.28	0.01	0.06	1.64	3.63
落叶松人工林	2009	4.63	1.31	3.00	0.00	0.31	2.87	1.75
落叶松人工林	2010	3.73	0.05	3.20	0.05	0.43	0.28	3.45
落叶松人工林	2011	4.04	0.56	2.63	0.19	0.67	2.21	1.83
落叶松人工林	2012	5.75	1.50	3.24	0.24	0.77	2.31	3.43
落叶松人工林	2013	5.29	1.18	3.48	0.22	0.42	3.08	2.21
落叶松人工林	2014	5.57	0.87	4.04	0.26	0.41	2.56	3.01
落叶松人工林	2015	6.04	1.89	3.36	0.37	0.41	4.13	1.91
落叶松人工林	2016	5.70	1.43	3.46	0.35	0.47	3.85	1.86
落叶松人工林	2017	6.47	1.88	3.64	0.42	0.54	3.06	3.42

11 帽儿山植物多样性

11.1 蕨类植物门 PTERIDOPHYTA

11.1.1 木贼纲 Equisetinae

木贼目 Equisetales

木贼科 Equisetaceae

木贼属 *Equisetum*

1. 木贼 *Equisetum hyemale*：又名锉草，多年生草本，分布于林下及路旁。
2. 水问荆 *Equisetum fluviatile*：多年生草本，分布于沼泽地、水甸子、河岸湿草地。
3. 节节草 *Equisetum ramosissimum*：多年生草本，常分布于河边的沙质地或路旁。
4. 问荆 *Equisetum arvense*：多年生草本，分布于溪边或阴谷。
5. 草问荆 *Equisetum pretense*：多年生草本，分布于林缘、道旁或灌丛中。
6. 林问荆 *Equisetum sylvaticum*：多年生草本，分布于林间空地或林下、林缘。

11.1.2 石松纲 Lycopodiinae

卷柏目 Selaginellales

卷柏科 Selaginellaceae

卷柏属 *Selaginella*

1. 卷柏 *Selaginella tamariscina*：多年生草本，土生或石生。
2. 西伯利亚卷柏 *Selaginella sibirica*：又名石花子，分布于山顶石砾子。
3. 小卷柏 *Selaginella helvetica*：分布于岩石洞穴边缘或林间湿地。
4. 鹿角卷柏 *Selaginellarossii*：分布于林下岩石上。

11.1.3 蕨纲 Filicopsida

11.1.3.1 瓶尔小草目 Ophioglossales

一、瓶尔小草科 Ophioglossaceae

瓶尔小草属 *Ophioglossum*

瓶尔小草 *Ophioglossum vulgatum*：多年生，分布于向阳山坡草地。

二、阴地蕨科 Botrychiaceae

（一）阴地蕨属 *Botrychium*

粗壮阴地蕨 *Botrychium robustum*：分布于山坡林下。

（二）劲直阴地蕨属 *Sahashia*

劲直阴地蕨 *Sahashia stricta*：分布于山麓灌丛下阴湿地。

11.1.3.2 真蕨目 Eufilicales

一、紫萁科 Osmundaceae

桂皮紫萁属 *Osmundastrum*

桂皮紫萁 *Osmundastrum cinnamomeum*：又名分株紫萁，分布于山间湿草甸和季节性积水的塔头甸子。

二、球子蕨科 Onocleaceae

(一) 荚果蕨属 *Matteuccia*

荚果蕨 *Matteuccia struthioptaris*：又名黄瓜香，生于山谷林下或河岸湿地。

(二) 球子蕨属 *Onoclea*

北美球子蕨 *Onoclea sensibilis*：分布于湿草甸和塔头中。

三、鳞毛蕨科 Dryopteridaceae

(一) 耳蕨属 *Polystichum*

1. 鞭叶耳蕨 *Polystichum craspedosorum*：生于阴面干燥的石灰岩上。
2. 戟叶耳蕨 *Polystichum tripteron*：生于林下石隙或石上。
3. 布朗耳蕨 *Polystichum braunii*：生于林下及林缘荫处或半阴处。

(二) 鳞毛蕨属 *Dryoptenis*

1. 广布鳞毛蕨 *Dryopteris expansa*：分布于山坡或山麓林地。
2. 粗茎鳞毛蕨 *Dryoptenis crassirhizoma*：多年生草本，分布于林下阴湿地或林中河岸湿地。
3. 香鳞毛蕨 *Dryoptenis fragrans*：多分布于岩石裂缝处。

四、水龙骨科 Polypodiaceae

(一) 多足蕨属 *Polypodium*

东北多足蕨 *Polypodium sibiricum*：附生于树干上或石上。

(二) 瓦韦属 *Lepisorus*

乌苏里瓦韦 *Lepisorus ussuriensis*：多年生，附生于林下或山坡荫处岩石缝。

(三) 石韦属 *Pyrrosia*

有柄石韦 *Pyrrosia petiolosa*：多分布于干旱裸露岩石上。

五、蹄盖蕨科 Athyriaceae

(一) 羽节蕨属 *Gymnocarpium*

欧洲羽节蕨 *Gymnocarpium Dryopteris*：分布于阴湿的针阔混交林或云杉林、冷杉林中。

(二) 角蕨属 *Cornopteris*

新蹄盖蕨 *Cornopteris crenulatoserrulata*：分布于山麓等阴湿林地。

(三) 蹄盖蕨属 *Athyrium*

1. 禾秆蹄盖蕨 *Athyrium yokoscense*：分布于林下阴湿地，多见于山麓灌丛中。
2. 东北蹄盖蕨 *Athyrium brevifrons*：生于针阔叶混交林下或阔叶林下。
3. 假冷蕨 *Athyrium spinulosum*：生于针叶林、混交林下或灌丛、竹丛中阴湿处。

(四) 对囊蕨属 *Deparia*

1. 东北蛾眉蕨 *Deparia pycnosora*：生于针阔叶混交林下阴湿处。
2. 朝鲜介蕨 *Deparia coreana*：分布于山坡林下土壤湿润地段。

(五) 冷蕨属 *Cystopteris*

1. 欧洲冷蕨 *Cystopteris sudetica*：分布于林下阴湿地。
2. 冷蕨 *Cystopteris fragilis*：分布于阴坡岩石处。

（六）羽节蕨属 *Gymnocarpium*

羽节蕨 *Gymnocarpium jessoense*：分布于阴坡岩石处。

六、凤尾蕨科 Pteridaceae

铁线蕨属 *Adiantum*

掌叶铁线蕨 *Adiantum pedatum*：多年生草本，分布于山麓和山坡阴湿地。

七、碗蕨科 Pteridiaceae

蕨属 *Pteridium*

欧洲蕨 *Pteridium aquilinum*：分布于向阳山坡、林缘路旁。

八、铁角蕨科 Aspleniaceae

铁角蕨属 *Asplenium*

1. 过山蕨 *Asplenium ruprechtii*：生于林下石上。
2. 钝齿铁角蕨 *Asplenium tenuicaule* var. *subvarians*：生于林下阴处岩石上。

九、岩蕨科 Woodsiaceae

（一）岩蕨属 *Woodsia*

1. 耳羽岩蕨 *Woodsia polystichoides*：分布于林下岩石裂缝处。
2. 岩蕨 *Woodsia ilvensis*：分布于阴坡石砾处。

（二）二羽岩蕨属 *Physematium*

膀胱蕨 *Physematium manchuriense*：分布于林下岩石裂缝处。

十、膜蕨科 Hymenophyllaceae

假脉蕨属 *Crepidomanes*

团扇蕨 *Crepidomanes minutum*：分布于林下石砬子和树基上，常与苔藓植物混生。

十一、金星蕨科 Thelypteridaceae

沼泽蕨属 *Thelypteris*

沼泽蕨 *Thelypteris palustris*：分布于湿草甸或塔头甸子上。

11.2 裸子植物门 GYMNOSPERMAE

松杉纲 Coniferopsida

松杉目 Pinales

一、柏科 Cupressaceae

刺柏属 *Juniperus*

圆柏 *Juniperus chinensis*：乔木，帽儿山有栽培。

二、松科 Pinaceae

（一）冷杉属 *Abies*

杉松 *Abies holophylla*：又名白松，引进种，乔木，常分布于气候寒冷湿润、土层肥厚的弱灰化棕色森林土地带，常组成针叶林或针叶树与阔叶树混交林。

（二）落叶松属 *Larix*

1. 落叶松 *Larix gmelinii*：又名达乌里落叶松兴安变种、达乌里落叶松、齿果兴安落叶松、粉果兴安落叶松、大果兴安落叶松、兴安落叶松、一齐松、意气松，落叶乔木，引进种，分布于腐殖质丰富的阴坡及干燥的阳坡，湿润的河谷及山顶。

2. 黄花落叶松 *Larix olgensis*：又名长白落叶松、黄花松，乔木，引进种，在气候温寒、土壤湿润的灰棕色森林土地分布普遍。

3. 日本落叶松 *Larix kaempferi*：乔木，引进种。

（三）云杉属 *Picea*

1. 鱼鳞云杉 *Picea jezoensis*：乔木，引进种，分布于海拔300～800m、气候寒凉、棕色森林土的丘陵或缓坡地带。

2. 红皮云杉 *Picen koraiensis*：乔木，引进种。

（四）松属 *Pinus*

1. 红松 *Pinus koraiensis*：又名果松、朝鲜松，乔木，分布于排水良好坡地。

2. 樟子松 *Pinus sylvestris*：乔木，引进种。

3. 赤松 *Pinus densiflora*：乔木，引进种。

11.3 被子植物门 ANGIOSPERMAE

11.3.1 双子叶植物纲 Dicotyledoneae

11.3.1.1 胡椒目 Piperales

金粟兰科 Chloranthaceae

金粟兰属 *Chloranthus*

银线草 *Chlorathus japonicus*：多年生草本，分布于杂木林或柞木林下。

11.3.1.2 杨柳目 Salicales

杨柳科 Salicaceae

（一）杨属 *Populus*

1. 大青杨 *Populus ussuriensis*：乔木，分布于山坡中下腹。

2. 香杨 *Populus koreana*：乔木，分布于山坡下腹。

3. 山杨 *Populus davidiana*：乔木，分布于坡地、迹地。

（二）柳属 *Salix*

1. 三蕊柳 *Salix nipponica*：灌木或乔木，分布于低湿地、河沟边。

2. 大黄柳 *Salix raddeana*：又名红心柳，灌木或乔木，分布于山坡中上腹。

3. 崖柳 *Salix floderusii*：灌木，分布于干山坡或沼泽地。

4. 谷柳 *Salix taraikensis*：又名大头柳，灌木或小乔木，分布于沟边。

5. 杞柳 *Salix integra*：又名柳条，灌木，分布于路边、沟边。

6. 细柱柳 *Salix gracilistyla*：灌木，分布于河沟边。

7. 白皮柳 *Salix pierotii*：又名暴皮柳，乔木或灌木，分布于沟边。

8. 筐柳 *Salix linearistipularis*：又名蒙古柳，灌木或小乔木，分布于河沟边。

9. 粉枝柳 *Salix rorida*：又名红毛柳，乔木，分布于河岸、路边、林缘。

10. 蒿柳 Salix *schwerinii*：又名绢柳，灌木或小乔木，分布于河沟边及路旁。

11. 朝鲜柳 *Salix koreensis*：乔木，分布于沟边低湿地。

12. 卷边柳 *Salix siuzevii*：灌木或乔木，分布于路旁、河沟边。

13. 五蕊柳 *Salix pentandra*：灌木或小乔木，分布于沼泽地或草甸。

11.3.1.3 胡桃目 Juglandales

胡桃科 Juglandaceae

胡桃属 *Juglans*

胡桃楸 *Juglans mandshurica*：又名楸子、山核桃，乔木，分布于山坡、河谷或河岸。

11.3.1.4 山毛榉目 Fagales

一、桦木科 Betulaceae

（一）桦木属 *Betula*

1. 白桦 *Betula platyphylla*：乔木，分布于山坡湿润地或迹地。
2. 岳桦 *Betula ermanii*：又名臭桦，乔木，分布于帽儿山顶部。
3. 硕桦 *Betula costata*：又名枫桦、黄桦，乔木，分布于阴坡杂木林下。

（二）榛属 *Corylus*

1. 榛 *Corylus heterophylla*：又名平榛、红榛柴，灌木或小乔木，分布于山坡杂木林下。
2. 毛榛 *Corylus mandshurica*：又名胡榛、白榛柴，灌木，分布于山坡杂木林下。

二、壳斗科 Fagaceae

栎属 *Quercus*

蒙古栎 *Quercus mongolica*：又名柞树、橡子树，乔木，分布于山顶、山坡的干燥地。

11.3.1.5 荨麻目 Urticales

一、榆科 Vlmaceae

榆属 *Ulmus*

1. 榆树 *Ulmus pumila*：又名家榆，落叶乔木，栽培。
2. 春榆 *Ulmus davidiana* var. *japonica*：落叶乔木或灌木状，分布于沟边或河岸。
3. 大果榆 *Ulmus macrocarpa*：落叶乔木或灌木，分布于山脊或沟旁。
4. 裂叶榆 *Ulmus laciniata*：又名瓜子榆，落叶乔木，分布于阴山坡上腹。

二、桑科 Moraceae

葎草属 *Humulus*

葎草 *Humulus scandens*：又名穿肠草，缠绕草本，分布于路边。

三、荨麻科 Urticaceae

（一）艾麻属 *Laportea*

珠芽艾麻 *Laportea bulbifera*：多年生草本，分布于阴湿林下。

（二）冷水花属 *Pilea*

透茎冷水花 *Pilea pumila*：一年生草本，分布于山顶石砾阴湿处。

（三）荨麻属 *Urtica*

1. 宽叶荨麻 *Urtica laetevirens*：多年生草本，分布于沟塘阴湿地。
2. 狭叶荨麻 *Urtica laetevirens*：多年生草本，分布于沟塘阴湿地。
3. 乌苏里荨麻 *Urtica laetevirens* subsp. *cyanescens*：多年生草本，分布于河沟边及林下。
4. 麻叶荨麻 *Urtica cannabina*：多年生草本，分布于山坡草地。

11.3.1.6 檀香目 Santalales

檀香科 Santalaceae

槲寄生属 *Viscum*

槲寄生 *Viscum coloratum*：又名冬青，灌木，寄分布于阔叶树枝条上。

11.3.1.7 蓼目 Polygonales

蓼科 Polygonaceae

（一）蓼属 *Persicaria*

1. 萹蓄 *Polygonum aviculare*：一年生草本，分布于路旁。
2. 伏地萹蓄 *Polygonum arenastrum*：一年生草本，分布于河边砾石地。
3. 尼泊尔蓼 *Polygonum nepalense*：一年生草本，分布于低湿农耕地。

4. 春蓼 *Persicaria maculosa*：又名桃叶蓼，一年生草本，分布于低湿林下。
5. 红蓼 *Persicaria orientalis*：又名东方蓼、狗尾巴花，一年生草本，分布于水湿草地。
6. 丛枝蓼 *Persicaria posumbu*：又名长尾叶蓼，一年生草本，分布于湿草地。
7. 香蓼 *Persicaria viscosa*：一年生草本，分布于田边荒地。
8. 柳叶刺蓼 *Persicaria bungeana*：一年生草本，分布于路旁。
9. 水蓼 *Polygonum hydropioer*：一年生草本，分布于河沟边、水湿地。
10. 酸模叶蓼 *Persicaria lapathifolia*：又名大马蓼，一年生草本，分布于山坡草地。
11. 小蓼花 *Polygonum muricatum*：一年生草本，分布于水沟边。
12. 高山蓼 *Koenigia alpina*：多年生草本，分布于山顶部。
13. 耳叶蓼 *Bistorta manshuriensis*：多年生草本，分布于湿润林下。
14. 狐尾蓼 *Polygonum alopecuroides*：又名蓼吊子，多年生草本，分布于水湿草地。
15. 扛板归 *Persicaria perfoliata*：多年生蔓性草本，分布于干旱沙质地。
16. 刺蓼 *Persicaria senticosa*：多年生草本，分布于水湿草地、林缘。
17. 长箭叶蓼 *Persicaria hastatosagittata*：一年生草本，分布于水泡边、湿草甸。
18. 箭头蓼 *Persicaria sagittata*：一年生草本，分布于沟边、路旁。
19. 戟叶蓼 *Polygonum thunbergii*：一年生草本，分布于低湿草地。
20. 糙毛蓼 *Persicaria strigosa*：多年生草本，分布于水泡边。
21. 长戟叶蓼 *Persicaria maackiana*：一年生草本，分布于水湿草地。
22. 卷茎蓼 *Fallopia convolvulus*：一年生草本，分布于干旱地、路旁。
23. 匍枝蓼 *Polygonum pronum*：一年生草本，分布于河沟边。

(二) 酸模属 *Rumcx*

1. 小酸模 *Rumex acetosella*：多年生草本，分布于干旱荒草地。
2. 酸模 *Rumex acetosa*：多年生草本，分布于田间、草甸子。
3. 皱叶酸模 *Rumex crispus*：多年生草本，分布于低湿地、沼泽地。
4. 巴天酸模 *Rumex patientia*：多年生草本，分布于荒草地、路旁。
5. 水生酸模 *Rumex aquaticus*：多年生草本，分布于湿草地、塔头甸。
6. 直根酸模 *Rumex thyrsiflorus*：多年生草本，分布于沟边、路旁。

(三) 木蓼属 *Atraphaxis*

东北木蓼 *Atraphaxis manshurica*：灌木，分布于湿草甸。

(四) 拳参属 *Bistorta*

拳参 *Bistorta officinalis*：多年生草本，分布于干山坡荒草地。

11.3.1.8 中央种子目 Centrospermae

一、藜科 Chenopodiaceae

(一) 藜属 *Chenopodium*

1. 灰绿藜 *Oxybasis glauca*：又名灰草，一年生草本，分布于田地、路旁。
2. 尖头叶藜 *Chenopodium acuminatum*：又名绿珠藜，一年生草本，分布于林间空地。
3. 杂配藜 *Chenopodium hybridum*：又名血见愁，一年生草本，分布于山坡草地。
4. 小藜 *Chenopodium ficifolium*：一年生草本，分布于荒草地。
5. 藜 *Chenopodium album*：一年生草本，分布于田地、路旁。
6. 菱叶藜 *Chenopodium bryoniaefolium*：一年生草本，分布于沟边阴湿地。

(二) 轴藜属 *Axyris*

轴藜 *Axyris amaranthoides*：一年生草本，分布于干旱地、路旁。

（三）地肤属 *Kochia*

地肤 *Kochia scoparia*：一年生草本，分布于田间、路旁。

（四）猪毛菜属 *Kali*

猪毛菜 *Kali collinum*：一年生草本，分布于路边沙。

二、苋科 Amaranthaceae

苋属 *Amaranthus*

1. 凹头苋 *Amaranthusblitum*：一年生草本，分布于田间、路旁。
2. 苋 *Amaranthus tricolor*：一年生草本，分布于田间、路旁。
3. 白苋 *Amaranthus albus*：一年生草本，分布于田间、路旁。
4. 皱果苋 *Amaranthus viridis*：一年生草本，分布于杂草地、田间。

三、马齿苋科 Portulacaceae

马齿苋属 *Portulaca*

马齿苋 *Portulaca oleracea*：又名蚂蚁菜，一年生草本，分布于田间湿地。

四、石竹科 Caryophyllaceae

（一）卷耳属 *Cerastium*

1. 簇生泉卷耳 *Cerastium fontanum*：多年生，有时为二年生或一年生草本，分布于水湿林下。
2. 毛蕊卷耳 *Cerastium pauciflorum*：又名寄奴花，多年生草本，分布于林缘、路旁。
3. 卷耳 *Cerastium arvense* subsp. *strictum*：多年生疏丛草本，分布于干旱荒漠地。

（二）孩儿参属 *Pseudostellaria*

1. 细叶孩儿参 *Pseudostellaria sylvatica*：多年生草本，分布于山坡下。
2. 毛脉孩儿参 *Pseudostellaria japonica*：多年生草本，分布于山坡林下。
3. 蔓孩儿参 *Pseudostellaria davidii*：多年生草本，分布于山坡林下。
4. 孩儿参 *Pseudostellaria heterophylla*：多年生草本，分布于阴湿林下。
5. 异花孩儿参 *Pseudostellaria heterantha*：又名矮小孩儿参，多年生草本，分布于水湿林下。

（三）种阜草属 *Moehringia*

种阜草 *Moehringia lateriflora*：多年生草本，分布于山坡林下。

（四）繁缕属 *Stellaria*

1. 縫瓣繁缕 *Sellaria radicans*：多年生草本，分布于湿草甸、河沟边。
2. 繁缕 *Stellaria media*：一年生或二年生草本，分布于荒漠地。
3. 沼生繁缕 *Stellaria palustris*：多年生草本，分布于塔头甸子。
4. 细叶繁缕 *Stellaria jaluana*：多年生草本，分布于沟塘林下。
5. 鹅肠菜 *Stellaria aquatica*：二年生或多年生草本，分布于湿草地、田地间。

（五）麦仙翁属 *Agrostemma*

麦仙翁 *Agrostema githago*：一年生草本，分布于麦田间。

（六）狗筋蔓属 *Cucubalus*

狗筋蔓 *Silene baccifera*：多年生草本，分布于灌丛、山坡草地。

（七）石竹属 *Dianthus*

高山石竹 Dianthus *alpinus*：多年生草本，分布于山顶石质地。

（八）石头花属 *Gypsophila*

大叶石头花 *Gypsophila pacifica*：多年生草本，分布于山坡林下。

（九）剪秋罗属 *Lychnis*

狭叶剪秋罗 *Lychnis sibirica*：多年生草本，分布于山坡、林缘。

(十) 蝇子草属 *Silene*

1. 女娄菜 *Silene aprica*：一年生或二年生草本，分布于山坡干燥地。

2. 准噶尔蝇子草 *Silene songarica*：多年生草本，分布于山顶石质部。

3. 白花蝇子草 *Silene latifolia* subsp. *alba*：一年生或二年生草本，分布于干旱路旁。

4. 麦瓶草 *Silene conoidea*：一年生草本，分布于山顶石质地。

5. 蔓茎蝇子草 *Silene repens*：多年生草本，分布于山坡干燥地。

6. 长柱蝇子草 *Silene macrostyla*：多年生草本，分布于沙石地、路旁。

7. 浅裂剪秋罗 *Silene cognata*：多年生草本，分布于路旁、草甸子。

8. 剪秋罗 *Silene fulgens*：多年生草本，分布于草甸子、林缘。

(十一) 肥皂草属 *Saponaria*

王不留行 *Saponaria calabrica*：又名麦蓝菜，一年生或二年生草本，分布于干旱沙石地。

11.3.1.9 马兜铃目 Aristolochiales

马兜铃科 Aristolochiaceae

细辛属 *Asarum*

细辛 *Asarum heterotropoides*：又名烟袋锅花，多年生草本，分布于低湿地。

11.3.1.10 毛茛目 Ranales

一、毛茛科 Ranuculaceae

(一) 乌头属 *Aconitum*

1. 蔓乌头 *Acohitum volubile*：多年生至一年生草本，分布于林下、灌丛。

2. 保山乌头 *Aconitum nagarum*：又名北乌头，多年生至一年生草本，分布于草甸子。

3. 林地乌头 *Aconitum nemorum*：多年生至一年生草本，分布于阴湿林下。

4. 疏毛圆锥乌头 *Aconitum paniculigerum* var. *wulingense*：多年生至一年生草本，分布于沟塘林下。

(二) 侧金盏花属 *Adonis*

1. 侧金盏花 *Adonis amurensis*：又名冰里花、福寿草，多年生草本，分布于山坡林下。

2. 北侧金盏花 *Adonis sibirica*：又名小冰里花，多年生草本，分布于湿草地。

(三) 银莲花属 *Anemone*

1. 多被银莲花 *Anemone raddeana*：多年生草本，分布于山坡林下。

2. 黑水银莲花 *Anemone amurensis*：多年生草本，分布于山坡林下。

3. 细茎银莲花 *Anemone baicalensis* var. *rossii*：多年生草本，分布于阴坡林下。

4. 毛果银莲花 *Anemone baicalensis*：多年生草本，分布于湿草地。

5. 阴地银莲花 *Anemone umbrosa*：多年生草本，分布于背坡林下。

(四) 唐松草属 *Thalictrum*

1. 展枝唐松草 *Thalictrum squarrosum*：多年生草本，分布于水湿林下。

2. 唐松草 *Thalictrum aquilegiifolium* var. *sibiricum*：多年生草本，分布于山坡干旱地。

3. 深山唐松草 *Thalictrum tuberiferum*：多年生草本，分布于山坡林下。

4. 箭头唐松草 *Thalictrum simplex*：多年生草本，分布于塔头甸子。

5. 亚欧唐松草 *Thalictrum minus*：多年生草本，分布于林缘、草地。

6. 盾叶唐松草 *Thalictrum ichangense*：多年生草本，分布于山坡干燥地。

(五) 菟葵属 *Eranthis*

菟葵 *Eranthis stellata*：多年生小草本，分布于硬阔林下。

（六）拟扁果草属 *Enemion*

拟扁果草 *Enemion raddeanum*：又名大人字果，多年生草本，分布于阴坡林下。

（七）驴蹄草属 *Caltha*

1. 驴蹄草 *Caltha palustris*：又名马蹄草，多年生草本，分布于水湿林下。
2. 白花驴蹄草 *Caltha natans*：多年生草本，分布于湿草甸子、林缘。

（八）耧斗菜属 *Aquilegia*

1. 耧斗菜 *Aquilegia viridiflora*：多年生草本，分布于山顶石砾上。
2. 尖萼耧斗菜 *Aquilegia oxysepala*：多年生草本，分布于山坡林下。

（九）毛茛属 *Ranunculus*

1. 石龙芮 *Ranunculus sceleratus*：一年生草本，分布于沟塘林下。
2. 毛茛 *Ranunculus japonicus*：多年生草本，分布于水湿林下。
3. 匍枝毛茛 *Ranuculus repens*：多年生草本，分布于湿草甸子。
4. 兴安毛茛 *Ranunculus smirnovii*：多年生草本，分布于沟塘林下。
5. 茴茴蒜 *Ranuculus chinensis*：一年生草本，分布于荒草地、路旁。

（十）白头翁属 *Pulsatilla*

1. 白头翁 *Pulsatilla chinensis*：多年生草本，分布于荒山坡草地。
2. 掌叶白头翁 *Pulsatilla patens* subsp. *multifida*：多年生草本，分布于山坡林缘。
3. 兴安白头翁 *Pulsatilla dahurica*：多年生草本，分布于干燥沙石地。

（十一）类叶升麻属 *Actaea*

1. 类叶升麻 *Actaea asiatica*：多年生草本，分布于山坡柞木林下。
2. 兴安升麻 *Cimicifuga dahurica*：多年生草本，分布于林缘、灌丛。
3. 单穗升麻 *Actaea simplex*：多年生草本，分布于湿润林下。

（十二）芍药属 *Paeonia*

草芍药 *Paeonia obovata*：多年生草本，分布于山坡杂木林下。

（十三）金莲花属 *Trollius*

1. 长瓣金莲花 *Trollius macropetalus*：多年生草本，分布于湿草甸子。
2. 短瓣金莲花 *Trollius ledebouri*：多年生草本，分布于湿草甸子。
3. 宽瓣金莲花 *Trollius asiaticus*：多年生草本，分布于林缘、路旁。

（十四）铁线莲属 *Clematis*

1. 短尾铁线莲 *Clematis brevicaudata*：多年生藤本，分布于林下、灌丛。
2. 褐毛铁线莲 *Clematis fusca*：多年直立草本或藤本，分布于山坡草地。
3. 长瓣铁线莲 *Clematis macropetala*：木质藤本，分布于山坡草地。
4. 紫花铁线莲 *Clematis fusca* var. *violacea*：多年直立草本或藤本，分布于山坡干旱地。
5. 齿叶铁线莲 *Clematis serratifolia*：藤本，分布于山坡林下。

（十五）水毛茛属 *Batrachium*

1. 毛柄水毛茛 *Batrachium trichophyllum*：多年生沉水草本，分布于水中。
2. 小水毛茛 *Batrachium eradicatum*：多年生草本，分布于水中。
3. 歧裂水毛茛 *Batrachium divaricatum*：多年生沉水草本，分布于水泡中。

（十六）翠雀属 *Delphinium*

1. 宽苞翠雀花 *Delphinium maackianum*：多年生草本，分布于林缘、灌丛间。
2. 唇花翠雀花 *Delphinium cheilanthum*：多年生草本，分布于湿草甸子。

二、小檗科 Berberidaceae

（一）小檗属 *Berberis*

黄芦木 *Berberis amurensis*：落叶灌木，分布于山坡林下。

（二）红毛七属 *Caulophyllum*

红毛七 *Caulophyllum robustum*：多年生草本，分布于山坡柞木林下。

三、防己科 Menispermaceae

蝙蝠葛属 *Menispermum*

蝙蝠葛 *Menispermum dauricum*：落叶藤本，分布于山坡荒草地。

四、木兰科 Magnoliaceae

五味子属 *Schisandra*

五味子 *Schisandra chinensis*：落叶木质藤本，分布于疏林下。

11.3.1.11 罂粟目 Rhoeadales

一、罂粟科 Papaveraceae

（一）白屈菜属 *Chelidonium*

白屈菜 *Chelidonium majus*：多年生草本，分布于路旁、沟边。

（二）紫堇属 *Corydalis*

1. 齿瓣延胡索 *Corydalis turtschaninovii*：多年生草本，分布于荒草地。
2. 全叶延胡索 *Corydalis repens*：多年生草本，分布于山坡草地。
3. 黄堇 *Corydalis pallida*：丛生草本，分布于山坡林下。
4. 珠果黄堇 *Corydalis speciosa*：多年生草本，分布于阴湿林下。
5. 黄紫堇 *Corydalis ochotensis*：草本，分布于水湿林下。

（三）荷青花属 *Hylomecon*

荷青花 *Hylomecon japonica*：多年生草本，分布于山坡林下。

二、十字花科 Brassicaceae

（一）葶苈属 *Draba*

葶苈 *Draba nemorosa*：一年或二年生草本，分布于田间。

（二）菥蓂属 *Thlaspi*

菥蓂 *Thlaspi arvense*：又名遏蓝菜，一年生草本，分布于沙石地、路旁。

（三）碎米荠属 *Cardamine*

1. 白花碎米荠 *Cardamine leucantha*：多年生草本，分布于山坡林下。
2. 水田碎米荠 *Cardamine lyrata*：多年生草本，分布于水湿农耕地边。
3. 浮水碎米荠 *Cardamine prorepens*：多年生草本，分布于流水处、河边。
4. 细叶碎米荠 *Cardamine trifida*：多年生草本，分布于湿灌丛。

（四）香花芥属 *Hesperis*

北香花芥 *Hesperis sibirica*：二年生草本，分布于山坡林下。

（五）碎米荠属 *Cardamine*

山芥碎米荠 *Cardamine griffithii*：又名荠麻菜，二年生草本，分布于干旱地、路旁。

（六）荠属 *Capsella*

荠 *Capsella bursa-pastoris*：又名荠荠菜，一年或二年生草本，分布于农耕地。

（七）亚麻荠属 *Camelina*

小果亚麻荠 *Camelina microcarpa*：一年生草本，分布于林缘、山地、平原及农田。

（八）南芥属 *Arabis*

垂果南芥 *Catolobus pendulus*：二年生草本，分布于干旱沙质地。

（九）独行菜属 *Lepidium*

1. 独行菜 *Lepidium apetalum*：一年或二年生草本，分布于干旱路旁。
2. 柱毛独行菜 *Lepidium ruderale*：一年或二年生草本，分布于山坡草地。
3. 心叶独行菜 *Lepidium cordatum*：多年生草本，分布于林道旁。
4. 北美独行菜 *Lepidium virgincum*：一年或二年生草本，分布于路旁。
5. 绿独行菜 *Lepidium campestre*：一年生或二年生草本，分布于林缘、路旁。

（十）蔊菜属 *Rorippa*

1. 风花菜 *Rorippa globosa*：一或二年生直立粗壮草本，分布于水湿草地。
2. 沼生蔊菜 *Rorippa palustris*：一或二年生草本，分布于河沟边。

（十一）大蒜芥属 *Sisymbrium*

1. 钻果大蒜芥 *Sisymbrium officinale*：一年或二年生草本，分布于沙石地路旁。
2. 垂果大蒜芥 *Sisymbrium heteromallum*：一年或二年生草本，分布于干旱路旁。

（十二）旗杆芥属 *Turritis*

旗杆芥 *Turritis glabra*：二年生草本，分布于山坡林缘。

（十三）曙南芥属 *Stevenia*

曙南芥 *Stevenia cheiranthoides*：多年生丛生草本，分布于山坡石质地。

11.3.1.12 蔷薇目 Rosales

一、景天科 Crassulaceae

（一）瓦松属 *Orostachys*

1. 瓦松 *Orostachys fimbriatus*：二年生草本，分布于山顶石砾子上。
2. 小瓦松 *Orostachys minutus*：多年生或二年生草本，分布于山顶石砬缝间。

（二）菊三七属 *Gyura*

菊三七 *Gynura japonica*：又名费菜，多年生草本，分布于干旱荒草地。

（三）八宝属 *Hylotelephium*

1. 紫八宝 *Hylotelephium telephium*：多年生草本，分布于山顶石砾子。
2. 长药八宝 *Hylotelephium spectabile*：多年生草本，分布于山坡石质地。

（四）费菜属 *Phedimus*

1. 费菜 *Phedimus aizoon*：多年生草本，分布于山顶部石砾缝间。
2. 吉林费菜 *Phedimus middendorffianus*：又名吉林景天，多年生草本，分布于林下石质地。

（五）青锁龙属 *Crassula*

长茎景天 *Crassula sarmentosa*：又名白八宝，多年生草本，分布于山坡草地。

二、虎耳草科 Saxifragaceae

（一）扯根菜属 *Penthorum*

扯根菜 *Penthorum chinense*：多年生草本，分布于水湿草地。

（二）落新妇属 *Astilbe*

落新妇 *Astilbe chinensis*：多年生草本，分布于山坡湿润林下。

（三）梅花草属 *Parnassia*

梅花草 *Parnassia palustris*：多年生草本，分布于水湿地、塔头甸。

（四）金腰属 *Chrysosplenium*

1. 五台金腰 *Chrysosplenium serreanum*：多年生草本，分布于阴湿林下。

2. 中华金腰 *Chrysosplenium sinicum*：多年生草本，分布于河沟边。
3. 毛金腰 *Chrysosplenium pilosum*：多年生草本，分布于湿林下、河沟边。
4. 多枝金腰 *Chrysosplenium ramosum*：多年生草本，分布于阴坡湿润林下。
5. 林金腰 *Chrysosplenium lectus-cochleae*：多年生草本，分布于湿润林下。

（五）山梅花属 *Philadelphus*

1. 东北山梅花 *Philadelphus schrenkii*：灌木，分布于山坡杂木林下。
2. 千山山梅花 *Philadelphus chianshanensis*：灌木，分布于山坡林下。

（六）溲疏属 *Deutzia*

1. 光萼溲疏 *Deutzia glabrata*：落叶灌木，分布于阴坡沟塘。
2. 东北溲疏 *Deutzia parviflora* var. *amurensis*：落叶灌木，分布于山坡上腹柞林下。
3. 小花溲疏 *Deutzia parviflora*：落叶灌木，分布于沟塘林下。

（七）茶藨子属 *Ribes*

1. 圆叶茶藨子 *Ribes heterotrichum*：落叶灌木，分布于山坡林下。
2. 黑茶藨子 *Ribes nigrum*：落叶灌木，分布于背坡沟塘林下。

三、蔷薇科 Rosaceae

（一）绣线菊属 *Spiraea*

1. 绣线菊 *Spiraea salicifolia*：落叶灌木，分布于湿林下、沟塘。
2. 石蚕叶绣线菊 *Spiraea chamaedryfolia*：落叶灌木，分布于山坡柞木林下。
3. 绢毛绣线菊 *Spiraea sericea*：落叶灌木，分布于山坡水湿地。
4. 绒毛绣线菊 Spiraea *velutina*：落叶灌木，分布于干山坡岗地。
5. 欧亚绣线菊 *Spiraea media*：落叶灌木，分布于山坡上腹石砾处。

（二）风箱果属 *Physocarpus*

风箱果 *Physocarpus amurensis*：落叶灌木，分布于帽儿山顶部。

（三）珍珠梅属 *Sorbaria*

1. 珍珠梅 *Sorbaria sorbifolia*：落叶灌木，分布于沟边湿地。
2. 星毛珍珠梅 *Sorbaria sorbifolia* var. *stellipila*：落叶灌木，分布于山坡、路旁。

（四）假升麻属 *Aruncus*

假升麻 *Aruncus sylvester*：多年生草本，分布于山坡水湿林下。

（五）蚊子草属 *Filipendula*

1. 蚊子草 *Filipendula palmata*：多年生草本，分布于沟塘水湿地。
2. 槭叶蚊子草 *Filipendula glaberrima*：多年生草本，分布于阴坡湿润林下。

（六）路边青属 *Geum*

水杨梅 *Geum chiloense*：又名路边青，多年生草本，分布于山坡路旁。

（七）龙芽草属 *Agrimonia*

1. 龙芽草 *Agrimonia pilosa*：多年生草本，分布于山坡草地、路旁。
2. 托叶龙牙草 *Agrimonia coreana*：多年生草本，分布于山坡林下。

（八）草莓属 *Fragaria*

东方草莓 *Fragaria orientalis*：多年生草本，分布于林缘。

（九）委陵菜属 *Potentilla*

1. 委陵菜 *Potentilla chinensis*：多年生草本，分布于干旱沙质地。
2. 莓叶委陵菜 *Potentilla fragarioides*：多年生草本，分布于水湿草地。
3. 蛇莓委陵菜 *Potetilla centigrana*：多年生草本，分布于水湿林下。

4. 狼牙委陵菜 *Potentilla cryptotaeniae*：一年生或二年生草本，分布于林缘、路旁。
5. 朝天委陵菜 *Potentilla supina*：一年生或二年生草本，分布于干旱路旁。
6. 石陵菜 *Drymocallis rupestris*：多年生草本，分布于山顶部石质地。
7. 翻白草 *Potentilla discolor*：多年生草本，分布于干旱沙质地。
8. 绢毛委陵菜 *Potentilla sericea*：多年生草本，分布于山顶石砾缝间。
9. 匍枝委陵菜 *Potentilla flagellaris*：多年生草本，分布于林下。

（十）沼委陵菜属 *Comarum*

沼委陵菜 *Comarum palustre*：多年生草本，分布于沼泽地。

（十一）悬钩子属 *Rubus*

1. 牛叠肚 *Rubus crataegifolius*：直立灌木，分布于山坡林缘。
2. 库页悬钩子 *Rubus sachalinensis*：灌木或矮小灌木，分布于山坡林下。

（十二）蔷薇属 *Rosa*

1. 山刺玫 *Rosa davurica*：直立灌木，分布于林缘、路旁。
2. 大叶蔷薇 *Rosa acicularis*：灌木，分布于山上腹林下。

（十三）地榆属 *Sanguisorba*

1. 小白花地榆 *Sanguisorba teriuifolia* var. *alba*：多年生草本，分布于湿草地。
2. 地榆 *Sanguisorba officinalis*：多年生草本，分布于山坡草地。

（十四）李属 *Prunus*

欧李 *Prunus humilis*：灌木，分布于山坡林缘。

（十五）稠李属 *Padus*

1. 稠李 *Prunus padus*：又名臭李子，落叶乔木，分布于沟塘、水湿地。
2. 斑叶稠李 *Padus maackii*：落叶小乔木，分布于山坡杂木林间。

（十六）扁核木属 *Prinsepia*

东北扁核木 *Prinsepia sinensis*：小灌木，分布于沟塘子。

（十七）山楂属 *Crataegus*

山里红 *Crataegus pinnatifida* var. *major*：落叶乔木，分布于山坡林缘。

（十八）苹果属 *Malus*

山荆子 *Malus baccata*：又名山丁子，落叶乔木，分布于林缘、路旁。

（十九）梨属 *Pyrus*

秋子梨 *Pyrus ussuricnsis*：落叶乔木，分布于山坡林缘。

（二十）花楸属 *Sorbus*

1. 水榆花楸 *Sorbus alnifolia*：落叶乔木，分布于杂木林中。
2. 花楸树 *Sorbus pohuashanensis*：落叶乔木，分布于山坡上腹杂木林中。

（二十一）毛莓草属 *Sibbaldianthe*

鸡冠茶 *Sibbaldianthe bifurca*：多年生草本或亚灌木，分布于干旱沙石地。

四、豆科 Fabaceae

（一）合欢属 *Albizia*

山槐 *Albizia kalkora*：落叶小乔木或灌木，分布于山坡杂林下。

（二）胡枝子属 *Lespedeza*

1. 胡枝子 *Lespedeza bicolor*：直立灌木，分布于山坡沙质地。
2. 尖叶铁扫帚 *Lespedeza juncea*：小灌木，分布于干旱沙质地。

(三) 苜蓿属 *Medicago*

野苜蓿 *Medicago falcata*：多年生草本，分布于干燥地、路旁。

(四) 草木樨属 *Melilotus*

草木樨 *Melilotus officinalis*：二年生草本，分布于山坡林缘、路旁。

(五) 车轴草属 *Trifolium*

1. 红车轴草 *Trifolium pratense*：又名红三叶，多年生草本，分布于路旁草地。
2. 白车轴草 *Trifolium repens*：又名白三叶，多年生草本，分布于干旱路旁。
3. 野火球 *Trifolium lupinaster*：又名火球花，多年生草本，分布于干旱沙质地。

(六) 野豌豆属 *Vicia*

1. 多茎野豌豆 *Vicia multicaulis*：又名落豆秧，多年生草本，分布于干旱沙质地。
2. 歪头菜 *Vicia unijuga*：多年生草本，分布于山坡林下。
3. 东方野豌豆 *Vicia japonica*：多年生草本，分布于山坡路旁。
4. 广布野豌豆 *Vicia cracca*：多年生草本，分布于山坡路旁。
5. 山野豌豆 *Vicia amoena*：多年生草本，分布于林缘、路旁。

(七) 鸡眼草属 *Kummerowia*

1. 鸡眼草 *Kummerowia striata*：又名掐不齐，一年生草本，分布于干旱沙质地。
2. 长萼鸡眼草 *Kummerowia stipulacea*：一年生草本，分布于干旱沙质地。

(八) 大豆属 *Glycine*

野大豆 *Glycine soja*：一年生草本，分布于湿草地沟边。

(九) 山黧豆属 *Lathyrus*

1. 山黧豆 *Lathyrus quinquenervius*：多年生草本，分布于山坡林缘。
2. 东北山黧豆 *Lathyrus vaniotii*：多年生草本，分布于林下、林缘。
3. 三脉山黧豆 *Lathyrus komarovii*：多年生草本，分布于林下、林缘。
4. 大山黧豆 *Lathyrus davidii*：多年生草本，分布于山坡林下。
5. 山黧豆 *Lathyrus quinquenervius*：多年生草本，分布于干旱沙质地。

(十) 两型豆属 *Amphicarpaea*

两型豆 *Amphicarpaea edgeworthii*：一年生草本，分布于山坡林下。

(十一) 长柄山蚂蟥属 *Podocarpium*

1. 宽卵叶长柄山蚂蟥 *Hylodesmum podocarpum* subsp. *fallax*：多年生草本，分布于山坡林下。
2. 羽叶长柄山蚂蟥 *Hylodesmum oldhamii*：多年生草本，分布于山坡林下。

11.3.1.13 牻牛儿苗目 Geraniales

一、牻牛儿苗科 Geraniaceae

(一) 老鹳草属 *Geranium*

1. 鼠掌老鹳草 *Geranium sibiricum*：一年生或多年生草本，分布于干旱荒草地。
2. 老鹳草 *Geranium wilfordii*：多年生草本，分布于林缘、湿草地。
3. 灰背老鹳草 *Geranium wlassowianum*：多年生草本，分布于水湿草地。
4. 毛蕊老鹳草 *Geranium platyanthum*：多年生草本，分布于林下湿地。

(二) 牻牛儿苗属 *Erodium*

牻牛儿苗 *Erodium stephanianum*：多年生草本，分布于路旁草地。

二、亚麻科 Linaceae

亚麻属 *Linum*

野亚麻 *Linum stelleroides*：一年生或二年生草本，分布于干旱路旁。

11.3.1.14 芸香目 Rutales

芸香科 Rutaceae

（一）黄檗属 *Phellodendron*

黄檗 *Pelldendron amurense*：落叶乔木，分布于山坡中上腹。

（二）白鲜属 *Dictamnus*

白鲜 *Dictamnus dasycarpus*：多年生宿根草本，分布于山坡林缘草地。

11.3.1.15 大戟目 Euphorbiales

大戟科 Euphorbiaceae

（一）铁苋菜属 *Acalypha*

铁苋菜 *Acalypha australis*：一年生草本，分布于干旱沙质地。

（二）大戟属 *Euphorbia*

1. 地锦 *Parthenocissus tricuspidata*：一年生草本，分布于沙质地、路边。
2. 狼毒 *Stellera chamaejasme*：多年生草本，分布于干旱沙质地。
3. 林大戟 *Euphorbia lucorum*：多年生草本，分布于山坡林下。
4. 大戟 *Euphorbia pekinensis*：多年生草本，分布于干旱路旁。

11.3.1.16 车前目 Plantaginales

车前科 Plantaginaceae

（一）水马齿属 *Callitriche*

水马齿 *Callitriche palustris*：一年生草本，分布于水草甸、沼泽地。

（二）柳穿鱼属 *Linaria*

柳穿鱼 *Linaria vulgaris* subsp. *chinensis*：多年生草本，分布于山坡干旱地。

11.3.1.17 无患子目 Sapindales

一、卫矛科 Celastraoeae

卫矛属 *Euonymus*

1. 卫矛 *Euonymus alatus*：灌木，分布于林缘、路旁。
2. 白杜 *Evonymus maackii*：小乔木，分布于干旱沙质地。
3. 瘤枝卫矛 *Euonymus verrucosus*：落叶灌木，分布于山坡上腹林下。
4. 黄心卫矛 *Euonymus macropterus*：灌木，分布于阴坡林下。

二、无患子科 Sapindaceae

（一）槭属 *Acer*

1. 色木槭 *Acer pictum*：又名五角槭，落叶乔木，分布于山坡上腹杂木林地。
2. 青楷槭 *Acer tegmentosum*：又名青楷子，落叶乔木，分布于阴坡杂木林下。
3. 茶条槭 *Acer tataricum* subsp. *ginnala*：落叶灌木或小乔木，分布于林缘、沟边。
4. 东北槭 *Acer mandshuricum*：落叶乔木，分布于背坡上腹林下。

（二）文冠果属 *Xanthoceras*

文冠果 *Xanthoceras sorbifolia*：落叶灌木或小乔木，引进种，喜生向阳地。

三、凤仙花科 Balaminaceae

凤仙花属 *Impatiens*

1. 野凤仙花 *Impatiens textorii*：一年生草本，分布于湿润林下。
2. 水金凤 *Impatiens noli-tangere*：一年生草本，分布于沟塘林下。

11.3.1.18 鼠李目 Rhamnales

一、鼠李科 Rhamnaceac

鼠李属 *Rhamnus*

1. 东北鼠李 *Rhamnus schneideri* var. *manshurica*：开展多分枝灌木，分布于山坡林下。
2. 金刚鼠李 *Rhamnus diamantiacus*：灌木，分布于山坡灌丛。
3. 鼠李 *Rhamnus davuricus*：灌木或小乔木，分布于山坡杂林中。
4. 小叶鼠李 *Rhamnus parvifolius*：灌木，分布于山上腹石砬处。

二、葡萄科 Vitaceae

葡萄属 *Vitis*

山葡萄 *Vitis amurensis*：木质藤本，分布于山坡林下。

11.3.1.19 锦葵目 Malvales

一、椴树科 Tiliaceae

椴树属 *Tilia*

1. 辽椴 *Tilia mandshurica*：乔木，分布于山坡杂木林。
2. 紫椴 *Tilia amurensis*：乔木，分布于山坡杂木林。

二、锦葵科 Malvaceae

(一) 木槿属 *Hibiscus*

野西瓜苗 *Hibiscus trionum*：又名山西瓜秧子，一年生直立或平卧草本，分布于干旱路旁。

(二) 锦葵属 *Malva*

冬葵 *Malva verticillata* var. *crispa*：一年生草本，分布于干旱路旁。

11.3.1.20 侧膜胎座目 Parictalcs

一、猕猴桃科 Actinidiaceae

猕猴桃属 *Actinidia*

1. 狗枣猕猴桃 *Actinidia kolomikta*：又名狗枣子，大型落叶藤本，分布于山坡林下。
2. 软枣猕猴桃 *Actinidia arguta*：又名软枣子，大型落叶藤本，分布于阴坡上腹林下。
3. 葛枣猕猴桃 *Actinidia polygama*：大型落叶藤本，分布于阴坡沟塘林下。

二、藤黄科 Clusiaceae

金丝桃属 *Hypericum*

1. 黄海棠 *Hypericum ascyron*：又名牛心菜，灌木，分布于山坡荒地。
2. 短柱金丝桃 *Hypericum hookerianum*：灌木，分布于路旁草地。
3. 赶山鞭 *Hypericum attenuatum*：灌木，分布于林缘、路旁。

三、堇菜科 Violaceae

堇菜属 *Viola*

1. 鸡腿堇菜 *Viola acuminata*：多年生草本，分布于山坡林下。
2. 球果堇菜 *Viola collina*：多年生草本，分布于山坡林下。
3. 辽宁堇菜 *Viola rossii*：多年生草本，分布于皆伐林地。
4. 奇异堇菜 *Viola mirabilis*：多年生草本，分布于柞木林下。
5. 紫花地丁 *Viola philippica*：多年生草本，分布于路旁。
6. 如意草 *Viola arcuata*：多年生草本，分布于林缘、灌丛。
7. 斑叶堇菜 *Viola variegata*：多年生草本，分布于林下、灌丛。
8. 深山堇菜 *Viola selkirkii*：多年生草本，分布于阴坡林下。
9. 早开堇菜 *Viola prionatha*：多年生草本，分布于路旁、荒草地。

10. 阴地堇菜 *Viola yezoensis*：多年生草本，分布于山顶阴湿地。

11. 白花堇菜 *Viola lactiflora*：多年生草本，分布于沼泽地。

12. 大黄花堇菜 *Viola muehldorfii*：多年生草本，分布于阴坡林下。

13. 东方堇菜 *Viola orientalis*：多年生草本，分布于山坡石质地。

11.3.1.21 桃金娘目 Myrtiflorae

一、千屈菜科 Lythraceae

千屈菜属 *Lythrum*

千屈菜 *Lythrum salicaria*：多年生草本，分布于水沟边、湿草地。

二、柳叶菜科 Onagraceae

（一）柳叶菜属 *Epilobium*

1. 柳兰 *Chamerion angustifolium*：多年生草本，分布于湿草地、路旁。

2. 东北柳叶菜 *Epilobium ciliatum*：多年生草本，分布于湿草地、河沟边。

3. 沼生柳叶菜 *Epilobium palustre*：多年生草本，分布于水湿草地。

（二）露珠草属 *Circaea*

1. 深山露珠草 *Circaea alpina* subsp. *caulescens*：多年生草本，分布于阴湿处。

2. 露珠草 *Circaea cordata*：多年生草本，分布于湿润林下。

3. 水珠草 *Circaea canadensis* subsp. *quadrisulcata*：多年生草本，分布于沟塘林下。

（三）月见草属 *Oenothera*

月见草 *Oenothera biennis*：又名山芝麻、夜来香，二年生草本，分布于山坡干旱地。

（四）丁香蓼属 *Ludwigia*

丁香蓼 *Ludwigia prostrata*：一年生草本，分布于湿草地。

三、小二仙草科 Haloragidaceae

狐尾藻属 *Myriophyllum*

乌苏里狐尾藻 *Myriophyllum ussuriense*：多年生水生草本，分布于河沟黏泥地。

四、杉叶藻科 Hippuridaceae

杉叶藻属 *Hippuris*

杉叶藻 *Hippuris vulgaris*：多年生水生草本，分布于浅水中。

11.3.1.22 伞形目 Umbelliflorae

一、五加科 Araliaceae

（一）五加属 *Eleutherococcus*

刺五加 *Eleutherococcus senticosus*：灌木，分布于山坡林下。

（二）楤木属 *Aralia*

辽东楤木 *Aralia elata* var. *glabrescens*：灌木或小乔木，分布于山坡林缘。

（三）人参属 *Panax*

人参 *Panax ginseng*：多年生草本，分布于山坡林下肥沃地。

二、伞形科 Apiaceae

（一）羊角芹属 *Aegopodium*

东北羊角芹 *Aegopodium alpestre*：多年生草本，分布于温润林下。

（二）独活属 *Heracleum*

1. 兴安独活 *Heracleum dissectum*：多年生草本，分布于山坡林下。

2. 短毛独活 *Heracleum moellendorffii*：俗名老桑芹，多年生草本，分布于山坡林下。

3. 狭叶短毛独活 *Heraeleum mellendorffii* var. *subbipinnatum*：多年生草本，分布于山坡荒

草地。

（三）柴胡属 *Bupleurum*

1. 大叶柴胡 *Bupleurum longiradiatum*：多年生高大草本，分布于山坡林下。

2. 红柴胡 *Bupleurum scorzonerifolium*：又名香柴胡，多年生草本，分布于山坡林缘。

（四）毒芹属 *Cicuta*

毒芹 *Cicuta virosa*：俗名宽叶毒芹，多年生草本，分布于沼泽地。

（五）蛇床属 *Cnidium*

兴安蛇床 *Cnidium dauricum*：多年生草本，分布于湿草甸子、灌丛。

（六）石防风属 *Kitagawia*

石防风 *Kitagawia terebinthacea*：多年生草本，分布于山坡石质地。

（七）前胡属 *Peucedanum*

宽叶石防风 *Peucedanum terebinthaceum* var. *deltoideum*：多年生草本，分布于山顶石砾子。

（八）茴芹属 *Pimpinella*

羊红膻 *Pimpinella thellungiana*：多年生草本，分布于干旱沙质地。

（九）棱子芹属 *Pleurospermum*

棱子芹 *Pleurospermum uralense*：多年生草本，分布于山坡林缘。

（十）当归属 *Angelica*

柳叶芹 *Angelica czernaevia*：二年生草本，分布于水湿林下。

（十一）泽芹属 *Sium*

泽芹 *Sium suave*：多年生草本，分布于沼泽地。

（十二）迷果芹属 *Sphallerocarpus*

迷果芹 *Sphallerocarpus gracilis*：多年生草本，分布于林缘、路旁。

（十三）岩风属 *Libanotis*

香芹 *Libanotis seseloides*：多年生草本，分布于山坡荒地。

11.3.1.23 杜鹃花目 Ericales

杜鹃花科 Ericaceae

（一）杜鹃属 *Rhododendron*

1. 兴安杜鹃 *Rhododendron dauricum*：半常绿灌木，分布于山脊石砬子上。

2. 迎红杜鹃 *Rhododendron mucronulatum*：落叶灌木，分布于山顶石砬子边。

（二）鹿蹄草属 *Pyrola*

1. 红花鹿蹄草 *Pyrola asarifolia* subsp. *incarnata*：常绿草本状小半灌木，分布于杂木林下。

2. 肾叶鹿蹄草 *Pyrola renifolia*：常绿草本状小半灌木，分布于阴坡湿润林下。

11.3.1.24 管状花目 Tubiflorae

一、玄参科 Scrophulariaceae

（一）腹水草属 *Veronicastrum*

草本威灵仙 *Veronicastrum sibircum*：又名斩龙剑、九节草，多年生草本，分布于路旁、甸子。

（二）婆婆纳属 *Veronica*

1. 大穗花 *Pseudolysimachion dauricum*：多年生草本，分布于路旁、林缘。

2. 东北穗花 *Pseudolysimachion rotundum* subsp. *subintegrum*：多年生草本，分布于湿草地、路旁。

（三）水茫草属 *Limosella*

水茫草 *Limosella aquatica*：一年生水生或湿生草本，分布于水泡边。

(四) 玄参属 *Scrophularia*

岩玄参 *Scrophularia amgunensis*：又名猫尾巴花，多年生草本，分布于山坡荒地。

二、旋花科 Convolvulaceae

(一) 菟丝子属 *Cuscuta*

1. 菟丝子 *Cuseuta chinensis*：一年生寄生草本。分布于灌丛、路旁。

2. 金灯藤 *Cuscuta japonica*：一年生寄生缠绕草本，分布于路旁、田间。

(二) 打碗花属 *Calystegia*

1. 打碗花 *Calystegia hederacea*：一年生草本，分布于路旁、林缘。

2. 欧旋花 *Calystegia sepium* subsp. *spectabilis*：草本，分布于路旁、田边。

(三) 虎掌藤属 *IpomoeaIpomoea*

圆叶牵牛 *Ipomoea purpurea*：一年生缠绕草本，分布于田地边、路旁。

三、紫草科 Boraginaceae

(一) 斑种草属 *Bothriospermum*

柔弱斑种草 *Bothriospermum zeylanicum*：一年生草本，分布于干旱沙质地。

(二) 山茄子属 *Brachybotrys*

山茄子 *Brachybotrys paridiformis*：多年生草本，分布于山坡肥沃林下。

(三) 齿缘草属 *Eritrichium*

远东齿缘草 *Eritrichium sichotense*：草本，分布于山顶石砬处。

(四) 附地菜属 *Trigonotis*

1. 附地菜 *Trigonotis peduncularis*：一年生或二年生草本，分布于荒草地、路旁。

2. 北附地菜 *Trigonotis radicans*：多年生草本，分布于湿草地、林缘。

四、花荵科 Polemoniaceae

花荵属 *Polemonium*

中华花荵 *Polemonium chinense*：多年生草本，分布于湿润林下。

五、唇形科 Lamiaceae

(一) 藿香属 *Agastache*

藿香 *Agastache rugosa*：多年生草本，分布于林缘、荒草地。

(二) 水棘针属 *Amethystea*

水棘针 *Amethystea caeruleacaerulea*：一年生草本，分布于田间杂草地。

(三) 香薷属 *Elsholtzia*

香薷 *Elsholtzia ciliata*：直立草本，分布于林缘、田地边。

(四) 鼬瓣花属 *Galeopsis*

鼬瓣花 *Galeopsis bifida*：草本，分布于林缘、路旁。

(五) 夏至草属 *Lagopsis*

夏至草 *Lagopsis supina*：多年生草本，分布于干旱路旁。

(六) 野芝麻属 *Lamium*

1. 野芝麻 *Lamium barbatum*：多年生植物，分布于林下、草甸子。

2. 短柄野芝麻 *Lamium album*：多年生植物，分布于山坡林下、林缘。

(七) 益母草属 *Leonurus*

1. 錾菜 *Leonurus pseudomacranthus*：多年生草本，分布于山坡林缘。

2. 兴安益母草 *Leonurus deminutus*：二年生或多年生草本，分布于路旁、林缘。

3. 益母草 *Leonurus japonicus*：一年生或二年生草本，分布于干旱路旁。

(八) 地笋属 *Lycopus*

1. 地笋 *Lycopus lucidus*：多年生草本，分布于林下。

2. 小花地笋 *Lycopus parviflorus*：多年生草本，分布于灌丛、湿草地。

(九) 龙头草属 *Meehania*

荨麻叶龙头草 *Meehania urticifolia*：多年生草本，分布于山坡林下。

(十) 薄荷属 *Mentha*

1. 兴安薄荷 *Mentha dahurica*：多年生草本，分布于林缘、草甸子。

2. 薄荷 *Mentha canadensis*：多年生草本，分布于林缘、路旁。

(十一) 香茶菜属 *Lsodon*

1. 尾叶香茶菜 *Lsodon excisa*：多年生草本，分布于山坡林下。

2. 溪黄草 *Lsodon serra*：多年生草本，分布于山顶砬子边。

(十二) 黄芩属 *Scutellaria*

1. 京黄芩 *Scutellaria pekinensis*：一年生草本，分布于湿润林下。

2. 塔头狭叶黄芩 *Scutellaria regeliana* var. *ikonnikovii*：多年生草本，分布于干旱沙质地。

3. 狭叶黄芩 *Scutellaria regeliana*：多年生草本，分布于山坡杂草地。

4. 并头黄芩 *Scutellaria scordifolia*：多年生草本，分布于山坡杂草地。

5. 纤弱黄芩 *Scutellaria dependens*：一年生草本，分布于水湿草甸子。

6. 念珠根茎黄芩 *Scutellaria moniliorrhiza*：多年生草本，分布于湿润林下。

(十三) 水苏属 *Stachys*

1. 水苏 *Stachys japonica*：多年生草本，分布于水湿沟边。

2. 毛水苏 *Stachys baicalensis*：多年生草本，分布于山坡湿草地。

(十四) 百里香属 *Thymus*

百里香 *Thymus mongolicus*：半灌木，分布于帽儿山顶部。

六、茄科 Solanaceae

酸浆属 *Alkekengi*

酸浆 *Alkekengi officinarum*：多年生草本，分布于山坡荒地。

七、列当科 Orobanchaceae

(一) 列当属 *Orobanche*

黑水列当 *Orobanche pycnostachya* var. *amurensis*：二年生或多年生草本，分布于山坡荒地。

(二) 马先蒿属 *Pedicularis*

1. 鸡冠子花 *Pedicularis mandshurica*：多年生草本，分布于水湿地。

2. 返顾马先蒿 *Pedicularis resupinata*：多年生草本，分布于山坡湿地。

3. 野苏子 *Pedicularis grandiflora*：草本，分布于林下、沟边。

(三) 松蒿属 *Phtheirospermum*

松蒿 *Phtheirospermum japonicum*：一年生草本，分布于山坡荒地。

八、透骨草科 Phrymaceae

(一) 透骨草属 *Phryma*

透骨草 *Phryma leptostachya* subsp. *asiatica*：多年生草本，分布于山坡林下。

(二) 沟酸浆属 *Erythranthe*

沟酸浆 *Erythranthe tenella*：多年生草本，分布于沙质地、路旁。

11.3.1.25 报春花目 Primulales

报春花科 Primulaceae

（一）点地梅属 *Androsace*

1. 点地梅 *Androsace umbellata*：一年生或二年生草本，分布于干旱地。

2. 东北点地梅 *Androsace filiformis*：一年生草本，分布于水湿草地。

（二）珍珠菜属 *Lysimachia*

1. 黄连花 *Lysimachia davurica*：草本，分布于林缘、路旁。

2. 矮桃 *Lysimachia clethroides*：多年生草本，分布于山坡石质地。

（三）报春花属 *Pramula*

1. 樱草 *Primula sieboldii*：多年生草本，分布于湿润林下。

2. 岩生报春 *Primula saxatilis*：多年生草本，分布于阴坡石砬子上。

（四）七瓣莲属 *Trientalis*

七瓣莲 *Trientalis europaea*：多年生草本，分布于岗地、灌丛。

11.3.1.26 捩花目 Contortae

一、木樨科 Oleaceae

（一）梣属 *Fraxinus*

1. 水曲柳 *Fraxinus mandshurica*：落叶大乔木，分布于山坡、沟塘。

2. 花曲柳 *Fraxinus chinensis* subsp. *rhynchophylla*：又名白蜡树，落叶大乔木，分布于山坡上腹。

（二）丁香属 *Syringa*

暴马丁香 *Syringa reticulata* subsp. *amurensis*：落叶小乔木或大乔木，分布于阴山坡。

二、龙胆科 Gentianaceae

（一）龙胆属 *Gentiana*

1. 三花龙胆 *Gentiana triflora*：多年生草本，分布于林缘、草甸子。

2. 笔龙胆 *Gentiana zollingeri*：一年生草本，分布于山坡上腹柞林下。

3. 条叶龙胆 *Gentiana mandshurica*：多年生草本，分布于湿草地、塔头间。

（二）花锚属 *Halenia*

花锚 *Halenia corniculata*：一年生草本，分布于山坡荒草地。

（三）獐牙菜属 *Swertia*

藜芦獐牙菜 *Swertia veratroides*：多年生草本，分布于山坡林缘。

三、夹竹桃科 Apocynaceae

（一）鹅绒藤属 *Cynanchum*

萝藦 *Cynanchum rostellatum*：多年生草质藤本，分布于路旁、林缘。

（二）白前属 *Vincetoxicum*

白薇 *Vincetoxicum atratum*：直立多年生草本，分布于山坡草地。

11.3.1.27 茜草目 Rubiales

一、茜草科 Rubiaceae

（一）拉拉藤属 *Galium*

1. 北方拉拉藤 *Galium boreale*：又名砧草，分布于山坡、草地及林缘灌丛。

2. 拉拉藤 *Galium spurium*：又名爬拉殃，分布于草甸子、林缘。

3. 蓬子菜 *Galium verum*：又名柳绒蒿、疗毒蒿、鸡肠草、黄米花，分布于路山坡灌丛及旷野草地。

4. 林猪殃殃 *Galium paradoxum*：分布于山谷阴湿地、水边、林下、草地。

5. 东北猪殃殃 *Galium davuricum* var. *lasiocarpum*：分布于山谷、沟边的林下或草地。

6. 大叶猪殃殃 *Galium davuricum*：分布于沟塘林下。

(二) 茜草属 *Rubia*

1. 中国茜草 *Rubia chinensis*：分布于山坡林下。

2. 林生茜草 *Rubia sylvatica*：通常分布于较潮湿的林中或林缘。

3. 茜草 *Rubia cordifolia*：常分布于疏林、林缘、灌丛或草地上。

二、忍冬科 Caprifoliaceae

(一) 忍冬属 *Lonicera*

1. 蓝果忍冬 *Lonicera caerulea*：又名蓝靛果，分布于落叶林下或林缘荫处灌丛中。

2. 早花忍冬 *Lonicera praeflorens*：分布于山坡上腹杂木林下。

3. 金银忍冬 *Lonicera maackii*：分布于林中或林缘溪流附近的灌木丛中。

4. 金花忍冬 *Lonicera chrysantha*：分布于沟谷、林下或林缘灌丛中。

5. 长白忍冬 *Lonicera ruprechtiana*：分布于阔叶林下或林缘。

(二) 败酱属 *Patrinia*

1. 岩败酱 *Patrinia rupestris*：分布于小丘顶部、石质山坡岩缝、草地、草甸草原、山坡桦树林缘及杨树林下。

2. 败酱 *Patrinia scabiosifolia*：又名野黄花、野芹，分布于山坡林下、林缘和灌丛中以及路边、田埂边的草丛中。

(三) 缬草属 *Valeriana*

1. 黑水缬草 *Valeriana amurensis*：生于山坡草甸或落叶松和桦木林下。

2. 缬草 *Valeriana officinalis*：又名毛节缬草、臭草、拔地麻、媳妇菜，分布于林缘、湿草地。

(四) 蓝盆花属 *Scabiosa*

窄叶蓝盆花 *Scabiosa comosa*：又名蒙古山萝、细叶山萝卜，分布于山坡灌丛间。

三、五福花科 Adoxaceae

(一) 五福花属 *Adoxa*

五福花 *Adoxa moschatellina*：又名福寿花，分布于山坡肥沃林下、林缘或草地。

(二) 接骨木属 *Sambucus*

1. 接骨木 *Sambucus williamsii*：又名东北接骨木、钩齿接骨木，分布于林下、山坡灌丛、路旁。

2. 西伯利亚接骨木 *Sambucus sibirica*：分布于山坡林下。

3. 朝鲜接骨木 *Sambucus coreana*：分布于林下、沟边。

(三) 荚蒾属 *Viburnum*

1. 修枝荚蒾 *Viburnum burejaeticum*：又名暖木条子，分布于林缘、岗地。

2. 鸡树条 *Viburnum opulus* var. *calvescens*：又名鸡树条荚蒾，分布于溪谷边疏林下或灌丛中。

11.3.1.28 葫芦目 Cucurbitales

葫芦科 Cucurbitaceae

(一) 裂瓜属 *Schizopepon*

裂瓜 *Schizopepon bryoniifolius*：又名癞瓜，分布于山沟林下、水沟旁或林缘湿地。

(二) 赤瓟属 *Thladiantha*

赤瓟 *Thladiantha dubia*：又名气包、山屎瓜，分布于山坡、河谷及林缘湿处。

11.3.1.29 桔梗目 Campanulales

一、桔梗科 Campanulaceae

（一）沙参属 *Adenophora*

1. 轮叶沙参 *Adenophora tetraphylla*：又名四叶菜，分布于草地和灌丛中。

2. 长白沙参 *Adenophora pereskiifolia*：分布于林缘、林下草地或草甸中。

3. 大花沙参 *Adenophora grandiflora*：分布于山坡林下。

4. 沼沙参 *Adenophora palustris*：又名草参，分布于沼泽地。

（二）风铃草属 *Campanula*

1. 紫斑风铃草 *Campanula punctata*：又名铃铛草，分布于山地林中、灌丛及草地中。

2. 聚花风铃草 *Campanula glomerata* subsp. *speciosa*：又名白毛风铃草，分布于山坡荒草地及灌丛中。

（三）党参属 *Codonopsis*

党参 *Codonopsis pilosula*：又名东党参，分布于山坡林缘及灌丛中。

（四）半边莲属 *Lobelia*

山梗菜 *Lobelia sessilifolia*：又名半边莲，分布于水湿草地。

（五）牧根草属 *Asyneuma*

牧根草 *Asyneuma japonicum*：分布于阔叶林下或杂木林下，偶见于草地中。

（六）桔梗属 *Platycodon*

桔梗 *Platycodon grandiflorus*：又名包袱花，根分布于阳处草丛、灌丛中，少分布于林下。

二、菊科 Asteraceae

（一）蓍属 *Achillea*

1. 蓍 *Achillea millefolium*：又名千叶蓍、斩龙草，分布于干旱地、路旁。

2. 高山蓍 *Achillea alpina*：常见于山坡草地、灌丛间、林缘。

3. 短瓣蓍 *Achillea ptarmicoides*：分布于河谷草甸、山坡路旁、灌丛间。

（二）蒿属 *Artemisia*

1. 臭蒿 *Artemisia hedinii*：又名黄花蒿，分布于荒地、路旁。

2. 毛莲蒿 *Artemisia vestita*：又名白莲蒿，分布于干燥山地、山顶部。

3. 裂叶蒿 *Artemisia tanacetifolia*：又名条蒿，分布于林缘或疏林中以及草坡及灌丛等处。

4. 蒌蒿 *Artemisia selengensis*：分布于水湿草地。

5. 艾 *Artemisia argyi*：又名艾蒿、艾叶，分布于干旱路旁。

6. 野艾蒿 *Artemisia lavandulifolia*：又名山艾蒿，分布于山坡、路旁。

7. 蒙古蒿 *Artemisia mongolica*：分布于山坡、路旁。

8. 朝鲜艾 *Artemisia argyi* var. *gracilis*：分布于干山坡、路旁。

9. 阴地蒿 *Artemisia sylvatica*：分布于湿润地区的林下、林缘或灌丛下荫蔽处。

10. 柳叶蒿 *Artemisia integrifolia*：又名柳蒿，分布于湿润或半湿润地区的林缘、路旁、河边、草地、草甸、灌丛及沼泽地的边缘。

11. 宽叶山蒿 *Artemisia stolonifera*：分布于湿润地区的林缘、疏林下、路旁及荒地与沟谷等处。

12. 庵闾 *Artemisia keiskeana*：分布于路旁、干山坡、灌丛、草地及疏林下。

13. 猪毛蒿 *Artemisia scoparia*：又名黄蒿，分布于山坡、旷野、路旁。

14. 牡蒿 *Artemisia japonica*：又名日本蒿，分布于林缘、林中空地、疏林下、旷野、灌丛、丘陵、山坡、路旁等。

15. 大籽蒿 *Artemisia sieversiana*：分布于干旱地、路旁。

（三）和尚菜属 *Adenocaulon*

和尚菜 *Adenocaulon himalaicum*：分布于河岸、湖旁、峡谷、阴湿密林下，在干燥山坡亦有生长。

（四）紫菀属 *Aster*

1. 高山紫菀 *Aster alpinus*：分布于山顶石质地。
2. 东风菜 *Aster scaber*：分布于山坡草地。
3. 紫菀 *Aster tataricus*：又名驴耳朵菜，分布于低山阴坡湿地、山顶和低山草地及沼泽地。
4. 圆苞紫菀 *Aster maackii*：分布于阴湿坡地、杂木林缘、积水草地和沼泽地。
5. 全叶马兰 *Aster pekinensis*：又名扫帚鸡儿肠，分布于山坡草甸子。
6. 山马兰 *Aster lautureanus*：又名山鸡儿肠，分布于山坡、草原、灌丛中。
7. 裂叶马兰 *Aster incisus*：又名北鸡儿肠，分布于河沟边、林缘。
8. 蒙古马兰 *Aster mongolicus*：又名蒙古鸡儿肠，分布于干旱草地路旁。
9. 大阿尔泰狗娃花 *Aster altaicus*：分布于山坡石质地。
10. 砂狗娃花 *Aster meyendorffii*：分布于山坡草地、河岸沙地、林下沙丘。

（五）女菀属 *Turczaninovia*

女菀 *Turczaninovia fastigiata*：分布于荒地、山坡、路旁。

（六）碱菀属 *Tripolium*

碱菀 *Tripolium pannonicum*：分布于干旱石质地。

（七）泽兰属 *Eupatorium*

林泽兰 *Eupatorium lindleyanum*：又名轮叶泽兰，分布于干旱山坡草地。

（八）飞蓬属 *Erigeron*

1. 小蓬草 *Erigeron canadensis*：分布于路旁，田间杂草地。
2. 山飞蓬 *Erigeron alpicola*：分布于山顶石质地。
3. 飞蓬 *Erigeron acrisacris*：分布于山顶草坡。

（九）一枝黄花属 *Solidago*

1. 钝苞一枝黄花 *Solidago pacifica*：分布于林缘、路旁。
2. 兴安一枝黄花 *Solidago dahurica*：又名毛果一枝黄花，分布于山坡、灌丛间。

（十）天名精属 *Carpesium*

1. 大花金挖耳 *Carpesium macrocephalum*：分布于山坡、灌丛间。
2. 金挖耳 *Carpesium divaricatum*：分布于路旁及山坡灌丛中。
3. 暗花金挖耳 *Carpesium triste*：分布于林下及溪边。

（十一）旋覆花属 *Inula*

1. 柳叶旋覆花 *Inula salicina*：分布于水湿地，河沟边。
2. 大花旋覆花 *Inula grandiflora*：分布于湿草地、路旁。
3. 欧亚旋覆花 *Inula britannica*：为欧亚旋覆花棉毛变种，分布于路旁、林缘。
4. 旋覆花 *Inula japonica*：分布于路旁、林缘。

（十二）火绒草属 *Leontopodium*

火绒草 *Leontopodium leontopodioides*：分布于干山坡、路旁。

（十三）鬼针草属 *Bidens*

1. 柳叶鬼针草 *Bidens cernua*：多分布于草甸及沼泽边缘，有时分布于水中。
2. 鬼针草 *Bidens pilosapilosa*：又名婆婆针，分布于水湿草地。
3. 小花鬼针草 *Bidens parviflora*：分布于路边荒地、林下及水沟边。

4. 狼耙草 *Bidens tripartita*：分布于路边荒野及水边湿地。

5. 羽叶鬼针草 *Bidens maximowicziana*：分布于路旁及河边湿地。

（十四）豨莶属 *Siegesbeckia*

1. 腺梗豨莶 *Siegesbeckia pubescens*：分布于山坡、山谷林缘、灌丛林下的草坪中，河谷、溪边、河槽潮湿地、旷野、耕地边等处也常见。

2. 毛梗豨莶 *Siegesbeckia glabrescens*：分布于路边、旷野荒草地和山坡灌丛中。

（十五）苍耳属 *Xanthium*

苍耳 *Xanthium strumarium*：又名老苍子，生长于平原、丘陵、低山、荒野路边、田边。

（十六）线叶菊属 *Filifolium*

线叶菊 *Filifolium sibiricum*：分布于山坡草地。

（十七）母菊属 *Matricaria*

1. 同花母菊 *Matricaria matricarioides*：分布于低洼地草甸子。

2. 母菊 *Matricaria chamomilla*：分布于水湿地。

（十八）蟹甲草属 *Parasenecio*

1. 耳叶蟹甲草 *Parasenecio auriculatus*：又名耳叶兔儿伞，分布于林下或林缘。

2. 山尖子 *Parasenecio hastatus*：分布于山坡林、灌丛。

3. 无毛山尖子 *Parasenecio hastatus* var. *glaber*：分布于水湿林下。

（十九）橐吾属 *Ligularia*

1. 全缘橐吾 *Ligularia mongolica*：分布于沼泽草甸、山坡、林间及灌丛。

2. 复序橐吾 *Ligularia jaluensis*：分布于草甸子及林缘。

3. 橐吾 *Ligularia sibirica*：分布于沼地、湿草地、河边、山坡及林缘。

4. 蹄叶橐吾 *Ligularia fischeri*：分布于水边、草甸子、山坡、灌丛中、林缘及林下。

（二十）疆千里光属 *Jacobaea*

1. 麻叶千里光 *Jacobaea cannabifolia*：分布于林缘、湿草地。

2. 全叶千里光 *Jacobaea litvinovii*：分布于水湿草地、沟边。

3. 额河千里光 *Jacobaea argunensis*：分布于草坡、山地草甸。

（二十一）狗舌草属 *Tephroseris*

1. 红轮狗舌草 *Tephroseris flammea*：分布于山坡、林缘。

2. 狗舌草 *Tephroseris kirilowii*：分布于干旱荒草地。

3. 湿生狗舌草 *Tephroseris palustris*：分布于湿草地、沼泽地。

4. 江浙狗舌草 *Tephroseris pierotii*：分布于湿草地、沼泽地。

（二十二）牛蒡属 *Arctium*

牛蒡 *Arctium lappa*：分布于山坡、山谷、林缘、林中、灌木丛中、河边潮湿地、村庄路旁或荒地。

（二十三）苍术属 *Atractylodes*

朝鲜苍术 *Atractylodes koreanakoreana*：分布于山坡干旱地。

（二十四）蓟属 *Cirsium*

1. 烟管蓟 *Cirsium pendulum*：分布于山谷、山坡草地、林缘、林下、岩石缝隙、溪旁及村旁。

2. 刺儿菜 *Cirsium arvense* var. *integrifolium*：分布于山坡、河旁或荒地、田间。

3. 绒背蓟 *Cirsium vlassovianum*：分布于山坡草地、林缘、河边或潮湿地。

4. 野蓟 *Cirsium maackii*：分布于山坡草地、林缘、草甸及林旁、路旁。

5. 绿蓟 *Cirsium chinense*：分布于湿草地、林缘。

6. 林蓟 *Cirsium schantarense*：分布于林中及林缘潮湿处、河边或草甸。

(二十五) 风毛菊属 *Saussurea*

1. 风毛菊 *Saussurea japonica*：分布于山坡、山谷、林下、山坡路旁、山坡灌丛、荒坡、水旁、田中。

2. 龙江风毛菊 *Saussurea amurensis*：分布于沼泽化草甸及草甸。

3. 湿地风毛菊 *Saussurea umbrosa*：分布于林下及林间草地。

4. 林风毛菊 *Saussurea sinuata*：分布于沟塘、山坡林下。

5. 乌苏里风毛菊 *Saussurea ussuriensis*：分布于山坡草地、林下及河岸边。

(二十六) 麻花头属 *Klasea*

1. 多花麻花头 *Klasea centauroides* subsp. *polycephala*：分布于山坡干旱草坡。

2. 麻花头 *Klasea centauroides*：分布于山坡草甸子。

(二十七) 山牛蒡属 *Synurus*

山牛蒡 *Synurus deltoides*：分布于山坡林缘、林下或草甸。

(二十八) 大丁草属 *Leibnitzia*

大丁草 *Leibnitzia anandria*：分布于山顶、山谷丛林、荒坡、沟边或风化的岩石上。

(二十九) 还阳参属 *Crepis*

1. 屋根草 *Crepis tectorum*：分布于山地林缘、河谷草地、田间或撂荒地。

2. 宽叶还阳参 *Crepis coreana*：分布于林缘、林下、草甸及草原。

(三十) 山柳菊属 *Hieracium*

山柳菊 *Hieracium umbellatum*：分布于山坡林缘、林下或草丛中、松林代木迹地及河滩沙地。

(三十一) 苦荬菜属 *Ixeris*

中华苦荬菜 *Ixeris chinensis*：分布于荒草地、田间。

(三十二) 莴苣属 *Lactuca*

1. 山莴苣 *Lactuca sibirica*：分布于湿草地、沟边。

2. 毛脉翅果菊 *Lactuca raddeana*：分布于山坡林下。

3. 翼柄翅果菊 *Lactuca triangulata*：分布于林下、林缘。

4. 翅果菊 *Lactuca indica*：分布于山坡林下。

(三十三) 毛连菜属 *Picris*

日本毛连菜 *Picris japonica*：分布于山坡草地、林缘、林下、灌丛中或生林间荒地或田边、河边、沟边或高山草甸。

(三十四) 鸦葱属 *Scorzonera*

1. 华北鸦葱 *Scorzonera albicaulis*：分布于山谷或山坡杂木林下或林缘、灌丛中，或生于荒地、火烧迹地或田间。

2. 毛梗鸦葱 *Scorzonera radiata*：分布于山坡林缘、林下、草地及河滩砾石地。

3. 鸦葱 *Takhtajaniantha austriaca*：分布于山坡、草滩及河滩地。

(三十五) 蒲公英属 *Taraxacum*

1. 芥叶蒲公英 *Taraxacum brassicaefolium*：分布于湿草甸子、林缘。

2. 淡红座蒲公英 *Taraxacum erythropodium*：分布于干旱路旁。

3. 东北蒲公英 *Taraxacum ohwianum*：分布于山坡、路旁。

4. 蒲公英 *Taraxacum mongolicum*：分布于路旁、沙石地。

5. 异苞蒲公英 *Taraxacum multisectum*：分布于山坡林、草甸子。

11.3.2 单子叶植物纲 Monocotyledoneae

11.3.2.1 露兜树目 Pandanales

一、香蒲科 Typhaceae

香蒲属 *Typha*

1. 宽叶香蒲 *Typha latifolia*：分布于湖泊、池塘、沟渠、河流的缓流浅水带，亦见于湿地和沼泽。

2. 小香蒲 *Typha minima*：分布于池塘、水泡、水沟边浅水处，亦常见于一些水体干枯后的湿地及低洼处。

二、黑三棱科 Sparganiaceae

黑三棱属 *Sparganium*

1. 小黑三棱 *Sparganium emersumemersum*：分布于湖边、河沟、沼泽及积水湿地。

2. 黑三棱 *Sparganium stoloniferum*：分布于湖泊、河沟、沼泽、水塘边浅水处。

11.3.2.2 沼生目 Helobiae

一、眼子菜科 Potamogetonaceae

眼子菜属 *Potamogeton*

1. 禾叶眼子菜 *Potamogeton gramineus*：分布于水塘、湖泊、池沼等静水中，喜微碱性水体环境。

2. 浮叶眼子菜 *Potamogeton natans*：分布于湖泊、沟塘等静水或缓流中，水体多呈微酸性。

3. 小眼子菜 *Potamogeton pusillus*：分布于池塘、湖泊、沼地、水田及沟渠等静水或缓流之中。

二、水鳖科 Hydrocharitaceae

（一）茨藻属 *Najas*

1. 小茨藻 *Najas minor*：成小丛分布于池塘、湖泊、水沟和稻田中。

2. 草茨藻 *Najas graminea*：分布于静水池塘、藕田、水稻田和缓流中。

（二）苦草属 *Vallisneria*

苦草 *Vallisneria natans*：分布于溪沟、河流、池塘、湖泊之中。

三、泽泻科 Alismataceae

（一）泽泻属 *Alisma*

泽泻 *Alisma plantago-aquatica*：分布于湖泊、河湾、溪流、水塘的浅水带，沼泽、沟渠及低洼湿地亦有生长。

（二）慈姑属 *Sagittaria*

1. 浮叶慈姑 *Sagittaria natans*：分布于池塘、水甸子、小溪及沟渠等静水或缓流水体中。

2. 野慈姑 *Sagittaria trifolia*：分布于湖泊、池塘、沼泽、沟渠、水田等水域。

11.3.2.3 禾本目 Graminales

禾本科 PoaceaePoaceae

（一）雀麦属 *Bromus*

1. 无芒雀麦 *Bromus inermis*：分布于林缘草甸、山坡、谷地、河边路旁。

2. 加拿大雀麦 *Bromus ciliatus*：分布于林缘、沟边。

3. 西伯利亚雀麦 *Bromus sibiricus*：分布于山坡荒草地。

（二）龙常草属 *Diarrhena*

1. 龙常草 *Diarrhena manshurica*：分布于低山带林缘或灌木丛中及草地上。

2. 法利龙常草 *Diarrhena fauriei*：又名矢部龙常草，分布于山地草坡和腾格里沙漠湖滩草地。

(三) 画眉草属 *Eragrostis*

1. 画眉草 *Eragrostis pilosa*：多分布于荒芜田野草地上。

2. 小画眉草 *Eragrostis minor*：分布于荒芜田野、草地和路旁。

(四) 羊茅属 *Festuca*

1. 远东羊茅 *Festuca extremiorientalis*：分布于林下、山谷、河边草丛中。

2. 草甸羊茅 *Festuca pratensis*：分布于山坡草地、河谷、水渠边。

(五) 甜茅属 *Glyceria*

1. 假鼠妇草 *Glyceria leptolepis*：分布于林下、湿草地、溪流或湖泊边缘、山坡、河岸浅水旁及水沟中。

2. 东北甜茅 *Glyceria triflora*：分布于江岸旁和沼泽地中。

(六) 臭草属 *Melica*

1. 大臭草 *Melica turczaninowiana*：分布于山地林缘、针叶林和白桦林内、灌丛草甸及阴坡草丛中。

2. 臭草 *Melica scabrosa*：分布于山坡草地、荒芜田野、渠边路旁。

3. 俯垂臭草 *Melica nutans*：分布于山坡林下、沟边。

(七) 九顶草属 *Enneapogon*

九顶草 *Enneapogon desvauxii*：分布于山顶石砾处。

(八) 芦苇属 *Phragmites*

芦苇 *Phragmites australis*：分布于江河湖泽、池塘沟渠沿岸和低湿地。

(九) 早熟禾属 *Poa*

1. 早熟禾 *Poa annua*：分布于平原和丘陵的路旁草地、田野水沟或荫蔽荒坡湿地。

2. 硬质早熟禾 *Poa sphondylodes*：分布于山坡草原干燥沙地。

3. 林地早熟禾 *Poa nemoralis*：分布于山坡林地，喜阴湿生境，常见于林缘、灌丛草地。

4. 高株早熟禾 *Poa alta*：分布于潮湿草地。

5. 散穗早熟禾 *Poa subfastigiata*：分布于沙漠湖盆地带、河滩湿草地、盐渍化沙地和草甸。

6. 泽地早熟禾 *Poa palustris*：分布于山坡疏林灌丛草甸、沼泽草地。

7. 草地早熟禾 *Poa pratensis*：分布于湿润草甸、沙地、草坡。

8. 乌苏里早熟禾 *Poa urssulensis*：分布于林缘至高山草甸草原。

(十) 冰草属 *Agropyron*

冰草 *Agropyron cristatum*：分布于干燥草地、山坡、丘陵以及沙地。

(十一) 披碱草属 *Elymus*

1. 老芒麦 *Elymus sibiricus*：多分布于路旁和山坡上。

2. 披碱草 *Elymus dahuricus*：多分布于山坡草地或路边。

3. 肥披碱草 *Elymus excelsus*：多分布于山坡、草地和路旁。

4. 纤毛鹅观草 *Elymus ciliaris*：分布于路旁或潮湿草地以及山坡上。

5. 缘毛鹅观草 *Elymus pendulinus*：分布于河边、山沟、林下。

(十二) 大麦属 *Hordeum*

1. 芒颖大麦草 *Hordeum jubatum*：分布于荒山坡、路旁。

2. 短芒大麦草 *Hordeum brevisubulatum*：分布于河边、草地较湿润的土壤上。

(十三) 菵草属 *Beckmannia*

菵草 *Beckmannia syzigachne*：分布于湿地、水沟边及浅的流水中。

（十四）十五三毛草属 *Trisetum*

西伯利亚三毛草 *Trisetum sibiricum*：分布于山坡草地、草原上或林下、灌丛中潮湿处。

（十五）芨芨草属 *Achnatherum*

1. 京芒草 *Achnatherum pekinense*：分布于山坡林下。
2. 毛颖芨芨草 *Achnatherum pubicalyx*：分布于山坡草地及林下。

（十六）剪股颖属 *Agrostis*

1. 西伯利亚剪股颖 *Agrostis stoloniferastolonifera*：分布于路边潮湿地上。
2. 歧序剪股颖 *Agrostis divaricatissima*：分布于水旁、湖边、低洼地、沼泽草甸等多水潮湿的土壤上。
3. 巨药剪股颖 *Agrostis macranthera*：分布于湿地。

（十七）看麦娘属 *Alopecurus*

1. 长芒看麦娘 *Alopecurus longearistatus*：分布于湿地。
2. 看麦娘 *Alopecurus aequalis*：分布于田边及潮湿地。
3. 苇状看麦娘 *Alopecurus arundinaceus*：分布于山坡草地。

（十八）拂子茅属 *Calamagrostis*

1. 假苇拂子茅 *Calamagrostis pseudophragmites*：分布于山坡草地或河岸阴湿处。
2. 拂子茅 *Calamagrostis epigeios*：分布于潮湿地及河岸沟渠旁。

（十九）野青茅属 *Deyeuxia*

大叶章 *Deyeuxia purpurea*：分布于山坡草地、林下、沟谷潮湿草地。

（二十）乱子草属 *Muhlenbergia*

1. 乱子草 *Muhlenbergia hugelii*：分布于山谷、河边湿地、林下和灌丛中。
2. 日本乱子草 *Muhlenbergia japonica*：分布于河谷低湿地和山坡林缘灌丛中。

（二十一）梯牧草属 *Phleum*

梯牧草 *Phleum pratense*：分布于山坡、路旁。

（二十二）马唐属 *Digitaria*

1. 止血马唐 *Digitaria ischaemum*：分布于田野、河边润湿的地方。
2. 毛马唐 *Digitaria ciliaris* var. *chrysoblephara*：分布于湿地、田边。

（二十三）稗属 *Echinochloa*

1. 稗 *Echinochloa cruscrus-galli*：多分布于沼泽地、沟边及水稻田中。
2. 长芒稗 *Echinochloa caudata*：多分布于田边、路旁及河边湿润处。

（二十四）狼尾草属 *Pennisetum*

狼尾草 *Pennisetum alopecuroides*：分布于田岸、荒地、道旁及小山坡上。

（二十五）狗尾草属 *Setaria*

狗尾草 *Setaria viridis*：分布于荒野、道旁。

（二十六）荩草属 *Arthraxon*

荩草 *Arthraxon hispidus*：分布于山坡草地阴湿处。

（二十七）大油芒属 *Spodiopogon*

大油芒 *Spodiopogon sibiricus*：分布于山坡、路旁林荫下。

11.3.2.4 莎草目 Cyperales

莎草科 Cyperaceae

（一）薹草属 *Carex*

1. 翼果薹草 *Carex neurocarpa*：分布于水边湿地或草丛中。

2. 尖嘴薹草 *Carex leiorhyncha*：分布于山坡草地、林缘、湿地或路旁。
3. 海绵基薹草 *Carex stipata*：分布于森林草甸或山沟林下。
4. 卵果薹草 *Carex maackii*：分布于水湿林下。
5. 莎薹草 *Carex bohemica*：分布于河边沙地、湿地或沼泽旁。
6. 细花薹草 *Carex tenuiflora*：分布于沼泽。
7. 间穗薹草 *Carex loliacea*：分布于山坡林下。
8. 白山薹草 *Carex canescens*：生于沼泽或溪边湿地。
9. 瘤囊薹草 *Carex schmidtii*：分布于沼泽、溪边或林缘。
10. 灰脉薹草 *Carex appendiculata*：又名塔头苔草，分布于湿地或沼泽。
11. 滑茎薹草 *Carex micrantha*：分布于湿地或沼泽。
12. 湿生薹草 *Carex limosa*：常分布于沼泽地和水边草地。
13. 乌拉草 *Carex meyeriana*：分布于沼泽、塔头间。
14. 白头山薹草 *Carex peiktusani*：分布于林下、河边。
15. 大针薹草 *Carex uda*：分布于阔叶红松林中水湿地。
16. 松叶薹草 *Carex rara*：分布于林下、林缘、山溪旁、阴湿草地。
17. 青绿薹草 *Carex breviculmis*：分布于山坡草地、路边、山谷沟边。
18. 截嘴薹草 *Carex nervata*：分布于山坡草地、阔叶林中及灌丛下。
19. 卷柱头薹草 *Carex bostrychostigma*：分布于沼泽地、水沟边、路边湿地。
20. 毛缘薹草 *Carex pilosa*：分布于山坡林下。
21. 长嘴薹草 *Carex longerostrata*：分布于林下或草地。
22. 宽叶薹草 *Carex siderosticta*：分布于针阔叶混交林或阔叶林下或林缘。
23. 四花薹草 *Carex quadriflora*：分布于山坡柞树或红松林下。
24. 大披针薹草 *Carex lanceolata*：分布于林下、林缘草地、阳坡干燥草地。
25. 羊须草 *Carex callitrichos*：分布于石质山坡、荒山、松树与柞树混交林或油松林下。
26. 乌苏里薹草 *Carex ussuriensis*：分布于针叶树林下或阴湿处。
27. 皱果薹草 *Carex dispalata*：分布于潮湿地、沟边或沼泽地。
28. 毛薹草 *Carex lasiocarpa*：分布于沼泽或沼泽化草甸。
29. 麻根薹草 *Carex arnellii*：分布于山坡、林下、草甸中或水边湿地。
30. 大穗薹草 *Carex rhynchophysa*：分布于沼泽地、河边、湖边潮湿地。

(二) 飘拂草属 *Fimbristylis*

1. 两歧飘拂草 *Fimbristylis dichotoma*：分布于水湿地。
2. 双穗飘拂草 *Fimbristylis subbispicata*：生长于山坡、山谷空地、沼泽地、溪边、沟旁近水处。

(三) 荸荠属 *Eleocharis*

乌苏里荸荠 *Eleocharis ussuriensis*：分布于水湿林下。

(四) 扁莎属 *Pycreus*

红鳞扁莎 *Pycreus sanguinolentus*：生长于山谷、田边、河旁潮湿处，或长于浅水处，多分布在向阳处。

(五) 藨草属 *Scirpus*

东北藨草 *Scirpus radicans*：生长在水里。

(六) 水葱属 *Schoenoplectus*

1. 三棱水葱 *Schoenoplectus triqueter*：生长在水沟、水塘、山溪边或沼泽地。
2. 水葱 *Schoenoplectus tabernaemontani*：分布于水塘边、沼泽地。

（七）莎草属 *Cyperus*

风车草 *Cyperus involucratus*：多年生草本，分布于干旱沙质地。

11.3.2.5 天南星目 Arales

天南星科 Araceae

（一）菖蒲属 *Acorus*

菖蒲 *Acorus calamus*：分布于水湿沼泽地。

（二）天南星属 *Arisaema*

1. 天南星 *Arisaema heterophyllum*：分布于林下、灌丛或草地。
2. 东北南星 *Arisaema amurense*：分布于林下和沟旁。
3. 细齿南星 *risaema peninsulae*：分布于阴湿林下。

（三）水芋属 *Calla*

水芋 *Calla palustris*：常于草甸、沼泽等浅水域成片生长。

（四）半夏属 *Pinellia*

半夏 *Pinellia ternata*：常见于草坡、荒地、玉米地、田边或疏林下。

（五）紫萍属 *Spirodela*

紫萍 *Spirodela polyrrhiza*：分布于水田、水塘、湖湾、水沟。

11.3.2.6 粉状胚乳目 Farinosae

一、鸭跖草科 Commelinaceae

鸭跖草属 *Commelina*

鸭跖草 *Commelina communis*：分布于湿地。

二、谷精草科 Eriocaulaceae

谷精草属 *Eriocaulon*

1. 长苞谷精草 *Eriocaulon decemflorum*：分布于山坡湿地及稻田。
2. 宽叶谷精草 *Eriocaulon robustius*：分布于河滩水边。

三、雨久花科 Pontederiaceae

雨久花属 *Monochoria*

雨久花 *Monochoria korsakowii*：分布于池塘、湖沼靠岸的浅水处和稻田中。

11.3.2.7 百合目 Liliflorae

一、灯芯草科 Juncaceae

（一）灯芯草属 *Juncus*

小灯芯草 *Juncus bufonius*：分布于湿草地、湖岸、河边、沼泽地。

（二）地杨梅属 *Luzula*

多花地杨梅 *Luzula multiflora*：分布于山坡草地、林缘水沟旁、溪边潮湿处。

二、石蒜科 Amaryllidaceae

葱属 *Allium*

1. 单花韭 *Allium monanthum*：分布于山坡或林下。
2. 岩韭 *Allium spurium*：分布于山顶石质地。
3. 薤白 *Allium macrostemon*：又名小根蒜，分布于山坡、丘陵、山谷或草地上。

三、百合科 Liliaceae

（一）贝母属 *Fritillaria*

轮叶贝母 *Fritillaria maximowiczii*：分布于肥沃林缘。

(二) 顶冰花属 *Gagea*

1. 小顶冰花 *Gagea terraccianoana*：分布于林缘、灌丛中和山地草原等处。
2. 顶冰花 *Gagea nakaiana*：分布于肥沃湿润林下。
3. 三花顶冰花 *Gagea triflora*：分布于湿润林下。

(三) 百合属 *Lilium*

1. 毛百合 *Lilium pensylvanicum*：生于山坡灌丛间、疏林下、路边及湿润的草甸。
2. 渥丹 *Lilium concolor*：生于山坡草丛、路旁、灌木林下。
3. 东北百合 *Lilium distichum*：生于山坡林下、林缘、路边或溪旁。
4. 山丹 *Lilium pumilum*：分布于山坡草地、林缘、山顶部石缝间。

(四) 万寿竹属 *Disporum*

宝珠草 *Disporum viridescens*：分布于林下或山坡草地。

(五) 天门冬属 *Asparagus*

1. 兴安天门冬 *Asparagus dauricus*：分布于沙丘或干燥山坡上。
2. 南玉带 *Asparagus oligoclonos*：分布于草原、林下或潮湿地上。
3. 龙须菜 *Asparagus schoberioides*：分布于草坡或林下。

(六) 铃兰属 *Convallaria*

铃兰 *Convallaria majalis*：分布于阴坡林下潮湿处或沟边。

(七) 舞鹤草属 *Maianthemum*

舞鹤草 *Maianthemum bifolium*：分布于高山阴坡林下。

(八) 黄精属 *Polygonatum*

1. 狭叶黄精 *Polygonatum stenophyllum*：生于林下或灌丛，但不多见。
2. 毛筒玉竹 *Polygonatum inflatum*：分布于林下或林边。
3. 玉竹 *Polygonatum odoratum*：分布于林下或山野阴坡。
4. 小玉竹 *Polygonatum humile*：分布于林缘、路旁。
5. 热河黄精 *Polygonatum macropodium*：分布于林下或阴坡。
6. 二苞黄精 *Polygonatum involucratum*：分布于林下或阴坡。
7. 长苞黄精 *Polygonatum desoulavyi*：分布于山坡林下。
8. 五叶黄精 *Polygonatum acuminatifolium*：分布于山坡林下。

(九) 鹿药属 *Smilacina*

1. 兴安鹿药 *Maianthemum dahuricum*：分布于林下。
2. 鹿药 *Maianthemum japonicum*：分布于林下阴湿处或岩缝中。

(十) 菝葜属 *Smilax*

华东菝葜 *Smilax sieboldii*：分布于林下、灌丛中或山坡草丛中。

(十一) 藜芦属 *Veratrum*

1. 毛穗藜芦 *Veratrum maackii*：分布于山地林下或高山草甸。
2. 藜芦 *Veratrum nigrum*：分布于山坡林下或草丛中。
3. 兴安藜芦 *Veratrum dahuricum*：分布于草甸和山坡湿草地。

(十二) 重楼属 *Paris*

北重楼 *Paris verticillata*：分布于山坡林下、草丛、阴湿地或沟边。

四、薯蓣科 Dioscoreaceae

薯蓣属 *Dioscorea*

穿龙薯蓣 *Dioscorea nipponica*：分布于山腰的河谷两侧、半阴半阳的山坡灌木丛中和稀疏杂木林内及林缘。

五、鸢尾科 Iridaceae

鸢尾属 *Iris*

1. 粗根鸢尾 *Iris tigridia*：分布于固定沙丘、沙质草原或干山坡上。
2. 细叶鸢尾 *Iris tenuifolia*：分布于固定沙丘或沙质地上。
3. 玉蝉花 *Iris ensata*：分布于沼泽地或河岸的水湿地。
4. 紫苞鸢尾 *Iris ruthenica*：分布于向阳草地或石质山坡。
5. 燕子花 *Iris laevigata*：分布于沼泽地、河岸边的水湿地。

11.3.2.8 微子目 Microspermae

兰科 Orchidaceae

（一）布袋兰属 *Calypso*

布袋兰 *Calypso bulbosa*：分布于云杉林下或其他针叶林下。

（二）杓兰属 *Cypripedium*

1. 杓兰 *Cypripedium calceolus*：分布于林下、林缘、灌木丛中或林间草地上。
2. 大花杓兰 *Cypripedium macranthos*：分布于林下、林缘或草坡上腐殖质丰富和排水良好处。

（三）火烧兰属 *Epipactis*

火烧兰 *Epipactis helleborine*：分布于山坡林下、草丛或沟边。

（四）羊耳蒜属 *Liparis*

羊耳蒜 *Liparis campylostalix*：分布于林下、灌丛中或草地荫蔽处。

（五）兜被兰属 *Neottianthe*

二叶兜被兰 *Neottianthe cucullata*：分布于山坡林下、草地。

（六）舌唇兰属 *Platanthera*

1. 二叶舌唇兰 *Platanthera chlorantha*：分布于山坡林下或草丛中。
2. 小花蜻蜓兰 *Platanthera ussuriensis*：分布于山坡林下、林缘或沟边。
3. 蜻蜓兰 *Platanthera souliei*：分布于山坡林下或沟边。

12

帽儿山森林动物多样性

12.1 脊索动物门 CHORDATA

12.1.1 两栖纲 Amphibia

一、小鲵科 Hynobiidae

极北鲵 *Salamandrella keyserlingii*：昼伏夜出，以昆虫、软体动物、蚯蚓为食。约在4月中旬产卵于水池内，产卵后的雌雄个体迁到陆地上营陆栖生活。5月出蛰，10月入蛰。栖居于环境潮湿的地方，经常出没于水质清澈的沼泽地的草丛下或洞穴中。

二、铃蟾科 Bombinatoridae

东方铃蟾 *Bombina orientalis*：声音低沉，有冬眠的习性，肉食性，5—7月产卵，每次产卵几十枚至百余枚不等，每年可产卵150～300枚。5月出蛰，10月入蛰。主要栖息在山溪的石下、草丛、路边、半山坡的小水坑、石头坑等处。

三、蟾蜍科 Bufonidae

1. 中华大蟾蜍 *Bufo gargarizans*：主要以蜗牛、蚂蚁、蚊、蝗虫、金龟子、蝼蛄、蝇及多种有趋光性的蛾蝶为食。4月出蛰，10月入蛰。每年4—5月产卵，卵多为双行，排列在长条卵带内，卵带缠绕在水草上。受精卵2周后孵化。冬季群集于河底泥沙中越冬。傍晚到清晨常在塘边、沟沿、河岸、田边、菜园、路旁或房屋周围觅食，夜间和雨后最活跃。栖息于河边、草丛、砖石孔等阴暗、潮湿的地方。

2. 花背蟾蜍 *Bufo raddei*：与大蟾蜍相似。主要以蚊、蝗虫、金龟子、蝼蛄、蝇及多种有趋光性的蛾蝶为食。4月出蛰，10月入蛰。每年4—5月产卵。白昼多匿居于草石下或土洞内。冬季成群穴居在沙土中。

四、雨蛙科 Hylidae

东北雨蛙 *Hyla japonica*：白天伏在树根附近的石缝或洞穴内，夜晚栖息于灌木上。主要以昆虫为食，捕食蚁类、椿象、象鼻虫、金龟子等。4月出蛰，10月入蛰。常栖息于水塘、低海拔稻田、湿地等静水域。

五、叉舌蛙科 Dicroglossidae

1. 黑龙江林蛙 *Rana amurensis*：与东北林蛙相似。4月出蛰，10月入蛰。栖息于森林、灌丛、草地地带的沼泽、水塘、水坑和水沟等静水域或附近。成体以陆栖为主。

2. 东北林蛙 *Rana dybowskii*：以昆虫、蜘蛛、蜗牛等活饵为食。4月出蛰，10月入蛰。每年春天完成冬眠和生殖休眠后，沿着溪流沟谷附近的潮湿植物带上山，开始营完全的陆地生活。喜栖于林内郁闭度大、枯枝落叶多、空气湿润的植被环境，如阔叶林或针阔叶混交林。10月至次年4月在水体中越冬。

3. 黑斑蛙 *Rana nigromaculata*：喜群居，营水陆两栖生活，黄昏后、夜间出来活动、捕食，冬眠，蝌蚪期为杂食性，成体期以昆虫为食，4 月出蛰，10 月入蛰。多栖于池塘、水沟或小河内。

12.1.2 爬行纲 Reptilia

一、蜥蜴科 Lacertidae

丽斑麻蜥 *Eremias argus*：常在灌木丛或芨芨草堆周围活动。日出后外出活动，食物全部为昆虫，以蚂蚁、甲虫、蝇、蚊和蛾类为多。卵生。4 月出蛰，10 月入蛰。栖息于平原、丘陵、草原及农田等不同的生境，是麻蜥中的喜温种类。多出没在沙丘、荒山坡、沙石较多的平地及壕沟、堤坝等处。

二、游蛇科 Colubridae

1. 枕纹锦蛇 *Elaphe dione*：食鼠、蛙、蟾、蜥蜴、蛇、鸟及鸟卵。卵生。4 月出蛰，10 月入蛰。生活在平原、丘陵、山地、田野、坟堆、林间，亦见于路旁、桥下、墙缝、温泉、沼泽甚至沙丘。

2. 红点锦蛇 *Elaphe rufodorsata*：能泳善泅。常在湿地捕食林蛙、鳅类和小鼠等。性较贪食，甚至与同类为争食而斗，能吞下比自身大的动物。卵生。4 月出蛰，10 月入蛰。栖居于傍水的草丛内，也常在阴湿的山麓出现。

3. 棕黑锦蛇 *Elaphe schrenckii*：主要以鼠类为食，偶食雏鸟和鸟卵。卵生。4 月出蛰，10 月入蛰。生活在山地、平原、丘陵地带。常见于林缘、草丛、园田、塘边、桥下以及乡间旧房的屋顶。

三、蝰科 Viperidae

1. 乌苏里蝮 *Gloydius ussuriensis*：吃鼠、蛙及鱼，偶尔食蜥蜴及其他蛇类。卵胎生。4 月出蛰，10 月入蛰。多见于平原、浅丘或低山的杂草、灌丛、林缘、田野或石堆中。

2. 岩栖蝮 *Gloydius saxatilis*：主要以鼠类为食。卵胎生。4 月出蛰，10 月入蛰。生活在山区，多在山上部草丛中、乱石堆上、石缝中、山沟树木下的石砾中和河坡的灌丛中，以鼠类出没处、阔叶林中、柞林中尤多。

12.1.3 鸟纲 Aves

12.1.3.1 鸡形目 Galliformes

雉科 Phasianidae

1. 花尾榛鸡 *Tetrastes bonasia*：主要以植物的嫩枝、嫩芽、果实和种子为食。栖息于阔叶林或混交林中。

2. 斑翅山鹑 *Perdix dauurica*：主要吃植物的种子和嫩芽，也吃部分昆虫。食物随季节变化而不同，秋季常掠食农作物种子。留鸟。栖息环境多种多样，森林、草原、丘陵、荒漠及农田均可见到。

3. 日本鹌鹑 *Coturnix japonica*：以植物性食物为食，也吃昆虫。夏候鸟。栖息于干旱平原草地、低山丘陵、山脚平原、溪流岸边和疏林空地。

4. 雉鸡 *Phasianus colchicus*：杂食性，食物受地区和季节影响而不同。均为留鸟。栖息于低山丘陵、农田、地边、沼泽草地，以及林缘灌丛和公路两边的灌丛与草地中。

12.1.3.2 雁形目 Anseriformes

鸭科 Anatidae

1. 鸿雁 *Anser cygnoides*：飞行能力强。以草本植物的叶、芽及陆生和水生植物、藻类等为食。旅鸟。主要栖息于开阔的平原草地、湖泊、水塘、河流、沼泽及附近的农田。

2. 豆雁 *Anser fabalis*：以谷物种子、麦苗、野葵角、马铃薯、草本植物、淡水藻类、软体动物及小鱼为食。旅鸟。多栖息于河川、湖泊中。白天集成大群，多在陆地、沙滩、湖泊、河边、沼泽湿地活动，有时也在农田内活动。

3. 灰雁 *Anser anser*：主要以水生或陆生草本植物及其种子和藻类为食，也吃少量的虾、软体动物及昆虫。夏候鸟。栖息于旷野、河川、湖泊、沼泽等水生植物丛生的地方。

4. 白额雁 *Anser albifrons*：迁徙季节多在夜间飞行，飞行时敏捷、灵活，时常鸣叫。主要以湖草为食，也吃谷物和农作物的芽、叶等。旅鸟。栖息于湖泊或沼泽湿地。

5. 小白额雁 *Anser erythropus*：与白额雁相近，叫声尖锐，频率较快。主要以水生植物为食，也吃谷物种子和农作物的幼叶、嫩芽等。旅鸟。栖息于湖泊、沼泽地带。性喜结群，但不与白额雁混杂。

6. 小天鹅 *Cygnus columbianus*：主要以水生植物的根茎和种子为食，也吃少量水生昆虫和螺类等。旅鸟。生活在多蒲苇的湖泊、水库和池塘沼泽中。

7. 大天鹅 *Cygnus cygnus*：性喜集群，主要以水生植物的叶、茎、种子和根茎为食，也吃少量动物性食物。主要栖息于多草的大型湖泊、水库、水塘、河流、海滩和开阔的农田地带。

8. 赤麻鸭 *Tadorna ferruginea*：主要以水生植物的芽、叶、种子、农作物幼苗、谷物等植物性食物为食。栖息于江河、湖泊、河口、水塘及附近的草原、荒地、沼泽、沙滩、农田和平原疏林等生境中。

9. 鸳鸯 *Aix galericulata*：喜欢成群活动，杂食性。以动物性食物为主，如蝼蛄、虾、蜗牛、蜘蛛、小型鱼类和蛙等。栖息于山地森林内的河流、湖泊、水塘、芦苇沼泽和稻田中，冬季多栖息于大的开阔湖泊、江河和沼泽地带。

10. 赤膀鸭 *Mareca strepera*：常成小群活动，主要以水生植物为食。栖息于江河、湖泊、水库、河湾、水塘和沼泽等内陆水域中。

11. 罗纹鸭 *Mareca falcata*：主要以植物性食物为食，包括水稻粒、草籽和草本植物的幼嫩部分，也吃软体动物及水栖昆虫等。夏候鸟。多栖息于内陆的湖泊、沼泽和河流地带，沿海一带比较稀少。

12. 赤颈鸭 *Mareca penelope*：以植物性食物为主，特别是植物的绿色部分和植物的根、茎等。也吃少量种子和动物性食物。夏候鸟。常在沼泽、池塘、湖泊和河流沿岸觅食，特别是水草丛生的岸边。

13. 绿头鸭 *Anas platyrhynchos*：以草本植物的叶、芽及藻类、鱼类等为食。夏候鸟。主要栖息于水生植物丰富的湖泊、河流、池塘、沼泽等水域中。

14. 斑嘴鸭 *Anas poecilorhyncha*：以草本植物的叶、芽及陆生和水生植物、藻类、鱼类等为食。夏候鸟。主要栖息在内陆大小湖泊、水库、江河、水塘和沼泽地带。

15. 针尾鸭 *Anas acuta*：杂食性，迁徙季节以植物性食料为主，喜吃草籽、浮藓、松藻等，也吃一些螺、昆虫等。旅鸟。栖息于各种类型的河流、湖泊、草洼地。

16. 绿翅鸭 *Anas crecca*：杂食性鸟类，夏季主要吃动物性食物，冬季主要吃植物性食物。几乎全天都在稻田取食，早晚较繁忙，有的夜间还停留在水田找食。最喜欢吃稻谷，其次是动物性食物及野草种子。夏候鸟。生活在河流、湖泊和沼泽湿地。

17. 琵嘴鸭 *Anas clypeata*：主要以软体动物、甲壳类、水生昆虫、鱼、蛙等动物性食物为食，也吃水藻、草籽等植物性食物。旅鸟。栖息于淡水湖畔，亦成群活动于江河、湖泊、水库、滩涂等水域。

18. 白眉鸭 *Anas querquedula*：杂食性，主要以植物种子为食，也吃小型水生动物。夏候鸟。栖息于河、湖岸边及芦苇沼泽地区。

19. 红头潜鸭 *Aythya ferina*：主要以水藻和水生植物的叶、茎、根、种为食。夏候鸟。主要栖息于水生植物丰富的开阔湖泊、水库、水塘、河湾等水域中。

20. 青头潜鸭 *Aythya baeri*：以水草、杂草种子、小型甲壳类动物为食。夏候鸟。栖居于河流、湖泊及芦苇沼泽地带。

21. 凤头潜鸭 *Aythya fuligula*：杂食性，主要以软体动物、小鱼、虾、蝌蚪等动物性食物为食，也吃稻、水藻、浮萍等水生植物。夏候鸟。栖居于湖泊、沼泽、湿地。

22. 长尾鸭 *Clangula hyemalis*：以甲壳类、软体动物及昆虫、小鱼为食。也吃少量植物性食物。旅鸟。栖息于寒冷的海洋上。善于潜水、游泳。

23. 普通秋沙鸭 *Mergus merganser*：主要食小鱼，也大量捕食软体动物、甲壳类、石蚕等水生无脊椎动物，偶尔吃少量植物性食物。主要栖息于森林和森林附近的江河、湖泊和河口地区，也栖息于开阔的高原地区水域。

12.1.3.3 䴙䴘目 Podicipediformes

䴙䴘科 Podicipedidae

1. 小䴙䴘 *Tachybaptus ruficollis*：主要以小型鱼类为食，也吃虾、蜻蜓幼虫、蝌蚪、甲壳类、软体动物和蛙等小型水生动物。夏候鸟。栖息于湖泊、水塘、水渠、池塘和沼泽地带，也见于水流缓慢的江河和沿海芦苇沼泽中。

2. 凤头䴙䴘 *Podiceps cristatus*：以昆虫的成虫、幼虫，虾，甲壳类，软体动物等水生动物为食，偶尔吃少量水生植物。栖息于低山和平原地带的水塘、湖泊、沼泽及江河。

12.1.3.4 鸽形目 Columbiformes

鸠鸽科 Columbidae

1. 岩鸽 *Columba rupestris*：主要以农作物的种子为食，也吃其他杂草种子。夏候鸟。多集群活动，栖息于山区岩石的悬崖峭壁上，常到农家及刚播种谷物的田间寻食。

2. 山斑鸠 *Streptopelia orientalis*：以植物果实、种子、嫩叶、幼芽等为食。夏候鸟。栖息于低山丘陵、平原、果园、农田以及住宅旁的树上。

12.1.3.5 夜鹰目 Caprimulgiformes

一、夜鹰科 Caprimulgidae

普通夜鹰 *Caprimulgus indicus*：夜行性，白天多蹲伏于林中草地上或卧伏于阴暗的树干上，难被发现。以天牛、金龟子、甲虫、夜蛾、蚊等昆虫为食。夏候鸟。主要栖息于阔叶林、针叶林及针阔叶混交林。

二、雨燕科 Apodidae

1. 白喉针尾雨燕 *Hirundapus caudacutus*：主要以蚂蚁及双翅目、鞘翅目的飞行性昆虫为食。主要栖息于山地森林、河谷等开阔地带。

2. 普通雨燕 *Apus apus*：食物完全为昆虫。如同翅目的蚜科、浮尘子科，半翅目的蝽象科，双翅目的蝇科，鞘翅目、膜翅目、蜻蜓目以及蚂蚁、蜘蛛、龟甲等。栖息在近城市的旷野、水边及农田等处。

12.1.3.6 鹃形目 Cuculiformes

杜鹃科 Cuculidae

1. 棕腹鹰鹃 *Hierococcyx fugax*：常单独活动，以昆虫，尤其是鳞翅目幼虫为主要食物，也吃少量野果。多单独栖息于常绿阔叶林、针叶林或山地灌木林中，性隐蔽，不易被发现。

2. 小杜鹃 *Cuculus poliocephalus*：栖息在海拔 400～1 100m 处，主要栖居在次生林和林缘地带。食性亦似其他杜鹃。为东北地区夏候鸟。

3. 四声杜鹃 *Cuculus micropterus*：繁殖方式为巢寄生。主要以松毛虫、蝽类等昆虫为食。夏候鸟。栖息于山地森林和山麓平原地带的森林中。

4. 中杜鹃 *Cuculus saturatus*：主要以昆虫为食，喜食鳞翅目幼虫和鞘翅目昆虫。栖息于山地针叶林、针阔叶混交林和阔叶林等茂密的森林中，偶尔出现于山麓平原人工林和林缘地带。

5. 大杜鹃 *Cuculus canorus*：常单独活动。繁殖方式为巢寄生。主要以鳞翅目幼虫、甲虫、蜘蛛、螺类等为食。夏候鸟。栖息于山地、丘陵和平原地带的森林中。

12.1.3.7 鹤形目 Gruiformes

秧鸡科 Rallidae

1. 花田鸡 *Coturnicops exquisitus*：主要以藻类、水生昆虫及软体动物为食。栖息于小河、湖泊以及沼泽附近的草丛中。

2. 红胸田鸡 *Porzana fusca*：主要以水生昆虫、哺翅目和鳞翅目等昆虫的幼虫、甲壳类动物与软体动物为食，有时也吃水草籽等。夏候鸟。主要栖息于河、湖边的草丛，沼泽草甸和水稻田等地。

3. 斑胁田鸡 *Porzana paykullii*：主要栖息于沼泽温地和水边茂密的草丛中，有时也栖息于水稻田中。食物以昆虫、水生动物及水藻为主。夏候鸟。

4. 黑水鸡 *Gallinula chloropus*：主要以水生植物的嫩叶、幼芽、根茎，以及水生昆虫、蠕虫、蜘蛛、软体动物等为食。栖息于芦苇和水生挺水植物丰富的淡水湿地、沼泽、湖泊、水库、苇塘、水渠和水稻田中。

5. 白骨顶 *Fulica atra*：善游泳，主要以植物为食，以水生植物的嫩芽、叶、根、茎为主，也吃昆虫、蠕虫、软体动物等。栖息于有水生植物的大面积静水或近海的水域。

12.1.3.8 鸻形目 Charadriiformes

一、蛎鹬科 Haematopodidae

蛎鹬 *Haematopus ostralegus*：活动于滨海及沼泽湿地。以甲壳类、软体动物、蠕虫、昆虫等动物性食物为主。在黑龙江省为旅鸟。

二、反嘴鹬科 Recurvirostridae

1. 黑翅长脚鹬 *Himantopus himantopus*：主要以软体动物，虾，甲壳类，环节动物，昆虫的成虫、幼虫及小鱼和蚯蚓等动物性食物为食。栖息于开阔平原草地中的湖泊、浅水塘和沼泽地带。

2. 反嘴鹬 *Recurvirostra avosetta*：主要以甲壳类、软体动物、昆虫等为食。夏候鸟。栖息于草原与半荒漠地区的水域岸边。常涉水中觅食，亦可浮水。

三、鸻科 Charadriidae

1. 凤头麦鸡 *Vanellus vanellus*：善飞行，常在空中上下翻飞，主要以蝗虫、蛙类、小型无脊椎动物和植物种子为食。栖息于湿地、水塘、水渠、沼泽等，有时远离水域。

2. 灰头麦鸡 *Vanellus cinereus*：主要以鞘翅目、鳞翅目昆虫为食，也吃虾、蜗牛、螺、蚯蚓等小型无脊椎动物和大量杂草种子及植物嫩叶。栖息于开阔的沼泽、水田、耕地、草地、河畔或山中池塘畔。

3. 金鸻 *Pluvialis fulva*：主食昆虫（鞘翅目、直翅目、鳞翅目等）、软体动物、甲壳动物等。喜结小群活动于海岸线、河口、盐田、稻田、草地、湖滨、河滩等处，善于在地上疾走。

4. 灰鸻 *Pluvialis squatarola*：以软体动物、甲壳类、昆虫、蠕虫等为食。栖息于海滨及河、湖沿岸。

5. 剑鸻 *Charadrius hiaticula*：以昆虫、软体动物、甲壳类、蠕虫等为食。夏候鸟。栖息于河、湖岸边及海滨沙滩、砾石滩等处。

6. 金眶鸻 *Charadrius dubius*：以蠕虫、甲壳类、昆虫及软体动物为食。夏候鸟。栖息于河流、湖泊、草地、农田、河口沙洲、沼泽地。

四、鹬科 Scolopacidae

1．丘鹬 *Scolopax rusticola*：以昆虫、蚯蚓、蜗牛等小型无脊椎动物为食。夏候鸟。主要栖息于山地森林、林间沼泽、湿草地和林缘灌丛地带。

2. 孤沙锥 *Gallinago solitaria*：常单独活动。主要以昆虫的成虫、幼虫，蠕虫，软体动物，甲壳类等无脊椎动物为食。也吃部分植物种子。栖息于山地森林中的河流与水塘岸边，以及林中和林缘沼泽地上。

3. 针尾沙锥 *Gallinago stenura*：以昆虫的成虫、幼虫，蠕虫等小型无脊椎动物为食。夏候鸟。主要栖息于山地森林、开阔的低山丘陵和平原地带的沼泽、草地和农田等水域湿地。

4. 大沙锥 *Gallinago megala*：栖息于沼泽湿地、河、湖岸边及水田、莲池等处。以蠕虫、昆虫、软体动物、甲壳类为食。旅鸟。

5. 扇尾沙锥 *Gallinago gallinago*：以昆虫、蠕虫、蜘蛛、软体动物、小鱼及杂草种子为食。夏候鸟。主要栖息于淡水或盐水湖泊、河流、芦苇塘和沼泽地带。

6. 斑尾塍鹬 *Limosa lapponica*：主要以甲壳类、环节动物、昆虫等为食，也吃少量植物种子。旅鸟。栖息于沼泽湿地、稻田与海滩。

7. 小杓鹬 *Numenius minutus*：主要以软体动物、蠕虫、昆虫等为食。旅鸟。栖息于沼泽湿地、水田及滨水的岸边。

8. 中杓鹬 *Numenius phaeopus*：常集成小群或集成百只以上的大群活动，多与其他鹬类混群。行走缓慢，在地上停息时颈常呈“S”形，休息时将嘴插入背羽中。栖息于海滨浅滩、岩礁，内陆湿地、湿草原。

9. 大杓鹬 *Numenius madagascariensis*：以甲壳类、软体动物以及小鱼、小型两栖类等为食。夏候鸟。与白腰杓鹬相似。

10. 鹤鹬 *Tringa erythropus*：以甲壳类、蠕虫、昆虫以及小鱼、两栖类等为食。旅鸟。栖息于河、湖岸边浅水处及海滨沙滩。

11. 红脚鹬 *Tringa totanus*：主要以螺，甲壳类，软体动物，环节动物，昆虫的成虫、幼虫等小型无脊椎动物为食。栖息于沼泽、草地、河流、湖泊、水塘、沿海海滨、河口沙洲等水域或水域附近的湿地上。

12. 泽鹬 *Tringa stagnatilis*：主要以水生昆虫的成虫、幼虫，蠕虫，软体动物和甲壳类为食。栖息于湖泊、河流、芦苇沼泽、水塘、河口、沿海沼泽与邻近水塘和水田地带。

13. 青脚鹬 *Tringa nebularia*：主要以虾，蟹，小鱼，螺，水生昆虫的成虫、幼虫为食。常单独或成对在水边、浅水处涉水觅食，有时也进入齐腹深的深水中。栖息于泰加林、苔原森林和亚高山杨桦矮曲林地带的湖泊、河流、水塘和沼泽地带。

14. 白腰草鹬 *Tringa ochropus*：主要以蠕虫，虾，蜘蛛，小蚌，田螺，昆虫的成虫、幼虫等小型无脊椎动物为食，偶尔吃小鱼和稻谷。栖息于山地或平原森林中的湖泊、河流、沼泽和水塘附近。

15. 林鹬 *Tringa glareola*：主要以水生昆虫的成虫、幼虫，蠕虫，软体动物为食。夏候鸟。栖息于湖泊、河流、芦苇沼泽、河口和水田地带。

16. 翘嘴鹬 *Xenus cinereus*：主要以昆虫、甲壳类、蠕虫等为食。旅鸟。栖息于沼泽湿地，河、湖岸边。

17. 矶鹬 *Actitis hypoleucos*：主要以昆虫为食，也吃螺、蠕虫等小型无脊椎动物。夏候鸟。栖息于江河沿岸、湖泊、水库、水塘及沼泽湿地。

18. 翻石鹬 *Arenaria interpres*：主要以甲壳类、软体动物、昆虫、蜘蛛、环节动物为食，也吃部分禾本科植物种子及一些浆果。旅鸟。栖息于海滨，河、湖岸边及沼泽湿地。

19. 尖尾滨鹬 *Calidris acuminata*：主要以软体动物、昆虫等为食。也吃部分植物种子。夏候鸟。栖息于沼泽湿地与河、湖岸边与海滨沙滩。

20. 阔嘴鹬 *Calidris falcinellus*：主要以甲壳类，软体动物，蠕虫，环节动物，昆虫的成虫、幼虫等小型无脊椎动物为食。主要栖息于冻原和冻原森林地带中的湖泊、河流、水塘和芦苇沼泽岸边与草地上。

五、三趾鹑科 Turnicidae

黄脚三趾鹑 *Turnix tanki*：主要以植物嫩芽、浆果、草籽、谷粒、昆虫和其他小型无脊椎动物为食。栖息于低山丘陵和山脚平原地带的灌丛、草地，也在林缘灌丛、疏林、荒地和农田地带出现。

六、燕鸻科 Glareolidae

普通燕鸻 *Glareola maldivarum*：主要以昆虫、甲壳类等为食。夏候鸟。栖息于开阔草原地区的沼泽湿地，河、湖岸边及农田等近水处。

七、鸥科 Laridae

1. 红嘴鸥 *Chroicocephalus ridibundus*：主要以小鱼、虾、水生昆虫、甲壳类、软体动物等水生动物为食，也吃蝇、鼠类、蜥蜴等小型陆栖动物和死鱼。栖息于平原和低山丘陵地带的湖泊、河流、水库、河口、鱼塘、海滨和沿海沼泽地带。

2. 小鸥 *Hydrocoloeus minutus*：主要以昆虫成虫、幼虫，甲壳类和软体动物等无脊椎动物为食。繁殖期主要栖息于森林和开阔平原上的湖泊、河流、水塘和附近的沼泽地带，非繁殖期主要栖息于海岸、河口和附近的湖泊与沼泽中，尤其喜欢有水生植物的水域。

3. 西伯利亚银鸥 *Larus smithsonianus*：主要以鱼和水生无脊椎动物为食，有时在陆地上啄食鼠类、蜥蜴、动物尸体，有时也偷食鸟卵和雏鸟。栖息于苔原、荒漠和草地上的河流、湖泊、沼泽以及海岸与海岛。

4. 普通燕鸥 *Sterna hirundo*：主要以小鱼、虾、甲壳类、昆虫等小型动物为食。常在水面上空飞行，发现食物则急速扎入水中捕食，也常在水面或飞行过程中捕食飞行的昆虫。栖息于平原、草地、荒漠中的湖泊、河流、水塘和沼泽地带。

5. 灰翅浮鸥 *Chlidonias hybrida subsp. hybrida*：主要以小鱼、虾、水生昆虫等水生动物为食。栖息于开阔平原的湖泊、水库、河口、海岸和附近沼泽地带。

6. 白翅浮鸥 *Chlidonias leucoptera*：食物以小鱼、虾为主，也吃昆虫。夏候鸟。栖息于沿海以及内陆湖泊、河流、沼泽地或近水草地。

12.1.3.9 鲣鸟目 Suliformes

鸬鹚科 Phalacrocoracidae

普通鸬鹚 *Phalacrocorax carbo*：常成群栖息于水边岩石上或水中，以各种鱼类为食。栖息于河流、湖泊、池塘、水库、河口及其沼泽地带。

12.1.3.10 鹈形目 Pelecaniformes

鹭科 Ardeidae

1. 大麻鳽 *Botaurus stellaris*：以昆虫和小型水生动物为食，也吃蛙、小型爬行动物。夏候鸟。栖息在河流、湖泊、池塘和沼泽地带的苇草丛或草地上。

2. 黄斑苇鳽 *Ixobrychus sinensis*：食物主要是虾、鱼和水生昆虫。夏候鸟。主要生活在有明水面的湖泊、水库、沼泽地带及芦苇和水草丛生的地方。

3. 紫背苇鳽 *Ixobrychus eurhythmus*：主要以鱼、虾为食，也吃蛙、蝌蚪、泥鳅及水生昆虫。栖息于开阔平原上岸边植物丰富的河流、干湿草地、水塘和沼泽地。

4. 夜鹭 *Nycticorax nycticorax*：喜结群。夜出性。主要以鱼、蛙、虾、水生昆虫等动物性食物为食。栖息、活动于平原和低山丘陵地区的溪流、水塘、江河、沼泽和水田地上。

5. 苍鹭 *Ardea cinerea*：长时间在水边站立不动。飞行时颈后缩成“Z”字形，两脚远远伸于尾后。以鱼、蛙、甲壳类、蝗虫等为食。夏候鸟。栖息于内陆湿地、沿海湿地和江河、湖泊等水域岸边及其浅水处和稻田。

6. 草鹭 *Ardea purpurea*：主要以小鱼、蛙、甲壳类、蜥蜴、蝗虫等为食。主要栖息于开阔平原和低山丘陵地带的湖泊、河流、沼泽、水库和水塘岸边及其浅水处。

12.1.3.11 鹰形目 Accipitriformes

鹰科 Accipitridae

1. 凤头蜂鹰 *Pernis ptilorhynchus*：主要以鼠类、小型鸟类和昆虫为食。旅鸟。栖息于不同海拔高度的阔叶林、针叶林和混交林中，在疏林和林缘地带较常见，有时也到林外村庄、农田和果园等小林内活动。

2. 金雕 *Aquila chrysaetos*：以雁鸭类、雄鸡类、松鼠、狍子、鹿、山羊、狐狸、旱獭、野兔等为食，有时也吃鼠类等小型动物。栖息于草原、荒漠、河谷等地，特别是高山针叶林中。

3. 松雀鹰 *Accipiter virgatus*：食物以小鸟和昆虫为主，也吃小鼠，曾在胃中发现成团的鼠毛。捕食时以爪捕、嘴撕。曾见其捕食三道眉草鹀。夏候鸟。繁殖期进入低山密林中，秋天多活动在林缘和村落附近的农田中，常单独生活。

4. 雀鹰 *Accipiter nisus*：主要以鼠类、小型鸟类和昆虫为食。夏候鸟。主要栖息于山地、丘陵地的森林和林缘地带。常单飞于空中。

5. 苍鹰 *Accipiter gentilis*：主要以小型啮齿类、小型鸟类和昆虫为食。夏候鸟。栖息于不同海拔高度的针叶林、阔叶林和混交林内。

6. 白腹鹞 *Circus spilonotus*：主要以小型鸟类、啮齿类、蛙、蜥蜴、小型蛇类和大型昆虫为食。栖息于沼泽、芦苇塘、江河与湖泊沿岸等较潮湿且开阔的地方。

7. 白尾鹞 *Circus cyaneus*：主要以小型鸟类、鼠类、蛙、蜥蜴和大型昆虫等动物性食物为食。栖息于湖泊、沼泽、河谷、草原、荒野、低山、草地以及农田和芦苇塘等开阔地区。

8. 鹊鹞 *Circus melanoleucos*：主要以小鸟、鼠类、林蛙、蜥蜴、蛇、昆虫等动物性食物为食。栖息于开阔的低山丘陵和山脚平原、草地、旷野、河谷、沼泽、林缘灌丛和沼泽草地。

9. 黑鸢 *Milvus migrans*：主要以鼠类、小型鸟类和昆虫为食。旅鸟。栖息于开阔平原、草地、荒原和低山丘陵地带，也常在城郊、村屯、田野、湖泊上空活动。

10. 白尾海雕 *Haliaeetus albicilla*：食物以鱼、兔、黄鼠、仓鼠、野鸭为主，也吃动物尸体。鱼产卵季节常集中到渔场捕鱼，此后又到陆地食鼠。夏候鸟。多栖于海滨、江河等水域或沼泽地，非繁殖期也见于山地草原。

11. 灰脸鵟鹰 *Butastur indicus*：主要以小型蛇类、蛙、蜥蜴、鼠类、松鼠、野兔、狐狸和小鸟等动物性食物为食，有时吃大型昆虫和动物尸体。主要栖息于山地阔叶林、针阔叶混交林及针叶林内。

12. 毛脚鵟 *Buteo lago-pus*：主要以啃齿类和小型鸟类等为食。冬候鸟。冬季栖息于开阔平原、低山丘陵及农田等区域。

13. 大鵟 *Buteo hemilasius*：主要以蛙、蜥蜴、野兔、蛇、黄鼠、旱獭、雄鸡、石鸡、昆虫等为食。栖息于山地、山脚平原和草原等地区，也出现在高山林缘和开阔的山地草原与荒漠地带。

14. 普通鵟 *Buteo japonicus*：主要以鼠类、野兔、小型鸟类、蛙、蜥蜴、蛇及昆虫等动物为食。夏候鸟。主要栖息于山地森林、林缘地带及低山丘陵山脚的平原地区。

15. 鹗 *Pandion haliaetus*：主要以鱼为食。常在水边活动，绕水低飞，有时停落在水边树上，也栖息在地面或岩石上。夏候鸟。

12.1.3.12 鸮形目 Strigiformes

鸱鸮科 Strigidae

1. 领角鸮 *Otus lettia*：捕食鼠和小鸟，也取食鞘翅目等昆虫。留鸟。常在山地森林中见到，亦多活动在林缘。

2. 红角鸮 *Otus sunia*：以昆虫、鼠类、小鸟等为食。夏候鸟。栖息于山地林间，喜有树丛的开阔原野。

3. 雕鸮 *Bubo bubo*：主要以鼠类为食，也吃狐狸、鼬、兔类、蛙、刺猬、豪猪、昆虫、雄鸡等，甚至有蹄类动物。栖息于山地森林、平原、荒野、林缘灌丛、疏林，以及裸露的高山和峭壁等环境中。

4. 长尾林鸮 *Strix uralensis*：主要以田鼠、棕背䶄、黑线姬鼠等为食，也吃昆虫、蛙、鸟、兔及松鸡科的一些大型鸟类。栖息于山地针叶林、针阔叶混交林和阔叶林内，特别是在阔叶林和针阔叶混交林内较多见，偶尔在林缘次生林和疏林地带内出现。

5. 纵纹腹小鸮 *Athene noctua*：主要捕食昆虫、蚯蚓、两栖动物以及小型的鸟类和鼠类。夏候鸟。栖息于低山丘陵、林缘灌丛和平原森林地带，也出现在农田、荒漠和村庄附近的丛林中。

6. 长耳鸮 *Asia otus*：夜行性，主要捕食鼠类、小型鸟类及昆虫等。留鸟。喜欢栖息于山地森林中，也在林缘疏林、农田防护林和城市公园的林地中出现。

7. 短耳鸮 *Asio flammeus*：食物以鼠类和昆虫为主，有时也捕小鸟。留鸟。多栖息在林缘、沼泽地、草甸草地中。

12.1.3.13 犀鸟目 Bucerotiformes

戴胜科 Upupidae

戴胜 *Upupa epops*：主要以昆虫为食，也吃一些蠕虫、蜘蛛、螺类等无脊椎动物。夏候鸟。栖息于山地、平原、森林、林缘、路边、河谷、农田、草地、村屯和果园等开阔地，常见于林缘耕地。

12.1.3.14 佛法僧目 Coraciiformes

一、佛法僧科 Coraciidae

三宝鸟 *Eurystomus orientalis*：食物主要为甲虫、金龟子、叩头虫、金花虫、天牛、梨虎、举尾虫、石蚕等鞘翅目昆虫和水生昆虫，也吃蚂蚁、小蜂和其他昆虫。夏候鸟。是一种林栖鸟类，主要生活在低山丘陵和平原林地的高大树上，尤其喜栖阔叶林和混交林林缘、村屯及道边大树。

二、翠鸟科 Alcedinidae

普通翠鸟 *Alcedo atthis*：常单独活动。多停歇在水边树桩及岩石上耐心观察，发现小鱼浮至水面，俯冲到水面用尖嘴捕鱼。以小鱼、虾、蝼蛄等为食。夏候鸟。栖息于溪流、水塘、水库及水田岸边。

12.1.3.15 啄木鸟目 Piciformes

啄木鸟科 Picidae

1. 棕腹啄木鸟 *Dendrocopos hyperythrus*：主要以昆虫为食。为旅鸟。主要生活在低山丘陵和山脚平原较为开阔的天然阔叶林和次生阔叶林中，在针阔混交林中亦有分布。

2. 白背啄木鸟 *Picoides leucotos*：飞行呈波浪式。主要以多种昆虫幼虫和小型无脊椎动物为食。留鸟。主要栖息于森林中，尤其是原始针阔叶混交林和阔叶林中较常见。

3. 小斑啄木鸟 *Dendrocopos minor*：主要以天牛成虫、幼虫，小蠹虫，蚂蚁，蚜虫，蝇类等昆虫为食。留鸟。主要栖息于低山丘陵和山脚平原的阔叶林和混交林中。

4. 大斑啄木鸟 *Dendrocopos major*：多单独或成对活动。以昆虫的成虫、幼虫为食，也吃杂草种子。留鸟。栖息于混交林和阔叶林中，也在林缘次生林和灌丛地带出现。

5. 黑啄木鸟 *Dryocopus martius*：食物中约99%是蚂蚁，也吃甲虫和蝴蝶幼虫、蛆虫等。主要栖息于海拔1 800 m以下的原始针叶林和针阔叶混交林中，有时也在阔叶林和林缘次生林中出现。

6. 灰头绿啄木鸟 *Picus canus*：常单独或成对活动，很少成群。以蚂蚁、天牛幼虫等昆虫为食，冬季也吃一些植物种子。留鸟。主要栖息于低山阔叶林和混交林内，也在次生林和林缘地带出现。主要分布于中国东部，在东北林业大学城市林业示范基地和校园内亦可见。

12.1.3.16 隼形目 Falconiformes

隼科 Falconidae

1. 红隼 *Falco tinnunculus*：以昆虫、小型鸟类、鼠类、蛙类及蜥蜴等为食。留鸟。栖息于低山丘陵、草原、湿地、城市及农村等生境中。

2. 红脚隼 *Falco amurensis*：以昆虫、小型鸟类、鼠类、蛙类及蜥蜴等为食。夏候鸟。主要栖息于低山疏林、草原、沼泽、河流和农田等开阔地区。

3. 燕隼 *Falco subbuteo*：主要以麻雀、山雀等雀形目小鸟为食。栖息于树木稀疏的开阔平原、旷野、耕地、海岸、疏林和林缘地带。

12.1.3.17 雀形目 Passeriformes

一、黄鹂科 Oriolidae

黑枕黄鹂 *Oriolus chinensis*：主要以昆虫为食，也吃植物果实及种子。夏候鸟。主要栖息于低山丘陵和山脚平原地带的天然次生阔叶林和混交林中。

二、山椒鸟科 Campephagidae

灰山椒鸟 *Pericrocotus divaricatus*：波浪式飞行，边飞边鸣叫。主要以昆虫为食。夏候鸟。主要栖息于茂密的森林中，喜在树冠上层活动。

三、霸鹟科 Tyrannidae

1. 虎纹伯劳 *Lanius tigrinus*：主要以昆虫，特别是蝗虫、蟋蟀、甲虫、臭虫、蝴蝶和飞蛾为食，也吃小鸟和蜥蜴。喜栖息于疏林边缘，巢址多选在带荆棘的灌木上及洋槐等阔叶树上。

2. 牛头伯劳 *Lanius bucephalus*：食物以蝗虫、甲虫及其他昆虫为主，有时亦猎食其他鸟巢中的幼雏。夏候鸟。常栖息于低山区林或灌木间，也见于农田灌丛或农田防护林中。

3. 红尾伯劳 *Lanius cristatus*：以昆虫、蛙、小鸟等小型动物为食。夏候鸟。主要栖息于低山丘陵和山脚平原地带的灌丛、疏林和林缘地带。

4. 灰伯劳 *Lanius excubitor*：以昆虫、蛙、小鸟等小型动物为食。主要栖息于海拔 800 m 以下的山地次生阔叶林带的开阔或半开阔生境。

5. 楔尾伯劳 *Lanius sphenocercus*：食物主要为昆虫，如甲虫、毛虫等，也捕食小的脊椎动物，如蜥蜴、小鸟和鼠类等。留鸟。栖息环境为开阔或半开阔地、宽阔河谷、有独立树木或灌木的平原及村庄附近的树林。

四、鸦科 Corvidae

1. 松鸦 *Garrulus glandarius*：以昆虫、浆果、谷物为食，也吃蜘蛛、雏鸟、鸟卵等。我国各地均有分布。留鸟。栖息于针叶林、针阔叶混交林、阔叶林内。

2. 灰喜鹊 *Cyanopica cyana*：多成小群活动于树林间，有储存果实的习性。以小型无脊椎动物为食，也吃植物果实及种子。留鸟。主要栖息于低山丘陵和山脚平原地区的次生林和人工林内，农田、路边及村庄附近的林地及城市公园的树上亦可见。

3. 喜鹊 *Pica pica*：多成群活动，以昆虫、谷物和杂草种子为食。留鸟。是适应能力很强的伴人鸟类，在各种生境内都能生存，如山麓、林缘、农田、村庄及城市等。

4. 星鸦 *Nucifraga caryocatactes*：以松子为食，也埋藏其他坚果以备冬季食用。主要栖息于针叶林内。

5. 达乌里寒鸦 *Corvus dauuricus*：食物组成有差异，春、秋两季多以农作物种子、杂草籽及浆果为主，夏季主要吃昆虫以及软体动物（如蚯蚓）、鸟卵等。留鸟。栖息于山区、平原、田野、住宅及公园附近。

6. 秃鼻乌鸦 *Corvus frugilegus*：食性杂，包括昆虫、谷物、果实、蔬菜、动物尸体等，繁殖期以昆虫及其幼虫为主，如蝗虫、蝼蛄、金龟甲、蜂象和鳞翅目幼虫等。留鸟。主要栖息于平原、农田和河流附近。

7. 小嘴乌鸦 *Corvus corone*：常与其他鸦科近似种结成大群活动，以腐尸、垃圾等杂物为食，亦取食植物的种子和果实。留鸟。常在低山区繁殖，冬季会游荡到平原地区和居民点附近寻找食物和越冬。

8. 大嘴乌鸦 *Corvus macrorhynchos*：除繁殖期间成对活动外，其他季节多成小群活动。主要以昆虫的成虫、幼虫和蛹为食，也吃雏鸟、鸟卵、鼠类、腐肉、动物尸体以及植物的叶、芽、果实、种子等。留鸟。主要栖息于低山、平原和森林中。

9. 渡鸦 *Corvus corax*：杂食性，主要取食小型啮齿类、小型鸟类、爬行类、昆虫和腐肉等，也取食植物的果实等。主要栖息于高山草甸和山区林缘地带。

五、山雀科 Paridae

1. 煤山雀 *Periparus ater*：主要以昆虫的成虫、幼虫为食，也吃少量其他无脊椎动物和植物性食物。留鸟。栖息于山麓地带的次生阔叶林、阔叶林和针阔叶混交林。

2. 沼泽山雀 *Poecile palustris*：主食昆虫的成虫、幼虫、卵和蛹，也吃少量植物种子。留鸟。常栖息于近水的针叶林、阔叶林或针阔叶混交林中。

3. 褐头山雀 *Poecile montanus*：多结群活动。食物为昆虫的成虫、幼虫。留鸟。栖息于针叶林或针阔叶混交林内。

4. 灰蓝山雀 *Cyanistes cyanus*：主要以昆虫的成虫、幼虫为食。栖息于阔叶树丛、山溪旁的杨柳树丛间，偶见于绿洲丛林。

5. 大山雀 *Parus major*：主要以昆虫的成虫、幼虫为食，也吃少量其他无脊椎动物和植物性食物。留鸟。栖息于低山和山麓地带的次生阔叶林、针阔叶混交林、人工林和林缘疏林灌丛内。

六、攀雀科 Remizidae

中华攀雀 *Remiz consobrinus*：主要以昆虫为食，也吃植物的叶、花、芽、花粉和汁液。栖息于高山针叶林或混交林内，也在低山开阔地带的村庄附近活动。

七、百灵科 Alaudidae

1. 云雀 *Alauda arvensis*：喜成群活动，被惊扰时头上冠羽竖起，浅藏于草丛中。杂食性，主要以植物性食物为食，也吃昆虫等动物性食物。夏候鸟。栖息于开阔的平原、草原、沼泽、耕地。

2. 角百灵 *Eremophila alpestris*：主要以杂草种子及双翅目、鞘翅目昆虫为食。冬候鸟。冬季常集成小群活动于海滨或草地。

八、唇形科 Lamiaceae

1. 东方大苇莺 *Acrocephalus orientalis*：主要以昆虫的成虫、幼虫为食。夏候鸟。主要栖息于海拔较低的湿地苇丛中，常隐匿于苇丛中鸣唱。

2. 黑眉苇莺 *Acrocephalus bistrigiceps*：主要以柳树、槐树等叶上的蚜虫和小飞虫为食。主要栖息于低山和山脚平原地带。

3. 稻田苇莺 *Acrocephalus agricola*：主要以鞘翅目和膜翅目昆虫为食。夏候鸟。多见于低山平原和山脚丘陵地带。

4. 芦莺 *Acrocephalus scirpaceus*：主要以鳞翅目、鞘翅目、直翅目、半翅目等昆虫为食。以鳞翅目成虫及幼虫、甲虫、金龟子、象鼻虫、蝗虫、蟋象、蟋蟀、蚂蚁等为多，也吃蜘蛛、蛞蝓等小型无脊椎动物。夏候鸟。一般栖息在低山丘陵和山脚平原地带。

5. 厚嘴苇莺 *Acrocephalus aedon*：主要以昆虫的成虫、幼虫为食。栖息于低海拔（海拔 800m 以下）的低山丘陵和山脚平原地带。

九、莺科 Sylviidae

1. 矛斑蝗莺 *Locustella lanceolata*：性极畏怯，常隐蔽，单独或成对在茂密的苇草间或灌丛下活动。主要以昆虫为食。栖息于近水域或沼泽的苇塘、灌丛间。

2. 小蝗莺 *Locustella certhiola*：主要以昆虫的成虫、幼虫为食，胃检有叩头甲成虫、幼虫。偶尔吃少量植物性食物。主要栖息于湖泊、河流等水域附近的沼泽地带，低矮树木、灌丛、芦苇丛中及草地，亦见于麦田。

3. 苍眉蝗莺 *Locustella fasciolata*：主要以昆虫为食。夏候鸟。一般栖息在低山河谷草地和灌丛中，也常在沼泽湿地、苇塘湖岸边的草丛和灌木丛中出入。

4. 文须雀 *Panurus biarmicus*：主要以昆虫、蜘蛛、芦苇种子与草籽等为食。主要栖息于湖泊及河流沿岸的芦苇沼泽中。

5. 褐柳莺 *Phylloscopus fuscatus*：单独或成对活动。主要以昆虫为食，也吃植物种子。夏候鸟。常栖息于开阔的混交林林缘以及溪流沿岸的疏林与灌丛间。

6. 巨嘴柳莺 *Phylloscopus schwarzi*：性胆小而机警。主要以昆虫为食。夏候鸟。栖息于阔叶林下灌丛、矮树枝上或林缘草地。

7. 黄腰柳莺 *Phylloscopus proregulus*：常与黄肩柳莺和戴菊混群活动。主要以昆虫为食。夏候鸟。常成小群活动于林缘次生林、柳丛、道旁疏林灌丛中。

8. 黄眉柳莺 *Phylloscopus inornatus*：以昆虫的成虫、幼虫为食。候鸟。栖息于针叶林、针阔叶混交林、柳树丛和林绿灌丛中。

9. 极北柳莺 *Phylloscopus borealis*：食物全为无脊椎动物。夏候鸟。栖息于稀疏的阔叶林、针阔混交林及其林缘的灌丛地带。

10. 双斑绿柳莺 *Phylloscopus plumbeitarsus*：主要食物为昆虫及蜘蛛等动物性食物。夏候鸟。常活动于针叶林、针阔叶混交林、白桦及白杨树丛中。

11. 淡脚柳莺 *Phylloscopus tenellipes*：惧生，多藏于森林及次生灌丛的林下植被间，常于地面进食。栖息于山间茂密的林下植被间，高可至海拔 1 800 m 的地带。冬季栖息于红树林及灌丛内。

12. 冕柳莺 *Phylloscopus coronatus*：主要以昆虫为食。据解剖的 4 个胃内容物的观察结果，所吃昆虫主要有尺蠖蛾科幼虫、鞘翅目、螟蛾科、鳞翅目、膜翅目和步行虫等。主要生活在林缘、灌丛和疏林中，尤其喜欢生活在混交林和阔叶林中的道路两侧，常在阔叶林中的树冠层活动。

13. 鳞头树莺 *Urosphena squameiceps*：主要以昆虫为食。栖息于阔叶林、混交林中，尤其喜欢生活在溪流两岸的原始混交林中。

十、燕科 Hirundinidae

1. 崖沙燕 *Riparia riparia*：主要以昆虫为食。喜栖于湖泊、泡沼和江河的泥质沙滩或附近的土崖上，主要栖息于沟壑陡壁、山地岩石带。

2. 家燕 *Hirundo rustica*：主要以昆虫为食。常成对或成群栖息于村屯中的房顶、电线上及附近的河滩和田野里。

3. 毛脚燕 *Delichon urbica*：迁徙期间常常集成数百只的大群，主要以昆虫为食。夏候鸟。主要栖息在山地、森林、草坡、河谷等生境，尤喜临近水域的岩石山坡和悬崖。

4. 金腰燕 *Cecropis daurica*：善飞行，行动敏捷。繁殖时筑巢于房檐下。主要以昆虫为食。夏候鸟。栖息于低山及平原的居民点附近，结小群活动。

十一、鹎科 Pycnonotidae

栗耳短脚鹎 *Hypsipetes amaurotis*：主要以昆虫为食，也吃蜘蛛等其他无脊椎动物，偶尔吃植物种子、浆果等植物性食物。主要栖息于河流、湖泊、水库、水塘等水域岸边。

十二、树莺科 Cettiidae

远东树莺 *Horornis canturiansborealis*：主要以昆虫为食，包括尺蠖蛾科幼虫、甲虫、螟蛾科幼虫、步行虫，以及半翅目、鞘翅目、膜翅目、蜉蝣目等昆虫的成虫、幼虫。栖息于海拔 1 500 m 的次生灌丛中。

十三、长尾山雀科 Aegithalidae

北长尾山雀 *Aegithalos caudatus*：成群活动，不惧人。主要以昆虫为食。留鸟。多栖息于山地针叶林或针阔叶混交林。

十四、莺鹛科 Sylviidae

棕头鸦雀 *Paradoxornis webbianus*：成群活动。主要以昆虫为食，也吃蜘蛛等小型无脊椎动物和杂草种子等。性活泼而大胆，不甚怕人。中国东部及中部各地分布。留鸟。栖息于阔叶林、混交林林缘灌丛和矮树丛间。

十五、绣眼鸟科 Zosteropidae

红胁绣眼鸟 *Zosterops erythropleura*：主要取食昆虫，也吃少量杂草种子和浆果。夏候鸟。栖息于以阔叶林和以阔叶树为主的森林内，成小群活动。

十六、旋木雀科 Certhiidae

欧亚旋木雀 *Certhia familiaris*：有垂直向树干上方爬行觅食的特殊习性。主要以昆虫、蜘蛛和其他节肢动物为食，冬季亦取食植物种子。留鸟。主要活动于松林和云杉林内。

十七、䴓科 Sittidae

普通䴓 *Sitta europaea*：能在树干向上或向下攀行。主要以昆虫的成虫、幼虫为食，冬季亦取食植物种子。留鸟。喜居于针阔叶混交林、阔叶林内。

十八、鹪鹩科 Troglodytidae

鹪鹩 *Troglodytes troglodytes*：取食蜘蛛、毒蛾、螟蛾、天牛、小蠹、象甲、蝽象等昆虫。栖息于森林、灌木丛、岸边草丛、小城镇和郊区的花园、农场的小片林区，以及城市边缘的林带。

十九、河乌科 Cinclidae

褐河乌 *Cinclus pallasii*：主要生活在山区河流和小溪两岸等水域环境，常沿溪流上下飞行。食物主要为昆虫，如甲虫、蚁、石蚕、浮游及水生昆虫的幼虫等。此外也吃小鱼、螺，以及小型甲壳类动物和野生植物种子。终年留居东北。留鸟。

二十、椋鸟科 Sturnidae

1. 灰椋鸟 *Spodiopsar cineraceus*：主要取食昆虫。夏候鸟。主要栖息于低山丘陵和开阔平原地带的疏林草甸、河谷阔叶林，以及散生有老龄树的林缘灌丛和次生阔叶林。

2. 北椋鸟 *Agropsar sturninus*：主要以昆虫为食，包括蝗虫、地老虎、柳叶蜂、舟蛾、尺蠖、蝽象等农林害虫，还有马陆、水螺等小动物。多活动于海拔较高的开阔山地。

二十一、鸫科 Turdidae

1. 白眉地鸫 *Zoothera sibirica*：主要以昆虫和无脊椎动物为食，也吃少量植物果实、种子和嫩叶等植物性食物。主要栖息于混交林和针叶林内，迁徙期间常出现于林缘、道路两侧次生林内，甚至村庄附近。

2. 虎斑地鸫 *Zoothera dauma*：地栖性，常单独或成对活动。主要以昆虫等无脊椎动物为食，也吃少量植物果实、种子和嫩叶等植物性食物。夏候鸟。主要栖息于溪谷、河流两岸和地势低洼的密林中。

3. 灰背鸫 *Turdus hortulorum*：常单独或成对活动，善于在地上跳跃行走。主要以昆虫的成虫、幼虫为食，也吃蚯蚓和植物果实与种子等。夏候鸟。主要栖息于低山丘陵地带的近水混交林内。

4. 白腹鸫 *Turdus pallidus*：单独或成对活动，迁徙季节集小群。善于在地上跳跃行走。主要以昆虫的成虫、幼虫为食，也吃其他小型无脊椎动物和植物果实与种子。夏候鸟。常栖息于低地河谷等水域附近茂密的混交林内。

5. 赤颈鸫 *Turdus ruficollis*：夏候鸟。主要栖于针阔混交林、针叶林和阔叶林中。食物主要为鞘翅目和鳞翅目昆虫及其幼虫，也吃小鱼、虾、田螺等小型脊椎动物和无脊椎动物，在食物贫乏季节也吃草籽、植物果实、浆果等植物性食物。

6. 红尾鸫 *Turdus naumanni*：主要以昆虫及其他小型无脊椎动物为食，也吃山葡萄等浆果。夏候鸟。多活动在低山丘陵、农田、草地、灌丛、天然次生阔叶林和混交林中。常成群活动在林下和地上。

7. 斑鸫 *Turdus eunomus*：多成群活动，不怯人。主要以昆虫为食。夏候鸟。常栖息于混交林和林缘灌丛地带，也出现于农田、地边、果园和村镇附近的疏林、灌丛、草地和路边的树上。

二十二、鹟科 Muscicapidae

1. 红尾歌鸲 *Luscinia sibilans*：多单独活动。以卷叶蛾等多种害虫为食。夏候鸟。常栖息于森林中茂密多荫的地面或低矮植被覆盖处。

2. 蓝歌鸲 *Luscinia cyane*：奔跑时尾部常上下摆动不停，很少在树上栖息和活动。主要以地面的昆虫为食。栖于密林的地面或近地面处。

3. 红喉歌鸲 *Luscinia calliope*：多单独或成对活动。以昆虫的成虫、幼虫为食，也吃少量植物性食物。夏候鸟。主要栖息于低山丘陵和山脚平原地带的次生阔叶林和近水混交林的地面。

4. 蓝喉歌鸲 *Luscinia svecica*：性情隐怯，常在地下短距离奔跑，稍停，不时扭动尾羽或将尾羽展开。主要以昆虫、蠕虫等为食，也吃植物种子等。栖息于灌丛或芦苇丛中。

5. 红胁蓝尾鸲 *Tarsiger cyanurus*：多在林下地上奔跑或在灌木低枝间跳跃。主要以昆虫的成虫、幼虫为食，也吃少量植物果实与种子等。常单独或成对活动。旅鸟。栖息于低山丘陵和山脚平原地带的次生林地面。

6. 欧亚鸲 *Erithacus rubecula*：主要捕食蠕虫、毛虫、甲虫、苍蝇、蜗牛、象鼻虫、蜘蛛、白蚁和黄蜂，是农业益鸟，特别受棉农欢迎。有时也啄食浆果和水果。栖居于混交林及次生植被、花园和多荫处。

7. 北红尾鸲 *Phoenicurus auroreus*：常单独或成对活动。主要以昆虫为食，亦食植物种子。夏候鸟。主要栖息于山地林缘、河谷和居民点附近的灌丛与低矮树丛中。

8. 黑喉石䳭 *Saxicola maurus*：主要以昆虫为食，也吃其他小型无脊椎动物。夏候鸟。栖息于混交林、灌丛或多草的地区。

9. 蓝矶鸫 *Monticola solitarius*：主要以鞘翅目和鳞翅目昆虫为食，也吃蟒象、蝼蛄、步行虫等昆虫和小型无脊椎动物。夏候鸟。主要生活在阔叶林、混交林和针叶林中，尤其喜欢在林中靠近河流且附近多岩石的山地或林缘河谷边较陡的岩谷地带活动。

10. 白喉矶鸫 *Monticola gularis*：食物几乎完全为昆虫，主要为甲虫、蝼蛄、鳞翅目幼虫等。栖息于混交林、针叶林内或多草多岩石地区。

11. 灰纹鹟 *Muscicapa griseisticta*：在树冠中下部的大树侧枝上停歇。食物以昆虫为主，主要是鳞翅目的蛾蝶等及其幼虫。夏候鸟。喜栖于暗针叶林林缘。

12. 乌鹟 *Muscicapa sibirica*：主要以昆虫为食，主要是鳞翅目的蛾蝶成虫、幼虫。栖息于山区或山麓森林的林下植被层及林间。

13. 北灰鹟 *Muscicapa dauurica*：主要以昆虫为食，多为鳞翅目和膜翅目昆虫。夏候鸟。多栖于混交林、针叶林、阔叶林及附近灌丛中。

14. 白眉姬鹟 *Ficedula zanthopygia*：常单独或成对活动，多在树冠下层的低枝处活动和觅食，主要以昆虫的成虫、幼虫为食。夏候鸟。栖息于低山丘陵和山脚的阔叶林和针阔混交林中。

15. 鸲姬鹟 *Ficedula mugimaki*：常在林间短距离快速飞行。主要以昆虫为食，也吃植物种子。夏候鸟。栖息于山地森林和平原的小树林、林缘及林间空地。

16. 红喉姬鹟 *Ficedula albicilla*：主要以昆虫的成虫、幼虫为食。夏候鸟。常栖息于低山丘陵和山脚平原地带的针阔叶混交林、林缘疏林灌丛，以及庭院与农田附近的小林内。

17. 白腹蓝鹟 *Cyanoptila cyanomelana*：主要以昆虫为食。夏候鸟。栖息于海拔 1 200 m 以上的针阔叶混交林及林缘灌丛中。

18. 戴菊 *Regulus regulus*：主要以昆虫为食，冬季也吃少量植物种子。夏候鸟。常于针叶林、针阔叶混交林和山脚林缘灌丛地带成群活动。

二十三、太平鸟科 Bombycillidae

1. 太平鸟 *Bombycilla garrulus*：主要以植物果实及种子为食，也吃昆虫。冬候鸟。栖息于低山、丘陵和平原地区的针叶林、阔叶林的林缘灌丛中。

2. 小太平鸟 *Bombycilla japonica*：迁徙及越冬期间成小群在针叶林及高大的阔叶树上觅食，常与太平鸟混群活动。主要以植物果实及种子为食，也吃少量昆虫。冬候鸟。栖息于低山、丘陵和平原地区的针叶林、阔叶林的林缘灌丛中。

二十四、岩鹨科 Prunellidae

1. 领岩鹨 *Prunella collaris*：食物以昆虫为主，其中有蝗虫、鳞翅目幼虫、尺蠖、大蚊、叶蝉、蜘蛛、麦穗步行虫、怡蜂等。植物性食物有风毛菊叶、杜鹃的干碎叶片及少量禾本科植物的种子。栖息在海拔 2 000～3 100m 的高山苔原带。

2. 棕眉山岩鹨 *Prunella montanella*：主要以植物种子和昆虫等为食。旅鸟。栖息于山地丘陵阳坡，在疏林、灌丛和林缘活动。

二十五、雀科 Passeridae

麻雀 *Passer montanus*：性喜成群。食性较杂，常以植物性食物为主，繁殖期间吃大量昆虫。留鸟。常在房檐、屋顶及房前屋后的小树、灌丛和农田地上活动和觅食。

二十六、鹡鸰科 Motacillidae

1. 山鹡鸰 *Dendronanthus indicus*：主要以昆虫为食，也吃小蜗牛等。主要栖息于林间。

2. 黄鹡鸰 *Motacilla tschutschensis*：主要以昆虫为食，多在地上捕食，有时亦在空中飞行时捕食。栖息于低山丘陵、平原以及海拔 4 000 m 以上的高原和山地。

3. 灰鹡鸰 *Motacilla cinerea*：尾不停地上下摆动。以昆虫为食。夏候鸟。主要栖息于溪流、河谷、湖泊、水塘、沼泽等水域岸边或水域附近。

4. 白鹡鸰 *Motacilla alba*：停息时，尾常不停地上下摆动。主要以昆虫为食，也吃植物浆果及种子。夏候鸟。主要栖息于河流、湖泊、水库、水塘等水域岸边。

5. 田鹨 *Anthus richardi*：波浪式飞行。主要以昆虫为食，也吃植物嫩叶。夏候鸟。主要栖息于开阔平原、草地、沼泽、河滩、林缘灌丛、林间空地以及农田。

6. 林鹨 *Anthus trivialis*：主要以昆虫和昆虫幼虫为食，有时也吃草籽和其他植物种子。主要栖息在山地森林和林缘地带，针叶林、阔叶林和混交林均有栖息，尤其是有林间空地或林间草地的疏林地区，也出现于有灌木的草原、草地，甚至荒漠树丛中，最高海拔高度可到 4 000m。喜林缘、多草、多矮树的栖息生境。

7. 树鹨 *Anthus hodgsoni*：多在地上奔跑觅食，站立时尾上下摆动。以昆虫为食，也吃植物种子、蜘蛛、蜗牛等小型无脊椎动物。旅鸟。常活动在林缘、路边、河谷、林间空地、高山苔原、草地等生境。

8. 北鹨 *Anthus gustavi*：多以鞘翅目、膜翅目、双翅目的昆虫成虫及幼虫为食，食物缺乏时吃少量植物性食物。常活动在林缘、路边、河谷、林间空地、高山苔原、草地等生境。

9. 红喉鹨 *Anthus cervinus*：以昆虫、植物果实与种子为食。旅鸟。迁徙期间见于低山丘陵阔叶林和混交林林缘、道旁灌丛和农田等较为开阔的地方。

10. 水鹨 *Anthus spinoletta*：在野外停栖时，尾常上下摆动。主要以昆虫为食，也吃蜘蛛、蜗牛等小型无脊椎动物，还吃苔藓、谷粒、杂草种子等植物性食物。栖息于海拔 4 000 m 左右的灌丛、草甸地带、开阔平原和低山山脚地带，有时出现在林绿、林中草地、河滩、沼泽、林间空地及居民点附近。

二十七、燕雀科 Fringillidae

1. 苍头燕雀 *Fringilla coelebs*：以草籽为食，为辽宁的冬候鸟。多栖息在树林间，

2. 燕雀 *Fringilla montifringilla*：常集群活动。主要以杂草种子、农作物种子为食，繁殖期间吃昆虫。旅鸟。栖息于阔叶林、针阔叶混交林、针叶林和林缘疏林等。

3. 锡嘴雀 *Coccothraustes coccothraustes*：主要以植物种子为食，也吃昆虫的成虫、幼虫。夏候鸟。栖息于山地和平原的针阔混交林。

4. 黑尾蜡嘴雀 *Eophona migratoria*：主要吃种子、果实、嫩芽等植物性食物，也吃部分昆虫。夏候鸟。多栖息于平原和低地林地。

5. 黑头蜡嘴雀 *Eophona personata*：夏、秋季主要以昆虫为食，秋、冬季主要以松子等植物种子为食。所食昆虫中有鞘翅目成虫、叩头虫、叶蜂、金花虫、蛾蝶类幼虫和蝗虫。夏候鸟。栖息于乔木林中，为森林之上层鸟类。

6. 松雀 *Pinicola enucleator*：多栖息于针阔混交林。秋、冬季成小群生活。以树种为食，如松、槐等的种子，也吃谷物种子和树木冬芽。冬候鸟。

7. 红腹灰雀 *Pyrrhula pyrr-hula*：以落叶松等的种子、树冬芽、浆果为食，也捕食昆虫。冬候鸟。多栖息于混交林和灌木丛中。

8. 粉红腹岭雀 *Leucosticte arctoa*：成对或结成小至大群，于荒芜高原及高山苔原带低矮植被下的地面觅食。在有稀疏树木的裸露山上越冬。栖息于海拔 2 700 m 以上的高山岩壁、石砾堆、高山盆地、丛林高地、沿海沙地港口及灌木丛中。

9. 普通朱雀 *Carpodacus erythrinus*：主要以植物性食物为食，繁殖期间也吃部分昆虫。冬候鸟。栖息于中低山和山脚平原地带的阔叶林和次生林林缘、溪边及农田地边的小块树丛和灌丛。

10. 长尾雀 *Carpodacus sibiricus*：主要以植物果实、种子、草籽等为食。留鸟。栖息于开阔灌丛及林缘地带。

11. 北朱雀 *Carpodacus roseus*：成群迁徙。以杂草种子、浆果和嫩叶为食。冬候鸟。栖息于低海拔山区的针阔叶混交林、阔叶混交林和阔叶林内。

12. 金翅雀 *Carduelis sinica*：主要以树木和杂草种子、谷物为食，也吃昆虫。留鸟。栖息于开阔地带林缘、城镇公园、果园、苗圃、农田地边和村寨附近的树丛中或树上。

13. 白腰朱顶雀 *Carduelis flammea*：常取食谷子和富类的花穗。栖息于溪边丛生的柳林、沼泽化的多草疏林和栎、榆等幼林中，也见于乔木杂林和林缘的农田及果园中。

14. 红交嘴雀 *Loxia curvirostra*：冬季游荡且结群迁徙。食物全部为落叶松种子。冬候鸟。喜欢在鱼鳞云杉一臭冷杉林和落叶松一白桦林中生活。

15. 白翅交嘴雀 *Loxia leucoptera*：冬季结群迁徙，常与红交嘴雀混合成群活动。食物主要为云杉、落叶松种子。冬候鸟。喜欢在鱼鳞云杉一臭冷杉林和落叶松一白桦林中生活。

16. 黄雀 *Carduelis spinus*：主要以植物嫩芽、种子以及昆虫为食。夏候鸟。喜栖息于稀疏针叶林和灌丛中。

二十八、铁爪鹀科 Calcariidae

1. 铁爪鹀 *Calcarius lapponicus*：主要以草籽和谷粒为食，繁殖期间也吃昆虫。夏候鸟。多生活在低山丘陵和山麓平原的田间、地头、草地等开阔环境中。

2. 雪鹀 *Plectrophenax nivalis*：以草籽和昆虫为食。冬候鸟。主要生活在低山丘陵和山脚平原地带，常在河边岩石上和荒山小树林中活动。

二十九、鹀科 Emberizidae

1. 白头鹀 *Emberiza leucocephala*：主要以杂草种子为食，也吃谷子、鳞翅目、鞘翅目等农作物和昆虫。夏候鸟。主要生活在低山丘陵和山麓平原地区。常成小群出入于田间、地头和林缘灌丛中。

2. 三道眉草鹀 *Emberiza cioides*：主要以昆虫的成虫、幼虫和杂草种子为食。留鸟。多栖息于开阔灌丛和林缘地带。

3. 白眉鹀 *Emberiza tristrami*：主要以昆虫和草籽为食，以鳞翅目和鞘翅目昆虫及幼虫居多，植物主要有稻谷、稗子、延胡索种子、草籽等。夏候鸟。主要生活在阔叶林和针阔混交林中。繁殖期间常单独或成对活动。

4. 栗耳鹀 *Emberiza fucata*：主要以杂草种子、谷物和昆虫为食。喜栖于低山区或半山区的河谷沿岸草甸、森林迹地形成的湿草甸或夹杂稀疏灌丛的草甸内。

5. 小鹀 *Emberiza pusilla*：主要以草籽和昆虫为食。旅鸟。多栖息于水边灌木丛、小乔木、村边树林与农田中。

6. 黄眉鹀 *Emberiza chrysophrys*：以杂草种子、谷物和昆虫为食。夏候鸟。栖息于山区混交林、灌丛、草地和农田。

7. 田鹀 *Emberiza rustica*：主要以杂草种子和谷物为食，也吃昆虫。旅鸟。栖息于低山地带的草地、农田和灌丛林缘。

8. 黄喉鹀 *Emberiza elegans*：以昆虫的成虫、幼虫为食。夏候鸟。栖息于山地针阔叶混交林和次生阔叶林的林缘、河谷、道旁草丛或树根下。

9. 黄胸鹀 *Emberiza aureola*：主要以昆虫的成虫、幼虫为食。栖息于低山丘陵和开阔平原地带的灌丛、草甸、草地和林缘地带。

10. 栗鹀 *Emberiza. rutila*：主要以草籽为食，也吃部分谷物和昆虫。繁殖鸟。主要生活在低山丘陵和山脚平原地带，有时也在海拔 1 700 m 的长白山高山冰场一带活动。

11. 灰头鹀 *Emberiza spodocephala*：以杂草种子、谷物和昆虫为食。夏候鸟。栖息于林缘、灌丛、路边草丛、草地等。

12. 红颈苇鹀 *Emberiza yessoensis*：主要以草籽和谷粒为食，在繁殖期间也吃部分昆虫。夏候鸟。主要栖息于低山丘陵和山脚平原地区，一般喜欢在林缘、溪流两岸和有水蒿、以小叶樟为主的湿生草甸及蒿草塔头草甸中生活。

13. 芦鹀 *Emberiza schoeniclus*：主要以草籽为食，也吃部分昆虫。夏候鸟。主要生活在开阔平原地带的林缘、溪边柳丛与芦苇沼泽中。

12.1.4 哺乳纲 Mammalia

一、猬科 Erinaceidae

东北刺猬 *Erinaceus amurensis*：常单独活动。通常在黄昏和夜间活动，白天多躲藏在洞穴中，在安静的地方休息，饥饿时白天也活动，行动迟缓。栖息于山地森林、草原、开垦地或荒地、灌木林及草丛等环境。

二、鼹科 Talpidae

缺齿鼹 *Mogera robusta*：昼夜均活动，不休眠，视觉不灵而听觉发达，以昆虫的成虫、蛹、幼虫以及蠕虫、蚯蚓、蜘蛛等小动物为食。栖息于森林草原地带。营地下生活。

三、鼩鼱科 Soricidae

1. 小鼩鼱 *Sorex minutus*：小鼩鼱成熟得快，生命也短，寿命仅有 14～15 个月。蚯蚓是它们最容易获得的食物。栖息于森林、灌丛、草地中。

2. 小麝鼩 *Crocidurashantungensis hosletti*：性贪食，主要以土壤昆虫为食，也吃一些植物的花、果实和种子。适应性较强，分布的生境比较广，栖息于中温带森林、平原、丘陵和山地。

3. 大麝鼩 *Crocidura lasiura*：栖息于森林草甸、灌木丛、荒草地中。

四、蝙蝠科 Vespertilionidae

1. 普通蝙蝠 *Vespertilio murinus*：普通蝙蝠常和其他种类的蝙蝠混居，白天休息，晨昏陆陆续续从栖居处外出捕食，食物包括蚊子、石蛾和飞蛾等。既栖息在森林，也栖息在草原，除居民点以外，在海拔 2 000～3 000 m 的山地亦有分布。

2. 大耳蝠 *Plecotus auritus*：大耳蝠的食谱中有其他蝙蝠、小型哺乳动物、大型昆虫、鸟类和青蛙。大耳蝠主要栖息于海拔 2 350 m 以下的原始森林或一些遗弃的建筑中，夏季选择屋顶棚下、树洞及岩石洞隙作为栖息位点，冬季则在山洞中冬眠。

3. 白腹管鼻蝠 *Murina leucogaster*：典型的群居性、夜行性动物，社群结构复杂，大部分时间都栖息在黑暗处。夜晚飞出捕食昆虫。栖息于海拔 1 200～2 000 m 的阔叶林带山洞或废弃的房屋中。

4. 萨氏伏翼 *Hypsugo savii*：多生活在岩洞。

五、犬科 Canidae

1. 狼 *Canis lupus*：以肉食为主，成群活动。老爷岭曾发现踪迹。山地、森林、草原、荒漠等生境均发现踪迹。

2. 赤狐 *Vulpes vulpes*：善于游泳和爬树。主要以旱獭及鼠类为食，也吃野禽、蛙、鱼、昆虫等，还吃野果和农作物。生活在森林、草原、半沙漠、丘陵地带。

3. 貉 *Nyctereutes procyonoides*：夜行性，沿着河岸、湖边以及海边觅食，食物种类多而杂，包括鸟类、小型哺乳动物及水果。生活在平原、丘陵及部分山地，亚寒带到亚热带地区均有分布，栖息于河谷、草原和靠近河川、溪流、湖泊的丛林中，穴居，洞穴多数是露天的，常利用其他动物的废弃旧洞，或筑巢于石隙、树洞里。

六、熊科 Ursidae thibetanus

黑熊 *Selenarctos thibetanus*：主要在白天活动，善爬树、游泳，能直立行走。视觉差，嗅觉、听觉灵敏。食性较杂，以植物叶、芽、果实种子为食，有时也吃昆虫、鸟卵和小型兽类。有冬眠习性。栖息于针阔混交林或高山稀树灌丛地带。

七、鼬科 Mustelidae

1. 紫貂 *Martes zibellina*：通过嗅觉和听觉猎取小型猎物，包括鼠类、小鸟和鱼类。有时也吃浆果和松果。主要生活在海拔 800～1 600 m，北纬 41°以北，气候寒冷的亚寒带针叶林与针阔叶混交林地带。

2. 青鼬 *Martes flavigula*：主要以啮齿动物、鸟、鸟卵、昆虫及野果为食，酷爱食蜂蜜，故被称为“蜜狗”。性情凶狠，有时攻击羔羊及鹿科动物的幼崽。栖息地海拔高度在 3 000 m 以下。活动于常绿阔叶林和针阔叶混交林区。

3. 香鼬 *Mustela altaica*：主要以小型啮齿动物为食。栖息在森林、森林草原、高山灌丛及草甸，亦见于 3 000m 的高山荒漠地带、河谷地区，但更常见于草原地区。

4. 伶鼬 *Mustela nivalis*：主要以小型啮齿类为食。栖息于针阔叶混交林、亚高山或干旱山地针叶林、林缘灌丛内，亦常见于草原地带。

5. 黄鼬 *Mustela sibirica*：食性很杂，在野外主要以老鼠和野兔为食，也吃鸟卵及幼雏、鱼、蛙和昆虫。栖息于山地和平原，亦见于林缘、河谷、灌丛和草丘中，也常在村庄附近出没。居于石洞、树洞或倒木下。

6. 狗獾 *Meles meles*：杂食性，以植物的根、茎、果实和蛙、蚯蚓、小鱼、沙蜥、昆虫（幼虫及蛹）和小型哺乳类等为食，在草原地带喜食狼吃剩的食物，在作物播种期和成熟期会为害刚播下的种子和即将成熟的玉米、花生、马铃薯、白薯、豆类及瓜类等。栖息在森林、灌丛、草丛等。

八、猫科 Felidae

1. 猞猁 *Lynx lynx*：以鼠类、野兔等为食，也捕食小野猪和小鹿等。巢穴多筑在避风、防雨之处，如林下岩石缝隙、树洞内。

2. 豹猫 *Prionailurus bengalensis*：通常以啮齿类、鸟类、鱼类、爬行类及小型哺乳动物为食。栖息在山地林区或郊野灌丛等处。

九、兔科 Leporidae

东北兔 *Lepus mandschuricus*：善于奔跑、跳跃，平时无固定的巢穴，多晚上出来活动，主要以树皮、嫩枝和木本植物、草本植物为食，对农作物及苗木有害。一般栖息于针阔混交林中，也活动于农田附近沟渠两岸的低洼地、草甸、田野、树林、草丛、灌丛及林缘地带。

十、松鼠科 Sciuridae

1. 花鼠 *Tamias sibiricus*：白天在地面活动较多，晨昏之际最活跃，在树上活动少，善爬树，行动敏捷。食性杂，对豆类、麦类、谷类及瓜果等有害。分布的生境较广，分布于平原、丘陵、山地的针叶林、阔叶林、针阔叶混交林以及灌木丛较密的地区。

2. 松鼠 *Sciurus vulgaris*：白天活动，杂食性，以坚果、种子、芽、昆虫、鸟卵为食。有在秋天囤积粮食的习性，并靠这些食物过冬。栖息于针叶林或针阔叶混交林内。

十一、松鼠科 Sciuridae

小飞鼠 *Pteromys volans*：营树栖生活，能在树枝上攀爬和在树间滑翔，远达 50 m。以松子、橡实、浆果、嫩树枝叶为食，秋末常储存坚果等食物过冬。栖息于山地林区的针叶林或针阔叶混交林内。

十二、鼠科 Muridae

1. 黑线仓鼠 *Cricetulus barabensis*：主要吃农作物种子。分布的生境较广，适应能力很强。半荒漠、干旱的草原，农田，河谷，山坡，住宅仓库和林缘灌丛均有分布。森林深处和低洼沼泽地少有分布，甚至没有。

2. 大仓鼠 *Tscherskia triton*：喜食植物种子、草籽等。食物种类随环境不同而有变化，如大豆、玉米、小麦、燕麦、马铃薯和向日葵等。也吃一些昆虫和植物的绿色部分，春季吃植物的绿色部分较多。秋季贮粮甚多，会分类贮藏。栖息地常随农田的播种和收获变化。

3. 棕背䶄 *Clethrionomys rufocanus*：昼夜均可活动，夏季围绕倒木或树桩疾走、爬上爬下。为害林业，啃咬幼树的树皮，取食时可以环状剥皮、咬食幼苗主梢。主要栖息于针阔叶混交林中，为该类林型的优势种。

4. 东方田鼠 *Microtus fortis*：取食植物，也吃昆虫和小型鼠类。主要栖息在低湿的沼泽地、草地和水塘、溪流、江河、湖泊沿岸的杂草、芦苇丛生的地方。

5. 麝鼠 *Ondatra zibethicus*：吃香蒲及其他水中的植物、淡水河蚌、青蛙、淡水螯虾及小龟。栖居陆地，在水中能游泳和潜水，是半水栖兽类。多栖居在芦苇、香蒲等挺水植物丛生、水流平缓、适于筑窝的江湾、河汊、浅水小湖塘及常年积水、有池塘的沼泽、甸子中。

6. 东北鼢鼠 *Myospalax psilurus*：食性杂，主要以植物的地下部分为食，亦食植物的茎叶和地下害虫，尤其喜食块根、块茎及植物的种子。栖息于温带、寒温带季风区土质松软的平原开阔地区，选择农田、田间荒林、河滩、林间窄地等处作栖息点。

十三、鼠科 Muridae

1. 巢鼠 *Micromys minutus*：杂食性动物。喜食玉米、谷子、大豆、稻谷等粮食，也吃浆果、茶籽等。在作物成熟前主要以植物的绿色部分为食。栖息于海拔 1 000 m 以下平原地带中比较潮湿的地段。

2. 大林姬鼠 *Apodemus peninsulae*：喜食营养丰富的植物种子和果实，也吃昆虫，很少吃植物的绿色部分，喜食松子、榛子、剪秋萝、刺玫果等。栖息于林区、灌丛、林间空地及林缘地带的农田。

3. 黑线姬鼠 *Apodemus agrarius*：食性较杂，以植物性食物为主。栖息地广，喜居于向阳、潮湿、近水源的地方，在农业区常栖息在海拔 225～1 670 m 的地埂、土堤、林缘和田间空地中。在林区常生活在草甸、谷地，以及居民区的菜地和柴草垛里，还经常进入居民住宅内过冬。

4. 褐家鼠 *Rattus norvegicus*：食性广而杂，几乎什么都吃，包括饲料、工业用油乃至某些润滑油，甚至垃圾、粪便、蜡烛、肥皂等都可作为食物。分布广泛，包括河边草地、灌丛、庄稼地、荒草地以及林缘池边，但大多数在居民区，主要栖居于人的住房和各类建筑物中，在牲畜圈棚、仓库、食堂、屠宰场等处数量最多。

5. 小家鼠 *Mus musculus*：喜食粮食和油料种子，初春也啃食麦苗、树皮、蔬菜等，在苹果贮藏库昼伏夜出，到处乱窜，对塑料袋小包装、纸箱等破坏性较大。栖息环境广泛，凡是有人居住的地方都有小家鼠的踪迹，包括住房、厨房、仓库等建筑物、衣箱、厨柜、打谷场、荒地、草原等。

十四、猪科 Suidae

野猪 *Sus scrofa*：一般早晨和黄昏活动、觅食，中午进入密林躲避阳光，大多集群活动，4～10 头一群较为常见。野猪喜欢在泥水中洗浴。栖息于山地、丘陵、荒漠、森林、草地和林丛间，环境适应能力极强。

十五、鹿科 Cervidae

1. 马鹿 *Cervus elaphus*：喜欢群居。夏季多在夜间和清晨活动，冬季多在白天活动。善于奔跑和游泳。以草、树叶、嫩枝、树皮和果实等为食。栖息于各类森林内及距水源较近处。

2. 狍 *Capreoluspygargus*：纯植食性动物。采食草、树叶、嫩枝、果实、谷物等。栖息于各类森林中。

12.2 线形动物门 NEMATHELMINTHES

12.2.1 泄管纲 Secernentea

小杆目 Rhabditida

杆状线虫科 Rhabditidae

自由生活和寄生于无脊椎动物与脊椎动物体内。

12.2.2 泄腺纲 Adenophorea

嘴刺目 Enoplida

肉食性，或以有机碎屑为食，生活在潮湿土壤、淡水及寄生于脊椎与无脊椎动物体内。

12.3 环节动物门 ANNELIDA

12.3.1 蛭纲 Hirudinea

无吻蛭目 Arhynchobdellida

山蛭科 Haemadipsidae

山蛭属 *Haemadipsa*

广大温湿地带的山区丛林中均有分布。为陆地上主要的吸血蚂蟥，为害人和牛、马等家畜。

日本山蛭 *Haemadipsa japonica*：栖息于山林中，尤其是在暖湿的山谷和坡地或高山围成的平坝地带，也见于池塘、溪沟的岸边和稻田田埂杂草丛以及竹林中。

12.3.2 寡毛纲 Oligochaeta

12.3.2.1 颤蚓目 Tubificida

线蚓科 Enchytraeidae

线蚓属 *Enchytraeus*

栖息于淡水中或陆地上。

12.3.2.2 后孔寡毛目 Lumbricida

一、链胃科 Moniligastridae

杜拉蚓属 *Drawida*

日本杜拉蚓 *Drwida japonica*：国内主要用作中药，即中医中“地龙”的一种，性寒，味咸。日本曾经做过提取蚯蚓素的研究。

二、正蚓科 Lumbricidae

（一）双胸蚓属 *Bimastos*

微小双胸蚓 *Bimastus parvus*：喜温怕冷、热，喜湿怕浸，喜暗怕光，喜甜怕辣，喜静怕震，喜酸怕盐。

（二）爱胜蚓属 *Eisenia*

1. 赤子爱胜蚓 *Eisenia foetida*：繁殖率高、适应性强。对重金属污染土壤的生态毒性有指示作用。可提取出蚓激酶，用于治疗心脑血管疾病。

2. 红色爱胜蚓 *Eisenia rosea* Savigny：繁殖率高，可解决畜牧业和渔业中动物性蛋白饲料来源紧张的问题。

12.4 软体动物门 MOLLUSCA

一、巴蜗牛科 Bradybaenidae

（一）巴蜗牛属 *Bradybaena*

1. 灰巴蜗牛 *Bradybaena ravida*：喜栖息在植株茂密的低洼潮湿处，寄生于黄麻、红麻、苎麻、棉花、豆类、玉米、大麦、小麦、蔬菜、瓜类等，为害麻叶成缺刻，严重时咬断麻苗，导致缺苗断垄。白天潜伏，傍晚或清晨取食，阴雨天多整天栖息在植株上。

2. 同型巴蜗牛 *Bradybaena similaris*：生活在潮湿的灌木丛中、草丛中、田埂上、乱石堆里、枯枝落叶下、作物根际土块和土缝中，以及温室、菜窖、畜圈附近的阴暗、潮湿、多腐殖质处，适应性极强。寄主为紫薇、芍药、海棠、玫瑰、月季、蔷薇、白蜡以及白菜、萝卜、甘蓝、花椰菜等多种蔬菜。初孵幼螺只取食叶肉，留下表皮，稍大的个体则用齿、舌将叶、茎磨出小孔或将其吃断。成螺大多蛰伏在作物秸秆堆下面或在冬作物的土中越冬，幼体也可在冬作物根部的土中越冬。

3. 江西巴蜗牛 *Bradybaena kiangsiensis*：喜欢在温暖、潮湿的环境下生活。25～31℃，空气湿度为80%时，活动度最大；温度低于20℃或高于35℃时，活动度明显降低；温度低于12℃或高于40℃时开始休眠。喜湿但怕水。凭自身分泌含水量较多的黏液，以保持日常活动时身体的润滑；具有趋暗性，喜欢在光线较暗的地方活动。喜欢停留在树干、树叶、杂草、枯叶、潮湿的土壤和墙壁上，对所停留的物体有选择性。喜欢钻入具有丰富腐殖质的疏松土壤中，以此吸取养料、调节温湿度、防御敌害和产卵。食性较广，植物的叶茎、腐叶、土壤中的杂质，甚至包括动物尸体。

（二）华蜗牛属 *Cathaica*

1. 茸毛华蜗牛 *Cathaica horripilosella*：陆生，多栖息于山区潮湿的灌木丛中、草丛中、落叶石块下、石缝中以及农田附近的草丛中。

2. 条华蜗牛 *Cathaica fasciola*：陆生，多栖息于丘陵、山坡、田埂、公园、牲畜圈、温室、菜窖附近潮湿的灌木草丛中、石块下或土石缝隙中。

二、蛞蝓科 Limacidae

1. 黄蛞蝓 *Limax flavus*：生活在阴暗、潮湿、多腐殖质的地方，畏光怕热，白天躲藏在阴暗、潮湿的墙缝、土缝、土块或石块下以及水管附近，也可沿着下水道管壁向下钻到约 2m 深的土层内（土壤含水量为 27.8%，湿度 100%）。栖息在住宅附近的黄蛞蝓成虫、幼虫和卵皆可越冬。冬季若室内保持一定的温度，它们仍可活动。在高温、高湿的夏季夜晚活动最盛。

2. 野蛞蝓 *Agriolimax agrestis*：陆生，多栖息于山区、丘陵、农田等阴暗、潮湿、多腐殖质处。寄主为菊花、一串红、月季、仙客来等花草以及草莓、多种农作物等。雌雄同体，异体受精，亦可同体受精繁殖。以成虫体或幼体在作物根部的湿土下越冬。怕光，耐饥力强，气温 11.5～18.5℃、土壤含水量为 20%～30%时，对其生长发育最有利。

三、非洲大蜗牛科 Achatinidae

非洲大蜗牛属 *Achatina*

褐云玛瑙螺 *Achatina fulica*：喜欢在夜间活动和摄食，白昼则躲藏起来，通常生活在阴凉、潮湿的地方，如芭蕉树根下的缝隙、芭蕉树腋或草丛里、瓦砾石下、潮湿的墙壁、阴沟、草丛、泥洞以及垃圾堆等处都可以发现它们的踪迹，尤其在雨后晴天，不论昼夜，从各隐蔽的场所爬出，到处觅食。摄食凶猛，食量较大，为杂食性。幼螺主要以腐殖质为食，成螺主要以绿色植物为食。

四、琥珀螺科 Succineidae

琥珀螺属 *Succinea*

淡水生广分布种类，常生活在湖边、溪河岸边、沼泽等的淡水水草上，也常在水中游泳，在海拔 3 000m 以上的高山地区也可发现它们的踪迹。出现较早，到新生代第三纪已大量繁衍，发展为优势物种，迄今仍广泛繁衍。是为害棉、麻、粮、蔬菜等农作物和园艺花卉的害虫，也是家畜、家禽及野生哺乳动物等的寄生吸虫——线虫的中间宿主。

光滑琥珀螺 *Succinea snigdha*

五、槲果螺科 Cochlicopidae

槲果螺属 *Cochlicopa*

滑槲果螺 *Cochlicopa lubrica*：陆生，栖息于潮湿、多腐殖质的草丛中，石块、落叶、树干下，灌木丛、松软潮湿的泥土中。

六、虹蛹螺科 Pupillidae

大陆型种类，广泛分布于世界各地，卵胎生。

七、瓦娄蜗牛科 Valloniidae

世界性广分布种类，我国主要分布在长江以北地区。

12.5 节肢动物门 ARTHROPODA

12.5.1 软甲纲 Malacostraca

等足目 Isopoda

一、潮虫科 Oniscidae

通常生活在潮湿、腐殖质丰富的地方，如潮湿处的石块下、腐烂的木料下、树洞中、潮湿的草丛和苔藓丛中、庭院的水缸下、花盆下以至室内的阴湿处。杂食性，食枯叶、枯草、绿色植物、菌孢子等。秋季为繁殖旺盛期。在 21℃时，约经 26 天孵化成幼体。

二、腊鼠妇科 Porcellionidae

腊鼠妇属 *Porcellionides*

分布范围广，喜潮湿环境，常栖息于住房周围、草堆底下及碎土石块下，行动迅速。喜食植物根系部分及腐烂动、植物。起源于地中海一带，后来由于人类的活动被带至世界各地。

12.5.2 蛛形纲 Arachnida

12.5.2.1 拟蝎目 Pseudoscorpionida

生活在土壤中或落叶层中，以及某些哺乳动物巢内、木下、石下、倒下或直立的树皮下或室内，少数生活在洞穴中。生活环境多样，抗逆性较强，捕食多种小型节肢动物，是利用生物防治害虫的重要对象。

伪蝎总科 Garypoidea

12.5.2.2 蜘蛛目 Araneae

一、地蛛科 Atypidae

地蛛属 *Atypus*

栖息地位于树木根部以及石壁基部，常筑造丝管，栖息其中，猎捕猎物。

二、跳蛛科 Salticidae

（一）跳蛛属 *Salticus*

游猎性蜘蛛，常在树皮下、落叶丛中或墙缝等处结两端开口的薄囊状巢，在其中产卵、守候卵孵化，并在巢内越冬或隐蔽。

（二）蚁蛛属 *Myrmarachne*

栖息于山区田地与林间，多在树叶上结网，以蚂蚁和其他小昆虫为食。

12.5.2.3 盲蛛目 Opiliones

常生活在温暖、湿润的环境中，如石块下、朽木下、苔藓层下、枯枝落叶层中、土壤缝隙和洞穴中，以死或活的动、植物和腐殖质为食，更偏向肉食性，没有专有天敌，但是可以被其他盲蛛、蜘蛛、青蛙、鸟和小型哺乳动物等捕食。防御机制有群居、进攻、逃避、假死、步足自切和化学防御。

长奇盲蛛科 Phalangiidae

12.5.2.4 蜱螨目 Acarina

一、硬蜱科 Ixodidae

多生活在森林、灌木丛、开阔的牧场、草原、山地的泥土中等。雌蜱受精吸血后产卵，硬蜱一生产卵 1 次，饱血后在 4～40 天内全部产出，可产数百至数千个卵。

全沟硬蜱 *Ixodes persulatus*：多见于高纬度针阔混交林带，吸血，不完全变态。

二、赤螨科 Erythraeidae

成螨常见于植物上、腐殖土中、地面以及海滩上，营自由生活，捕食小型节肢动物，许多种类的幼螨是昆虫和蜘蛛等节肢动物的外寄生物。生活史一般可分为 7 个发育阶段，即卵、次卵、幼螨、第一蛹、若螨、第二蛹和成螨。

12.5.2.5 寄螨目 Parasiformes

双革螨科 Digamasellidae

12.5.3 倍足纲 Diplopoda

通常为食碎屑者，取食腐烂的有机碎屑，多生活在阴暗、潮湿的环境中，如石块下、朽木中、落叶层和树皮内，也有一些种类栖息于洞穴中。

12.5.3.1 球马陆目 Glomerida

球马陆科 Glomeridae

生于山区林中的落叶下、石块下或朽木中等阴湿处。主要以凋落物、朽木等植物残体为食。通常在阔叶林、针阔叶混交林、针叶林的土壤中垂直分布。个体数量季节变化明显，夏末最多，冬末最少。

12.5.3.2 马陆目 Juliformia

马陆科 Julidae

12.5.4 唇足纲 Chilopoda

12.5.4.1 蜈蚣目 Scolopendromorpha

12.5.4.2 石蜈蚣目 Lithobiomorpha

石蜈蚣科 Lithobiidae

石蜈蚣属 *Lithobius*

肉食性，主要以昆虫及蜘蛛为食。喜欢阴暗、潮湿的生境，雌雄异体，异形发育。

12.5.4.3 地蜈蚣目 Geophilomorpha

毒性较小，喜潮湿，一般以小型昆虫为食。

12.5.5 综合纲 Symphyla

以腐败的植物和植物的嫩根为食。两性不交尾。栖息在不同深度的土壤中。

12.5.5.1 原尾目 Protura

胎后发育属增节变态，生活史一般分前幼期、第 1 幼期虫、第 2 期幼虫、若虫和成虫期。生活在潮湿的环境中，如土壤、泥炭、砖石下，树皮内或林地落叶层、树根、苔藓附近。一般分布在 30cm 以内的表土层。食腐木、腐败有机质、菌类等。

12.5.5.2 弹尾目 Collembola

喜潮湿环境，以腐烂物质、菌类为主要食物，主要取食孢子、发芽种子。畏光，喜阴暗，聚集，一旦受惊或见阳光即跳离，躲入黑暗角落。成虫喜有水环境，常浮于水面并弹跳自如。近距离扩散靠自身爬行或跳跃，远距离传播则借风力、雨水和人为携带。

一、棘跳科 Onychiuridae

喜潮湿环境，畏光，凡阴暗、潮湿、有腐殖质存在的地方都可发现。

二、球角跳科 Hypogastruridae

世代重叠，在土缝、根际等潮湿、隐蔽处越冬，食性甚杂，可营腐生生活，具有明显的趋湿、趋暗、群集性。

三、等节跳科 Isotomidae

生活环境阴暗、潮湿，跟其他种类的生活环境较接近。

四、疣跳科 Neanuridae

杂食，生活在海边、朽木、石下等潮湿环境中。

五、长角跳虫科 Entomobryidae

通常生活在阴暗的林下落叶、树皮、真菌、土壤表层等处，有些种类会出现在人类的居所中。

六、鳞跳科 Tomoceridae

通常可以在比较原始的森林中采到，在被开垦过的地区或受污染的土壤中种类及数量相对较少，甚至很难采到。因此可作为监测环境的指示生物。

七、圆跳科 Sminthuridae

多见于朽木、石下、落叶内等潮湿、阴暗的环境。

八、拟亚跳科 Pseudachorutidae

杂食性，在混交林、杂灌林、针叶林凋落物中均可见。

九、娟跳虫科 Oncopoduridae

杂食性，混交林和针叶林中的凋落物层出现量较大，杂灌林中较少。

12.5.6 昆虫纲 Insecta

12.5.6.1 革翅目 Dermaptera

发育属渐变态类。1年发生1代。卵多产，若虫4～5龄，以卵越冬。雌虫有护卵育幼的习性。在石下或土下做穴产卵，然后伏于卵上或守护其旁，低龄若虫与母体共同生活。多为夜行性，白天伏于土壤中、石块下、树皮上、杂草间。虽有翅，但很少飞翔。少数种类有趋光性。多为杂食性，某些种类寄生于其他动物，有些种类能捕食其他幼虫。

蠼螋科 Forficulidae

常生活在树皮缝隙、枯朽腐木中或落叶堆下，喜欢潮湿、阴暗的环境。渐变态昆虫，食物种类较多，一般取食植物的花、叶，腐败的动、植物残体，还能捕食小昆虫。

12.5.6.2 啮虫目 Psocoptera

多生活在树皮、篱笆、石块、植物枯叶间、鸟巢以及仓库等处，常见于阴暗、潮湿或苔藓、地衣丛生的地方。有群居习性。爬行活泼，不甚飞翔。以地衣、苔藓或其他植物为食，少数种类能捕食蚧壳虫和蚜虫。无翅种类多生活在室内，能为害书籍，谷物，衣服，动、植物标本和木材等。

12.5.6.3 缨翅目 Thysanoptera

蓟马科 Thripidae

食性复杂，主要有植食性、菌食性和捕食性种类，植食性种类较常见，喜取食植物的幼嫩部位，如芽、心叶、嫩梢、花器、幼果等。喜欢温暖、干旱的天气，其适温为23～28℃，适宜空气湿度为40%～70%。

12.5.6.4 直翅目 Orthoptera

一、蟋蟀科 Gryllidae

蟋蟀属 *Gryllus*

蟋蟀 *Gryllus berthellus*：穴居，常栖息于地表、砖石下、土穴中、草丛间。夜出活动。杂食性，吃作物、树苗等。

二、螽斯科 Tettigoniidae

1. 中华螽斯 *Tettigonia chinensis*
2. 乌苏里鸣螽 *Gampsocleis ussuriensis*

三、癞蝗科 Pamphagidae

笨蝗 *Haplotropis brunneriana*：杂食性，除取食禾谷类作物外，也为害甘薯、大豆、棉花、蔬菜等，林木幼苗有时也遭受损害，为山区粮食作物和其他经济作物的害虫之一。

四、斑腿蝗科 Catantopidae

短星翅蝗 *Calliptamus abbreviatus*

五、斑翅蝗科 Oedipodidae

1. 轮纹异痂蝗 *Bryodemella tuberculatum* subsp. *tuberculatum*：寄主为小麦、玉米、粟、马铃薯、豆类、大麻、牧草及杂草。
2. 黄胫小车蝗 *Oedaleus infernalis*

3. 疣蝗 *Trilophidia annulata*

六、网翅蝗科 Arcypteridae

1. 隆额网翅蝗 *Arcyptera coreana*

2. 宽翅曲背蝗 *Pararcyptera microptera* subsp. *meridionalis*：寄主为禾本科植物。

3. 华北雏蝗 *Chorthippus brunneus* subsp. *huabeiensis*

七、剑角蝗科 Acrididae

中华剑角蝗 *Acrida cinerea*

八、蝼蛄科 Gryllotalpidae

东方蝼蛄 *Gryllotalpa orientalis*

12.5.6.5 半翅目 Hemiptera

一、缘蝽科 Coreidae

植食性，成虫与若虫均栖息于植物上。大型种类多生活在乔木或灌木上，以豆科植物和禾本科植物为寄主的种类最多。警觉，善飞，夜间向光的现象很不明显。臭腺分泌物的臭味强烈。部分种类有群集习性。

东方原缘蝽 *Cmreus marginatus*

二、花蝽科 Anthocoridae

捕食性，成虫及若虫捕食软体小虫以及螨类和各式虫卵。栖居于植物上，部分种类喜藏于花中，亦可取食花粉。有不少种类生活在针叶树上，匿居于树皮下或树皮缝隙中。还有一些种类在动物巢穴、枯枝落叶丛中生活。多数种类行动比较活泼，少数种在夜间有向光性。

东亚小花蝽 *Orius sauteri*

三、蝽科 Pentatomidae

成虫及少数高龄若虫在石块下、土缝内 5～10cm 处或杂草根际、稻桩间、树皮缝等处越冬。成、若虫喜在晴朗的白天潜伏在稻丛基部近水面处，傍晚或阴天上到叶片上或穗部吸食，把卵聚产在稻株距水面 6～9cm 处的叶鞘上。天敌主要有稻蝽黑卵蜂、白僵菌、蜘蛛、青蛙等。

1. 十点蝽 *Lelia decempunctata*：也称弯角蝽，以榆树、杨树和大豆叶片等为食。

2. 麻皮蝽 *Erthesina fullo*：成虫在枯枝落叶下、草丛中、树皮裂缝、梯田堰坝缝、围墙缝等处越冬。飞翔力强，喜栖息于树体上部。具假死性，受惊扰时会喷射臭液，有弱趋光性和群集性。寄主为柳、悬铃木、槐、梓、合欢、臭椿、榆、杨、刺槐、泡桐、梧桐、桑、梨、苹果、桃、沙果、海棠、梅、葡萄、李、杏、枣、柿、山楂、石榴、樱桃、油菜、蓖麻、烟草、甘蔗、甜菜等。

3. 斑须蝽 *Dolycoris baccarum*：寄主为麦类、稻类、大豆、玉米、谷子、麻类、甜菜、杨、柳、高粱、菜豆、绿豆、蚕豆、豌豆、甘蓝、黄花菜、葱、洋葱、白菜、赤豆、芝麻、棉花、烟草、山楂、苹果、桃、梨、野芝麻、天仙子、梅、杨梅、草莓、飞廉及其他森林植物和观赏植物等。

4. 菜蝽 *Eurydema dominulus*：寄主为十字花科蔬菜。

5. 横纹菜蝽 *Eurydema gebleri*：寄主为甘蓝、紫甘蓝、青花菜、花椰菜、白菜、萝卜、樱桃萝卜、白萝卜、油菜、芥菜、板蓝根、白屈菜等。

6. 茶翅蝽 *Halyomorpha halys*：寄主为苹果、梨、桃、樱桃、杏、海棠、山楂、李子、胡桃、榛子、草莓、葡萄等果树，也可为害大豆、菜豆、甜菜、芦笋、番茄、辣椒、黄瓜、茄子、甜玉米、菊花、玫瑰、百日草、向日葵等。此外，还可为害榆树、梧桐、枸杞、唐棣、火棘、荚蒾、金银花、泡桐、柿子、枫树、椴木、枫香、紫荆和美国冬青等树木。

7. 珠蝽 *Rubiconia intermedia*：寄主为麦类、豆类、水稻、苹果、枣、柳叶菜、水芹等。

8. 弯角蝽 *Lelia decempunctata*：寄主为葡萄、胡桃楸、榆、杨、醋栗、刺槐、胡麻等。

9. 褐真蝽 *Pentatoma semiannulata*：寄主为梨、桦树等。

10. 金绿真蝽 *Pentatoma metallifera*：寄主为杨、柳、榆、胡桃楸等多种树木。

11. 碧蝽 *Palomena angulosa*：寄主为麻、玉米。

12. 华麦蝽 *Aelia fieberi*：寄主为禾本科植物。

13. 赤条蝽 *Graphosoma rubrolineata*：寄主为胡萝卜、茴香、北柴胡等伞形科植物和萝卜、白菜、洋葱、葱等蔬菜，栎、榆、黄檗等树木。

四、蜡蝉科 Fulgoridae

东北丽蜡蝉 *Limois kikuchi*

五、角蝉科 Membracidae

黑圆角蝉 *Gargara genistae*：寄主为刺槐、槐树、酸枣、枸杞、宁夏枸杞、桑树、柿树、柑橘、苜蓿、三叶锦鸡儿、直立黄芪、大麻、黄蒿、胡颓子、烟草、棉花。

六、猎蝽科 Reduviidae

环斑猛猎蝽 *Sphedanolestes impressicollis*：寄主为棉虫牙、棉铃虫、棉小造桥虫等。

七、盲蝽科 Miridae

中黑苜蓿盲蝽 *Adelphocoris suturalis*：寄主为棉花、苜蓿、苕子等。

八、长蝽科 Lygaeidae

1. 红脊长蝽 *Tropidothorax elegans*：寄主为萝藦、牛皮消、刺槐、花椒、洋槐、小麦、油菜。
2. 角红长蝽 *Lygaeus hanseni*

12.5.6.6 同翅目 Homoptera

一、蚜科 Aphididae

寄主植物几乎包括被子植物和裸子植物的松柏纲的所有科。有些种类则以苔藓植物、蕨类植物和木贼科植物为寄主。多数种类为寡食性或单食性，少数为多食性，部分种类是粮、棉、油、麻、茶、糖、菜、烟、果、药和树木等经济植物的重要害虫。由于迁飞扩散寻找寄主植物时会反复转移、尝食，所以可传播许多种植物病毒病，造成更大的危害。

二、盾蚧科 Diaspididae

寄主植物范围甚广，包括果树和部分林木，喜群集于阳面。

12.5.6.7 鞘翅目 Coleoptera

一、阎甲科 Histeridae

主要生活在腐败物和粪便中捕食蝇蛆，也有些类群生活在树皮下、树干中捕食蛀虫，还有一些奇特类群和蚂蚁共生。

二、花萤科 Cantharidae

成、幼虫均为捕食性。成虫多见于花草中，幼虫常发现于土壤、苔藓或树皮下。个别杂食性种类为害小麦、芹菜及部分葫芦科秧苗。

三、皮蠹科 Dermestidae

生命力强，可在野外也可在室内繁殖，大量发生时可造成一些贮藏品的重大损失，部分为害谷类和豆类。

四、小蕈甲科 Mycetophagidae

此类害虫适宜在潮湿环境中生存，主要取食真菌类的菇类、蕈类。多在夏末和初秋出没。大多喜欢湿的谷物、药材、香料等，会被灯光吸引。

五、豆象科 Bruchidae

性活泼，善于飞翔，多以成虫越冬。产卵习性因种而异，多为单宿主，即专门寄生于某一种豆科植物，少数食性广，为害多种豆类。

六、沼甲科 Helodidae

成虫陆生，幼虫多发现于静水或流水中。

七、象甲科 Curculionidae

多数陆生，生活在植物叶上、枯朽木落叶层内。在枯树、土壤、果实、种子等中可见。性迟钝，行动缓慢，假死性强，少数有趋光性。植食性，为害根、茎、叶、花、果、种子、幼芽和嫩梢等。

1. 臭椿沟眶象 *Eucryptorrhynchus brandti*：寄主为臭椿。

2. 松树皮象 *Hylobius abietis haroldi*：寄主为落叶松、红松、红皮云杉、鱼鳞云杉、辽椴、色木槭、大黄柳、山杨、白丁香、油松、云南松。

八、露尾甲科 Nitidulidae

成虫和幼虫生活在谷物、干果、菌类、新鲜及腐败果实、花卉及树皮下，一般为腐食性，少数为捕食性。

九、大蕈甲科 Erotylidae

成、幼虫均为菌食性，常见于蕈体、土壤及植物组织中。

十、蚁甲科 Pselaphidae

多分布于湿润地带，发生在落叶层、腐烂的木头中或其他有腐烂食物的地方。多数种类为捕食者，也有兼性寄食者。

十一、隐翅虫科 Staphylinidae

食性复杂，食腐败的植物与腐烂的动物，及粪肥、菌类。幼虫是菌食性或肉食性（捕食性），常潜伏在枯枝落叶、树皮或朽木下，有的寄居在鸟类和啮齿动物的巢穴里。

十二、朽木岬科 Alleculidae

成虫常见于花或叶上，幼虫生活在朽木或腐殖土中。通常为土栖或钻蛀朽木，对植物根部及植物发育或竹木材造成危害。

十三、吉丁岬科 Buprestidae

杨吉丁虫 *Poecilonota variolosa*：大多蛀食树木，白天活动，喜光，通常栖息在树干的向阳部分。飞翔能力极强。

十四、步甲科 Carabidae

大部分种类为地上步行性，多数种类栖于枯枝落叶下、石下、腐木中及水边湿地等场所。少数生活在土壤中或地下洞穴中。多数是肉食者，少数食草。

十五、金龟甲科 Scarabaeidae

成虫的食性较杂。取食植物、鸟兽死尸、动物粪便。常栖息于朽木、落叶层下土壤中，幼虫称蛴螬，分植食性和粪食性两个类群。前者取食植物的根、腐殖土和朽木，后者主要取食兽粪。

十六、小蠹科 Scolytidae

树皮小蠹钻蛀在树皮与边材之间，直接取食树株组织；食菌小蠹钻蛀木质部内部，坑道纵横穿凿在材心中，坑道周缘有真菌及其他微生物与之共生，食菌小蠹取食真菌及其他微生物的菌丝和孢子。

十二齿小蠹 *Ips sexdentatus*：寄主为云杉、红松、华山松、高山松、油松、云南松、卡西亚松。

十七、瓢甲科 Coccinellidae

肉食性种类的成虫和幼虫主要捕食蚜虫、介壳虫、粉虱、螨类等害虫，是一类重要的天敌昆虫。植食性的种类为重要农业害虫。

1. 七星瓢岬 *Coccinella septempunctata*：一年发生多代。以成虫过冬，次年 4 月出蛰。产卵于有蚜虫的植物寄主上。成虫和幼虫均以多种蚜虫、木虱等为食。

2. 黑缘红瓢岬 *Chilocorus rubidus*：捕食性，寄主昆虫为棉蚜。

十八、叶甲科 Chrysomelidae

成虫和幼虫均为植食性，取食植物的根、茎、叶、花等。寄主植物以被子植物为主，裸子植物极少。

十九、负泥虫科 Crioceridae

食性范围较广，主要取食单子叶和双子叶植物，其中一些亚科或属对寄主有一定选择范围。成虫多食叶，豆象食花或种子；幼虫则分为蛀茎、食叶、食根等不同习性。常发生在禾本科、鸭跖草科、菝葜科等植物上，幼虫在叶表取食，将排泄物背在背上，老熟后结茧化蛹。

十四点负泥虫 *Crioceris quatuordecimpunctata*：寄主为小麦、石刁柏、文竹等。

二十、叩甲科 Elateridae

幼虫多生活在土中，取食植物，也有生活在朽木树皮下、石下的。主要捕食昆虫等小动物，部分种类为害作物的根系。

1. 细胸金针虫 *Agriotes subrittatus*：幼虫要求偏高的土壤湿度，耐低温能力强。成虫活动能力较强。

2. 细胸叩甲 *Agriotes subvittatus*：幼虫为害作物幼苗、竹笋、苗木。

二十一、拟步甲科 Tenebrionidae

种类生活环境多样，栖于枯朽木中、落叶下、石下，腐食性、菌食性、肉食性和植食性均有。多夜间活动，有伪死性。

1. 中华垫甲 *Lyprops sinensis*：为害水稻、玉米、豆类、棉花、烟叶、面粉、蚕茧、药材等多种贮藏物品。

2. 黑粉虫 *Tenebrio obscurus*

二十二、步行虫科 Carabidae

1. 赤条棘步甲 *Leptocarabus kurilensis*
2. 中华金星步甲 *Calosoma chinense*
3. 黄边青步甲 *Chlaenius circumdatus*
4. 淡足青步甲 *Chlaenius pallipes*
5. 耶屁步甲 *Pheropsophus jessoensis*
6. 双斑平步甲 *Planetes punticeps*

二十三、龙虱科 Dytiscidae

姬龙虱 *Rhantus suturalis*

二十四、水龟虫科 Hydrophilidae

尖突水龟虫 *Hydrophilus acuminatus*

二十五、埋葬虫科 Silphidae

1. 四星负葬甲 *Nicrophorus quadripunctatus*
2. 黑负葬甲 *Nicrophorus concolor*

二十六、锹甲科 Lucanidae

斑股锹甲 *Lucanus maculifemoratus*

二十七、锹形虫科 Lucanidae

红腹刀锹甲 *Dorcus rubrofemoratus*

二十八、金龟科 Scarabaeidae

1. 大云斑鳃金龟 *Polyphylla laticollis*：成虫为害松、杉、杨、柳等的树叶，幼虫为害树木、作物等的地下部分。

2. 东北大黑鳃金龟 *Holotrichia diomphalia*：寄主为大豆、花生、小麦、高粱、向日葵、红薯、甜菜、豆类、油菜、芝麻、榆、榛子、桑、葡萄、苹果、李、山楂、麻类、苏丹草、羊草、披碱草、狗尾草、猫尾草、燕麦、早熟禾、黑麦草、羊茅、狗牙根、华北剪股颖，苜蓿、红豆草、三叶草等，多达 32 科 94 种植物。

3. 棉花弧丽金龟 *Popillia mutans*：寄主为玉米、棉花、高粱、谷子、豆类、红薯、葡萄及杨树等的嫩叶。

4. 蒙古异丽金龟 *Anomala mongolica*：成虫取食大豆、果树、杨柳等的叶片，幼虫取食作物的地下部分。

5. 黄褐异丽金龟 *Anomala exoleta*：幼虫为害玉米、高粱、大豆、花生、薯类及多种树木。

6. 粗绿彩丽金龟 *Mimela holosericea*：成虫取食葡萄、苹果的叶片，幼虫为害云杉、冷杉、油松和落叶松苗木的根部。

7. 墨绿彩丽金龟 *Mimela splendens*：成虫取食栎、油桐、李、葡萄等的叶片，幼虫取食植物的地下部分。

二十九、花金龟科 Cetoniidae

1. 褐锈花金龟 *Poecilophilides rusticola*：幼虫为害杨、泡桐、榆、柳、苹果、核桃、杏等多种树木的根部，成虫不取食。

2. 白星花金龟 *Potosia brevitarsis*：成虫取食苹果、桃、梨等成熟水果及玉米、高粱等农作物的花及幼嫩种子，幼虫取食鸡粪、麦秸等。

3. 黄斑短突花金龟 *Glycyphana fulvistemma*：寄主为油桐、苹果、梨、桃、杨、柳、蒙古栎、棉花等植物的花。

4. 短毛斑金龟 *Lasiotrichius succinctus*：成虫取食玉米、高粱、向日葵和树木的花。

三十、郭公虫科 Cleridae

中华食蜂郭公虫 *Trichodes sinae*：寄主为蔷薇科、菊科、忍冬科等灌木。

三十一、瓢虫科 Coccinellidae

1. 六斑异瓢虫 *Aiolocaria hexaspilota*

2. 异色瓢虫 *Harmonia axyridis*

3. 多异瓢虫 *Hippodamia variegata*

4. 七星瓢虫 *Coccinella septempunctata*

5. 马铃薯瓢虫 *Henosepilachna vigintioctomaculata*

6. 十三星瓢虫 *Hippodamia tredecimpunctata*

7. 十二斑褐菌瓢虫 *Vibidia duodecimguttata*

三十二、芫菁科 Meloidae

1. 绿芫菁 *Lytta caraganae*：成虫为害苜蓿、拧条锦鸡儿、蒙古黄芪、锦鸡儿、国槐、刺槐、紫穗槐、豆类、花生，幼虫取食蝗虫卵。

2. 曲角短翅芫菁 *Meloe proscarabaeus*

三十三、天牛科 Cerambycidae

1. 中华薄翅锯天牛 *Megopis sinica*：寄主为桑、杨、柳、枫杨、泡桐、榔榆、苦楝、核桃、榆、柿、枣、松、栎、白蜡、枫、构树、梧桐、枥、苹果、云杉、冷杉、栗、槲。

2. 栗山天牛 *Massicus raddei*：寄主为板栗、栎、桑、苹果、橘树、梅、泡桐等。

3. 色角斑花天牛 *Stictoleptura variicornis*

4. 云杉花墨天牛 *Monochamus saltuarius*：寄主为杨柳、落叶松、樟子松、冷杉、红松、云杉。

5. 桃红颈天牛 *Aromia bungii*：寄主为桃、杏、李、樱桃、苹果、柳、番石榴、油橄榄、杨、苦楝、榆、稠李、马尾松、青皮竹、梅、枫杨、栎、毛白杨、核桃、松、柿、青梅。

6. 黄带蓝天牛 *Polyzonus fasciatus*：寄主为柳、杨、木荷、侧柏、竹、栎、油橄榄、枣、麻栎、黄荆及菊科、伞形科植物。

7. 家茸天牛 *Trichoferus campestris*：寄主为刺槐、油松、枣、丁香、杨、桦、桑、白蜡、核桃、云南松、柳树、苹果、云杉。

8. 黄纹曲虎天牛 *Cyrtoclytus capra*：寄主为多种植物。

9. 槐绿虎天牛 *Chlorophorus diadema*：寄主为杨、柳、刺槐、樱桃、桦、槐、石榴、枣、葡萄、山楂、泡桐。

10. 六斑绿虎天牛 *Chlorophorus sexmaculatus*：寄主为枣、栎、板栗、油松、核桃、山杨、桑等。

11. 双簇污天牛 *Moechotypa diphysis*：寄主为栎、栗、杨、核桃、香椿、松、柏、花椒、青冈。

12. 苜蓿多节天牛 *Agapanthia amurensis*：寄主为苜蓿、刺槐、松、唐菖蒲等。

13. 光肩星天牛 *Anoplophora glabripennis*：寄主为槭、枫、苦楝、泡桐、花椒、榆、悬铃木、刺槐、苹果、梨、李、樱桃、樱花、柳、杨、马尾松、红松、云南松、桤木、杉、青冈、桃、樟、枫杨、水杉、桑、木麻黄、桦等50余种多年生树木。

三十四、金花虫科 Chrysomelidae

1. 斑鞘隐头叶甲 *Cryptocephalus regalis*：寄主为蒿。

2. 艾蒿隐头叶甲 *Cryptocephalus koltzei*：寄主为蒿属。

3. 中华萝藦叶甲 *Chrysochus chinensis*：寄主为茄、芋、甘薯、蕹菜、雀瓢、曼陀罗、鹅绒藤、戟叶鹅绒藤及黄芪属、罗布麻属植物。

4. 杨叶甲 *Chrysomela populi*：寄主为杨、柳。

5. 柳二十斑叶甲 *Chrysomela vigintipunctata*：寄主为柳。

6. 蒿金叶甲 *Chrysolina aurichalcea*：寄主为蒿属植物。

7. 等节臀萤叶甲 *Agelastica coerulea*：寄主为苹果、树莓及桤木属、桦属植物。

三十五、肖叶甲科 Eumolpidae

二点钳叶甲 *Labidostomis bipunctata*：寄主为杨、柳、榆、桦、枣、杏、李、胡枝子等。

三十六、铁甲科 Hispidae

1. 北锯龟甲 *Basiprionota bisignata*：寄主为泡桐、梓树、楸树、白杨、柑橘。

2. 蒿龟甲 *Cassida fuscorufa*：寄主为野菊花和篙属植物。

3. 甜菜龟甲 *Cassida nebulosa*：寄主为甜菜和藜属、滨藜属、旋花属、蓟属植物。

12.5.6.8 鳞翅目 Lepidoptera

一、尺蛾科 Geometridae

幼虫初期大部分在叶枝间活动，化蛹前才下地面，入土化蛹。成虫大部分有夜行性、趋光性，少数种类在白天活动。幼虫寄主植物较多，通常取食乔木和灌木的叶片。

1. 秋黄尺蛾 *Ennomos autumnaria*

2. 青辐射尺蛾 *Iotaphora admirahilis*：寄主为杨柳科、胡桃科、紫葳科、桦木科植物。

3. 四点波翅青尺蛾 *Thalera lacerataria*

4. 菊四目绿尺蛾 *Thetidia albocostaria*：寄主为菊科植物。

5. 蝶青尺蛾 *Geometra papilionaria*：寄主为桦树、杨树。

6. 白脉青尺蛾 *Geometra albovenaria*：寄主为阔叶树。

7. 榛金星尺蛾 *Abraxas sylvata*

8. 日金星尺蛾 *Abraxas niphonibia*

9. 雪尾尺蛾 *Ourapteryx nivea*

10. 绣纹折线尺蛾 *Ecliptopera umbrosaria*：寄主为葡萄科、莎草科植物。

11. 李尺蛾 *Angerona prunaria*：寄主为李、桦、落叶松、山楂、榛、稠李、千金榆、乌荆子李等。

12. 朝鲜线尺蛾 *Polymixinia appositaria*：寄主为垂柳。

13. 金盅尺蛾 *Calicha nooraria*

14. 尘尺蛾 *Hypomecispunctinalis punctinalis*：寄主为柳、栎、板栗、樟、杨、苹果。

15. 掌尺蛾 *Amraica superans*：寄主为大叶黄杨、卫矛。

16. 焦边尺蛾 *Bizia aexaria*：寄主为桑树。

二、毒蛾科 Lymantriidae

食性很杂，幼虫容易更换寄主植物。多食植物，有时也捕食寄主植物上的蚜虫和介壳虫。主要寄主有桑科、樟科、大戟科、豆科、壳斗科、山榄科、木棉科、桃金娘科、楝科以及温带地区的蔷薇科、桦木科、杨梅科、胡桃科等植物。

1. 丽毒蛾 *Calliteara pudibunda*：寄主为桦、鹅耳枥、山毛榉、栎、栗、橡、榛、槭、椴、杨、柳、悬钩子、蔷薇、李、山楂、苹果、梨、樱桃、沙针和多种草本植物。

2. 角斑台毒蛾 *Orgyia recens*：寄主为苹果、梨、桃。

3. 肾毒蛾 *Cifuna locuples*：寄主为大豆、赤豆、绿豆、芦苇、苜蓿、棉花、紫藤、樱桃、海棠、柿、柳、榉、榆、茶等。

4. 舞毒蛾 *Lymantria dispar*：寄主为栎、槭、椴、鹅耳枥、黄檀、山毛榉、核桃、山杨、柳、桦、榆、鼠李、苹果、樱桃、山楂、柿、桑、红松、樟子松、云杉、水稻、麦类等500余种植物。

5. 栎毒蛾 *Lymantria mathura*：寄主为栎、苹果、梨、槠、栗、野漆、榉、青冈等。

6. 茶白毒蛾 *Arctornis album*：寄主为茶、油茶、蒙古栎、榛。

7. 豆盗毒蛾 *Euproctis piperita*：寄主为茶、楸、豆类。

8. 盗毒蛾 *Euproctis similis*：寄主为杨、柳、桦、白桦、榛、桤木、山毛榉、栎、蔷薇、李、山楂、苹果、梨、花楸、桑、石楠、黄檗、忍冬、马甲子、樱桃、洋槐、桃、梅、梧桐、杏、泡桐等。

9. 松针毒蛾 *Lymantria monacha*：幼虫喜阴，避直射光。在郁闭度大的林分发生严重。寒地见于低山，暖地见于高山。卵产在树皮缝、老树上的苔藓、地衣及伐根上。

三、夜蛾科 Noctuidae

幼虫大多数生活在土壤中或者植物枝杆内。成虫均在夜间活动，趋光性强，多数种类对糖、酒、醋混合液表现有强的趋性。多为植食性，少数种类捕食其他昆虫。

1. 白条夜蛾 *Ctenoplusia albostriata*：寄主为菊科植物。

2. 碧金翅夜蛾 *Diachrysia nadeja*

3. 银纹夜蛾 *Ctenoplusia agnata*：寄主为大豆、十字花科蔬菜。

4. 银锭夜蛾 *Macdunnoughia crassisigna*：寄主为大豆、菊、牛蒡、胡萝卜等。

5. 稻金翅夜蛾 *Plusia festata*：寄主为水稻、小麦、三棱草、稗草等。

6. 木俚夜蛾 *Deltote nemorum*

7. 大斑蕊夜蛾 *Cymatophoropsis unca*

8. 缤夜蛾 *Moma alpium*：寄主为山毛榉、桦、栎属植物。

9. 绿孔雀夜蛾 *Nacna malachitis*

10. 白斑剑纹夜蛾 *Acronicta catocaloida*：寄主为向日葵。

11. 光剑纹夜蛾 *Acronicta adaucta*

12. 榆剑纹夜蛾 *Acronicta hercules*：寄主为榆。

13. 梨剑纹夜蛾 *Acronicta rumicis*：寄主为梨、苹果、桃、山楂、蓼、悬钩子、草莓等。

14. 桑剑纹夜蛾 *Acronicta major*：寄主为桑、桃、梅、李、柑橘类。

15. 暗钝夜蛾 *Anacronicta caliginea*

16. 葡萄修虎蛾 *Sarbanissa subflava*：寄主为葡萄、爬山虎等。

17. 蒿冬夜蛾 *Cucullia fraudatrix*：寄主为莴苣。

18. 冶冬夜蛾 *Callierges ramosa*：寄主为忍冬属。

19. 紫黑杂夜蛾 *Amphipyra livida*：寄主为蒲公英。

20. 桦杂夜蛾 *Amphipyra schrenckii*：寄主为黑桦。

21. 摊巨冬夜蛾 *Meganephria tancrei*

22. 焰夜蛾 *Pyrrhia umbra*：寄主为烟草、大豆、油菜、荞麦等。

23. 宽胫夜蛾 *Protochinia scutosa*：寄主为艾属、藜属植物。

24. 棉铃虫 *Helicoverpa armigera*：寄主为棉、玉米、小麦、大豆、烟草、番茄、辣椒、茄子、芝麻、向日葵、南瓜等。

25. 中赫夜蛾 *Hadjinachinensis*

26. 乏夜蛾 *Niphonyx segregata*：寄主为葎草、啤酒花等。

27. 希夜蛾 *Eucarta amethystina*：寄主为野胡萝卜、前胡属植物。

28. 白线散纹夜蛾 *Callopistria albolineola*：寄主为卷柏。

29. 白斑委夜蛾 *Athetis albisignata*

30. 委夜蛾 *Athetis furvula*

31. 陌夜蛾 *Trachea atriplicis*：寄主为蓼、酸模、地锦、二月兰等。

32. 毁秀夜蛾 *Apamea aquila*

33. 日美冬夜蛾 *Tiliacea japonago*

34. 白斑兜夜蛾 *Cosmia restituta*

35. 毛眼夜蛾 *Blepharita amica*：寄主为稠李。

36. 旋歧夜蛾 *Discestra trifolli*：寄主为洋葱及多种草本植物。

37. 灰夜蛾 *Polia nebulosa*：寄主为桦树、柳树、榆属植物。

38. 乌夜蛾 *Melanchra persicariae*：寄主为多食性，取食多种低矮草本植物，秋季为害柳、桦、楸树等木本植物。

39. 甘蓝夜蛾 *Mamestra brassicae*：寄主为十字花科、伞形科、蔷薇科植物等。

40. 唳盗夜蛾 *Sideridis honeyi*：寄主为须苞石竹、坚硬女娄菜、康乃馨及繁缕属植物等。

41. 齿斑盗夜蛾 *Hadena dealbata*

42. 角线研夜蛾 *Aletia conigera*

43. 黏虫 *Mythimna separata*：寄主为麦、玉米、高粱等。

44. 翠色狼夜蛾 *Ochropleura praecox*：寄主为桃、梨、柳、蔷属植物。

45. 小地老虎 *Agrotis ipsilon*：寄主为棉、玉米、小麦、高粱、烟草、马铃薯、麻、豆类。

46. 大地老虎 *Agrotis tokionis*：寄主为棉花、玉米、高粱、烟草等。

47. 黄地老虎 *Agrotis segetum*：寄主为棉、玉米、小麦、高粱、烟草、甜菜、马铃薯、栎、山杨、云杉、松、柏等。

48. 矛夜蛾 *Spaelotis ravida*

49. 朽木夜蛾 *Axylia putris*：寄主为繁缕属、滨藜属、车前属植物等。

50. 歹夜蛾 *Diarsia dahlii*：寄主为柳、山楂等。

51. 灰歹夜蛾 *Diarsia canescens*：寄主为紫云英、茶。

52. 八字地老虎 *Xestia c-nigrum*：寄主为禾谷类、柳、葡萄等。

53. 褐纹鲁夜蛾 *Xestia fuscostigma*

54. 东风夜蛾 *Eurois occulta*：寄主为报春、蒲公英等属植物。

55. 白边切夜蛾 *Euxoa oberthuri*：在地埂、地边、林带以及草地的表土层内越冬，成虫昼伏夜出，对黑光灯趋性很强，对糖蜜亦有趋性。初孵幼虫抗低温、耐饥饿，对不良环境抵抗力强。前茬为麦类、荞麦、蔬菜等杂草多的地块，以及临近田埂、林带和背风、向阳等地块受害严重。

56. 小地老虎 *Agrotis ypsilon Rottemberg*：寄主有椴、水曲柳、胡桃楸及红松等幼苗，天敌有知更鸟、鸦雀、蟾蜍、鼬鼠、步行虫、寄生蝇、寄生蜂及细菌、真菌等。白天潜伏于土缝中、杂草间、屋檐下或其他隐蔽处，夜出活动。

四、舟蛾科 Notodontidae

大多取食阔叶树树叶，常发生在森林、防护林、行道树和苗圃。幼虫取食多种乔木和灌木，通常有群集性。

杨扇舟蛾 *Clostera anachoreta*：杨树的主要害虫。幼虫为害杨树、柳树的叶片；蛹在地面落叶、树干裂缝或基部老皮下结茧越冬；成虫昼伏夜出，多栖息于叶背面，趋光性强。

五、蓑蛾科 Psychidae

食性独特，幼虫取食高等植物的叶、花和低等植物中的地衣、苔藓，以及植物的嫩芽、嫩枝梢、树皮、果实以及捕食寄主植物上的蚜虫。

六、蠹蛾科 Cossidae

1. 芳香木蠹蛾东方亚种 *Cossus cossus orientalis*：寄主为杨、榆、柳、刺槐、稠李、白蜡、核桃等。

2. 榆木蠹蛾 *Holcocerus vicarious*：寄主为榆、刺槐、麻栎、金银花、花椒、杨、柳、核桃、苹果等。

3. 芦苇蠹蛾 *Phragmataecia castanea*

七、斑蛾科 Zygaenidae

白带新锦斑蛾 *Neochalcosia remota*：寄主为白檀、华山矾及山矾科的山地落叶灌木。

八、透翅蛾科 Sesiidae

白杨透翅蛾 *Parathrene tabaniformis*：寄主为白杨、毛白杨、银白杨、小白杨、加拿大杨、小叶杨、美国白杨、新疆杨、青杨、滇杨、垂柳等。幼虫钻蛀1～2年生的树干、侧枝、顶梢、嫩芽。

九、刺蛾科 Limacodidae

1. 背刺蛾 *Belippa horrida*：寄主为茶、蓖麻、苹果、梨、桃、葡萄、刺槐、臭椿、麻栎、枫杨、大叶胡枝子等。

2. 梨娜刺蛾 *Narosoideus flavidorsalis*：寄主为梨、枣、酸枣、柿、茶、板栗、樱花等。

3. 黄刺蛾 *Cnidocampa flavescens*：寄主为枫杨、重阳木、乌桕、美国白杨、毛白杨、三角枫、刺槐、梧桐木、楝、油桐、柿、枣、核桃、板栗、茶、桑、柳、榆、苹果、梨、杏、桃、枇杷、柑橘、山楂、杧果等。

4. 中国绿刺蛾 *Parasa sinica*：寄主为杨、柳、榆、刺槐、栎、槭、桦、枣、板栗、柿、核桃、苹果、杏、桃、樱桃、梨、李等。

5. 锯纹岐刺蛾 *Austrapoda dentata*：寄主为梅、李、梨、樱桃、栗、栎、樟、茶、柳等。

6. 枣奕刺蛾 *Iragoides conjuncta*：寄主为油桐、苹果、梨、杏、桃、樱桃、枣、柿、核桃、杧果、茶。

十、草螟科 Crambidae

1. 稻黄缘白草螟 *Pseudocatharylla inclaralis*：寄主为水稻。

2. 桃蛀野螟 *Conogethes punctiferalis*：寄主为苹果、桃、柑橘、枇杷、李、柿、石榴、山楂、板栗、三球悬铃木、马尾松、玉米、高粱等。

3. 黄杨绢野螟 *Diaphania perspectalis*：寄主为黄杨木。

4. 四斑绢野螟 *Diaphania quadrimaculalis*：寄主为柳。

5. 杨芦伸喙野螟 *Mecyna tricolor*：寄主为杨芦。

6. 白蜡绢须野螟 *Palpita nigropunctalis*：寄主为白蜡、梧桐、女贞、丁香、橄榄。

7. 细条纹野螟 *Tabidia strigiferalis*

十一、螟蛾科 Pyralidae

1. 金黄螟 *Pyralis regalis*：寄主为茶树。

2. 灰直纹螟 *Orthopygia glaucinalis*：寄主为谷物、干草及畜牧干饲料。

3. 微红梢斑螟 *Dioryctria rubella*：寄主为马尾松、黑松、红松、赤松、樟子松、白皮松、华山松、黄山松、油松、湿地松、火炬松、云南松、乔松、云杉等。

十二、网蛾科 Thyrididae

一点斜线网蛾 *Striglina scitaria*：寄主为厚朴、玉兰、鹅掌楸。

十三、凤蛾科 Epicopeiidae

榆凤蛾 *Epicopeia mencia*：寄主为榆树。

十四、鸡笼鲳科 Drepanidae

1. 三线钩蛾 *Pseudalbara parvula*：寄主为核桃、栎、化香树。

2. 波纹蛾 *Thyatira batis*：寄主为悬钩子属（欧洲木莓、覆盆子、蛇蔗筋、多腺悬钩子、三花悬钩子等）和草莓等多种植物。

3. 小太波纹蛾乌苏里亚种 *Tethea or* subsp. *intermedia*：寄主为黑杨、欧洲山杨和柳属植物。

4. 太波纹蛾阿木尔亚种 *Tethea ocularis* subsp. *amurensis*：寄主为杨属植物。

5. 宽太波纹蛾指名亚种 *Tethea ampliata* subsp. *ampliata*：寄主为栎属（麻栎）植物。

6. 白太波纹蛾 *Tethea albicostata*

7. 粉太波纹蛾指名亚种 *Tethea consimilis consimilis*：寄主为日本樱花、灰叶稠李、欧洲甜樱桃和花楸属植物。

8. 丽波纹蛾 *Tetheella ftuctuosa*：寄主为欧洲山杨、桦木属和鹅耳枥属（华千金榆）植物。

9. 带宽花波纹蛾 *Nemacerota tancrei*

10. 双华波纹蛾 *Habrosyne dieckmanni*：寄主为猫薄荷、覆盆子和荆芥。

11. 华异波纹蛾 *Parapsestis lichenea*

12. 申氏波纹蛾 *Shinploca shini*

十五、蚕蛾科 Bombycidae

1. 野蚕蛾 *Theophila mandarina*：寄主为桑树。

2. 黄波花蚕蛾 *Oberthuria caeca*：寄主为鸡爪枫。

十六、大蚕蛾科 Saturniidae

1. 绿尾大蚕蛾 *Actias selene* subsp. *ningpoana*：寄主为柳、枫杨、栗、火炬树、核桃、苹果、梨等。

2. 银杏大蚕蛾 *Dictyoploca japonica*：寄主为银杏、栗、麻栗、柳、樟、胡桃、楸、榛、蒙古栎、李、梨、桑、苹果、红瑞木、野漆、柿、白杨、赤松、刺楸、喜树等植物。

3. 曲线透目大蚕蛾 *Rhodinia jankowskii*：寄主为青冈树、悬铃木。

十七、枯叶蛾科 Lasiocampidae

1. 杨褐枯叶蛾 *Gastropacha populifolia*：寄主为杨、旱柳、苹果、梨、桃、樱桃、李、杏、栎、柏、核桃等。

2. 北李褐枯叶蛾 *Gastropacha quercifolia*：寄主为杨、柳、核桃、梨、桃、苹果、花红、李、梅等。

3. 落叶松毛虫 *Dendrolimus superans*：寄主为红松、兴安落叶松、黄花落叶松、臭冷杉、红皮云杉、长白鱼鳞松、樟子松。

4. 黄褐幕枯叶蛾 *Malacosoma neustria*：寄主为山楂、苹果、梨、杏、李、桃、海棠、樱桃、花红、杨、柳、梅、榆、桥、类、落叶松、黄檗、核桃等。

十八、天蛾科 Sphingidae

1. 松天蛾 *Hyloicus morio*：寄主为棒子松、红松、云杉、冷杉。

2. 红节天蛾 *Sphinx ligustri*：寄主为水蜡树、丁香、白蜡树、山梅、女贞等。

3. 绒星天蛾 *Dolbina tancrei*：寄主为女贞、榛、白蜡。

4. 核桃鹰翅天蛾 *Oxyambulyx schaujfelbergeri*：寄主为枫杨、核桃、栎树。

5. 豆天蛾 *Clanis bilineata*：寄主为大豆、洋槐、刺槐、藤萝、莴苣属及黎豆属植物。

6. 栗六点天蛾 *Marumba sperchius*：寄主为栗、栎、核桃、苦槠。

7. 枣桃六点天蛾 *Marumba gaschkewitschi*：寄主为栗、栎、核桃、苦槠。

8. 榆绿天蛾 *Callambulyx tatarinovi*：寄主为榆、刺榆、柳。

9. 蓝目天蛾 *Smerinthus planus*：寄主为柳、杨、桃、樱桃、苹果、花红、海棠、梅、李。

10. 盾天蛾 *Phyllosphingia dissimilis*：寄主为核桃、山核桃、柳。

11. 黄脉天蛾 *Laothoe amurensis*：寄主为马氏杨、小叶杨、山杨、桦、椴。

12. 葡萄昼天蛾 *Sphecodina caudata*：寄主为葡萄、山葡萄、爬山虎。

13. 葡萄天蛾 *Ampelophaga rubiginosa*：寄主为葡萄、山葡萄、爬山虎、黄荆、乌蔹莓。

14. 红天蛾 *Deilephila elpenor*：寄主为凤仙花、千屈草、蓬子菜、柳兰、葡萄、茜草、忍冬。

15. 雀纹天蛾 *Theretra japonica*：寄主为葡萄、山葡萄、常春藤、白粉藤、爬山虎、虎耳草、绣球花。

16. 白肩天蛾 *Rhagastis mongoliana*：寄主为葡萄、乌蔹莓、凤仙花、虎刺、绣球花。

17. 深色白眉天蛾 *Celerio gallii*：寄主为乳浆大戟。

十九、舟蛾科 Notodontidae

1. 黄二星舟蛾 *Euhampsonia cristata*：寄主为蒙古栎。

2. 碧燕尾舟蛾 *Furcula bicuspis*

3. 栎枝背舟蛾 *Harpyia umbrosa*：寄主为日本栗、麻栎、板栗、槲树。

4. 栎纷舟蛾 *Fentonia ocypete*：寄主为日本栗、麻栎、枹栎、蒙古栎。

5. 梨威舟蛾指名亚种 *Wilemanus bidentatus bidentatus*：寄主为梨、苹果。

6. 锈玫舟蛾 *Rosama ornata*：寄主为胡枝子。

7. 苹掌舟蛾 *Phalera flavescens*：寄主为苹果、杏、梨、桃、海棠、榆叶梅、榆。

8. 榆白边舟蛾 *Nerice davidi*：寄主为榆树。

9. 角翅舟蛾 *Gonoclostera timoniorum*：寄主为多种柳树。

10. 杨扇舟蛾 *Clostera anachoreta*：寄主为多种杨、柳树。

11. 杨小舟蛾 *Micromelalopha troglodyta*：寄主为杨树、柳树。

二十、灯蛾科 Arctiidae

1. 美苔蛾 *Miltochrista miniata*

2. 优美苔蛾 *Miltochrista striata*：寄主为地衣、大豆。

3. 白雪灯蛾 *Chionarctia niveus*：寄主为高粱、大豆、小麦、黍、车前、蒲公英。

4. 肖浑黄灯蛾 *Rhyparioides amurensis*：寄主为栎、柳、榆、蒲公英、染料木。

5. 红星雪灯蛾 *Spilosoma punctaria*
6. 黄臀灯蛾 *Epatolmis caesarea*：寄主为柳、蒲公英、车前、珍珠菜。

二十一、瘤蛾科 Noli

1. 美杂瘤蛾 *Poecilonola pulchella*
2. 栎点瘤蛾 *Nola confusalis*：寄主为栎属、鹅耳枥属、椴树属、李属、越橘属、薄荷属植物。
3. 玫缘钻夜蛾 *Earias roseifera*：寄主为杜鹃等。
4. 旋夜蛾 *Eligma narcissus*：寄主为臭椿。

二十二、目夜蛾科 Erebidae

1. 桃红猎夜蛾 *Eublemma amasina*
2. 残夜蛾 *Colobochyla salicalis*：寄主为杨柳科植物。
3. 白斑孔夜蛾 *Corgatha costimacula*
4. 土孔夜蛾 *Corgatha argillacea*
5. 奇巧夜蛾 *Oruza mira*
6. 燕夜蛾 *Aventiola pusilla*：寄主为地衣。
7. 熏夜蛾 *Hypostrotia cinerea*
8. 红尺夜蛾 *Naganoella timandra*
9. 星狄夜蛾 *Diomea cremata*
10. 点眉夜蛾 *Pangrapta vasava*
11. 纱眉夜蛾 *Pangrapta textilis*
12. 苹眉夜蛾 *Pangrapta obscurata*：寄主为苹果、梨、海棠等。
13. 隐眉夜蛾 *Pangrapta suaveola*
14. 黑点贫夜蛾 *Simplicia rectails*
15. 镰须夜蛾 *Zanclognatha lunalis*
16. 洁口夜蛾 *Rhynchina cramboides*：寄主为短梗胡枝子。
17. 豆髯须夜蛾 *Hypena tristalis*：寄主为大豆。
18. 中桥夜蛾 *Anomis mesogona*：寄主为红悬钩子、醋栗。
19. 棘翅夜蛾 *Scoliopteryx libatrix*：寄主为杨、柳。
20. 壶夜蛾 *Calyptra thalictri*：寄主为唐松草。
21. 平嘴壶夜蛾 *Calyptra lata*：寄主为紫堇、唐松草、柑橘。
22. 纯肖金夜蛾 *Plusiodonta casta*：寄主为蝙蝠葛。
23. 客来夜蛾 *Chrysorithrum amatum*：寄主为胡枝子。
24. 庸肖毛翅夜蛾 *Thyas juno*：寄主为桦、李、木槿。
25. 齿恭夜蛾 *Euclidia dentata*
26. 椴裳夜蛾 *Catocala lara*：寄主为紫椴、糠椴。
27. 裳夜蛾 *Catocala nupta*
28. 柳裳夜蛾 *Catocala electa*：寄主为杨、柳。
29. 栎刺裳夜蛾 *Mormonia dula*：寄主为蒙古栎、槲。
30. 光裳夜蛾 *Catoeala fullminea*
31. 茂裳夜蛾 *Catocala doerriesi*
32. 苹刺裳夜蛾 *Catocala bella*：寄主为苹果。
33. 兴光裳夜蛾 *Catocala eminens*
34. 柞光裳夜蛾 *Catocala streckeri*：寄主为蒙古栎。

35. 珀光裳夜蛾 *Catocala helena*

36. 栎光裳夜蛾 *Catocala dissimilis*：寄主为蒙古栎。

二十三、弄蝶科 Hesperiidae

1. 深山珠弄蝶 *Erynnis montana*：寄主为壳斗科栎属植物。

2. 白斑赭弄蝶 *Ochlodes subhyalina*：寄主为禾本科植物。

3. 黑豹弄蝶 *Thymelicus sylvaticus*：寄主为禾本科植物。

二十四、凤蝶科 Papilionidae

1. 金凤蝶 *Papilio machaon*：寄主为伞形科植物。

2. 柑橘凤蝶 *Papilio xuthus*：寄主为楝叶吴萸、臭檀吴萸、花椒、柑橘属植物。

3. 绿带翠凤蝶 *Papilio maackii*：寄主为芸香科植物。

4. 碧凤蝶 *Papilio bianor*：寄主为楝叶吴萸、臭檀吴萸。

5. 丝带凤蝶 *Sericinus montelus*：寄主为马兜铃科植物。

6. 麝凤蝶 *Byasa alcinous*：寄主为北马兜铃。

二十五、粉蝶科 Pieridae

1. 斑缘豆粉蝶 *Colias erate*：寄主为大豆、苜蓿等。

2. 尖钩粉蝶 *Gonepteryx mahaguru*：寄主为东北鼠李、金刚鼠李等鼠李属植物。

3. 小檗绢粉蝶 *Aporia hippia*

4. 绢粉蝶 *Aporia crataegi*：寄主为多种蔷薇科果树。

5. 菜粉蝶 *Pieris rapae*：寄主为十字花科植物。

6. 黑纹粉蝶 *Pieris melete*：寄主为十字花科植物。

7. 云粉蝶 *Pontia daplidice*：寄主为十字花科植物。

8. 黄尖襟粉蝶 *Anthocharis scolymus*：寄主为十字花科植物。

9. 突角小粉蝶 *Leptidea amurensis*：寄主为碎米荠属、野豌豆属植物。

二十六、眼蝶科 Satyridae

1. 斗毛眼蝶 *Lasiommata deidamia*：寄主为莎草科植物。

2. 白眼蝶 *Melanargia halimede*：寄主为禾本科植物。

3. 蛇眼蝶 *Minois dryas*

4. 牧女珍眼蝶 *Coenonympha amaryllis*

5. 阿芬眼蝶 *Aphantopus hyperanthus*：寄主为禾本科、莎草科植物。

二十七、蛱蝶科 Nymphalidae

1. 柳紫闪蛱蝶 *Apatura ilia*：寄主为杨柳科。

2. 白斑迷蛱蝶 *Mimathyma schrenckii*：寄主为榆科植物

3. 黑脉蛱蝶 *Hestina assimilis*：寄主为榆科植物。

4. 老豹蛱蝶 *Argyronome laodice*：寄主为松科、堇菜科、蔷薇科植物。

5. 绿豹蛱蝶 *Argynnis paphia*：寄主为堇菜科、莎草科、蔷薇科植物。

6. 北冷珍蛱蝶 *Clossiana selene*

7. 断眉线蛱蝶 *Limenitis doerriesi*：寄主为忍冬科植物。

8. 扬眉线蛱蝶 *Limenitis helmanni*：寄主为忍冬科植物。

9. 小环蛱蝶 *Neptis sappho*：寄主为豆科、榆科植物。

10. 提环蛱蝶 *Neptis thisbe*

11. 单环蛱蝶 *Neptis rivularis*：寄主为蔷薇科绣线菊属植物。

12. 黑条伞蛱蝶 *Aldania raddei*

13. 大红蛱蝶 *Vanessa indica*：寄主为荨麻科、榆科、菊科植物。

14. 小红蛱蝶 *Vanessa cardui*：寄主为荨麻科、锦葵科、菊科、紫草科、豆科植物。

15. 孔雀蛱蝶 *Inachis io*：寄主为荨麻科植物、车前等。

16. 琉璃蛱蝶 *Kaniska canace*：寄主为百合科等植物。

17. 黄缘蛱蝶 *Nymhalis antiopa*：寄主为杨柳科、榆科植物。

18. 朱蛱蝶 *Nymphalis xanthomelas*：寄主为杨柳科柳属、榆科榆属等植物。

19. 白矩朱蛱蝶 *Nymphalis vau-album*：寄主为榆树、杨、柳、桦等。

20. 白钩蛱蝶 *Polygonia c-album*：寄主为榆科、杨柳科、桦木科、忍冬科、大麻科植物等。

21. 黄钩蛱蝶 *Polygonia c-aureum*：寄主为桑科、亚麻科、榆科、大麻科、蔷薇科、松科、芸香科植物等。

二十八、灰蝶科 Lycaenidae

1. 蓝燕灰蝶 *Rapala caerulea*：寄主为鼠李科、豆科、蔷薇科植物。

2. 优秀洒灰蝶 *Satyrium eximia*：寄主为鼠李科植物。

3. 红灰蝶 *Lycaena phlaeas*：寄主为蓼科植物。

4. 橙灰蝶 *Lycaena dispar*：寄主为苜蓿及酸模等蓼科植物。

5. 琉璃灰蝶 *Celastrina argiola*：寄主为豆科、唇形科、蔷薇科植物。

6. 蓝灰蝶 *Everes argiades*：寄主为豆科植物。

7. 红珠灰蝶 *Lycaeides argyrognomon*：寄主为锦鸡儿及豆科牧草。

12.5.6.9 双翅目 Diptera

一、大蚊科 Tipulidae

以藻类、苔藓、植物根部、腐木、腐殖质为食。成虫白昼多见于阴湿场所。幼虫陆生、半水生或水生。

二、蚊科 Culicidae

雌蚊的滋生场所因种类而异，包括湖泊、沼泽等，以至树洞、叶脉和捕虫植物囊袋的积水中。幼虫以悬浮的或附着于其他植物上的微小生物以及其他有机物为食，少数种类是肉食性。

三、摇蚊科 Chironomidae

成虫几不取食，或摄食少量含有糖分的液体。幼虫少数陆栖，多数种类在水底的泥沙中生活，食料包括沉积物中的有机物碎屑，藻类，细菌，水生动、植物残体等。部分种类钻入水生植物的组织中建巢。

四、蕈蚊科 Mycetophilidae

生活在菌丝密布的土壤中、森林的枯枝落叶中，真菌菌丝体或子实体，特别是伞形真菌，较少情况下在树生真菌和树皮下，潮湿和腐烂的木材上，以真菌为食。

五、瘿蚊科 Cecidomyiidae

成虫脆弱，飞翔能力不强，早晚活动，多在幼虫生活场所附近栖息，少数种类夜间向光。成虫产卵于寄主植物表面、未开花的颖壳内、花蕾或嫩芽的间隙、树皮缝内，以及幼虫生活的其他场所。幼虫习性多样，多为植食性、捕食性或腐食性。

六、毛蚊科 Bibionidae

生活在森林的枯枝落叶层或其他腐烂植物的残屑中，森林空地上的草泥炭中、土壤中。大多为典型腐食者、食腐殖者，有些是植食者。

七、虻科 Tabanidae

生活在污染的水体里、淤泥中、饱含水分的土壤中或腐烂的植物残屑里。为吸血昆虫。大多为食肉性（以昆虫幼虫为食）。有些以腐质为食。幼虫多水生或半水生。

1. 土灰虻 *Tabanus griseinus*：幼虫孳生于静滞水域，产卵在稻叶、芦苇叶或窄长的杂草上，多数产在叶面上，少数产在叶背。

2. 金色虻 *Tabanus chrysurus*

八、剑虻科 Therevidae

通常生活在沙壤、沙和粟土中，以及通透性好的黑钙土、森林的枯枝落叶层和腐木、充满朽木的树洞和昆虫幼虫的排泄物中。偶尔在鳞翅目的蛹中发现。肉食性占优势，吃多种昆虫，包括农作物害虫。有些种类对植物有害。

九、水虻科 Stratiomyidae

幼虫大多数陆生，多腐食性。

十、剑虻科 Therevidae

大部分生活在沙质土壤的干旱或半干旱区域。其幼虫在土壤中捕食昆虫的幼虫。成虫只以液体为食，通常是水。

十一、粪蚊科 Scatopsidae

大多为食菌性或食粪性，生活在植物残屑（腐烂的树或残干的树皮下，烂果、烂木、发酵的树叶、森林的枯枝落叶层等）、粪肥、堆肥中。有些寄生。

十二、尖眼蕈蚊科 Sciaridae

生活在富含腐殖质的土壤、森林的枯枝落叶层、腐烂植物的残屑、鸟巢中，树皮下，苔藓里，有些生活在真菌的子实体或菌丝中。群居。

十三、食虫虻科 Asilidae

该科昆虫幼虫和成虫均为肉食性，捕食其他昆虫；成虫在自然界中飞翔时捕食蝇类、蝗虫、蝽象、蛾蝶、甲虫、蜂类等，有与同类自相残杀的现象。幼虫生活在土中及枯枝落叶或腐烂的木材中，捕食其他昆虫。

十四、蝇科 Muscidae

大多为捕食者，以其他昆虫的幼虫为食。有些为植食者、腐食性或粪食性，生活在土壤中，腐烂动、植物中及畜粪、粪肥、人粪中。

家蝇 *Musca domestica*：家蝇多生活在粪便、垃圾中和有机质丰富的地方，主要食物是液体物质，包括甜汁、牛乳、糖水、腐烂的水果、含蛋白质的液体便等。

十五、花蝇科 Anthomyiidae

生活在植物或其腐烂物内，很多种类为害植物的根，是严重为害农作物的害虫，有些为捕食者和寄生者。

十六、麻蝇科 Sarcophagidae

大多生活在腐烂的动、植物物质（包括尸体）中，在脊椎动物的排泄物、粪便里。有些为节肢动物、软体动物、蚯蚓的寄生者，有的在哺乳动物和人的伤口里，可引起蝇蛆症。有些是肉食者和多食者。

十七、蠓科 Ceratopogonidae

生活在森林地塘岸边的水生植物间的淤泥、水塘、沼泽土壤、森林的枯枝落叶、粪肥中及树皮下，有些生活在流淌的树汁液中或有水的低洼中。通常为群居。

十八、食蚜蝇科 Syrphidae

1. 弓斑长角蚜蝇 *Chrysotoxum arcuatum*

2. 丽纹长角蚜蝇 *Chrysotoxum elegans*

3. 黑带食蚜蝇 *Episyrphus balteatus*：幼虫捕食棉蚜及其他蚜虫。

4. 凹带优食蚜蝇 *Eupeodes nitens*

5. 暗颊美蓝食蚜蝇 *Melangyna lasiophthalma*
6. 斜斑鼓额食蚜蝇 *Scaeva pyrastri*：幼虫捕食棉蚜及其他蚜虫。
7. 月斑鼓额食蚜蝇 *Scaeva selenitica*
8. 黑足食蚜蝇 *Syrphus vitripennis*
9. 铜色丽角蚜蝇 *Callicera aenea*
10. 亮黑鼻颜蚜蝇 *Rhingia laevigata*
11. 钝黑斑眼蚜蝇 *Eristalinus sepulchralis*
12. 短腹管蚜蝇 *Eristalis arbustorum*
13. 褐翅斑胸食蚜蝇 *Spilomyia maxima*
14. 淡斑拟木蚜蝇 *Temnostoma apiforme*

12.5.6.10 膜翅目 Hymenoptera

一、蚁科 Formicidae

大多生活在土下，营群体生活，且有多型现象。食性复杂，有肉食性，也有杂食性，多以种子、果实、虫子等为食。

红蚁 *Tetramorium guineense*：食性杂，既吃在土壤环境中土栖的动物，如蚯蚓，也吃农田害虫，还会取食作物的种子、果实、幼芽、嫩茎与根系。

二、姬蜂科 Ichneumonidae

全部种类都为寄生性。幼虫期在寄主体内外取食，成虫期营自由生活，可飞翔或爬行寻找寄主。

三、泥蜂科 Sphecidae

耙掌泥蜂红腹亚种 *Palmodes occitanicus perplepus*：寄主为直翅目昆虫。

四、胡蜂科 Vespidae

黄边胡蜂 *Vespa crabro*：寄主为松毛虫等多种昆虫。

五、蜜蜂科 Apidae

1. 西方蜜蜂 *Apis mellifera*
2. 红光熊蜂 *Bombus ignitus*

12.5.6.11 蜻蜓目 Odonata

一、色蟌科 Calopterygidae

黑色蟌 *Atrocalopteryx atrata*

二、蟌科 Coenagrionidae

矛斑蟌 *Coenagrion lanceolatum*

三、春蜓科 Gomphidae

臼齿日春蜓 *Nihonogomphus ruptus*

四、蜓科 Aeschnidae

碧伟蜓 *Anax parthenope julius*

五、蜻科 Libellulidae

1. 白尾灰蜻 *Orthetrum albistylum*
2. 虾黄赤蜻 *Sympetrum ftaveolum*
3. 褐带赤蜻 *Sympetrum pedemontanum*
4. 褐顶赤蜻 *Sympetrum infuscatum*
5. 大黄赤蜻 *Sympetrum uniforme*
6. 黄蜻 *Pantala flavescens*

12.5.6.12 脉翅目 Neuroptera

一、蝶角蛉科 Ascalaphidae

1. 黄花蝶角蛉 *Ascalaphus sibiricus*
2. 黄脊蝶角蛉 *Ascalohybris subjacens*

二、草蛉科 Chrysopidae

1. 大草蛉 *Chrysopa septempunctata*
2. 多斑草蛉 *Chrysopa intima*

13 帽儿山森林真菌多样性

13.1 子囊菌亚门 ASCOMYCOTINA

13.1.1 半子囊菌纲 Hemiascomycetes

外囊菌科 Taphrinaceae

外囊菌属 *Taphrina*

13.1.2 核菌纲 Pyrenomycetes

一、肉座菌科 Hypocreaceae

丛壳菌属 *Nectria*

二、疗座霉科 Polystigmataceae

疗座霉属 *Polystigma*

三、间座壳科 Diaporthaceae

（一）黑腐皮壳属 *Valsa*

污黑腐皮壳 *Valsa sordida*：寄生在杨树和柳树上，引起树干烂皮病。

（二）黑盘壳属 *Melanconis*

胡桃黑盘壳 *Melanconis juglandis*：发生在胡桃楸、胡桃和枫杨上，引起枯枝病。

（三）日规壳属 *Gnomonia*

四、炭角菌科 Xylariaceae

（一）轮层炭菌属 *Daldinia*

黑轮层炭壳 *Daldinia conccentrica*：生于阔叶树的枯干及树皮上。药用菌，治惊风。

（二）光盘菌属 *Nummulariola*

（三）炭团菌属 *Hypoxylon*

13.1.3 腔菌纲 Loculoascomycetes

一、座囊菌科 Dothideaceae

球腔菌属 *Mycosphaerella*

二、凹球壳科 Nitschkiaceae

葡萄座腔菌属 *Botryosphaeria*

葡萄座腔菌 *Botryosphaeria dothidea*：发生在阔叶树和灌木的枯枝上，引起叶斑，使枝梢枯萎、坏死，引起枝干和茎部水泡溃疡病。

三、纵裂菌科 Hysteriaceae

纵裂菌属 *Hysterium*

13.1.4 盘菌纲 Discomycetes

一、火丝菌科 Pyronemataceae

肉杯菌属 *Sarcoscypha*

白毛肉杯菌 *Sarcoscyplha floccose*：在林中枯枝及腐木上群生，可能引起木腐。

二、羊肚菌科 Morchellaceae

羊肚菌属 *Morchella*

1. 羊肚菌 *Morchella esculenta*：多生长于阔叶林地上及路旁，单生或群生。一般5月上旬至6月上旬出菇较多，属于喜冷凉型食（药）用菌，是美味可口的珍贵食用菌。

2. 小顶羊肚菌 *Morchella angusticeps*：生在次生林地上。属美味可口的珍贵食用菌。

三、肉盘菌科 Sarcosomataceae

（一）高脚盘属 *Macropodia*

大足盘菌 *Macropodia macropus*：夏、秋季散生或群生于落叶松林地上。据记载可食，但疑有毒。

（二）乌鲁鲁盘菌属 *Urnula*

浅脚瓶盘菌 *Urnula craterium*：生于阔叶树地上的枯枝上。

四、斑痣盘菌科 Rhytismataceae

（一）散斑壳属 *Lophodermium*

松针散斑壳 *Lophodermium pinastri*：寄生在松属和云杉属上，引起落针病。

（二）斑痣盘属 *Rhytisma*

柳斑痣盘菌 *Rhytisma salicinum*：寄生在柳属植物上，引起柳漆斑病，能使病叶提早脱落。

五、粪盘菌科 Ascobolaceae

绿盘菌属 *Chlorosplenium*

小孢绿盘菌 *Chlorosplenium aeruginascens*：生于朽木上。

六、芽孢盘菌科 Tympanidaceae

芽孢盘菌属 *Tympanis*

松芽孢盘菌 *Tympanis pithya*：生于红松干皮上，引起红松流脂病。

七、红菇科 Russulaceae

（一）薄盘菌属 *Cenangium*

1. 冷杉薄盘菌 *Cenangium ferruginosum*：生于枝梢或侧枝上，引起红松烂皮病。

2. 杨薄盘菌 *Cenangium populneum*：生于杨树枯枝上。

（二）扇菇属 *Panellus*

1. 止血扇菇 *Panellus stypticus*：生于蒙古栎伐根上。

2. 变黑扇菇 *Panellus nigritus*

13.2 担子菌亚门 BASIDIOMYCOTINA

13.2.1 层菌纲 Hymenomycetes

一、多孔菌科 Polyporaceae

（一）酸味菌属 *Oxyporus*

1. 杨锐孔菌 *Oxyporus populinus*：生在五角槭、杨、榆等阔叶树干基部，引起干基心材白色腐朽。

2. 灰黄锐孔菌 *Oxyporus ravidus*：生在阔叶树腐倒木上。

（二）毡被菌属 *Spongipellis*

毛盖绵皮孔菌 *Spongipellis litschaueri*：生在蒙古栎的枯立木、倒木上，引起心材白色腐朽。

（三）剥管菌属 *Piptoporus*

桦滴孔菌 *Piptoporus betulinus*：生在桦树的枯立木、倒木、枯枝上，引起心材褐色腐朽。

（四）褶孔菌属 *Lenzites*

1. 桦革裥菌 *Lenzites betilina*：生于桦、榆、杨、椴、辽东楤木等阔叶树的枯立木、原木、枕木、伐根上，偶尔生在红松、落叶松的伐根上，引起白色腐朽。

2. 三色革裥菌 *Lenzites tricolor*：生于阔叶树的枯立木、伐根上，引起白色腐朽。

（五）棱孔菌属 *Favolus*

1. 棱孔菌 *Favolus alveolaris*：生于辽东楤木的枯立木上，引起白色腐朽。

2. 宽鳞棱孔菌 *Favolus squamosus*：生于阔叶树的腐倒木上。

（六）多孔菌属 *Polyporus*

黑柄多孔菌 *Polyporus melanopus*：生于阔叶树的腐倒木上。

（七）拟多孔菌属 *Polyprellus*

1. 冬拟多孔菌 *Polyporellus brumalis*：生于阔叶树的腐倒木、枯枝上。

2. 多变拟多孔菌 *Polyporellus varius*：生于阔叶树的腐倒木上。

3. 青顶拟多孔菌 *Polyporellus picipes*：生于阔叶树的倒木上。

（八）栓菌属 *Trametes*

1. 短尖栓菌 *Trametes acuta*：生于阔叶树的倒木上。

2. 香栓菌 *Trametes suaveolens*：主要生于杨、柳及壳斗科等树木上，有时也生于桦树的活立木、枯立木及伐桩上。属木腐菌，引起心材或边材形成典型的白色腐朽。

3. 岛生栓菌 *Trametes insularis*：生于落叶松的伐根上，引起褐色腐朽。

4. 异形栓菌 *Trametes heteromoorpha*：生于五角槭、山丁子的枯立木上，引起褐色腐朽。

（九）拟栓菌属 *Pseudotrametes*

（十）下皮黑孔菌属 *Cerrena*

（十一）革盖菌属 *Coriolus*

1. 毛革盖菌 *Coriolus hirsutus*：生于桦、榆、五角槭、椴、辽东楤木等阔叶树的枯立木、倒木、枕木、伐根上，引起白色腐朽。

2. 环纹革盖菌 *Coriolus zonatus*：生于桦、榆、五角槭、椴、辽东楤木等阔叶树的枯立木枝、伐根上，偶尔生在红松、落叶松的伐根上，引起白色腐朽。

（十二）黑管菌属 *Bjerkandera*

1. 烟管菌 *Bjerkandera adusta*：生于阔叶树的伐桩、枯立木、倒木上，呈覆瓦状排列或连成片，引起白色腐朽。

2. 烟色烟管菌 *Bjerkandera fumosa*：生于五角槭、杨、蒙古栎的伐根、倒木、枯立木上，引起白色腐朽。

（十三）褐褶菌属 *Gloeopyllum*

1. 密粘褶菌 *Gloeopyllum trabeum*：生于杨树等阔叶树木材上，有时生于冷杉等针叶树木材上。

2. 香粘褶菌 *Gloeopyllum odoratum*：生于红松、落叶松、云杉、伐根、倒木上，引起褐色腐朽。

（十四）囊孔菌属 *Hirschioporus*

1. 囊孔菌 *Hirschioporus pargamenus*：生于桦、蒙古栎的伐根、倒木上，引起白色腐朽。

2. 冷杉囊孔菌 *Hirschioporus abietinus*：生于冷杉的倒木、枯立木上，引起白色腐朽。

3. 褶囊孔菌 *Hirschioporus laricinus*：生于云杉、冷杉、红松、落叶松的倒木、枯立木、伐根上，引起白色腐朽。

（十五）密孔菌属 *Pycnoporus*

（十六）层孔菌属 *Fomes*

1. 木蹄层孔菌 *Fomes fomentarius*：生于栎、桦、杨、柳、椴、榆、水曲柳等阔叶树的树干上或木桩上，引起杂斑、白色腐朽。往往在阴湿或较黑暗的生境出现棒状畸形子实体。可药用，有消积、化瘀作用。

2. 奥地层孔菌 *Fomes ohiensis*：生于阔叶树的枯木、伐根上。

（十七）云芝菌属 *Polystictus*

（十八）干酪菌属 *Tyromyces*

1. 环带干酪菌 *Tyromyces zonatulus*：生于桦的枯立木上，引起白色腐朽。

2. 毛盖干酪菌 *Tyromyces pubescens*：生于杨、柳、桦、栎、辽东楤木等阔叶树倒木或伐木桩上，也生于枕木上。

3. 白干酪菌 *Tyromyces albidus*：生于辽东楤木、椴树枯立木上，导致白色腐朽。

（十九）粗毛盖菌属 *Funalia*

（二十）耙齿菌属 *Irpex*

耙齿菌 *Irpex lacteus*：生于五角槭、榆枯立木上，导致白色腐朽。

（二十一）皱皮菌属 *Ischnoderma*

树脂薄皮孔菌 *Ischnoderma resinosum*：生于云杉、红松、榆枯立木干部和倒木上。药用菌。

（二十二）炮孔菌属 *Laetiporus*

硫色炮孔菌 *Laetiporus sulphureus*：生于林中落叶松、蒙古栎树等针阔叶树干基部，导致木材褐色腐朽。幼嫩时可食。

（二十三）拟迷孔菌属 *Daedaleopsis*

粗糙拟迷孔菌 *Daedaleopsis confragosa*：生于桦枯立木上，引起白色海绵状腐朽。

（二十四）拟层孔菌属 *Fomitopsis*

红肉拟层孔菌 *Fomitopsis rosea*：生于云杉、落叶松等针叶树的枯立木、倒木，伐木桩以及大枝杈上，导致褐色腐朽。

（二十五）层革孔菌属 *Fomitiporia*

（二十六）扁芝属 *Elfvingia*

树舌 *Elfvingia applanata*：生于多种阔叶树树干上，导致腐朽。

二、刺革菌科 Hymenochaetaceae

（一）刺革菌属 *Hymenochaete*

贝形刺革菌 *Hymenochaete badio-ferruginea*：生于林内阔叶树枯枝上，导致边材白色腐朽。

（二）尖孔菌属 *Mucronopurus*

（三）集毛菌属 *Coltricia*

多年生集毛菌 *Coltricia perennis*：生于阔叶林地上

（四）木层孔菌属 *Phellinus*

1. 松木层孔菌 *Phellinus pini*：生于红松、落叶松活立木干上，引起心材蜂窝状白色腐朽。

2. 火木层孔菌 *Phellinus igniarius*：生于杨、桦、槭等阔叶树活立木上，引起心材白色腐朽，是阔叶树上的主要的腐殖物。

3. 裂蹄木层孔菌 *Phellinus linteus*：生于暴马丁香、辽东楤木枯立木上，导致白色腐朽。

4. 淡黄木层孔菌 *Phellinus gilvus*：生于蒙古栎、桦枯立木、倒木上，榛子干上，导致白色腐朽。

5. 宽棱木层孔菌 *Phellinus torulosus*：生于杨、榆倒木、伐根上，导致白色腐朽。

（五）纤孔菌属 *Inonotus*

1. 鸟状纤孔菌 *Inonotus rheades*：生于杨枯立木上，导致腐朽。

2. 薄皮纤孔菌 *Inonotus cuticularis*：生于桦、蒙古栎及其他阔叶树枯木上、倒木上，导致白色腐朽。

（六）褐孔菌属 *Fuscoporia*

平滑褐孔菌 *Fuscoporia laevigata*：生于黄菠萝枯立木上，导致白色腐朽。

三、裂褶菌科 Schizophyllaceae

褶菌属 *Schizopyllum*

裂褶菌 *Schizopyllum commune*：生于阔叶树立木及原木上，导致边材白色腐朽。含裂褶菌多糖，对肿瘤有抵制作用。

四、韧革菌科 Corticiaceae

粉盘革菌属 *Aleurodiscus*

厚白盘革菌 *Aleurodiscus disciformis*：生于榆树枯立木皮上。

五、茸瑚菌科 Lachnocladiaceae

韧革菌属 *Stereum*

1. 扁韧革菌 *Stereum fasciatum*：生于桦、蒙古栎等阔叶树的枯木上、倒木、伐根上，引起木质腐朽。

2. 红褐韧革菌 *Stereum rufum*：生于杨、柳树的枯枝上。

3. 血痕韧革菌 *Stereum sanguinolentum*：生于针叶树腐木上。

4. 细绒韧革菌 *Stereum pubescens*：生于杨树、红松的倒木、伐根上。

5. 毛韧革菌 *Stereum hirsutum*：生于杨树、桦树、落叶松的枯木上、倒木、伐根上，导致白色腐朽。

6. 脱毛韧革菌 *Stereum lobatum*：生于阔叶树倒木上。

7. 褐盖韧革菌 *Stereum vibrans*：生于蒙古栎的伐根、倒木上。

六、革菌科 Thelephoraceae

革菌属 *Thelephora*

疣革菌 *Thelephora terrestris*：生于人工落叶松林树干基部或落叶层上，林分湿度大、通风不良时，引起落叶松根窒息病。

七、猴头菌科 Hericiaceae

（一）猴头菌属 *Hericium*

猴头菌 *Hericium erinaceus*：夏、秋季多生长在蒙古栎立木干上及其他阔叶树的立木、倒木上。

食、药兼用菌。

（二）齿耳属 *Steccherinum*

1. 烟色齿耳 *Steccherinum adustum*：生于阔叶树倒木上

2. 赭黄齿耳 *Steccherinum ochraceum*：生于蒙古栎、桦、辽东桤木的枯枝、枯立木、倒木上。

（三）葡萄孢属 *Botrytis*

灰葡萄孢 *Botrytis cinerea*：生于植物幼苗上。

八、革菌科 Thelephoraceae

木耳属 *Auricularia*

1. 木耳 *Auricularia auricula*：夏、秋季生于蒙古栎、榆树、桦、椴、辽东桤木、落叶松等针阔叶松的腐倒木或枯枝上。食、药兼用菌。

2. 毛木耳 *Auricularia polytricha*：生于蒙古栎枯立木、接骨木等枯枝、腐倒木、伐根上。可食。

九、鬼伞科 Coprinaceae

鬼伞属 *Coprinus*

晶粒鬼伞 *Coprinus micaceus*：春、夏、秋三季于针、阔叶林树根部地上群生、丛生或单生。初期幼嫩时可食。

十、口蘑科 Tricholomataceae

沟褶菌属 *Trogia*

波状沟褶菌 *Trogia crispa*：生于椴枯立木皮上。

十一、泡头菌科 Physalacriaceae

蜜环菌属 *Armillaria*

蜜环菌 *Armillaria mellea*：秋季生长在针叶或阔叶树等多种树干基部、根部附近及榛木上，单生或丛生，常引起树木根腐病。食、药兼用菌。

十二、耳匙菌科 Auriscalpiaceae

（一）侧耳属 *Pleurotus*

1. 美味侧耳 *Pleurotus sapidus*：生于杨枯立木上。

2. 榆干侧耳 *Pleurotus ulmarius*：生于水曲柳伐根上。

（二）亚侧耳属 *Hohenbuehelia*

亚侧耳 *Hohenbuehelia serotina*：秋季生于桦、椴等阔叶树的腐木及倒木上，常多数叠生。可食用。

十三、小皮伞科 Marasmiaceae

金钱菌属 *Collybia*

毛柄金钱菌 *Collybia velutipes*：生于蒙古栎、落叶松伐根上。

十四、球盖菇科 Strophariaceae

鳞伞属 *Pholiota*

多脂鳞伞 *Pholiota adiposa*：生于柳枯立木上。

13.2.2 冬孢菌纲 Teliomycetes

一、栅锈菌科 Melampsoraceae

（一）栅锈菌属 *Melampsora*

1. 落叶松杨栅锈菌 *Melampsora larici-populina*：0、Ⅰ在落叶松叶上，Ⅱ、Ⅲ在杨树叶上，引起叶锈病。

2. 松山杨栅锈菌 *Melampsora larici-tremulae*：0、Ⅰ在落叶松针叶上，Ⅱ、Ⅲ在山杨叶上，引起叶锈病。

3. 松柳栅锈菌 *Melampsora larici-epitea*：0、Ⅰ落叶松叶上，Ⅱ、Ⅲ在柳树叶上。

（二）柱锈菌属 *Cronartium*

茶藨生柱锈菌 *Cronartium ribicola*：0、Ⅰ在红松枝干上，Ⅱ、Ⅲ在马先蒿、茶藨子叶上，引起红松疱锈病。

二、鞘锈菌科 Coleosporiaceae

（一）鞘锈菌属 *Coleosporium*

款冬鞘锈菌 *Coleosporium tussilaginis*：0、Ⅰ在红松，樟子松针上，Ⅱ、Ⅲ、在泽兰、凤毛菊、升麻等植物叶上，引起叶锈病。

（二）柄锈菌属 *Puccinia*

禾柄锈菌 *Puccinia graminis*：0、Ⅰ生在黄芦木（*Berberis amurensis*）叶上，Ⅱ、Ⅲ生在禾本科植物叶上。

13.3 半知菌亚门 DEUTEROMYCOTINA

13.3.1 腔孢纲 Coelomycetes

一、实球黑粉菌科 Doassnsiaceae

叶点霉属 *Phyllosticta*

榆叶点霉 *Phyllosticta bellunensis*：生于榆叶上。

二、黑盘孢科 Melanconiaceae

黑盘孢属 *Melanconium*

胡桃黑盘孢 *Melanconium juglandinum*：生于核桃楸的枝、干上，引起枯枝病。

13.3.2 丝孢纲 Hyphomycetes

一、暗色孢科 Dematiaceae

尾孢属 *Cercospora*

朝鲜槐尾孢 *Cercospora cladrastidis*：生于山槐叶上，引起叶斑病。

二、瘤座孢科 Tuberculariaceae

瘤座孢属 *Tubercularia*

普通瘤座孢 *Tubercularia vulgaris*：生于榆、杨、栎、槭、落叶松、红松等阔叶树干或枝的皮部，引起烂皮、枯枝和溃疡等病状。

参 考 文 献

卜云，靳亚丽，2018. 综合纲系统学研究进展［J］. 生命科学，30（5）：500－509.

常家传，桂千，惠子，等，1995. 东北鸟类图鉴［M］. 哈尔滨：黑龙江科学技术出版社.

初小静，韩广轩，2015. 气温和降雨量对中国湿地生态系统 CO_2 交换的影响［J］. 应用生态学报，26（10）：2978－2990.

邓艳君，赵卓勋，付小平，等，2013. 地面气压空间推算模型研究［J］. 干旱气象，31（2）：263－271.

方精云，2000. 全球生态学：气候变化与生态响应［M］. 北京：高等教育出版社.

韩辉林，2018. 帽儿山实验林场（教学区）见习生物资源图鉴—昆虫卷［M］. 哈尔滨：东北林业出版社.

黄劲松，2011. 帽儿山地区天然次生林下常见灌木生物量模型研究［D］. 哈尔滨：东北林业大学.

黄劲松，邸雪颖，2011. 帽儿山地区6种灌木地上生物量估算模型［J］. 东北林业大学学报，39（5）：54－57.

贾莹，2010. 中国伪蝎目分类研究（节肢动物门：蛛形纲）［D］. 保定：河北大学.

蒋玄空，陈会明，2018. 中国倍足纲分类研究进展［J］. 贵州科学，36（5）：56－61.

李晓娜，2010. 帽儿山天然次生林常见下木生物量的相对生长与分配［D］. 哈尔滨：东北林业大学.

连伟光，2007. 中国盲蛛目强肢亚目的分类研究（蛛形纲：盲蛛目）［D］. 保定：河北大学.

刘佩伶，张倩媚，刘效东，等，2019. 2002—2016年鼎湖山典型森林生态系统土壤含水量数据集［J］. 中国科学数据（中英文网络版），4（4）：143－152.

卢爱刚，2013. 全球变暖对中国区域相对湿度变化的影响［J］. 生态环境学报，22（8）：1378－1380.

马惠钦，2007. 中国石蜈蚣目的分类研究［D］. 保定：河北大学.

马逸清，1986. 黑龙江省兽类志［M］. 哈尔滨：黑龙江科学技术出版社.

牛书丽，韩兴国，马克平，等，2007. 全球变暖与陆地生态系统研究中的野外增温装置［J］. 植物生态学报，31（2）：262－271.

牛晓栋，刘晓静，刘世荣，等，2018. 亚热带—暖温带过渡区天然栎林的能量平衡特征［J］. 生态学报：38（18）.

任小丽，何洪林，张黎，等，2014. 1981—2010年中国散射光合有效辐射的估算及时空特征分析［J］. 地理学报，69（3）：323－333.

宋志顺，2004. 中国蜈蚣目的分类研究（多足总纲：唇足纲）［D］. 保定：河北大学.

孙彤晗，2016. 河南大别山土壤甲螨分类学研究［D］. 济南：山东师范大学.

王洪峰，2018. 帽儿山实验林场（教学区）见习生物资源图鉴—植物卷［M］. 哈尔滨：东北林业出版社.

许青，2018. 帽儿山实验林场（教学区）见习生物资源图鉴—脊椎动物卷［M］. 哈尔滨：东北林业出版社.

闫荞荞，王海军，严靖，等，2018. 逐时本站气压数据分阶段空间一致性检查方法研究［J］. 气象与环境学报，34（4）：36－44.

伊文英，1998. 中国土壤动物检索图鉴［M］. 北京：科学出版社.

殷秀琴，2001. 东北森林土壤动物研究［M］. 长春：东北师范大学出版社.

张川，陈洪松，聂云鹏，等，2013. 喀斯特地区洼地剖面土壤含水率的动态变化规律［J］. 中国生态农业学报，21（10）：1225－1232.

张付滨，2015. 中国土伪蝎总科分类（蛛形纲：伪蝎目）［D］. 保定：河北大学.

张慧智，史学正，于东升，等，2009. 中国土壤温度的季节性变化及其区域分异研究［J］. 土壤学报，46（2）：227－234.

张全智，王传宽，2010. 6种温带森林碳密度与碳分配［J］. 中国科学：生命科学，40（7）：621－631.

赵文阁，2008. 黑龙江省两栖爬行动物志［M］. 北京：中国林业科学出版社.

郑光美，2011. 中国鸟类分类与分布名录［M］，2版. 北京：科学出版社.

中国生态系统研究网络科学委员会，2007. 陆地生态系统水环境观测规范［M］. 北京：中国环境科学出版社.

周双喜，吴冬秀，张琳，等，2010. 降雨格局变化对内蒙古典型草原优势种大针茅幼苗的影响［J］. 植物生态学报，34（10）：1155-1164.

周晓峰，王义弘，赵惠勋，1991. 森林生态系统定位研究：第1集［M］. 哈尔滨：东北林业大学出版社.

周以良，董世林，聂绍荃，1986. 黑龙江省树木志［M］. 哈尔滨：黑龙江省科学技术出版社.

周以良，聂绍荃，袁晓颖，2003. 黑龙江植物资源志［M］. 哈尔滨：东北林业大学出版社.

BAI Y F，WU J G，XING Q，et al.，2008. Primary production and rain use efficiency across a precipitation gradient on the Mongolia plateau［J］. Ecology，89（8）：2140-2153.

BEER C，REICHSTEIN M，TOMELLERI E，et al.，2010. Terrestrial gross carbon dioxide uptake：global distribution and covariation with climate［J］. Science，329（5993）：834-838.

BOND-LAMBERTY B，WANG C K，GOWER S T，2005. Spatiotemporal measurement and modeling of stand-level boreal forest soil temperatures［J］. Agricultural and Forest Meteorology，131（1-2）：27-40.

BRODRIBB T J，FEILD T S，JORDAN G J，2007. Leaf maximum photosynthetic rate and venation are linked by hydraulics［J］. Plant physiology，144（4）：1890-1898.

HELD I M，SODEN B J，2000. Water vapor feedback and global warming［J］. Annual review of energy and the environment，25（1）：441-475.

HOUGHTON J T Y，DING D J，GRIGGS M，2001. Climate change 2001：the scientific basis：contribution of Working Group I to the third assessment report of the Intergovernmental Panel on Climate Change［M］. Cambridge：Cambridge university press.

KANG S，KIM S，OH S，et al.，2000. Predicting spatial and temporal patterns of soil temperature based on topography，surface cover and air temperature［J］. Forest Ecology and Management，136（1-3）：173-184.

MCDOWELL N，POCKMAN W T，ALLEN C D，et al.，2008. Mechanisms of plant survival and mortality during drought：why do some plants survive while others succumb to drought?［J］. New phytologist，178（4）：719-739.

MERCADO L M，BELLOUIN N，SITCH S，et al.，2009. Impact of changes in diffuse radiation on the global land carbon sink［J］. Nature，458（7241）：1014-1017.

ROBOCK A，VINNIKOV K Y，SRINIVASAN G，et al.，2000. The global soil moisture data bank［J］. Bulletin of the American Meteorological Society，81（6）：1281-1300.

RODRIGUEZ-ITURBE I，PORPORATO A，2007. Ecohydrology of water-controlled ecosystems：soil moisture and plant dynamics［M］. Cambridge：Cambridge University Press.

TRENBERTH K E，2011. Changes in precipitation with climate change［J］. Climate Research，47（1-2）：123-138.

WALTHER G R，POST E，CONVEY P，et al.，2002. Ecological responses to recent climate change［J］. Nature，416（6879）：389-395.

WANG C，2006. Biomass allometric equations for 10 co-occurring tree species in Chinese temperate forests［J］. Forest Ecology and Management，222（1-3）：9-16.

WILD M，GILGEN H，ROESCH A，et al.，2005. From dimming to brightening：Decadal changes in solar radiation at Earth's surface［J］. Science，308（5723）：847-850.

ZHANG Q Z，WANG C K，2010. Carbon density and distribution of six Chinese temperate forests［J］. SCIENCE CHINA Life Sciences，53（7）：831-840.

ZHOU Z H，WANG C K，LUO Y Q，2018. Response of soil microbial communities to altered precipitation：A global synthesis［J］. Global ecology and biogeography，27（9）：1121-1136.

图书在版编目（CIP）数据

中国生态系统定位观测与研究数据集．森林生态系统卷．黑龙江帽儿山站．1979-2017 / 陈宜瑜总主编；张全智，王传宽主编．—北京：中国农业出版社，2022.6
ISBN 978-7-109-29362-5

Ⅰ.①中… Ⅱ.①陈… ②张… ③王… Ⅲ①生态系—统计数据—中国②森林生态系统—统计数据—黑龙江省—1979-2017 Ⅳ.①Q147②S718.55

中国版本图书馆 CIP 数据核字（2022）第 069613 号

ZHONGGUO SHENGTAI XITONG DINGWEI GUANCE YU YANJIU SHUJUJI

中国农业出版社出版
地址：北京市朝阳区麦子店街 18 号楼
邮编：100125
责任编辑：刁乾超　　文字编辑：孙蕴琪
版式设计：李　文　　责任校对：刘丽香
印刷：中农印务有限公司
版次：2022 年 6 月第 1 版
印次：2022 年 6 月北京第 1 次印刷
发行：新华书店北京发行所
开本：889mm×1194mm　1/16
印张：17.5
字数：490 千字
定价：98.00 元
